高等数学

（上）

主　编　王　凯　罗永超　杨　娟
副主编　李光辉　叶绪国

西南交通大学出版社
·成　都·

图书在版编目（CIP）数据

高等数学. 上／王凯，罗永超，杨娟主编. —成都：西南交通大学出版社，2015.1
ISBN 978-7-5643-3527-4

Ⅰ. ①高… Ⅱ. ①王… ②罗… ③杨… Ⅲ. ①高等数学－高等学校－教材 Ⅳ. ①O13

中国版本图书馆 CIP 数据核字（2014）第 251437 号

高等数学
（上）

王　凯
罗永超　　主编
杨　娟

责任编辑　张宝华
封面设计　墨创文化

印张　17.75　　字数　443千
成品尺寸　185 mm × 260 mm
版本　2015年1月第1版
印次　2015年1月第1次
印刷　四川嘉乐印务有限公司

出版 发行　西南交通大学出版社
网址　http://www.xnjdcbs.com
地址　四川省成都市金牛区交大路146号
邮政编码　610031
发行部电话　028-87600564　028-87600533

书号：ISBN 978-7-5643-3527-4
定价：36.00元

课件咨询电话：028-87600533

总　序

教材建设是高校教学内涵建设的一项重要工作，是体现教学内容和教学方法的知识载体，是提高人才培养质量的重要条件. 凯里学院2006年升本以来，十分重视教材建设工作，在教材选用上明确要求“本科教材必须使用国家规划教材、教育部推荐教材和面向21世纪课程教材”，从而保证了教材质量，为提高教学质量、规范教学管理奠定了良好基础. 但在使用过程中逐渐发现，这类适用于研究型本科院校使用的系列教材，多数内容较深、难度较大，不一定适合我校的学生使用，与应用型人才培养目标也不完全切合，从而制约了应用型人才的培养质量. 因此，探索和建设适合应用型人才培养体系的校本教材、特色教材成为我校教材建设的迫切任务. 自2008年起，学校开始了校本特色教材开发的探索与尝试，首批资助出版了11本原生态民族文化特色课程丛书，主要有《黔东南州情》、《苗侗文化概论》、《苗族法制史》、《苗族民间诗歌》、《黔东南民族民间体育》、《黔东南民族民间音乐概论》、《黔东南方言学导论》、《苗侗民间工艺美术》、《苗侗服饰及蜡染艺术》等. 该校本特色教材丛书的出版，弥补了我校在校本教材建设上的空白，为深入开展校本教材建设积累了经验，并对探索保护、传承、弘扬与开发利用原生态民族文化，推进民族民间文化进课堂做出了积极贡献，同时对我校教学、科研和人才培养也起到了积极的推动作用，并荣获贵州省高等教育教学成果一等奖.

当前，随着高等教育大众化、国际化的迅猛发展和地方本科院校转型发展的深入推进，越来越多的地方本科高校在明确应用型人才培养目标、办学特色、教学内容和课程体系的框架下，积极探索和建设适用于应用型人才培养的系列教材. 在此背景下，根据我校人才培养方案和“十二五”教材建设规划，结合服务地方社会经济发展、民族文化传承需要，我们又启动了第二批校本教材的立项研究工作，通过申报、论证、评审、立项等环节确定了教材建设的选题范围. 第二套校本教材建设项目分为基础课类、应用技术类、素质课类、教材教法等四类，在凯里学院教材建设专家委员会的组织、指导和教材编著者们的辛勤编撰下，目前，15 本教材的编撰工作已基本完成，即将正式出版. 这套教材丛书既是近年来我校教学内容和课程体系改革的最新成果，反映了学校教学改革的基本方向，也是学校由“重视规模发展”转向“内涵式发展”的一项重大举措.

凯里学院校本规划教材丛书的编辑出版，集中体现了学校探索应用型人才培养的模式，也倾注了编著教师团队成员的大量心血，将有助于推动地方院校提高应用型人才培养质量. 然而，由于编写时间紧，加之编著者理论和实践能力水平有限，书中难免存在一些不足和错漏，我们期待在教材使用过程中获得批评意见、改进建议和专家指导，以使之日臻完善.

凯里学院规划教材编委会

2014 年 12 月

前　言

高等数学是理工科专业学生的必修课、基础理论课. 对理工科专业的学生来说，学好高等数学不仅仅意味着掌握了一门现代科学语言，学会了一种理性的思维模式以及分析、归纳、演绎的方法，更重要的是只有学好高等数学，才能完成后续的专业课学习，并为后续课程打下坚实的理论与实际操作的基础. 通过本课程的学习，学生能够掌握有关微积分、矢量代数、空间解析几何、无穷级数和常微分方程的基本知识. 同时本书增加了数学在经济学、物理学、计算机科学中的应用实例，弱化了一些纯数学的理论证明，力求让学生掌握必要的理论和常用的运算方法，并能应用这些知识解决一些实际问题.

通过本课程的学习，能够提高学生的数学理解能力、数学运算能力、逻辑推理能力和分析问题与解决问题的能力. 这一方面为后继课程学习奠定必要的数学基础. 另一方面也使学生能够正确地运用数学知识去解决物理学、化学、生物学、计算机科学、经济学中的实际问题，并将高等数学的知识和方法更好地应用到相关专业的学习中.

目前，国内高校的高等数学教材众多，且各具特色. 通过多年的教学实践发现，对于地方高校而言，不论使用什么教材，学生在学习效果上并不理想，常常感到“听起来难，学起来更难，用起来则难上加难”. 这也许就是多年来很多学子心中的不解之愁，也是数学教育和数学课程改革不可回避的问题.

为了解决这个问题，也为了更好地满足我国地方高校培养应用型人才的需求，真正体现“数学为本”的特点，我们经过多年的经验总结，几经修改后，终于完成了这本《高等数学》教材.

本教材具有以下特点：

（1）考虑到地方高校学习对象的状况及特点，以及贴近学生的需要，教材每一章的开头部分都引用了著名数学家与本章内容相关的哲理名言，因为高等数学的主要内容——微积分就是从辩证唯物主义的观点去看待事物的，很多数学家其实也是哲学家.

（2）教材每一章的结尾部分编写了相关的数学史内容. 学习相关数学史的内容不仅让学生系统掌握了数学的基本思想方法与相关数学问题的来源，而且让学生领会到数学家们为解决问题坚持不懈和刻苦钻研的精神，并将这种精神贯穿于高等数学的学习及事业的追求中.

（3）教材每章后面的习题都分为两部分：第一部分为客观题，第二部分为主观题. 编写顺序是按照题目的难易程度编排的. 而本教材习题的选择，不论是难易程度还是题目的数量，都符合地方高校理工科学生的培养计划，同时也为他们将来考取硕士研究生、国家公务员等夯实基础.

本书分为上、下两册，共分为 12 章. 其中上册包含函数、极限与连续，导数与微分，中值定理与导数应用，不定积分，定积分，定积分的应用，空间解析几何与向量代数等内容；下册包含多元函数微分法及其应用，重积分，曲线积分与曲面积分，微分方程，无穷级数等内容. 为了方便教师拓展教学和学生扩大知识面，本书的部分例题和习题选自历年考研真题，同时也满足学生个性发展的需要.

在高等数学的学习过程中，应注意以下几点：

（1）各类知识都是在一定的历史过程中形成的，因此，要在历史发展的长河中，考察它的产生、发展、意义及未来. 这就是说要系统地学习. 因此建议学习者了解一点数学史和一些科学家在计算机和数学领域所做的贡献，以激励我们的数学学习.

（2）要从各个不同侧面来理解所学的知识，即用不同的观点——哲学的、物理的、直觉的、甚至常识的，来解释同一个问题；还要学会从正面、反面及各个不同侧面来观察同一个问题. 要学会运用联想、类比、归纳等方法，将所学的知识编织成一个知识网络，融会贯通，使之发挥巨大的威力.

（3）学习中注意抓住三个问题：基本概念、基本原理、典型范例. 要着重理解概念是如何通过对实际问题的分析和抽象得出的，基本原理是如何反映概念之间关系的，典型例题是如何体现其应用原理的. 若能坚持在各个环节：复习—学习新知识—练习—总结中贯彻上述原则，就不难学好这门课.

本教材是编者根据多年的教学实践经验和研究成果，结合“高等数学课程教学基本要求”及理工科专业的人才培养目标要求编写而成. 主要面向的是本科院校层次的理工科专业学生. 本书可作为高等院校、独立学院以及具有较高要求的成教学院等本科院校非数学专业的数学基础课教材.

本教材积累了多位老师多年来的教学经验与学术成果，但由于编者水平有限，不当之处在所难免，恳请广大教师和学生提出宝贵的意见，我们将进一步改进.

作 者

2014 年 7 月

目　录

没有任何问题可以像无穷那样深深地触动人的情感；很少有别的观念能像无穷那样激励理智产生富有成果的思想；然而也没有任何其他概念能像无穷那样需要加以阐明.

——希尔伯特（Hilbert）

第一章　函数　极限与连续

函数是现代数学的基本概念之一，是高等数学的主要研究对象. 极限概念是微积分的理论基础，极限方法是微积分的基本分析方法，因此，掌握、运用好极限方法是学好微积分的关键. 连续是函数的一个重要性态. 本章将介绍函数、极限与连续的基本知识和有关的基本方法，为今后的学习打下必要的基础.

第一节　集合与邻域

在现实世界中，一切事物都在一定的空间中运动着. 17 世纪初，数学家首先从对运动（如天文、航海问题等）的研究中引出了函数这个基本概念. 从此，函数概念在几乎所有的科学研究工作中占据着中心的位置.

本节介绍函数的概念、函数关系的构建与函数的特性.

一、集合的概念

集合是数学中一个原始的概念，它在现代数学中起着重要的作用. 所谓**集合**，就是指具有某种特定属性的事物的总体，或是某些确定对象的全体. 构成集合的每一事物或对象皆称为该集合的**元素**. 集合也简称为**集**.

下面看几个集合的例子.

例 1　某学校的全体在校学生.

例 2　方程 $x^2-3x-4=0$ 的所有实根.

例 3　全体偶数.

例 4　圆周 $x^2+y^2=4$ 上所有的点.

由有限个元素构成的集合称为**有限集合**，如例 1、例 2；由无限多个元素构成的集合称为**无限集合**，如例 3、例 4.

通常我们用大写字母 $A, B, C, \cdots$ 等表示集合，用小写字母 $a, b, c, \cdots$ 等表示集合的元素. 如果 a 是集合 A 中的元素，则记作 $a\in A$，读作 a 属于 A；如果 a 不是集合 A 的元素，则记作 $a\overline{\in} A$，读作 a 不属于 A.

一个集合一经给定，那么对于任何事物或对象都能够判定它是否属于这个给定的集合.

集合的表示方法一般有列举法和描述法.

（1）**列举法**. 是指按任意顺序列出集合中的所有元素，并用括号{ }括起来.

例 5 由 a, b, c, d 四个元素组成的集合 A 可以表示为

$$A=\{a,b,c,d\} \quad 或 \quad A=\{b,c,d,a\}.$$

例 6 由方程 $x^2-3x-4=0$ 的根构成的集合 A 可以表示为

$$A=\{4,-1\}.$$

用列举法表示集合时，必须列出集合中的所有元素，不能遗漏和重复.

（2）**描述法**. 是把集合中元素所具有的共同属性描述出来，用 $A=\{x\mid x具有的共同属性\}$ 表示.

例 7 设 A 为全体偶数的集合，可以表示为

$$A=\{x\mid x=2n, n为整数\}.$$

例 8 设 A 为圆周 $x^2+y^2=4$ 上的点的集合，可以表示为

$$A=\{(x,y)\mid x^2+y^2=4 且 x,y 为实数\}.$$

例 9 设 A 为方程 $x^2+1=0$ 的实根构成的集合，由于在实数范围内方程无解，所以 A 中不可能有任何元素. 这种不含任何元素的集合称为空集，记为$\varnothing$. 所以

$$A=\{x\mid x^2+1=0 且 x 为实数\}=\varnothing.$$

习惯上，全体自然数的集合记作 **N**，全体整数的集合记作 **Z**，全体有理数的集合记作 **Q**，全体实数的集合记作 **R**.

应该注意的是，空集$\varnothing$不能与仅含有元素“0”的集合$\{0\}$相混淆.

子集概念也是集合中常用的. 如果集合 A 中的每一个元素都是集合 B 的元素，即如果 $a\in A$，则 $a\in B$，那么 A 就是 B 的**子集**，记为

$$A\subset B \quad 或 \quad B\supset A,$$

读作 A 包含于 B 或 B 包含 A.

例 10 设 **N** 为全体自然数集，**Q** 为全体有理数集，**R** 为全体实数集，那么 $\mathbf{N}\subset\mathbf{Q}$，$\mathbf{Q}\subset\mathbf{R}$.

例 11 设 $A=\{x\mid 2\leqslant x<100\}$，$B=\{x\mid 2\leqslant x\leqslant 50\}$，$C=\{x\mid x\leqslant 50\}$，显然，$B\subset A$ 且 $B\subset C$，但 A 不是 C 的子集，C 也不是 A 的子集.

特别，若两个集合 A 和 B 同时有 $A\subset B$ 且 $B\subset A$，则称 A 与 B **相等**，记作 $A=B$.

例 12 设 $A=\{x\mid x为大于1小于4的整数\}$，$B=\{x\mid x为小于5的质数\}$，$C=\{x\mid x^2-5x+6=0的根\}$，因为三个集合 A, B, C 中都只包含 2 和 3 这两个数，所以 $A=B=C$.

对于子集还有以下结论：

（1）$A\subset A$，即集合 A 是其自身的子集.

（2）$\varnothing\subset A$，即空集是任意集合的子集.

（3）若 $A\subset B$，$B\subset C$，则 $A\subset C$，即集合的包含关系具有传递性.

有时我们也用一个图形表示集合，在此不一一列举.

二、集合的运算

如同数的各种运算一样，集合之间也有其特定的运算，下面给出集合的并、交、补三种基本运算，并借助于图形直观描述集合之间的关系．这里，集合用一个平面区域表示，集合内的元素以区域内的点表示．如图 1-1 所示，集合 A 与 B 的关系是 $A \subset B$．

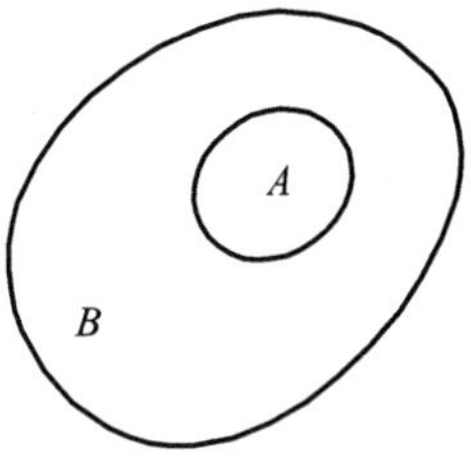

图 1-1

定义 1　由集合 A 与 B 中的所有元素构成的集合称为集合 A 与 B 的**并**，记为 $A \cup B$，读作 A 与 B 之并，如图 1-2 阴影部分．也可表示为

$$A \cup B = \{ x \mid x \in A \text{ 或 } x \in B \}.$$

显然，$A \subset A \cup B$，$B \subset A \cup B$，并且 $A \cup \varnothing = A$，$A \cup A = A$．

特别地，当 $A \subset B$ 时，$A \cup B = B$．

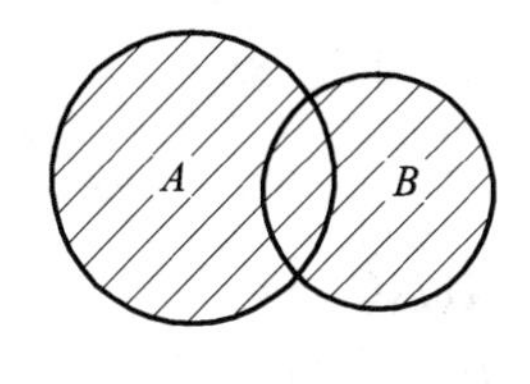

图 1-2

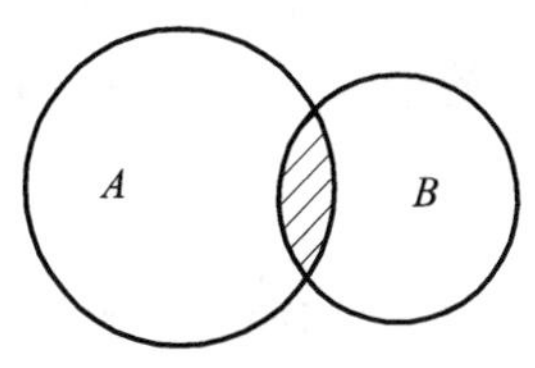

图 1-3

定义 2　由集合 A 与 B 的公共元素构成的集合称为 A 与 B 的**交**，记为 $A \cap B$，读作 A 与 B 的交，如图 1-3 阴影部分．也可表示为

$$A \cap B = \{x \mid x \in A \text{ 且 } x \in B\}.$$

显然，$A \cap B \subset A$，$A \cap B \subset B$，并且 $A \cap \varnothing = \varnothing$，$A \cap A = A$．

特别地，当 $A \subset B$ 时，$A \cap B = A$．

例 13　设 $A = \{x \mid -1 < x < 2\}$，$B = \{x \mid 1 \leqslant x \leqslant 3\}$，则

$$A \cup B = \{x \mid -1 < x \leqslant 3\}，A \cap B = \{x \mid 1 \leqslant x < 2\}.$$

例 14　设 A 为全体正整数集合，B 为全体负整数集合，C 为全体整数集合，则

$$A \cup B = \{x \mid x \text{ 为正整数或负整数}\}.$$

$$A \cap B = \varnothing.$$

$$A \cup C = C \quad \text{且} \quad B \cap C = B.$$

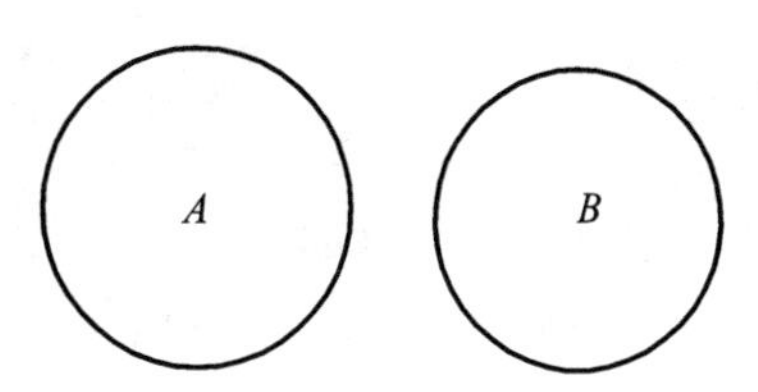

图 1-4

这里 $A \cap B = \varnothing$，称 A 与 B 是分离的，如图 1-4 所示．

定义 3　由属于集合 A 而不属于集合 B 的所有元素构成的集合称为 A 与 B 的**差**，记作 $A - B$，如图 1-5 阴影部分．也可表示为

$$A - B = \{x \mid x \in A \text{ 且 } x \notin B\}.$$

例 15　若 $A = \{1, 2, 3, 4\}$，$B = \{2, 4, 6, 8\}$，则

$$A - B = \{1, 3\}，B - A = \{6, 8\}.$$

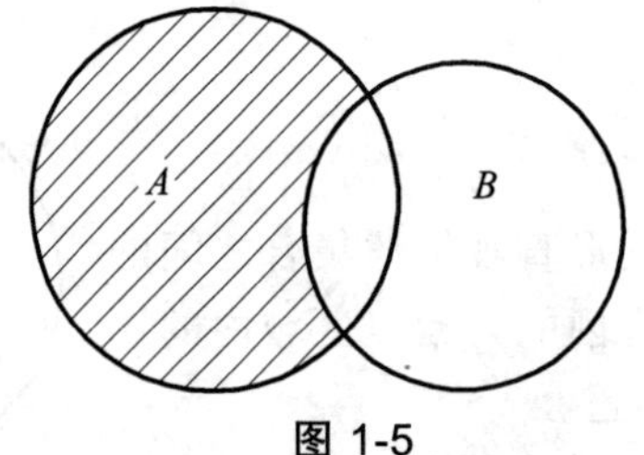

图 1-5

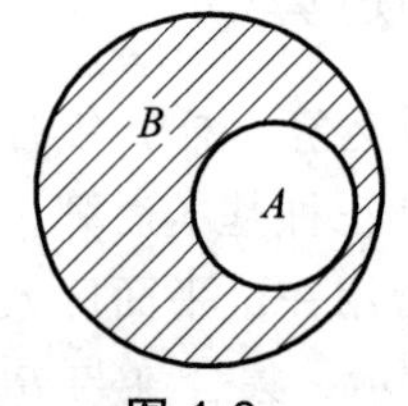

图 1-6

定义 4 若集合 A 为集合 B 的子集，则由属于 B 而不属于 A 的所有元素构成的集合称为集合 A 关于集合 B 的**补集**，记为 A_B^C，也常简记为 A^C，如图 1-6 阴影部分．也可表示为

$$A_B^C=\{x\mid x\in B \text{ 且 } x\notin A\}.$$

显然，$A\cup A_B^C=B$，$A\cap A_B^C=\varnothing$，$A_B^C\subset B$．

特别地，由于 $A\subset B$，则 $B-A=A_B^C$．

例 16 在例 14 的集合 A,B,C 中，由 $A\subset C$，$B\subset C$，则

$$A_C^C=B\cup\{0\},\quad B_C^C=A\cup\{0\},$$

并有
$$C-A=B\cup\{0\},\quad C-B=A\cup\{0\},$$

即
$$C-A=A_C^C,\quad C-B=B_C^C.$$

集合运算具有如下性质：

（1）交换律：① $A\cup B=B\cup A$；② $A\cap B=B\cap A$.

（2）结合律：① $A\cup(B\cup C)=(A\cup B)\cup C$；② $A\cap(B\cap C)=(A\cap B)\cap C$.

（3）分配律：① $A\cap(B\cup C)=(A\cap B)\cup(A\cap C)$；② $A\cup(B\cap C)=(A\cup B)\cap(A\cup C)$.

（4）对偶律：① $(A\cup B)^C=A^C\cap B^C$；② $(A\cap B)^C=A^C\cup B^C$.

下面证明结合律①和对偶律②，其他结论可以类似证明.

结合律①的证明：

如果 $x\in(A\cup B)\cup C$，则 $x\in A\cup B$ 或 $x\in C$，即 $x\in A$ 或 $x\in B$ 或 $x\in C$，因而 $x\in A$ 或 $x\in B\cup C$，所以 $x\in A\cup(B\cup C)$. 由此可得

$$(A\cup B)\cup C\subset A\cup(B\cup C).$$

同理可证
$$A\cup(B\cup C)\subset(A\cup B)\cup C.$$

所以
$$(A\cup B)\cup C=A\cup(B\cup C).$$

对偶律②的证明：

如果 $x\in(A\cap B)^C$，则 $x\notin A\cap B$，故 $x\notin A$ 或 $x\notin B$．当 $x\notin A$ 时，有 $x\in A^C$；当 $x\notin B$ 时，有 $x\in B^C$．因此总有 $x\in A^C\cup B^C$，则可得

$$(A\cap B)^C\subset A^C\cup B^C.$$

如果 $x\in A^C\cup B^C$，则 $x\in A^C$ 或 $x\in B^C$，即 $x\in A$ 与 $x\in B$ 至少有一个不成立．故 $x\notin A\cap B$，即 $x\in(A\cap B)^C$，所以

$$A^C\cup B^C\subset(A\cap B)^C.$$

综合以上证明，有 $(A\cap B)^C = A^C\cup B^C$.

例 17　设 A 表示某单位会英语的人的集合，B 表示会日语的人的集合，那么：

A^C 表示该单位不会英语的人的集合；

B^C 表示该单位不会日语的人的集合；

$A-B$ 表示该单位会英语而不会日语的人的集合；

$B-A$ 表示该单位会日语而不会英语的人的集合；

$(A\cup B)^C = A^C\cap B^C$ 表示英语和日语都不会的人的集合；

$(A\cap B)^C = A^C\cup B^C$ 表示不会英语或不会日语的人的集合.

三、实数与数轴

人们对于数的概念的认识是逐步深入的，从自然数、整数、有理数到无理数经历了漫长的历史.

自然数集 **N** 关于加法运算是封闭的，即若 $a\in\mathbf{N}$，$b\in\mathbf{N}$，则必有 $a+b\in\mathbf{N}$. 但在 **N** 中，减法运算却不是封闭的，这样就有了整数集 **Z**. 在整数集 **Z** 中，加法、减法和乘法运算是封闭的，但对除法运算却不封闭，因而引出了有理数集 **Q**. 对于有理数集

$$Q=\left\{x \mid x=\frac{p}{q}, p\in\mathbf{Z}, q\in\mathbf{Z}, (p,q)=1\right\},$$

四则运算总是封闭的. 有理数除了以分数形式表示，还可以表示为有限小数或无限循环小数形式. 随着科学技术的发展及数学研究的进一步深入，出现了诸如圆周率 π 的计算及开方运算，如 $\sqrt{2},\sqrt{3}$ 等，无理数因此应运而生.

有理数和无理数统称为实数. 所有的实数都可以在一条直线上形象地表示出来. 设有一条水平直线，在直线上取定一点 O 称为原点；规定一个正方向，习惯上规定由原点向右的方向为正方向；再规定一个长度称为单位长度. 这种具有原点、正方向和单位长度的直线称为数轴，如图 1-7 所示.

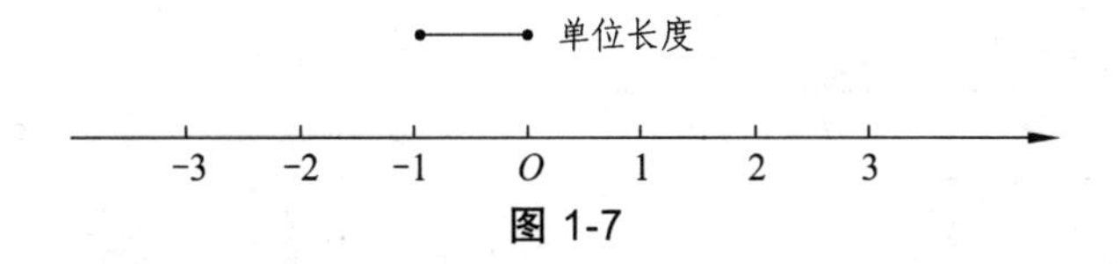

图 1-7

任何一个有理数 $\frac{p}{q}$，都可以在数轴上找到一个点与之对应，这个点叫做有理点. 它是有理数 $\frac{p}{q}$ 的几何表示，而有理数 $\frac{p}{q}$ 则为该有理点的坐标. 同时，对于任意两个有理数 a，$b\,(a<b)$，a 与 b 之间至少可以找到一个有理数 c，使 $a<c<b$，例如 $c=\frac{a+b}{2}$；同样，在 a 与 c 之间也至少可以找到一个有理数 d，使 $a<d<c$；依此类推，可以看到，a 与 b 之间总可以找到无穷多个有理数，即有理数具有**稠密性**. 对应地，在数轴上任意两个有理点之间也有无穷多个有理点存在，也就是说，有理点在数轴上是**处处稠密的**.

尽管有理点在数轴上处处稠密，但是否能够充满整个数轴呢？例如，以 1 个单位长度作为边长的正方形，其对角线长度为 $\sqrt{2}$ 个长度单位. 可以证明，$\sqrt{2}$ 是无理数. 在数轴上可以作出 $\sqrt{2}$ 个长度单位的线段 OB，如图 1-8 所示.

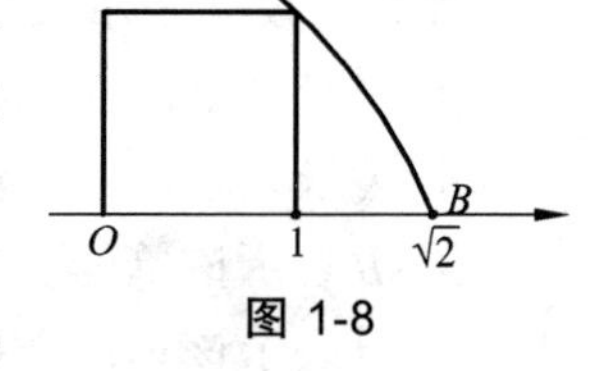

图 1-8

可见，数轴上确实还存在诸如此类的非有理点——无理点，例如，$\sqrt{2}+1$，$\sqrt{3}$，π，…等对应的点. 所有的无理点填补了有理点之外的“空隙”. 可以证明，实数充满了整个数轴而不再留有“空隙”，也就是说，实数不仅具有稠密性，也具有连续性. 这样，数轴上的点与实数之间建立起了一一对应的关系，每一个实数必是数轴上某点的坐标；反之，数轴上每一点的坐标必是一个实数. 所以，在今后的学习中，常将实数与其在数轴上的对应点不加区别地混用，如点 a 和实数 a 是相同的意思.

四、区间　邻域

区间是用得较多的一类数集，在数学中常用区间表示一个变量的变化范围.

设 a 和 b 都是实数，且 $a<b$，数集 $\{x\,|\,a<x<b\}$ 称为**开区间**，记作 (a,b)，见图 1-9（1），即

$$(a,b)=\{x\,|\,a<x<b\}.$$

a 和 b 为开区间的端点，且 $a\notin(a,b)$, $b\notin(a,b)$.

数集 $\{x\,|\,a\leqslant x\leqslant b\}$ 称为**闭区间**，记作 $[a,b]$，见图 1-9（2），即

$$[a,b]=\{x\,|\,a\leqslant x\leqslant b\}.$$

a 和 b 也称为闭区间的端点，这里 $a\in[a,b]$, $b\in[a,b]$.

类似地可以给出**半开区间**，见图 1-9（3），（4）.

$$[a,b)=\{x\,|\,a\leqslant x<b\}，\ (a,b]=\{x\,|\,a<x\leqslant b\}.$$

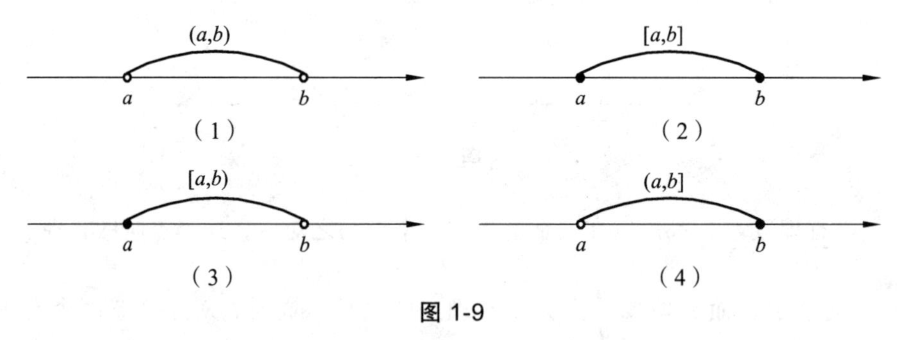

图 1-9

以上四种区间都称为有限区间，区间长度均为 $b-a$. 在数轴上，这些区间是长度有限的线段. 此外，还有五种所谓无穷区间，引入记号 $+\infty$（读作正无穷大）及 $-\infty$（读作负无穷大），可定义无穷区间如下：

$$(a,+\infty)=\{x\,|\,x>a\}，\ [a,+\infty)=\{x\,|\,x\geqslant a\};$$

$$(-\infty,b)=\{x\,|\,x<b\}，\ (-\infty,b]=\{x\,|\,x\leqslant b\};$$

$$(-\infty,+\infty)=\{x\,|\,-\infty<x<+\infty\}$$，即全体实数集合 $\mathbf{R}$.

以后在不需要辨明所讨论的区间是否包含端点以及是否为有限区间时，我们就简单地称之为区间.

邻域是一类较为特殊的区间，也是一个常用的概念.

设 x_0 与 δ 是两个实数，且 $\delta>0$，数集

$$\{x\,\|\,x-x_0\,|<\delta\}$$

称为点 x_0 的 δ **邻域**，记作 $U(x_0,\delta)$，点 x_0 叫做该邻域的中心，δ 为该邻域的半径.

由于 $|x-x_0|<\delta$，即 $x_0-\delta<x<x_0+\delta$，所以

$$U(x_0,\delta)=\{x\,|\,x_0-\delta<x<x_0+\delta\}.$$

因此，$U(x_0,\delta)$ 就是开区间 $(x_0-\delta,x_0+\delta)$. 这个开区间以点 x_0 为中心，δ 为半径，其长度为 2δ，见图 1-10（1）.

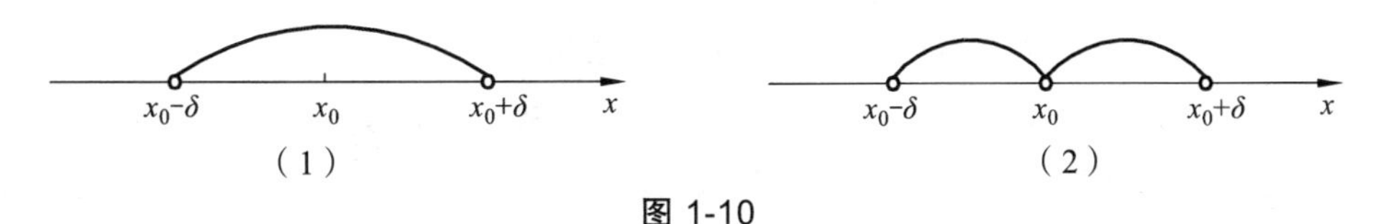

图 1-10

有时用到邻域时需要把邻域的中心点去掉，点 x_0 的 δ 邻域去掉中心点 x_0 后，称为点 x_0 的**去心 δ 邻域**，记作 $\mathring{U}(x_0,\delta)$，即

$$\mathring{U}(x_0,\delta)=\{x\,|\,0<|x-x_0|<\delta\},$$

这里 $|x-x_0|>0$ 表示 $x\neq x_0$，见图 1-10（2）.

第二节　函　　数

一、函数的概念

在一个自然现象或某个研究过程中，往往同时存在几个变量在变化，而这几个变量通常不是孤立地变化，而是相互联系并遵循着一定的变化规律. 这里仅就两个变量之间的关系举几个例子.

例 1　半径为 R 的圆的面积为

$$A=\pi R^2.$$

这就是两个变量 A 与 R 之间的关系. 当半径 R 在区间 $(0,+\infty)$ 内任取一个值时，由上式就可以确定圆的一个面积值 A.

例 2　一个物体以 v_0 为初速度作匀加速运动，加速度为 a，经过时间间隔 t 后，物体的速度为

$$v = v_0 + at.$$

这里开始计时时，记 $t=0$，此时速度值为 v_0，加速度 a 是常数，当时间 t 在区间 $[0, T]$ 内任取一个值时，就可以确定物体在这个时刻 t 的速度值 v.

例 3 在半径为 R 的圆中，作内接正 n 边形，由图 1-11 可得正 n 边形的周长 L_n 与边数 n 之间的关系为

$$L_n = 2nR\sin\frac{\pi}{n}.$$

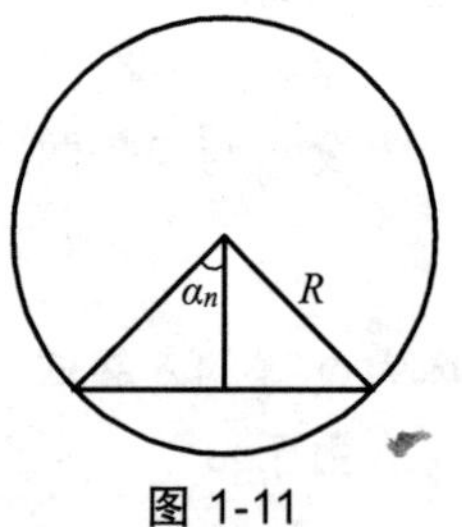

图 1-11

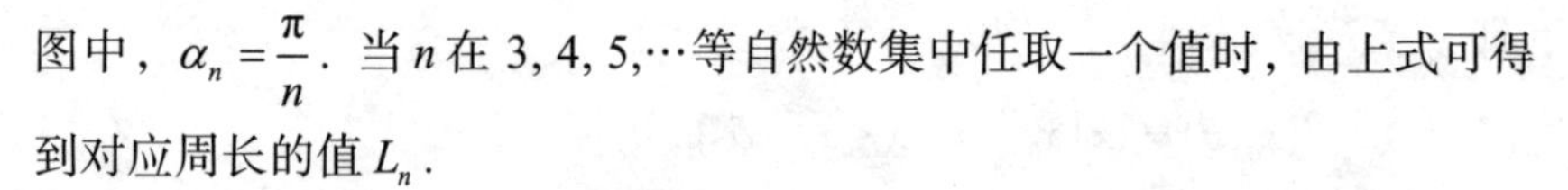
图中，$\alpha_n = \frac{\pi}{n}$. 当 n 在 3, 4, 5,⋯等自然数集中任取一个值时，由上式可得到对应周长的值 L_n.

在以上几个例子中，都给出了一对变量之间的一种关系，这种关系确定了一个对应规则，当其中一个变量在其变化范围内任取一个值时，另一个变量依照对应规则就有一个确定的值与之对应. 这两个变量之间的对应关系就是函数概念的实质.

定义 1 设 D 是一个非空实数集合，f 为一个对应规则，对每一个 $x \in D$，都有一个确定的实数 y 与之对应，称这个对应规则 f 为定义在 D 上的一个**函数关系**，或称变量 y 是变量 x 的**函数**，记作

$$y = f(x), x \in D.$$

x 称为**自变量**，y 称为**因变量**，集合 D 称为函数的**定义域**，可记为 $D(f)$.

对于 $x_0 \in D$，所对应的 y 的值记为 y_0 或 $f(x_0)$，称为函数 $y = f(x)$ 在点 x_0 处的函数值. 当 x 取遍 D 的一切值时，对应的所有函数值构成的集合

$$W = \{y \mid y = f(x), x \in D\}$$

称为函数的**值域**.

函数 $y = f(x)$ 中表示对应规则的记号 f 也常用其他字母，如 g, h, φ 或 F, G, Φ 等.

在实际问题中，函数的定义域是由问题的实际意义确定的. 在例 1 中，定义域为 $(0, +\infty)$；在例 2 中，定义域为 $[0, T]$；在例 3 中，定义域为大于等于 3 的自然数集 $\{n \mid n \in \mathbf{N}$ 且 $n \geqslant 3\}$.

在数学中，对于抽象的函数表达式，我们约定：函数的定义域就是使函数表达式有意义的自变量的取值范围.

例 4 函数 $y = \sqrt{1 - x^2}$ 的定义域为 $[-1, 1]$.

例 5 函数 $y = \lg(5x - 4)$ 的定义域应满足

$$5x - 4 > 0,$$

故定义域为 $\left(\frac{4}{5}, +\infty\right)$.

例 6 函数 $y = \frac{1}{\sqrt{x^2 - x - 2}}$ 的定义域应满足

$$x^2 - x - 2 > 0,$$

即
$$(x-2)(x+1) > 0,$$

故定义域为 $(-\infty,-1)\cup(2,+\infty)$.

例 7　函数 $y=\arcsin\dfrac{x-1}{5}+\dfrac{1}{\sqrt{25-x^2}}$ 的定义域应满足

$$\left|\frac{x-1}{5}\right| \leqslant 1 \quad 且 \quad x^2 < 25,$$

即
$$-5 \leqslant x-1 \leqslant 5 \quad 且 \quad -5 < x < 5,$$

故定义域为$[-4,5)$.

在函数关系中，定义域、对应规则和值域是确定函数关系的三个要素，如果两个函数的对应规则和定义域、值域相同，则认为这两个函数是相同的，至于自变量和因变量用什么字母表示则无关紧要.

例 8　下列各对函数是否相同?

（1）$f(x)=x+1$，$g(x)=\dfrac{x^2-1}{x-1}$；　　（2）$f(x)=|x|$，$g(x)=\sqrt{x^2}$.

解　（1）不相同. $f(x)=x+1$ 的定义域为 $(-\infty,+\infty)$，$g(x)=\dfrac{x^2-1}{x-1}$ 的定义域为 $(-\infty,1)\cup(1,+\infty)$，因此 $f(x)$ 和 $g(x)$ 的定义域不相同，故不是相同的函数.

（2）相同. 因 $f(x)$ 和 $g(x)$ 的定义域相同，均为 $(-\infty,+\infty)$，而且对应规则、值域也相同，所以是相同的函数.

定义 2　设函数 $y=f(x)$ 的定义域为 D，对于任取的 $x\in D$，对应的函数值为 $y=f(x)$. 在平面直角坐标系中，取自变量 x 在横轴上变化，因变量 y 在纵轴上变化，则平面点集

$$C=\{(x,y)\,|\,y=f(x),x\in D\}$$

称为函数 $y=f(x)$ 的**图形**.

例 9　函数 $y=2x$ 的图形是一条直线，如图 1-12 所示.

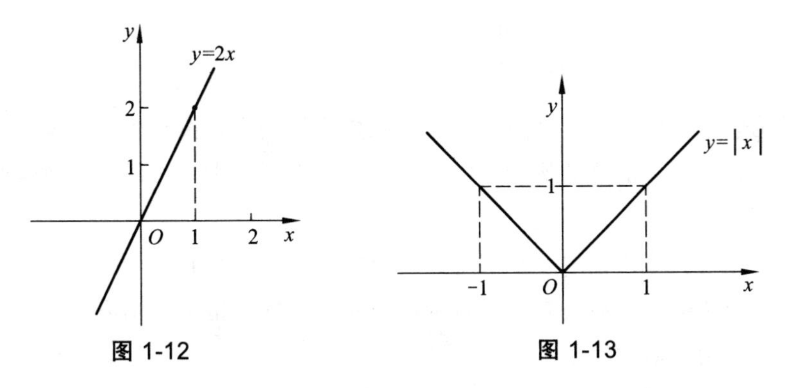

图 1-12　　图 1-13

例 10　函数 $y=|x|$ 的图形如图 1-13 所示. 这里当 $x\geqslant 0$ 时，$y=x$；当 $x<0$ 时，$y=-x$.

例 11　符号函数

$$y=\operatorname{sgn}x=\begin{cases}-1, & x<0,\\ 0, & x=0,\\ 1, & x>0,\end{cases}$$

其定义域为$(-\infty,+\infty)$，而值域为$\{-1,0,1\}$，并且$|x|=x\operatorname{sgn}x$，图形如图 1-14 所示.

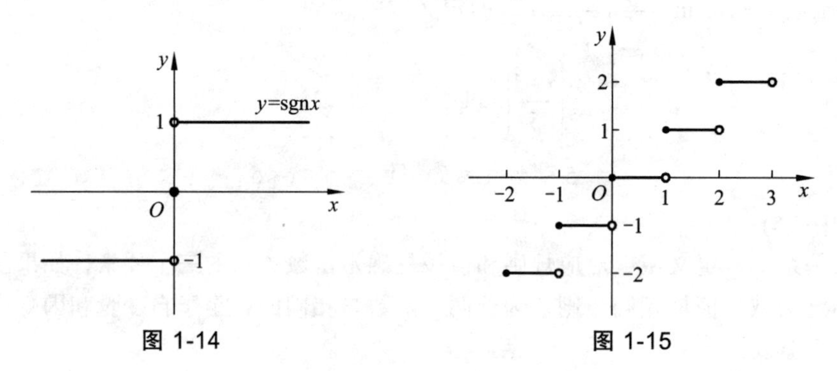

图 1-14　　　　图 1-15

例 12　取整函数$y=[x]$，表示y取不超过x的最大整数. 如

$$\left[\frac{1}{3}\right]=0,\ [\sqrt{2}]=1,\ [\pi]=3,\ [-1]=-1,\ [-3.5]=-4,$$

其定义域为$(-\infty,+\infty)$，值域为整数集合$\mathbf{Z}$，图形如图 1-15 所示.

例 13　函数

$$y=f(x)=\begin{cases}\sqrt{1-x^2}, & |x|<1,\\ x^2-1, & 1<|x|\leqslant 2,\end{cases}$$

其定义域D为$[-2,-1)\cup(-1,1)\cup(1,2]$，值域$W$为$(0,3]$，图形如图 1-16 所示.

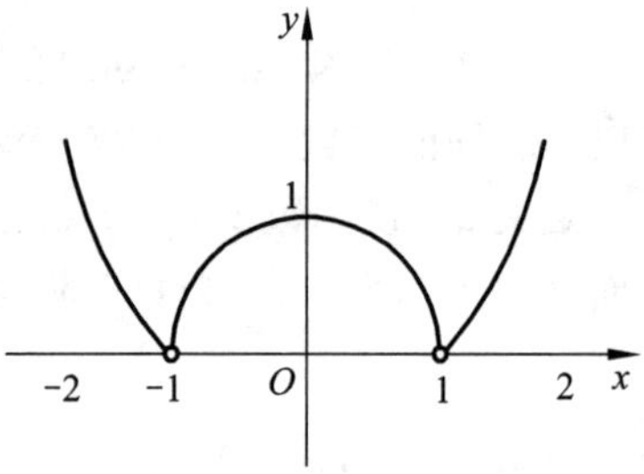

图 1-16

当然，并非所有函数都可以用几何图形表示出来. 如：

例 14　狄利克雷（Dirichlet）函数

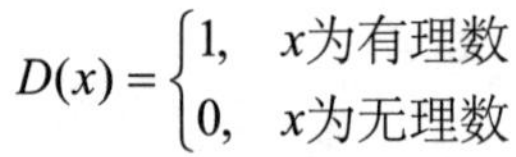

$$D(x)=\begin{cases}1, & x\text{为有理数}\\ 0, & x\text{为无理数}\end{cases}$$

显然，定义域为$(-\infty,+\infty)$，值域为$\{0,1\}$. 这个函数不能用几何图形表示出来.

注意：我们这里所说的函数概念与中学函数概念不同，中学所说的函数强调对应的唯一性，这里取消了“唯一性”的限制.

如果自变量在定义域内任取一个值时，对应的函数值总只有一个，这种函数叫做**单值函数**，否则叫做**多值函数**. 以后凡是没有特别说明时，函数都指单值函数.

下面举一个多值函数的例子.

例 15　在直角坐标系中，半径为R的圆心在原点的圆的方程是$x^2+y^2=R^2$. 这个方程在闭区间$[-R,R]$上确定一个以x为自变量、y为因变量的函数. 当x取$-R$或R时，对应的函数值只有一个$y=0$，但当x在开区间$(-R,R)$内取值时，其对应的函数值总有两个：$y=\pm\sqrt{R^2-x^2}$，

所以由方程 $x^2+y^2=R^2$ 确定了一个多值函数. 如果附加一定的条件，就可以将多值函数化为单值函数，这样得到的单值函数称为这个多值函数的一个单值分支. 例如，由方程 $x^2+y^2=R^2$ 给出的对应规则中，附加“$y\geqslant 0$”的条件，就可以得到一个单值分支 $y=\sqrt{R^2-x^2}$；附加“$y\leqslant 0$”的条件，就可以得到另一个单值分支 $y=-\sqrt{R^2-x^2}$.

二、函数的几种特性

1. 函数的有界性

设函数 $f(x)$ 的定义域为 D，数集 $X\subset D$，如果存在一个常数 $M>0$，使得对于一切 $x\in X$，其对应的函数值都满足不等式

$$|f(x)|\leqslant M,$$

则称函数 $f(x)$ 在 X 上**有界**. 如果不存在这样的 M，也就是说，对任何正数 M，无论 M 的值有多大，总可以找到 X 中的点 x_1，使

$$|f(x_1)|>M,$$

则称函数 $f(x)$ 在 X 上无界.

函数 $y=\sin x$ 无论 x 取任何实数，总有 $|\sin x|\leqslant 1$ 成立，这里 $M=1$ 或为大于 1 的任何常数，所以 $y=\sin x$ 在 $(-\infty,+\infty)$ 内是有界的. 又如，函数 $f(x)=\dfrac{1}{x}$ 在区间 $[1,+\infty)$ 上是有界的，因为对一切 $x\in[1,+\infty)$，总有 $|f(x)|=\left|\dfrac{1}{x}\right|\leqslant 1$. 但 $f(x)=\dfrac{1}{x}$ 在开区间(0,1)内是无界的，因为不存在这样的常数 M，使得对所有 $x\in(0,1)$，有不等式 $|f(x)|=\left|\dfrac{1}{x}\right|\leqslant M$ 成立. 事实上，对于任意取定的正数 M，不妨设 $M>1$，则 $\dfrac{1}{2M}\in(0,1)$，当取 $x_1=\dfrac{1}{2M}$ 时，$|f(x_1)|=\left|\dfrac{1}{x_1}\right|=2M>M$. 因此，可以进一步看到，同一个函数在不同区间上的有界性可能不同.

当一个函数是有界函数时，它的图形是介于两条水平直线 $y=M$ 及 $y=N$ ($M<N$) 之间的曲线.

2. 函数的单调性

设函数 $f(x)$ 的定义域为 D，区间 $I\subset D$，若对任意两点 $x_1,x_2\in I$，当 $x_1<x_2$ 时，有

$$f(x_1)<f(x_2)$$

成立，则称函数 $f(x)$ 在区间 I 上是**单调增加的**；而当 $x_1<x_2$ 时，有

$$f(x_1)>f(x_2)$$

成立，则称函数 $f(x)$ 在区间 I 上是**单调减少的**.

单调增加和单调减少的函数统称为**单调函数**. 当函数单调增加时，它的图形是随 x 的增

加而上升的曲线；当函数单调减少时，它的图形是随着 x 的增大而下降的曲线.

例如，函数 $y=x^2$ 在区间 $[0,+\infty)$ 上单调增加，在区间 $(-\infty,0]$ 上是单调减少的，所以在区间 $(-\infty,+\infty)$ 内，函数 $y=x^2$ 不是单调函数，见图 1-17. 又例如，函数 $y=x^3$ 在 $(-\infty,+\infty)$ 内是单调增加的函数，见图 1-18.

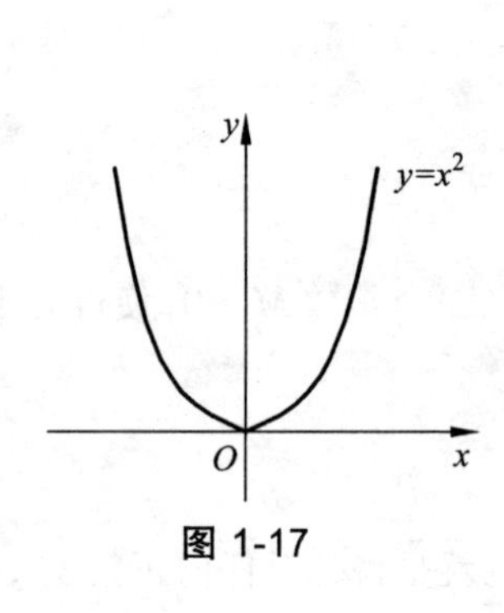

图 1-17

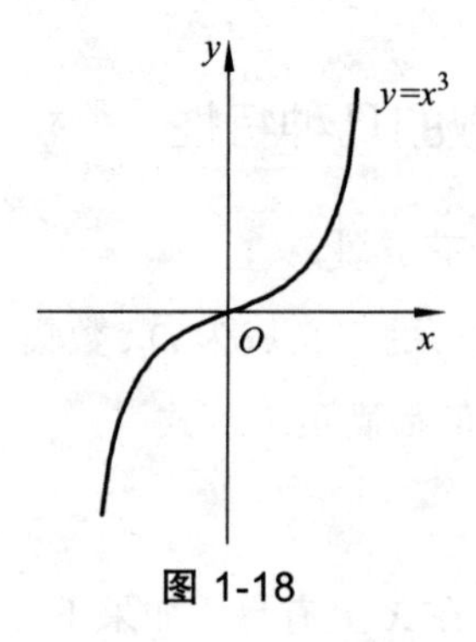

图 1-18

3. 函数的奇偶性

设函数 $f(x)$ 的定义域 D 关于原点对称，如果对于任一个 $x\in D$，总有

$$f(-x)=f(x),$$

则称 $f(x)$ 为**偶函数**；如果对于任一个 $x\in D$，总有

$$f(-x)=-f(x),$$

则称 $f(x)$ 为**奇函数**.

偶函数的图形关于 y 轴对称. 因为若 $f(x)$ 是偶函数，则 $f(-x)=f(x)$，那么对应于 x 及 $-x$ 的两个点 $A(x,f(x))$ 及 $A'(-x,f(x))$ 都在函数的图形上，并关于 y 轴对称，如图 1-19(1)所示.

奇函数的图形关于原点对称. 因为若 $f(x)$ 是奇函数，则 $f(-x)=-f(x)$，那么对应于 x 及 $-x$ 的两个点 $A(x,f(x))$ 及 $A'(-x,-f(x))$ 都在函数的图形上，并关于原点对称，如图 1-19(2)所示.

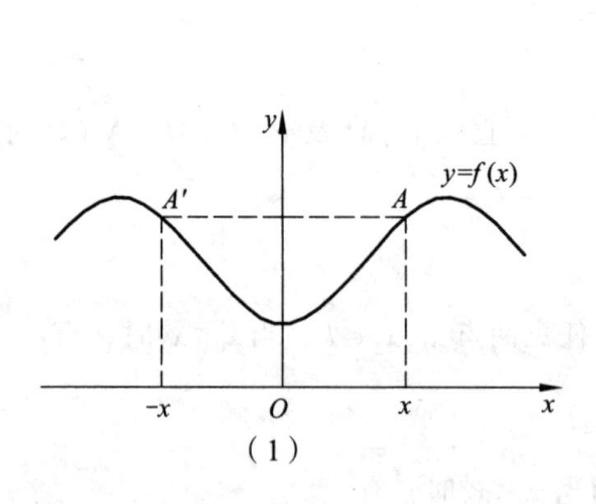

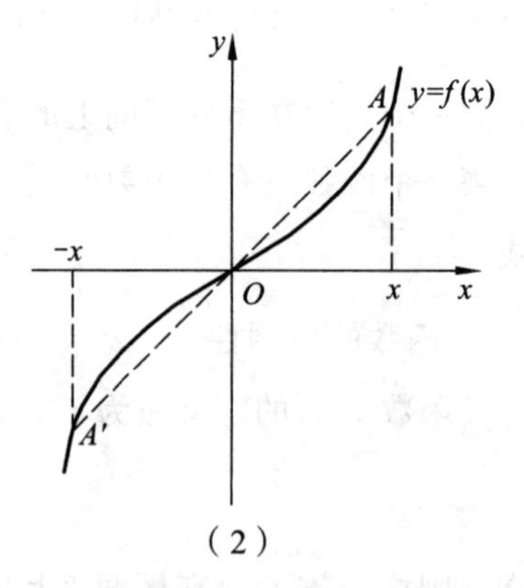

图 1-19

函数 $y=x^2+1$，$y=\cos x$，$y=\dfrac{1}{\sqrt[3]{x^2}}$，$y=\dfrac{e^x+e^{-x}}{2}$ 等皆为偶函数；而函数 $y=\sqrt[3]{x}$，$y=x^2\sin x$，

$y=\dfrac{x}{1+x^2}$，$y=\dfrac{e^x-e^{-x}}{2}$等皆为奇函数．函数$y=\sin x+\cos x$及$y=x+x^2$既非奇函数，也非偶函数．

特别地，函数$y=0$既是奇函数，也是偶函数．

4．函数的周期性

设函数$f(x)$的定义域为D，如果存在一个正数l，使得对于任一$x\in D$，有$(x\pm l)\in D$，且

$$f(x+l)=f(x)$$

成立，则称$f(x)$为**周期函数**，l称为$f(x)$的一个**周期**．通常，我们所说的周期函数的周期是指**最小正周期**．

例如，函数$y=\sin x$，$y=\cos x$都是以2π为周期的周期函数；函数$y=\sin\omega t$是以$\dfrac{2\pi}{\omega}$为周期的函数．

一个周期为l的周期函数，在每个长度为l的区间上函数图形有相同的形状．

并不是每个周期函数都有最小正周期，狄利克雷函数就属于这种情形．

$$D(x)=\begin{cases}1, & \text{当}x\text{为有理数},\\ 0, & \text{当}x\text{为无理数}.\end{cases}$$

若x为有理数，对任一有理数γ，$x+\gamma$也是有理数，因而$D(x+\gamma)=D(x)=1$；若x为无理数，对上述有理数γ，$x+\gamma$也是无理数，所以$D(x+\gamma)=D(x)=0$．这样，任何有理数γ均是$D(x)$的周期，但在有理数集中没有最小的正有理数，也就是说，函数$D(x)$没有最小正周期．

三、复合函数和反函数

1．复合函数

先看一个例子．设$y=\sqrt{u}$，而$u=1-x^2$，以$1-x^2$代替第一式中的u，得$y=\sqrt{1-x^2}$，这时函数$y=\sqrt{1-x^2}$就是由$y=\sqrt{u}$及$u=1-x^2$复合而成的复合函数．

一般地，若函数$y=f(u)$的定义域为D_1，函数$u=\varphi(x)$的定义域为D_2，值域为W_2，并且$W_2\subset D_1$，那么对每个$x\in D_2$，有确定的函数值$u\in W_2$与之对应．由于$W_2\subset D_1$，因此这个值u也属于函数$y=f(u)$的定义域D_1，故又有确定的值y与值u对应．这样，对每个数值$x\in D_2$，通过u有确定的数值y与之对应，从而得到一个以x为自变量，y为因变量的函数，这个函数称为由函数$y=f(u)$及$u=\varphi(x)$复合而成的**复合函数**，记作

$$y=f[\varphi(x)],$$

而u称为**中间变量**．

例如，函数$y=\sin^2 x$就可看作由$y=u^2$及$u=\sin x$复合而成的，这个函数的定义域为$(-\infty,+\infty)$，这也正是函数$u=\sin x$的定义域；又例如，$y=\sqrt{x^2}$可看作由$y=\sqrt{u}$及$u=x^2$复合而成的函数，这个函数实际就是$y=|x|$，这时$y=\sqrt{x^2}$的定义域与$u=x^2$的定义域相同，都是$(-\infty,+\infty)$．

必须注意，不是任何两个函数都可以复合成一个复合函数的．例如，$y=\arcsin u$ 及 $u=2+x^2$．因为对于 $u=2+x^2$，无论 x 取什么实数，总有 $u\geqslant 2$，因而不能使 $y=\arcsin u$ 有意义，所以这两个函数不能复合成一个复合函数．而在前面已经见到的函数 $y=\sqrt{1-x^2}$，复合前的函数 $u=1-x^2$ 的定义域为 $(-\infty,+\infty)$，值域 W_2 为 $(-\infty,1]$，这显然不完全符合函数 $y=\sqrt{u}$ 的定义域 D_1 的要求，也就是说，定义中的条件 $W_2\subset D_1$ 不成立．但由于 $W_2\cap D_1\neq\varnothing$，所以适当限制 x 的取值范围后，函数 $y=\sqrt{u}$ 与 $u=1-x^2$ 也能复合成一个复合函数 $y=\sqrt{1-x^2}$，即在 $u=1-x^2$ 中，x 的取值范围必须限制为 $[-1,1]$．

复合函数也可由两个以上的函数经过复合构成．例如，$y=\ln\sqrt{2+x^2}$，就是由 $y=\ln u$，$u=\sqrt{v}$ 和 $v=2+x^2$ 三个函数复合而成的，其中 u 和 v 都是中间变量．

2. 反函数

在同一个变化过程中，存在着函数关系的两个变量之间，究竟哪一个是自变量哪一个是因变量的问题，但这并不是绝对的，要视问题的具体要求而定．例如，在某商品销售工作中，已知其价格为 a，若想从商品的销量 x 来确定销售总收入 y，那么 x 是自变量，y 是因变量，其函数关系为

$$y=ax;$$

反过来，若想由商品销售总收入 y 来确定其销量 x，则又有

$$x=\frac{y}{a}.$$

我们称后一函数是前一函数的反函数，或者说它们互为反函数．

一般地，设 $y=f(x)$ 为给定的一个函数，如果对其值域 W 中的任一值 y，都可以通过关系 $y=f(x)$ 在其定义域 D 中确定一个 x 值与之对应，则可得到一个定义在 W 上的以 y 为自变量、x 为因变量的函数，这个函数称为 $y=f(x)$ 的**反函数**，记作

$$x=f^{-1}(y),$$

其定义域为 W，值域为 D．相对于反函数 $x=f^{-1}(y)$ 来说，原来的函数 $y=f(x)$ 称为**原函数**．

由定义可以证明，若函数 $y=f(x)$ 是单值单调的函数，那么就能保证其反函数 $x=f^{-1}(y)$ 也是单值单调的函数．这是因为，若 $y=f(x)$ 是单调函数，则任取其定义域 D 上两个不同的值 $x_1\neq x_2$ 时，必有 $f(x_1)\neq f(x_2)$．所以在其值域 W 上任取一个数值 y_0 时，D 上不可能有两个不同的数值 x_1 及 x_2 使 $f(x_1)=f(x_2)=y_0$，但若 $y=f(x)$ 仅为单值函数，则其反函数 $x=f^{-1}(y)$ 就不一定为单值的．例如，函数 $y=x^2$ 的定义域为 $(-\infty,+\infty)$，值域为 $[0,+\infty)$，在 $[0,+\infty)$ 上任取一值 y，只要 $y\neq 0$，则适合关系 $x^2=y$ 的数值 x 就有两个，即 $x=\sqrt{y}$ 或 $x=-\sqrt{y}$，所以 $y=x^2$ 的反函数是多值函数．又因为 $y=x^2$ 在区间 $[0,+\infty)$ 上是单调增加的，所以，如果把 x 限制在 $[0,+\infty)$ 上，则 $y=x^2$ 的反函数是单值且单调增加函数 $x=\sqrt{y}$，它称为函数 $y=x^2$ 的反函数的一个单值分支．类似可知，另一个分支是 $x=-\sqrt{y}$．

要注意的是，$y=f(x)$ 和 $x=f^{-1}(y)$ 表示变量 x 和 y 之间的同一关系，因而它们的图形显然应是同一曲线．而函数的实质是对应关系，只要对应关系不变，自变量和因变量用什么字

母是无关紧要的. 在 $x=f^{-1}(y)$ 与 $y=f^{-1}(x)$ 中，表示对应关系的符号 f^{-1} 没有改变，这就表示它们是同一函数. 因此如果函数 $y=f(x)$ 的反函数是 $x=f^{-1}(y)$，那么 $y=f^{-1}(x)$ 也是 $y=f(x)$ 的反函数，这时，$x=f^{-1}(y)$ 与 $y=f^{-1}(x)$ 的图形关系也就相当于把 x 轴和 y 轴互换，或者说把 $x=f^{-1}(y)$ 的曲线以直线 $y=x$ 为对称轴翻转180°，所得到的曲线就是 $y=f^{-1}(x)$ 的图形，它与曲线 $y=f(x)$ 关于直线 $y=x$ 是对称的，见图 1-20.

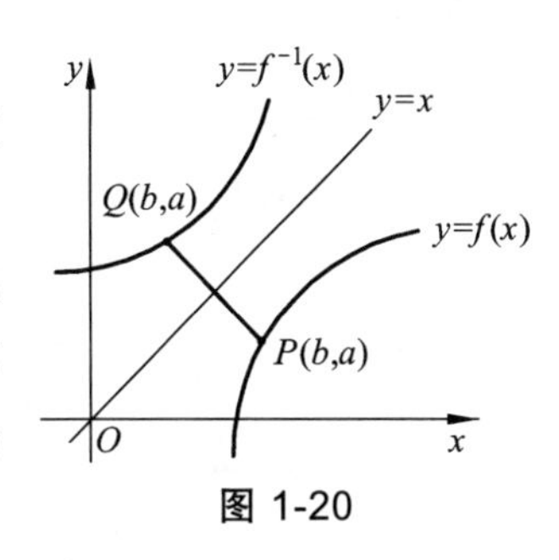

图 1-20

四、基本初等函数

基本初等函数是指下列五类函数：

（1）幂函数：$y=x^{\alpha}$（α 为常数).

（2）指数函数：$y=a^{x}$（$a>0$，$a\neq 1$).

（3）对数函数：$y=\log_a x$（$a>0$，$a\neq 1$).

（4）三角函数：$y=\sin x$，$y=\cos x$，$y=\tan x$，$y=\cot x$，$y=\sec x$，$y=\csc x$.

（5）反三角函数：$y=\arcsin x$，$y=\arccos x$，$y=\arctan x$，$y=\operatorname{arccot} x$.

1. 幂函数 $y=x^{\alpha}$（α 为常数）

幂函数的定义域要看 α 的取值而定. 例如，当 $\alpha=2$ 时，$y=x^2$ 的定义域为 $(-\infty,+\infty)$；而当 $\alpha=\frac{1}{2}$ 时，$y=x^{\frac{1}{2}}$ 即 $y=\sqrt{x}$ 的定义域为 $[0,+\infty)$；又当 $\alpha=-\frac{1}{2}$ 时，$y=x^{-\frac{1}{2}}$ 即 $y=\frac{1}{\sqrt{x}}$ 的定义域为 $(0,+\infty)$. 但不论 α 取什么值，幂函数 $y=x^{\alpha}$ 在 $(0,+\infty)$ 内总有意义.

常见幂函数 $y=x^2, y=x^{\frac{2}{3}}, y=x^3, y=\sqrt[3]{x}$ 及 $y=\frac{1}{x}$ 的图形见图 1-21（1）、（2）、（3).

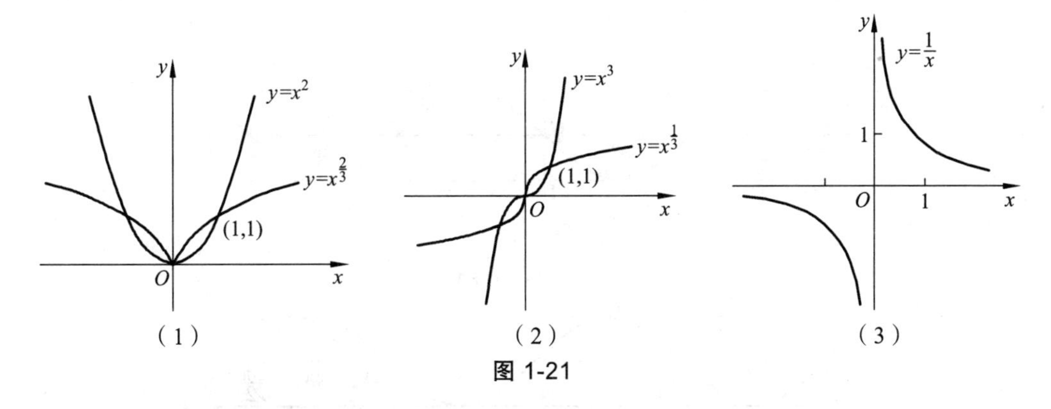

图 1-21

2. 指数函数 $y=a^{x}$（$a>0$，$a\neq 1$)

定义域为 $(-\infty,+\infty)$，值域为 $(0,+\infty)$，不论 a 取何值，总有 $a^0=1$，所以函数曲线总在 x 轴上方且经过点(0,1).

当 $a>1$ 时，a^x 单调增加；当 $0<a<1$ 时，a^x 单调减少.

由 $y=\left(\dfrac{1}{a}\right)^x=a^{-x}$，所以 $y=a^x$ 的图形与 $y=\left(\dfrac{1}{a}\right)^x$ 的图形关于 y 轴对称，如图 1-22 所示.

在科技工作中，常用无理数 e = 2.7182818…为底的指数函数 $y=\mathrm{e}^x$.

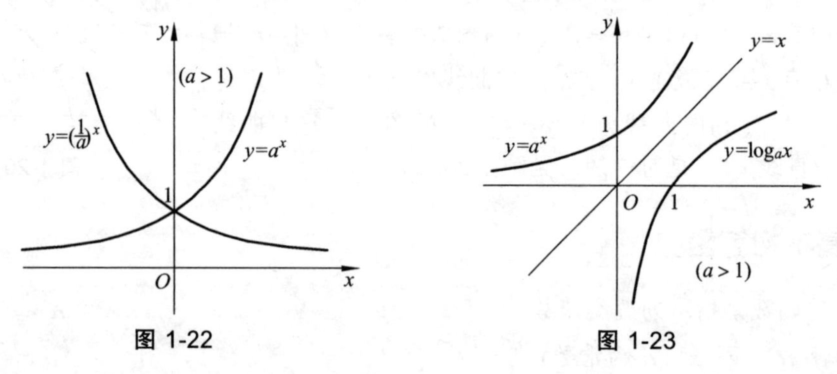

图 1-22　　图 1-23

3. 对数函数 $y=\log_a x$ ($a>0, a\neq 1$)

对数函数 $y=\log_a x$ 是指数函数 $y=a^x$ 的反函数，其定义域为 $(0,+\infty)$，值域为 $(-\infty,+\infty)$，所以 $y=\log_a x$ 的图形总在 y 轴的右方且经过点(1, 0). 对数函数的图形可以从它所对应的指数函数的图形按反函数作图的一般规则作出，即关于直线 $y=x$ 作对称于曲线 $y=a^x$ 的图形就得函数 $y=\log_a x$ 的图形，如图 1-23 所示.

当 $a>1$ 时，$\log_a x$ 单调增加；当 $0<a<1$ 时，$\log_a x$ 单调减少.

在工程问题中常常使用以常数 e 为底的对数函数 $y=\log_{\mathrm{e}} x$，叫做自然对数函数，简记为 $y=\ln x$.

4. 三角函数

常用的三角函数有 $y=\sin x$，$y=\cos x$，$y=\tan x$，$y=\cot x$.

正弦函数 $y=\sin x$ 与余弦函数 $y=\cos x$ 的定义域均为 $(-\infty,+\infty)$，均以 2π 为周期，值域都是闭区间[−1,1]. 它们都是有界函数. 正弦函数是奇函数,余弦函数是偶函数,见图 1-24 及图 1-25.

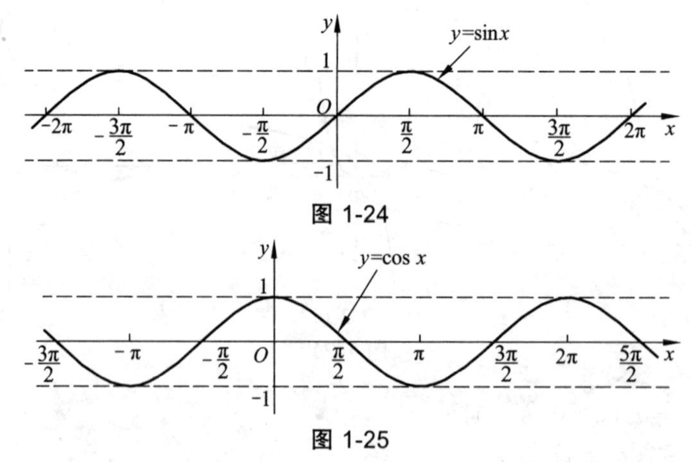

图 1-24

图 1-25

正切函数 $y=\tan x$ 的定义域为 $\left\{x \mid x\in\mathbf{R}, x\neq(2n+1)\dfrac{\pi}{2}, n\in\mathbf{Z}\right\}$，值域为 $(-\infty,+\infty)$，周期为 π 且为奇函数，见图 1-26.

余切函数 $y=\cot x$ 的定义域为 $\{x\mid x\in\mathbf{R},x\neq n\pi,n\in\mathbf{Z}\}$，值域为 $(-\infty,+\infty)$，周期为 π 且为奇函数，见图 1-27.

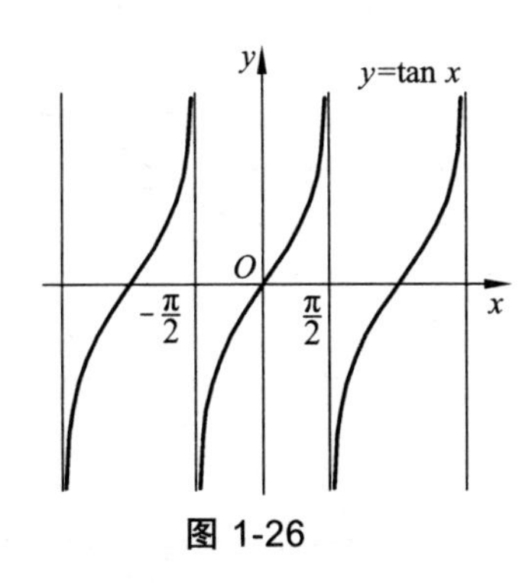

图 1-26

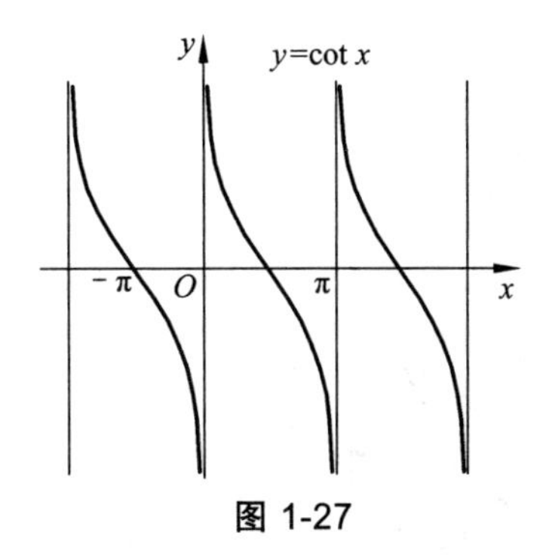

图 1-27

此外，正割函数 $y=\sec x$ 及余割函数 $y=\csc x$ 分别为余弦函数和正弦函数的倒函数，即

$$\sec x=\frac{1}{\cos x},\quad \csc x=\frac{1}{\sin x},$$

所以它们都是以 2π 为周期的函数，并且在开区间 $\left(0,\frac{\pi}{2}\right)$ 内都是无界函数，总有 $\sec x\geqslant 1$ 及 $\csc x\geqslant 1$.

5. 反三角函数

反三角函数是三角函数的反函数，常用的反三角函数有：

反正弦函数：$y=\arcsin x$；

反余弦函数：$y=\arccos x$；

反正切函数：$y=\arctan x$；

反余切函数：$y=\operatorname{arccot} x$.

以上函数的图形见图 1-28（1）、（2）、（3）、（4）. 反三角函数的图形分别与其对应的三角函数的图形对称于直线 $y=x$. 由于三角函数是周期函数，对于值域内的每个值 y，定义域总有无穷多个值 x 与之对应，所以反三角函数都是多值函数，我们可以取这些函数的一个单值分支，称为**主值**，记作：

$y=\arcsin x,\ y\in\left[-\frac{\pi}{2},\frac{\pi}{2}\right]$；

$y=\arccos x,\ y\in[0,\pi]$；

$y=\arctan x,\ y\in\left(-\frac{\pi}{2},\frac{\pi}{2}\right)$；

$y=\operatorname{arccot} x,\ y\in(0,\pi)$.

图 1-28 中的实线部分为各反三角函数主值的图形.

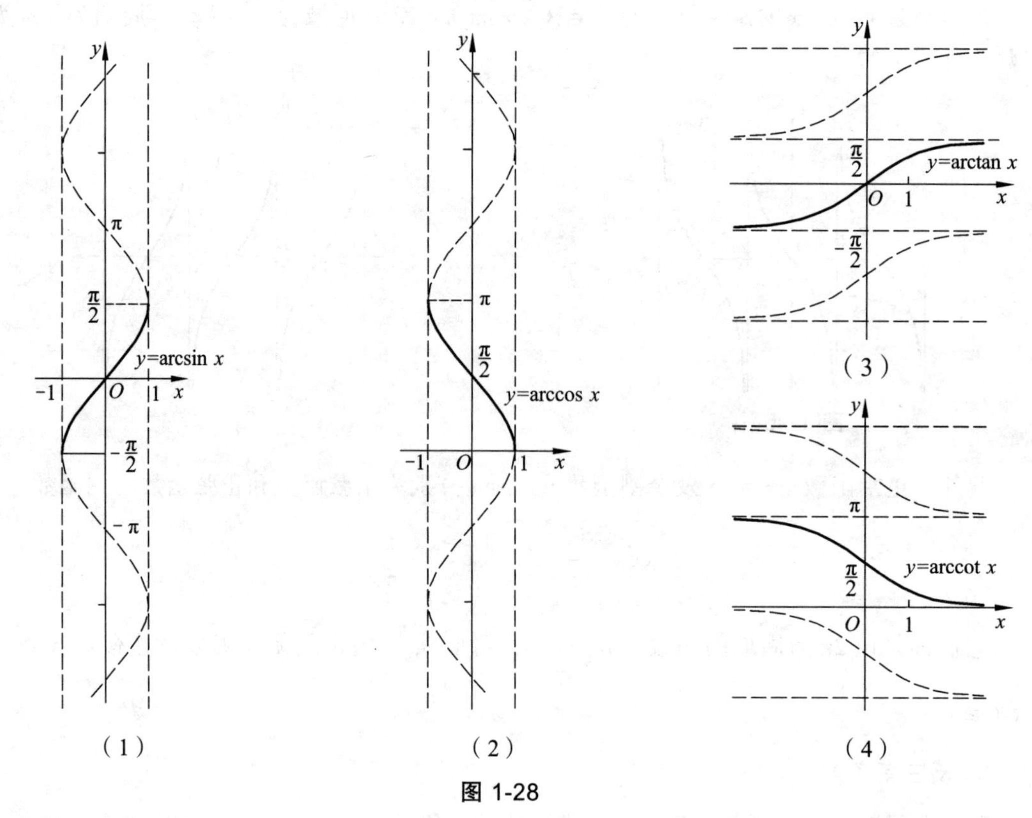

图 1-28

这样，单值函数 $y=\arcsin x$ 及 $y=\arccos x$ 的定义域都是闭区间[−1, 1]，值域分别是闭区间 $\left[-\frac{\pi}{2},\frac{\pi}{2}\right]$ 及 $[0,\pi]$. 在[−1, 1]上， $y=\arcsin x$ 是单调增加的， $y=\arccos x$ 是单调减少的.

单值函数 $y=\arctan x$ 及 $y=\operatorname{arccot} x$ 的定义域都是区间 $(-\infty,+\infty)$，值域分别是开区间 $\left(-\frac{\pi}{2},\frac{\pi}{2}\right)$ 及 $(0,\pi)$. 在 $(-\infty,+\infty)$ 内， $y=\arctan x$ 是单调增加的， $y=\operatorname{arccot} x$ 是单调减少的.

最后给出初等函数的定义：由以上五种基本初等函数和常数经过有限次四则运算和有限次的函数复合而构成的可以用一个式子表示的函数称为**初等函数**.

例如， $y=\sqrt{1-x^2}$ ， $y=\sin^2 x$ ， $y=\sqrt{\cot\frac{x}{2}}$ 都是初等函数，而诸如

$$f(x)=\begin{cases} x^2, & x>0, \\ \sin x, & x\leqslant 0, \end{cases}$$

这种分段函数往往不是初等函数.

第三节 数列的极限

极限思想是由于求某些实际问题的精确解答而产生的. 例如，我国古代数学家刘徽（公元 3 世纪）利用圆内接正多边形来推算圆面积的方法——割圆术（参看光盘演示），就是极

限思想在几何学上的应用．又如，春秋战国时期的哲学家庄子（公元 4 世纪）在《庄子·天下篇》一书中对“截丈问题”（参看光盘演示）有一段名言：“一尺之棰，日截其半，万世不竭”，其中也隐含了深刻的极限思想．

极限是研究变量的变化趋势的基本工具．高等数学中许多基本概念，例如连续、导数、定积分、无穷级数等都是建立在极限基础上的．极限方法又是研究函数的一种最基本方法．本节首先给出数列极限的定义．

1．数　列

以自然数作为下标编号并按顺序排列的一列实数

$$x_1,\ x_2,\ \cdots,\ x_n,\ \cdots \tag{1}$$

称为**实数列**，简称为**数列**或**序列**，记作 $\{x_n\}_{n=1}^{\infty}$ 或简写作 $\{x_n\}$．称数列（1）中每个数为数列的**项**，第一项称为**首项**，x_n 称为**通项**，有时也用通项 x_n 表示数列 $\{x_n\}$．

若对每个 $n\in\mathbf{N}^+$（$\mathbf{N}^+$ 为正整数集），定义 $f(n)=x_n$，则数列（1）由函数 f 的函数值构成，因此也可以把数列看作集合 $\mathbf{N}^+$ 上的一个函数．类似于函数的单调性与有界性，可以定义数列的单调性与有界性．

以下是几个常用的数列：

调和数列 $\left\{\dfrac{1}{n}\right\}$：$1,\ \dfrac{1}{2},\ \dfrac{1}{3},\ \cdots,\ \dfrac{1}{n},\ \cdots\ (n\in\mathbf{N}^+)$；

等比数列 $\{ar^{n-1}\}$：$a,\ ar,\ ar^2,\ \cdots,\ ar^{n-1},\ \cdots\ (a\neq 0,\ n\in\mathbf{N}^+)$；

常数列 $\{c\}$：$c,\ c,\ c,\ \cdots,\ c,\ \cdots$；

摆动数列 $\{(-1)^{n-1}\}$：$1,\ -1,\ 1,\ \cdots,\ (-1)^{n-1},\ \cdots\ (n\in\mathbf{N}^+)$．

2．数列的极限

对一些简单的数列，如 $\left\{\dfrac{1}{n}\right\}$ 及 $\left\{\dfrac{n+1}{n}\right\}$，不难发现，当 n 无限增大（记作“$n\to\infty$”）时，数列的通项 x_n 无限趋近于某个常数 a（如 $\dfrac{1}{n}$ 无限趋近于0，$\dfrac{n+1}{n}$ 无限趋近于1），此时称 x_n 的极限为 a．然而对一些较为复杂的数列，如 $\left\{\left(1+\dfrac{1}{n}\right)^n\right\}$ 及 $\{n^{\frac{1}{n}}\}$，便不易看出通项 x_n 是否无限趋近于某个常数 a．解决这类问题首先要弄清 x_n 无限趋近于 a 的确切意义．比如 $\left\{\dfrac{1}{n}\right\}$，随着 n 的增大，$\dfrac{1}{n}$ 越来越靠近实数 0，因为点 $\dfrac{1}{n}$ 与点 0 的距离越来越近，那么能否说数列 $\dfrac{1}{n}$ 无限趋近于 0 呢？又如 $\left\{\dfrac{(-1)^{n-1}}{n}\right\}$，随着 n 的增大，$\dfrac{(-1)^{n-1}}{n}$ 在 $a=0$ 的两侧交替出现，那么能否说 $\dfrac{(-1)^{n-1}}{n}$ 无限趋近于 0 呢？

为了回答这些问题，我们以数列：

$$2,\ \frac{1}{2},\ \frac{4}{3},\ \cdots,\ \frac{n+(-1)^{n-1}}{n},\ \cdots$$

为例进行分析．在这个数列中，

$$x_n = \frac{n+(-1)^{n-1}}{n} = 1+(-1)^{n-1}\frac{1}{n}.$$

我们知道，两个数 a 与 b 之间的接近程度可以用这两个数之差的绝对值 $|b-a|$ 来度量（在数轴上 $|b-a|$ 表示点 a 与点 b 之间的距离），$|b-a|$ 越小，a 与 b 就越接近．

就上述数列来说，因为

$$|x_n - 1| = \left|(-1)^{n-1}\frac{1}{n}\right| = \frac{1}{n},$$

由此可见，当 n 越来越大时，$\frac{1}{n}$ 就越来越小，从而 x_n 就越接近于 1，因为只要 n 足够大，$|x_n-1|$ 即 $\frac{1}{n}$ 可以小于任意给定的正数．所以说，当 n 无限增大时，x_n 无限接近于 1.

例如，给定 $\frac{1}{100}$，欲使 $\frac{1}{n}<\frac{1}{100}$，只要 $n>100$，即从第 101 项起，都能使不等式

$$|x_n - 1| < \frac{1}{100}$$

成立．

同样的，如果给定 $\frac{1}{10000}$，则从第 10001 项起，都能使不等式

$$|x_n - 1| < \frac{1}{10000}$$

成立．

一般地，不论给定的正数 ε 多么小，总存在着一个正整数 N，使得当 $n>N$ 时，不等式

$$|x_n - 1| < \varepsilon$$

都成立．这就是数列 $x_n = \frac{n+(-1)^{n-1}}{n}$ $(n=1, 2, \cdots)$ 当 $n\to\infty$ 时无限接近于 1 这件事的实质．这样的一个数 1，叫做数列 $x_n = \frac{n+(-1)^{n-1}}{n}$ $(n=1, 2, \cdots)$ 当 $n\to\infty$ 时的极限.

一般地，有如下数列极限的定义．

定义 设 $\{x_n\}$ 是一数列，a 是一常数，若对任给正数 ε，总存在自然数 N，使得不等式

$$|x_n - a| < \varepsilon \tag{2}$$

对所有大于 N 的 n 都成立，则说当 $n\to\infty$ 时，x_n 无限趋近于 a，或简称为 x_n 趋近于 a 或收敛于 a，称 a 为数列 $\{x_n\}$ 的**极限**，记作

$$\lim_{n\to\infty} x_n = a \quad \text{或} \quad x_n \to a\,(n\to\infty).$$

这时我们称数列 $\{x_n\}$ 为**收敛数列**，否则称它为**发散数列**.

定义中要求不等式（2）对某个自然数 N 之后的所有 n 都成立，而对 N 之前的 x_n 如何则不作要求，因此改动 $\{x_n\}$ 的有限项不影响其收敛性及极限，或者说，两个数列若在某项后全相同，则它们的敛散性与极限也一样．一般来说，定义中的 N 与 ε 有关但并不唯一，只要找到一个便可以了．

下面给出“数列 $\{x_n\}$ 的极限为 a”的一个几何解释：将常数 a 及数列 $x_1, x_2, x_3, \cdots, x_n, \cdots$ 在数轴上用它们的对应点表示出来，再在数轴上作点 a 的 ε 邻域即开间区 $(a-\varepsilon, a+\varepsilon)$（如图 1-29）．因不等式 $|x_n - a| < \varepsilon$ 与不等式 $a-\varepsilon < x_n < a+\varepsilon$ 等价，于是，数列 $\{x_n\}$ 收敛于 a 的几何描述为：

$\lim\limits_{n\to\infty} x_n = a$ 等价于：对任给 $\varepsilon > 0$，存在 N，当 $n > N$ 时，x_n 便全部落入开区间 $(a-\varepsilon, a+\varepsilon)$ 中，而只有有限个（至多只有 N 个）在这开区间之外．

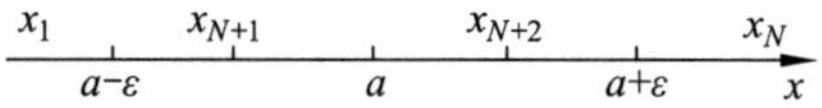

图 1-29

下面举例介绍由定义来考察数列的极限．

例 1　证明常数列 $\{C\}$ 以 C 为极限．

证明　令 $x_n = C\ (n \in \mathbf{N})$，任给 $\varepsilon > 0$，可取 $N = 1$，当 $n > N$ 时，不等式

$$|x_n - C| = |C - C| = 0 < \varepsilon$$

恒成立．所以

$$\lim_{n\to\infty} C = C .$$

例 2　证明 $\lim\limits_{n\to\infty} \dfrac{n+1}{n} = 1$．

证明　任给 $\varepsilon > 0$，欲使不等式

$$|x_n - a| = \left|\frac{n+1}{n} - 1\right| = \frac{1}{n} < \varepsilon ,$$

即不等式

$$\frac{1}{\varepsilon} < n$$

在某个 N 之后恒成立，只需取 N 为大于 $\dfrac{1}{\varepsilon}$ 的自然数即可．例如，取 $N = 1 + \left[\dfrac{1}{\varepsilon}\right]$（$\left[\dfrac{1}{\varepsilon}\right]$ 为 $\dfrac{1}{\varepsilon}$ 的整数部分），则当 $n > N$ 时，有

$$|x_n - a| = \left|\frac{n+1}{n} - 1\right| = \frac{1}{n} < \frac{1}{N} < \frac{1}{\frac{1}{\varepsilon}} = \varepsilon ,$$

故由定义知

$$\frac{n+1}{n} \to 1\ (n \to \infty).$$

例 3　设 $|q| < 1$，证明等比数列 $1, q, q^2, \cdots, q^{n-1}, \cdots$ 的极限是零．

证明　任意给定 $\varepsilon > 0$，因为

$$|x_n - a| = |q^{n-1} - 0| = |q|^{n-1},$$

要使

$$|x_n - a| < \varepsilon ,$$

只要 $$|q|^{n-1}<\varepsilon .$$

取自然对数得 $$(n-1)\ln|q|<\ln\varepsilon .$$

因为 $|q|<1$，则 $\ln|q|<0$，故 $n>1+\dfrac{\ln\varepsilon}{\ln|q|}$. 取 $N=\left[1+\dfrac{\ln\varepsilon}{\ln|q|}\right]$，则当 $n>N$ 时，就有

$$|q^{n-1}-0|<\varepsilon ,$$

即 $$\lim_{n\to\infty}q^{n-1}=0 .$$

第四节 函数的极限

数列可看作自变量为正整数 n 的函数：$x_n=f(n)$，数列 $\{x_n\}$ 的极限为 a，即：当自变量 n 取正整数且无限增大（$n\to\infty$）时，对应的函数值 $f(n)$ 无限接近于数 a. 若将数列极限概念中自变量 n 和函数值 $f(n)$ 的特殊性撇开，可以由此引出函数极限的一般概念：在自变量 x 的某个变化过程中，如果对应的函数值 $f(x)$ 无限接近于某个确定的数 A，则称 A 为 x 在该变化过程中函数 $f(x)$ 的极限. 显然，极限 A 是与自变量 x 的变化过程紧密相关，自变量的变化过程不同，函数的极限就有不同的表现形式. 本节分下列两种情况来讨论：

（1）自变量趋于无穷大时函数的极限；

（2）自变量趋于有限值时函数的极限.

一、函数极限的描述性定义

1. $x\to\infty$ 时函数的极限

如果在 $x\to\infty$ 的过程中，对应的函数值 $f(x)$ 无限接近于确定的数值 A，那么 A 叫做函数 $f(x)$ 当 $x\to\infty$ 时的极限. 精确地说，就是：

定义 1 设函数 $f(x)$ 当 $|x|$ 大于某一正数时有定义，如果存在常数 A，对于任意给定的正数 ε（不论它多么小），总存在着正数 X，使得当 x 满足不等式 $|x|>X$ 时，对应的函数值 $f(x)$ 都满足不等式

$$|f(x)-A|<\varepsilon ,$$

那么常数 A 就叫做函数 $f(x)$ 当 $x\to\infty$ 时的**极限**，记作

$$\lim_{x\to\infty}f(x)=A \quad 或 \quad f(x)\to A\,(当\ x\to\infty).$$

如果 $x>0$ 且无限增大（记作 $x\to+\infty$），那么只要把上面定义中的 $|x|>X$ 改为 $x>X$，就可得 $\lim\limits_{x\to+\infty}f(x)=A$ 的定义. 同样，如果 $x<0$ 而 $|x|$ 无限增大（记作 $x\to-\infty$），那么只要把 $|x|>X$ 改为 $x<-X$，便得 $\lim\limits_{x\to-\infty}f(x)=A$ 的定义.

从几何上来说，$\lim\limits_{x\to\infty}f(x)=A$ 的意义是：作直线 $y=A-\varepsilon$ 和 $y=A+\varepsilon$，则总有一个正数 X 存在，使得当 $x<-X$ 或 $x>X$ 时，函数 $y=f(x)$ 的图形位于这两直线之间（见图 1-30）.

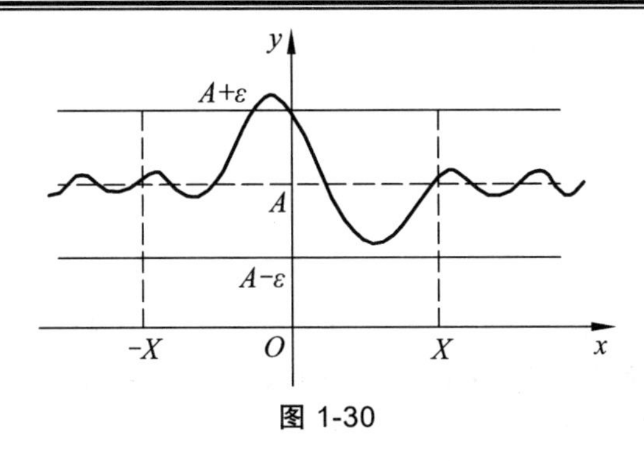

图 1-30

根据定义不难得到

$$\lim_{x\to\infty} f(x)=A \Leftrightarrow \lim_{x\to+\infty} f(x)=\lim_{x\to-\infty} f(x)=A\,.$$

例 1　证明 $\lim\limits_{x\to+\infty}\dfrac{1}{x^2}=0$.

证明　对任意给定的正数 ε，欲使不等式

$$\left|\frac{1}{x^2}-0\right|=\frac{1}{x^2}<\varepsilon$$

成立，相当于

$$\frac{1}{\sqrt{\varepsilon}}<x$$

成立，故只要取 $X=\dfrac{1}{\sqrt{\varepsilon}}$，则当 $x>X$ 时，

$$\left|\frac{1}{x^2}-0\right|<\varepsilon\,,$$

亦即

$$\frac{1}{x^2}\to 0\,(x\to+\infty).$$

2. $x\to x_0$ 时函数的极限

先看下面的例子：

讨论当 $x\to 1$ 时，函数 $y=2+(x-1)^2$ 的变化趋势.

先根据函数 $y=2+(x-1)^2$ 列表(表 1-1)，并作图（图 1-31），来看当 $x\to 1$ 时，y 的变化趋势.

表 1–1

x	0.5	1.5	0.9	1.1	0.99	1.01	…
$2+(x-1)^2$	2.25		2.01		2.0001		…

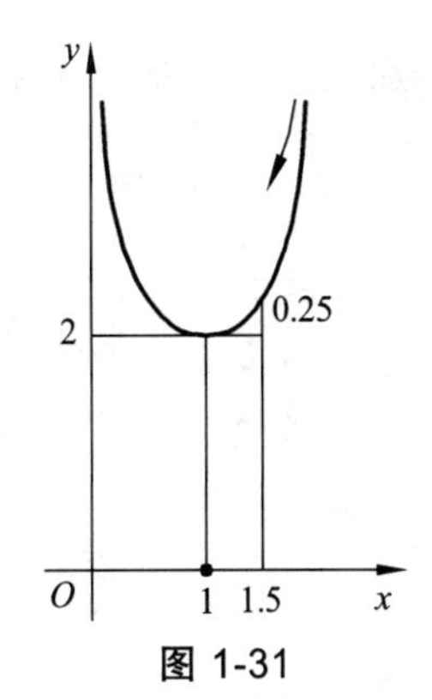

图 1-31

结合图、表可以看出：当自变量 $x\to 1$ 时，函数 $2+(x-1)^2$ 趋向于 2；x 越接近于 1，y 就越接近于 2，当 x 无限接近于 1 时，y 就无限接近于 2. 即：当 $x\to 1$ 时，$y=2+(x-1)^2\to 2$.

由上例，对当$x \to x_0$时，函数$f(x)$的极限可定义如下：

定义 2　当自变量x无限接近于x_0时（x可以不等于x_0），函数$f(x)$无限接近于一个常数A，那么A就叫做函数$f(x)$当$x \to x_0$时的**极限**，记为

$$\lim_{x \to x_0} f(x) = A \quad 或 \quad 当 x \to x_0 时，\quad f(x) \to A .$$

在上面的定义中，我们假定函数$f(x)$在点x_0的某个邻域内是有定义的，并且我们考虑的是当$x \to x_0$时，$f(x)$的变化趋势，因此不在乎$f(x)$在x_0是否有定义．于是，当$x \to 1$时，函数$y = 2 + (x-1)^2$的极限是 2，可记为

$$\lim_{x \to 1}[2 + (x-1)^2] = 2 .$$

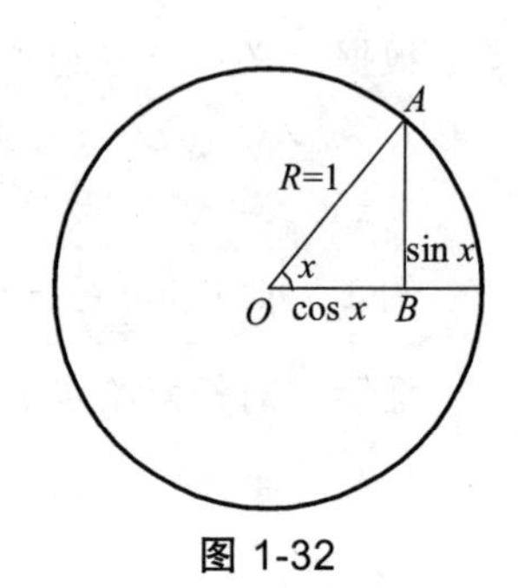

图 1-32

例 2　在单位圆上考察$\lim\limits_{x \to 0} \sin x$和$\lim\limits_{x \to 0} \cos x$的值.

解　作单位圆，并取$\angle AOB = x$弧度（如图 1-32），则

$$\sin x = BA，\quad \cos x = OB .$$

当$x \to 0$时，BA无限接近于 0，OB无限接近于 1，所以

$$\lim_{x \to 0} \sin x = 0，\quad \lim_{x \to 0} \cos x = 1 .$$

二、函数极限的定义

在上面，对于函数极限，我们用了如下一些描述性的语言：“x趋于a”，“$f(x)$趋于某个数A”等，这些说法确实有助于直观地理解极限的含义，但作为定义是不精确的.

下面给出极限$\lim\limits_{x \to x_0} f(x) = A$的精确定义.

定义 3　设函数$f(x)$在点x_0的某一去心邻域内有定义，如果存在常数A，对于任意给定的正数ε（不论它多么小），总存在正数δ，使得当x满足不等式$0 < |x - x_0| < \delta$时，对应的函数值$f(x)$都满足不等式

$$|f(x) - A| < \varepsilon ,$$

那么常数A就叫做函数$f(x)$当$x \to x_0$时的极限，记作

$$\lim_{x \to x_0} f(x) = A \quad 或 \quad f(x) \to A\,(当 x \to x_0).$$

我们指出，定义中$0 < |x - x_0|$表示$x \neq x_0$，所以$x \to x_0$时$f(x)$有没有极限，与$f(x)$在点x_0是否有定义并无关系.

函数$f(x)$当$x \to x_0$时的极限为A的几何解释如下：任意给定一正数ε，作平行于x轴的两条直线

$$y = A + \varepsilon \quad 和 \quad y = A - \varepsilon ,$$

介于这两条直线之间是一带形区域，根据定义，对于给定的ε，存在点x_0的一个δ邻域$(x_0 - \delta, x_0 + \delta)$，当$y = f(x)$的图形上的点的横坐标$x$在邻域$(x_0 - \delta, x_0 + \delta)$内，但$x \neq x_0$时，这些点的纵坐标$f(x)$满足不等式

$$|f(x)-A|<\varepsilon,$$

或
$$A-\varepsilon<f(x)<A+\varepsilon,$$

亦即这些点落在上面所做的带形区域内（图 1-33）.

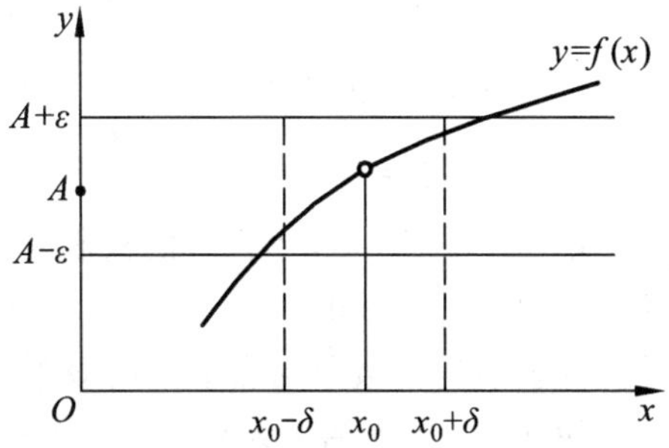

图 1-33

例 3　利用定义证明 $\lim\limits_{x\to 2}(3x+9)=15$.

证明　设 $f(x)=3x+9$，对于任意给定的 $\varepsilon>0$，要使

$$|f(x)-15|=|(3x+9)-15|=3|x-2|<\varepsilon,$$

只要取
$$|x-2|<\frac{\varepsilon}{3}$$

就可以了. 因此，对于任意给定的 $\varepsilon>0$，取 $\delta=\frac{\varepsilon}{3}$，当 $0<|x-2|<\delta$ 时

$$|f(x)-15|<\varepsilon$$

恒成立，所以
$$\lim_{x\to 2}(3x+9)=15.$$

例 4　利用定义证明 $\lim\limits_{x\to 1}\frac{x^2-1}{x-1}=2$.

证明　对于任意给定的 $\varepsilon>0$，要使

$$\left|\frac{x^2-1}{x-1}-2\right|<\varepsilon,$$

只要
$$|x+1-2|=|x-1|<\varepsilon.$$

取 $\delta=\varepsilon$，则当 $0<|x-1|<\delta$ 时，就有

$$\left|\frac{x^2-1}{x-1}-2\right|<\varepsilon,$$

即
$$\lim_{x\to 1}\frac{x^2-1}{x-1}=2.$$

例 5　利用定义证明 $\lim\limits_{x\to x_0}x=x_0$.

证明　设 $f(x)=x$，对于任意给定的 $\varepsilon>0$，要使

$$|f(x)-x_0|=|x-x_0|<\varepsilon,$$

只要取 $\delta=\varepsilon$ 就可以了. 因此，对于任意给定的 $\varepsilon>0$，取 $\delta=\varepsilon$，当 $0<|x-x_0|<\delta$ 时，

$$|f(x)-x_0|<\varepsilon$$

恒成立，所以
$$\lim_{x\to x_0}x=x_0.$$

例 6　设 $f(x)=\begin{cases}x, & x\leqslant 0,\\ 1, & x>0,\end{cases}$ 研究 $\lim\limits_{x\to 0}f(x)$.

解　由于

$$\lim_{x\to 0^-} f(x)=\lim_{x\to 0^-} x=0,\quad \lim_{x\to 0^+} f(x)=\lim_{x\to 0^+} 1=1,$$

所以 $\lim\limits_{x\to 0^-} f(x)\neq \lim\limits_{x\to 0^+} f(x)$，故 $\lim\limits_{x\to 0} f(x)$不存在.

1. 单侧极限

前面讲了 $x\to x_0$ 时 $f(x)$ 的极限，在那里 x 是以任意方式趋近于 x_0 的. 但是，有时我们还需要知道 x 仅从 x_0 的左侧（$x<x_0$）或仅从 x_0 的右侧（$x>x_0$）趋于 x_0 时，$f(x)$ 的变化趋势. 因此，需要引进左极限与右极限的概念.

定义 4 如果当 x 从 x_0 的左侧（$x<x_0$）趋于 x_0 时，$f(x)$ 以 A 为极限，即对于任意给定的 $\varepsilon>0$，总存在一个正数 δ，当 $0<x_0-x<\delta$ 时，

$$|f(x)-A|<\varepsilon$$

恒成立，则称 A 为 $x\to x_0$ 时 $f(x)$ 的**左极限**. 记作

$$\lim_{x\to x_0^-} f(x)=A \quad \text{或} \quad f(x_0^-)=A.$$

如果当 x 从 x_0 的右侧（$x>x_0$）趋于 x_0 时，$f(x)$ 以 A 为极限，即对于任意给定的 $\varepsilon>0$，总存在一个正数 δ，使当 $0<x-x_0<\delta$ 时，

$$|f(x)-A|<\varepsilon$$

恒成立，则称 A 为 $x\to x_0$ 时 $f(x)$ 的**右极限**. 记作

$$\lim_{x\to x_0^+} f(x)=A \quad \text{或} \quad f(x_0^+)=A.$$

左极限和右极限统称为单侧极限. 根据左、右极限的定义，显然可得下列定理.

定理 1 极限 $\lim\limits_{x\to x_0} f(x)=A$ 存在的充分必要条件是：

$$\lim_{x\to x_0^+} f(x)=\lim_{x\to x_0^-} f(x)=A.$$

例 7 讨论极限 $\lim\limits_{x\to 0}\dfrac{|x|}{x}$ 是否存在？

解 记 $f(x)=\dfrac{|x|}{x}$，因 $x>0$ 时 $f(x)\equiv 1$，故

$$f(0^+)=1;$$

而当 $x<0$ 时 $f(x)\equiv -1$，故

$$f(0^-)=-1.$$

因此 $f(0^+)\neq f(0^-)$，故由定理 1 知所讨论的极限不存在.

例 8 证明：当 $x\to 0$ 时，函数 $f(x)=\begin{cases} x-1, & x<0 \\ 0, & x=0 \\ x+1, & x>0 \end{cases}$ 的极限不存在.

证明 仿例 7 可证当 $x\to 0$ 时，$f(x)$ 的左极限是

$$\lim_{x\to 0^-} f(x)=\lim_{x\to 0^-}(x-1)=-1,$$

而右极限是

$$\lim_{x\to 0^+} f(x)=\lim_{x\to 0^+}(x+1)=1.$$

因为左、右极限不相等，所以当 $x\to 0$ 时，$f(x)$ 的极限不存在.

2. 极限的性质

这一节主要讨论极限的性质. 首先讨论收敛数列的性质.

定理 2（极限的唯一性）　如果数列 $\{x_n\}$ 收敛，那么它的极限唯一.

证明　用反证法. 假设同时有 $x_n\to a$ 及 $x_n\to b$ 且 $a<b$，取 $\varepsilon=\dfrac{b-a}{2}$. 因为 $\lim\limits_{n\to\infty}x_n=a$，故存在正整数 N_1，当 $n>N_1$ 时，不等式

$$|x_n-a|<\frac{b-a}{2} \tag{1}$$

成立；同理，因为 $\lim\limits_{n\to\infty}x_n=b$，故存在正整数 N_2，当 $n>N_2$ 时，不等式

$$|x_n-b|<\frac{b-a}{2} \tag{2}$$

成立. 取 $N=\max\{N_1,N_2\}$，则当 $n>N$ 时，（1）式及（2）式同时成立. 但由（1）式有 $x_n<\dfrac{a+b}{2}$，由（2）式有 $x_n>\dfrac{a+b}{2}$，这是不可能的，所以定理 2 成立.

一个收敛数列一般含有无穷多个数，而它的极限只是一个数，我们单凭这一个数就能精确地估计出几乎全体项的大小. 收敛数列的下面这些性质大都基于这一事实.

定理 3（收敛数列的有界性）　若数列 $\{a_n\}$ 收敛，则 $\{a_n\}$ 为有界数列，即存在正数 M，使得对一切正整数 n 有

$$|a_n|\leqslant M.$$

证明　设 $\lim\limits_{n\to\infty}a_n=a$，取 $\varepsilon=1$，存在正整数 N，对一切 $n>N$ 有

$$|a_n-a|<1,$$

即

$$a-1<a_n<a+1.$$

记 $M=\max\{|a_1|,|a_2|,\cdots,|a_N|,|a-1|,|a+1|\}$，则对一切正整数 n 都有

$$|a_n|\leqslant M.$$

注意　有界性只是数列收敛的必要条件而非充分条件. 例如，数列 $\{(-1)^n\}$ 有界，但它并不收敛.

定理 4（收敛数列的保号性）　如果 $\lim\limits_{n\to\infty}x_n=a$，且 $a>0$（或 $a<0$），那么存在正整数 $N>0$，当 $n>N$ 时，都有 $x_n>0$（或 $x_n<0$）.

证明　仅就 $a>0$ 的情形证明. 由数列极限的定义，对 $\varepsilon=\dfrac{a}{2}>0$，存在正整数 $N>0$，当

$n>N$时，有

$$|x_n-a|<\frac{a}{2}.$$

从而
$$x_n>a-\frac{a}{2}=\frac{a}{2}>0.$$

推论 如果数列$\{x_n\}$从某项起有$x_n\geqslant 0$（或$x_n\leqslant 0$），且$\lim\limits_{n\to\infty}x_n=a$，那么$a\geqslant 0$（或$a\leqslant 0$）.

证明 设数列$\{x_n\}$从第N_1项起，即当$n>N_1$时有$x_n\geqslant 0$. 现在用反证法证明. 若$\lim\limits_{n\to\infty}x_n=a<0$，则由定理4知，存在正整数$N_2>0$，当$n>N_2$时，有$x_n<0$. 取$N=\max\{N_1,N_2\}$，当$n>N$时，按假定有$x_n\geqslant 0$，按定理4有$x_n<0$，矛盾，所以必有$a\geqslant 0$.

数列$\{x_n\}$从某项起有$x_n\leqslant 0$的情形，可以类似地证明.

与收敛数列的性质相比较，可得函数极限的一些相应的性质. 它们都可以根据函数极限的定义，运用类似于证明收敛数列性质的方法加以证明. 由于函数极限的定义按自变量的变化过程不同有各种形式，下面仅以$\lim\limits_{x\to x_0}f(x)$这种形式为代表给出关于函数极限性质的一些定理. 至于其他形式的极限的性质，只要相应地做一些修改即可得出.

定理5（函数极限的唯一性） 若极限$\lim\limits_{x\to a}f(x)$存在，则极限值唯一.

定理6（函数极限的局部有界性） 若极限$\lim\limits_{x\to a}f(x)$存在，则存在常数$M>0$和$\delta>0$，使得当$0<|x-a|<\delta$时，有

$$|f(x)|\leqslant M.$$

定理7（函数极限的局部保号性） 若$\lim\limits_{x\to a}f(x)=A>0$（或$<0$），则存在常数$\delta>0$，使得当$0<|x-a|<\delta$时，有

$$f(x)>0\text{（或 }f(x)<0\text{）}.$$

推论 若$\lim\limits_{x\to a}f(x)=A$，而且$f(x)\geqslant 0$（或$f(x)\leqslant 0$），则$A\geqslant 0$（或$A\leqslant 0$）.

第五节 极限的运算法则

本节要建立极限的四则运算法则和复合函数的极限运算法则. 在下面的讨论中，记号“lim”下面没有表明自变量的变化过程，是指对$x\to x_0$和$x\to\infty$以及单侧极限均成立. 但在论证时，只证明了$x\to x_0$的情形.

定理1 在某一变化过程中，如果变量x与变量y分别以A与B为极限，则变量$x\pm y$以$A\pm B$为极限，即有

$$\lim(x\pm y)=\lim x\pm\lim y.$$

证明 因为$\lim x=A$，$\lim y=B$，所以，对于任意给定的$\varepsilon>0$，总有那么一个时刻，在

那个时刻以后，恒有

$$|x-A|<\frac{\varepsilon}{2};$$

也总有那么一个时刻，在那个时刻以后，恒有

$$|y-B|<\frac{\varepsilon}{2}.$$

显然，在上述两个时刻中较晚的那个时刻以后，上面的两个不等式都成立. 因此，在那个较晚的时刻以后，恒有

$$|(x\pm y)-(A\pm B)|\leqslant|x-A|+|y-B|<\frac{\varepsilon}{2}+\frac{\varepsilon}{2}=\varepsilon.$$

这就证明了 $x\pm y$ 以 $A\pm B$ 为极限，即有

$$\lim(x\pm y)=A\pm B=\lim x\pm\lim y.$$

定理 2　在某个变化过程中，如果变量 x 与变量 y 分别以 A 与 B 为极限，则变量 xy 以 AB 为极限，即有

$$\lim xy=\lim x\cdot\lim y.$$

（证明从略）.

推论 1　常数因子可以提到极限符号外面，即

$$\lim Cy=C\lim y.$$

推论 2　如果 n 是正整数，则

$$\lim x^n=(\lim x)^n \quad 且 \quad \lim x^{\frac{1}{n}}=(\lim x)^{\frac{1}{n}}.$$

定理 3　在某一变化过程中，如果变量 x 与变量 y 分别以 A 与 B 为极限，且 $B\neq 0$，则变量 $\frac{x}{y}$ 以 $\frac{A}{B}$ 为极限，即有

$$\lim\frac{x}{y}=\frac{\lim x}{\lim y}\quad(\lim y\neq 0).$$

（证明从略）.

利用极限四则运算规则可简化极限计算.

例 1　计算以下极限：

（1）$\lim\limits_{n\to\infty}\dfrac{2n^2+1}{n^2+2n+3}$；　（2）$\lim\limits_{x\to 2}(3x^2-2x+1)$；　（3）$\lim\limits_{x\to 1}\dfrac{x^2+x-1}{x^2-1}$.

解　（1）$\lim\limits_{n\to\infty}\dfrac{2n^2+1}{n^2+2n+3}=\lim\limits_{n\to\infty}\dfrac{2+\dfrac{1}{n^2}}{1+\dfrac{2}{n}+\dfrac{3}{n^2}}=\dfrac{\lim\limits_{n\to\infty}\left(2+\dfrac{1}{n^2}\right)}{\lim\limits_{n\to\infty}\left(1+\dfrac{2}{n}+\dfrac{3}{n^2}\right)}$

$$=\frac{2+\lim\limits_{n\to\infty}\frac{1}{n^2}}{1+2\lim\limits_{n\to\infty}\frac{1}{n}+3\lim\limits_{n\to\infty}\frac{1}{n^2}}=2.$$

（2）$\lim\limits_{x\to2}(3x^2-2x+1)=\lim\limits_{x\to2}3x^2-\lim\limits_{x\to2}2x+\lim\limits_{x\to2}1=3\lim\limits_{x\to2}x^2-2\lim\limits_{x\to2}x+1$

$$=3(\lim_{x\to2}x)^2-4+1=12-4+1=9.$$

（3）因为 $x\to1$ 时，分母 $x^2-1\to0$，故不能直接应用商规则. 注意到 $x\to1$ 时 $x\neq1$，故可以先约去分子与分母中的非零因子 $x-1$，再使用商规则求极限：

$$\lim_{x\to1}\frac{x^2+x-2}{x^2-1}=\lim_{x\to1}\frac{(x-1)(x+2)}{(x-1)(x+1)}=\lim_{x\to1}\frac{x+2}{x+1}=\frac{\lim\limits_{x\to1}(x+2)}{\lim\limits_{x\to1}(x+1)}=\frac{3}{2}.$$

为了表明以上每步所使用的规则，上述步骤写得比较详细，一旦熟练后便可省略一些简单的步骤.

例 2 计算以下极限：

（1）$\lim\limits_{n\to\infty}\frac{1+2+\cdots+n}{n^2}$；（2）$\lim\limits_{n\to\infty}\left(\frac{1}{1\cdot2}+\frac{1}{2\cdot3}+\cdots+\frac{1}{n(n+1)}\right)$；

（3）$\lim\limits_{x\to+\infty}\frac{7x^3-2x+1}{2x^3+x+1}$；（4）$\lim\limits_{x\to1}\left(\frac{1}{1-x}-\frac{3}{1-x^3}\right)$.

解（1）原式 $=\lim\limits_{n\to\infty}\frac{\frac{n(n+1)}{2}}{n^2}=\lim\limits_{n\to\infty}\frac{1}{2}\left(1+\frac{1}{n}\right)=\frac{1}{2}$.

（2）原式 $=\lim\limits_{n\to\infty}\left(1-\frac{1}{2}+\frac{1}{2}-\frac{1}{3}+\cdots+\frac{1}{n}-\frac{1}{n+1}\right)=\lim\limits_{n\to\infty}\left(1-\frac{1}{n+1}\right)=1$.

（3）不可直接应用商规则，因为当 $x\to+\infty$ 时分子分母的极限均不存在，可先用 x^3 分别除分式的分子和分母，再用商规则求极限：

$$原式=\lim_{x\to+\infty}\frac{7-\frac{2}{x^2}+\frac{1}{x^3}}{2+\frac{1}{x^2}+\frac{1}{x^3}}=\frac{\lim\limits_{x\to+\infty}\left(7-\frac{2}{x^2}+\frac{1}{x^3}\right)}{\lim\limits_{x\to+\infty}\left(2+\frac{1}{x^2}+\frac{1}{x^3}\right)}=\frac{7}{2}.$$

（4）不可直接应用和规则，因 $x\to1$ 时 $\frac{1}{1-x}$ 及 $\frac{3}{1-x^3}$ 的极限均不存在，应当先合并，化简后再求极限：

$$原式=\lim_{x\to1}\frac{1+x+x^2-3}{1-x^3}=\lim_{x\to1}\frac{(x-1)(x+2)}{(1-x)(1+x+x^2)}=-\lim_{x\to1}\frac{x+2}{1+x+x^2}=-\frac{3}{3}=-1.$$

例 3 求 $\lim\limits_{x\to0}\frac{\sqrt[n]{1+x}-1}{x}$（$n$ 为自然数).

解 记 $f(x)=\frac{\sqrt[n]{1+x}-1}{x}$，其中所含根式不易处理，可作代换 $t=\sqrt[n]{1+x}$，即 $x=t^n-1$，再进行化简（此时 $x\to0$ 对应于 $t\to1$).

$$原式=\lim_{t\to1}\frac{t-1}{t^n-1}=\lim_{t\to1}\frac{1}{1+t+t^2+\cdots+t^{n-1}}=\frac{1}{n}.$$

例 4 求 $\lim\limits_{x\to1^+}\left(\sqrt{\frac{1}{x-1}+1}-\sqrt{\frac{1}{x-1}-1}\right)$.

解 作代换 $t=\frac{1}{x-1}$，则 $x\to1^+$ 对应于 $t\to+\infty$，故有

$$原式=\lim_{t\to+\infty}(\sqrt{t+1}-\sqrt{t-1})=\lim_{t\to+\infty}\frac{2}{\sqrt{t+1}+\sqrt{t-1}}=0.$$

例 5 已知 $f(x)=\begin{cases}x-1, & x<0,\\ \frac{x^2+3x-1}{x^3+1}, & x\geqslant0,\end{cases}$ 求 $\lim\limits_{x\to0}f(x)$，$\lim\limits_{x\to+\infty}f(x)$，$\lim\limits_{x\to-\infty}f(x)$.

解 因为

$$\lim_{x\to0^-}f(x)=\lim_{x\to0^-}(x-1)=-1,\quad \lim_{x\to0^+}f(x)=\lim_{x\to0^+}\frac{x^2+3x-1}{x^3+1}=-1,$$

所以

$$\lim_{x\to0}f(x)=-1.$$

同理

$$\lim_{x\to+\infty}f(x)=\lim_{x\to+\infty}\frac{x^2+3x-1}{x^3+1}=0,$$

$$\lim_{x\to-\infty}f(x)=\lim_{x\to-\infty}(x-1)=-\infty.$$

第六节 极限存在准则 两个重要极限

一、判别极限存在的两个准则

依据数列极限定义只能检验常数 a 是否为数列 x_n 的极限，但若 a 预先不知道，或不等式 $|x_n-a|<\varepsilon$ 较复杂而解不出 n，则不易判断数列的收敛性，为此介绍下面两个判别数列收敛性的准则，称为数列极限存在准则.

准则 I（夹逼准则）如果数列 $\{a_n\}$，$\{b_n\}$ 及 $\{x_n\}$ 满足下列条件：

（1）$a_n\leqslant x_n\leqslant b_n\ (n=1,2,3,\cdots)$；

（2）$\lim\limits_{n\to\infty}a_n=\lim\limits_{n\to\infty}b_n=l$，

那么数列 $\{x_n\}$ 的极限存在，且 $\lim\limits_{n\to\infty}x_n=l$.

证明 因 $a_n\to l, b_n\to l$，所以根据数列极限的定义，对于任意给定的 $\varepsilon>0$，存在正整数 N_1，当 $n>N_1$ 时，有

$$|a_n-l|<\varepsilon;$$

又存在正整数 N_2，当 $n>N_2$ 时，有

$$|b_n - l| < \varepsilon .$$

现在取 $N = \max\{N_1, N_2\}$，则当 $n > N$ 时，有

$$|a_n - l| < \varepsilon，\ |b_n - l| < \varepsilon$$

同时成立，即

$$l - \varepsilon < a_n < l + \varepsilon，\ l - \varepsilon < b_n < l + \varepsilon$$

同时成立．又因 x_n 介于 a_n 和 b_n 之间，所以当 $n > N$ 时，有

$$l - \varepsilon < a_n \leqslant x_n \leqslant b_n < l + \varepsilon ,$$

即

$$|x_n - l| < \varepsilon$$

成立，这就证明了

$$\lim_{n\to\infty} x_n = l .$$

例 1　证明 $x_n = \frac{n}{n^2+1} + \frac{n}{n^2+2} + \cdots + \frac{n}{n^2+n}$ 收敛，并求其极限.

证明　将分母进行放大及缩小得

$$\frac{n^2}{n^2+n} = \frac{n}{n^2+n} + \frac{n}{n^2+n} + \cdots + \frac{n}{n^2+n} < x_n < \frac{n}{n^2+1} + \frac{n}{n^2+1} + \cdots + \frac{n}{n^2+1} = \frac{n^2}{n^2+1} .$$

由于 $n \to \infty$ 时，

$$\frac{n^2}{n^2+n} = \frac{1}{1+\frac{1}{n}} \to 1，\quad \frac{n^2}{n^2+1} = \frac{1}{1+\frac{1}{n^2}} \to 1 ,$$

故由夹逼准则得 $\{x_n\}$ 收敛且极限为 1.

例 2　利用 $\lim_{n\to\infty} \sqrt[n]{2} = 1$，证明 $\lim_{n\to\infty} \sqrt[n]{2^n + 3^n} = 3$.

证明　由不等式

$$3 = \sqrt[n]{3^n} < \sqrt[n]{2^n + 3^n} < \sqrt[n]{3^n + 3^n} = 3\sqrt[n]{2}$$

及

$$3\sqrt[n]{2} \to 3\ (n \to \infty) ,$$

由夹逼准则得

$$\sqrt[n]{2^n + 3^n} \to 3\,(n \to \infty) .$$

准则 II（单调有界收敛准则）有界的单调数列必有极限.

此准则的证明超出大纲要求，在此略去．在应用中要注意有界性、单调性缺一不可.

例 3　设 $a_n = 1 + \frac{1}{2^\alpha} + \frac{1}{3^\alpha} + \cdots + \frac{1}{n^\alpha} (n = 1, 2, \cdots)$，其中实数 $\alpha \geqslant 2$，证明数列 $\{a_n\}$ 收敛.

证明　显然，$\{a_n\}$ 是递增的，下证 $\{a_n\}$ 有上界．事实上

$$a_n \leqslant 1+\frac{1}{2^2}+\frac{1}{3^2}+\cdots+\frac{1}{n^2} \leqslant 1+\frac{1}{1\cdot 2}+\frac{1}{2\cdot 3}+\cdots+\frac{1}{(n-1)n}$$
$$=1+\left(1-\frac{1}{2}\right)+\left(\frac{1}{2}-\frac{1}{3}\right)+\cdots+\left(\frac{1}{n-1}-\frac{1}{n}\right)$$
$$=2-\frac{1}{n}<2 \quad (n=1,2,\cdots).$$

于是由单调有界定理，$\{a_n\}$收敛.

准则 I 亦可推广到函数极限，它可以用来计算一些重要的函数极限.

函数的夹逼准则　设在 x_0 的某去心邻域上有 $g_1(x) \leqslant f(x) \leqslant g_2(x)$，且 $\lim\limits_{x\to x_0} g_1(x)=\lim\limits_{x\to x_0} g_2(x)=l$，则 $\lim\limits_{x\to x_0} f(x)=l$.

夹逼准则是就 $x\to x_0$ 叙述的，同样，此准则亦适用于 x 的其他变化过程.

二、两个重要极限

在极限运算中，常常用到下面两个重要极限.

1. 极限 $\lim\limits_{x\to 0}\dfrac{\sin x}{x}=1$

证明　首先注意到，函数 $\dfrac{\sin x}{x}$ 对于一切 $x\neq 0$ 都有定义.

在图 1-34 所示的单位圆中，设圆心角 $\angle AOB=x\left(0<x<\dfrac{\pi}{2}\right)$，点 A 处的切线与 OB 的延长线相交于 D，又 $BC\perp OA$，则

$$\sin x=CB,\quad x=\overset{\frown}{AB},\quad \tan x=AD.$$

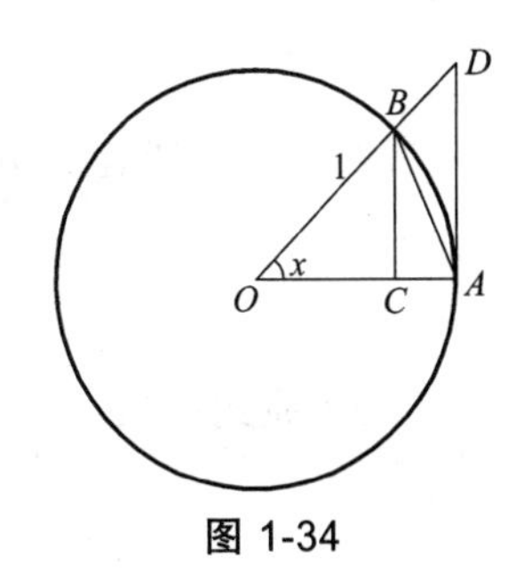

图 1-34

因为

$\triangle AOB$ 的面积 < 圆扇形 AOB 的面积 < $\triangle AOD$ 的面积，

所以
$$\frac{1}{2}\sin x<\frac{1}{2}x<\frac{1}{2}\tan x,$$

即
$$\sin x<x<\tan x.$$

不等号各边都除以 $\sin x$，就有

$$1<\frac{x}{\sin x}<\frac{1}{\cos x},$$

或
$$\cos x<\frac{\sin x}{x}<1.$$

因为当 x 用 $-x$ 代替时，$\cos x$ 与 $\dfrac{\sin x}{x}$ 都不变，所以上面的不等式对于开区间 $\left(-\dfrac{\pi}{2},0\right)$ 内的一切 x 也是成立的.

为了应用夹逼准则，下面来证 $\lim\limits_{x\to 0}\cos x=1$.

事实上，当 $0<|x|<\dfrac{\pi}{2}$ 时，

$$0<|\cos x-1|=1-\cos x=2\sin^2\frac{x}{2}<2\left(\frac{x}{2}\right)^2=\frac{x^2}{2},$$

即
$$0<1-\cos x<\frac{x^2}{2}.$$

当 $x\to 0$ 时，$\dfrac{x^2}{2}\to 0$，由夹逼准则有

$$\lim_{x\to 0}(1-\cos x)=0,$$

所以
$$\lim_{x\to 0}\cos x=1.$$

由于 $\lim\limits_{x\to 0}\cos x=1$，$\lim\limits_{x\to 0}1=1$，由夹逼准则，即得

$$\lim_{x\to 0}\frac{\sin x}{x}=1.$$

例 4 求以下极限：

（1）$\lim\limits_{x\to 0}\dfrac{\tan x}{x}$；（2）$\lim\limits_{x\to 0}\dfrac{1-\cos x}{x^2}$；（3）$\lim\limits_{x\to 0}\dfrac{\sin 3x}{\sin 4x}$；

（4）$\lim\limits_{x\to 0}\dfrac{\tan x-\sin x}{x^3}$；（5）$\lim\limits_{x\to \frac{\pi}{2}}\dfrac{\sin 2x}{\cos x}$；（6）$\lim\limits_{x\to \infty}\dfrac{2x-1}{x^2\sin\dfrac{2}{x}}$.

解 （1）原式 $=\lim\limits_{x\to 0}\dfrac{\dfrac{\sin x}{x}}{\cos x}=\dfrac{\lim\limits_{x\to 0}\dfrac{\sin x}{x}}{\lim\limits_{x\to 0}\cos x}=\dfrac{1}{1}=1$.

（2）原式 $=\lim\limits_{x\to 0}\dfrac{2\sin^2\dfrac{x}{2}}{x^2}=\dfrac{1}{2}\lim\limits_{x\to 0}\left(\dfrac{\sin\dfrac{x}{2}}{\dfrac{x}{2}}\right)^2\xlongequal{t=\frac{x}{2}}\dfrac{1}{2}\lim\limits_{t\to 0}\left(\dfrac{\sin t}{t}\right)^2=\dfrac{1}{2}\left(\lim\limits_{t\to 0}\dfrac{\sin t}{t}\right)^2=\dfrac{1}{2}$.

（3）原式 $=\lim\limits_{x\to 0}\left(\dfrac{\sin 3x}{3x}\cdot\dfrac{4x}{\sin 4x}\cdot\dfrac{3}{4}\right)=\dfrac{3}{4}\dfrac{\lim\limits_{x\to 0}\dfrac{\sin 3x}{3x}}{\lim\limits_{x\to 0}\dfrac{\sin 4x}{4x}}=\dfrac{3}{4}$.

（4）原式 $=\lim\limits_{x\to 0}\left(\dfrac{\sin x}{x}\cdot\dfrac{1-\cos x}{x^2}\cdot\dfrac{1}{\cos x}\right)=\lim\limits_{x\to 0}\dfrac{\sin x}{x}\lim\limits_{x\to 0}\dfrac{1-\cos x}{x^2}\lim\limits_{x\to 0}\dfrac{1}{\cos x}$

$$=1\cdot\lim_{x\to 0}\frac{2\sin^2\frac{x}{2}}{x^2}\cdot 1=\frac{1}{2}\lim_{x\to 0}\left(\frac{\sin\frac{x}{2}}{\frac{x}{2}}\right)^2=\frac{1}{2}\left(\lim_{x\to 0}\frac{\sin\frac{x}{2}}{\frac{x}{2}}\right)^2=\frac{1}{2}.$$

（5）令 $x=\dfrac{\pi}{2}-t$，则 $x\to\dfrac{\pi}{2}$ 时，$t\to 0$．则

$$原式=\lim_{t\to 0}\frac{\sin(\pi-2t)}{\sin t}=\lim_{t\to 0}\frac{\sin 2t}{\sin t}=2\cdot\lim_{t\to 0}\frac{\sin 2t}{2t}\cdot\lim_{t\to 0}\frac{t}{\sin t}=2.$$

（6）$原式=\dfrac{1}{2}\lim\limits_{x\to\infty}\left[\left(2-\dfrac{1}{x}\right)\dfrac{\frac{2}{x}}{\sin\frac{2}{x}}\right]\overset{令t=\frac{1}{x}}{=\!=\!=}\dfrac{1}{2}\lim\limits_{t\to 0}\left[(2-t)\dfrac{2t}{\sin 2t}\right]=1.$

2. 极限 $\lim\limits_{n\to\infty}\left(1+\dfrac{1}{n}\right)^n=\mathrm{e}$

证明　设 $x_n=\left(1+\dfrac{1}{n}\right)^n$，我们来证数列 $\{x_n\}$ 单调增加并且有界．按牛顿二项公式，有

$$x_n=\left(1+\frac{1}{n}\right)^n=1+\frac{n}{1!}\cdot\frac{1}{n}+\frac{n(n-1)}{2!}\cdot\frac{1}{n^2}+\frac{n(n-1)(n-2)}{3!}\cdot\frac{1}{n^3}+\cdots+\frac{n(n-1)\cdots(n-n+1)}{n!}\cdot\frac{1}{n^n}$$
$$=1+1+\frac{1}{2!}\left(1-\frac{1}{n}\right)+\frac{1}{3!}\left(1-\frac{1}{n}\right)\left(1-\frac{2}{n}\right)+\cdots+\frac{1}{n!}\left(1-\frac{1}{n}\right)\left(1-\frac{2}{n}\right)\cdots\left(1-\frac{n-1}{n}\right).$$

类似地，

$$x_{n+1}=1+1+\frac{1}{2!}\left(1-\frac{1}{n+1}\right)+\frac{1}{3!}\left(1-\frac{1}{n+1}\right)\left(1-\frac{2}{n+1}\right)+\cdots+$$
$$\frac{1}{n!}\left(1-\frac{1}{n+1}\right)\left(1-\frac{2}{n+1}\right)\cdots\left(1-\frac{n-1}{n+1}\right)+$$
$$\frac{1}{(n+1)!}\left(1-\frac{1}{n+1}\right)\left(1-\frac{2}{n+1}\right)\cdots\left(1-\frac{n}{n+1}\right).$$

比较 x_n，x_{n+1} 的展开式，可以看到除前面两项外，x_n 的每一项都小于 x_{n+1} 的对应项，并且 x_{n+1} 还多了最后一项，其值大于 0，因此

$$x_n<x_{n+1}.$$

这就说明数列 $\{x_n\}$ 是单调增加的．

这个数列同时还是有界的．因为 $0<1-\dfrac{n-1}{n}\leqslant 1$，如果 x_n 的展开式中各项括号内的数用较大的数 1 代替，得

$$x_n<1+1+\frac{1}{2!}+\frac{1}{3!}+\cdots+\frac{1}{n!}<1+1+\frac{1}{2}+\frac{1}{2^2}+\cdots+\frac{1}{2^{n-1}}$$
$$=1+\frac{1-\frac{1}{2^n}}{1-\frac{1}{2}}=3-\frac{1}{2^{n-1}}<3.$$

这就说明数列 $\{x_n\}$ 是有界的，根据极限存在准则 II，这个数列 $\{x_n\}$ 的极限存在.

通常用拉丁字母 e 表示该数列的极限，即

$$\lim_{n\to\infty}\left(1+\frac{1}{n}\right)^n=\mathrm{e}.$$

它是一个无理数，取其前 13 位数字是 $\mathrm{e}\approx 2.718281828459$.

以 e 为底的对数称为自然对数，通常记

$$\ln x=\log_{\mathrm{e}} x.$$

可以证明，当 x 取实数而趋于 $+\infty$ 或 $-\infty$ 时，函数 $\left(1+\frac{1}{x}\right)^x$ 的极限都存在且都等于 e，因此

$$\lim_{x\to\infty}\left(1+\frac{1}{x}\right)^x=\mathrm{e}.$$

例 5 计算下列极限：

（1）$\lim\limits_{x\to 0}(1+2x)^{\frac{1}{x}}$；（2）$\lim\limits_{x\to\infty}\left(1+\frac{1}{x}\right)^{x+2}$；（3）$\lim\limits_{x\to\infty}\left(1+\frac{1}{x+2}\right)^x$；

（4）$\lim\limits_{x\to\infty}\left(1+\frac{1}{x}\right)^{2x}$；（5）$\lim\limits_{x\to\infty}\left(\frac{x+4}{x+2}\right)^x$；（6）$\lim\limits_{x\to 0}(\cos^2 x)^{\csc^2 x}$.

解（1）原式 $=\lim\limits_{x\to 0}(1+2x)^{\frac{1}{2x}\times 2}\overset{t=2x}{=\!=}\left(\lim\limits_{t\to 0}(1+t)^{\frac{1}{t}}\right)^2\overset{u=\frac{1}{t}}{=\!=}\left[\lim\limits_{u\to\infty}\left(1+\frac{1}{u}\right)^u\right]^2=\mathrm{e}^2$.

（2）原式 $=\lim\limits_{x\to\infty}\left(1+\frac{1}{x}\right)^x\lim\limits_{x\to\infty}\left(1+\frac{1}{x}\right)^2=\mathrm{e}\cdot 1=\mathrm{e}$.

（3）原式 $=\lim\limits_{x\to\infty}\left(1+\frac{1}{x+2}\right)^{x+2-2}\overset{t=x+2}{=\!=}\lim\limits_{t\to\infty}\left[\left(1+\frac{1}{t}\right)^t\left(1+\frac{1}{t}\right)^{-2}\right]=\mathrm{e}$.

（4）原式 $=\left(\lim\limits_{x\to\infty}\left(1+\frac{1}{x}\right)^x\right)^2=\mathrm{e}^2$.

（5）原式 $=\lim\limits_{x\to\infty}\left(1+\frac{2}{x+2}\right)^x=\left(\lim\limits_{x\to\infty}\left(1+\frac{2}{x+2}\right)^{\frac{x+2}{2}-1}\right)^2$

$$\overset{t=\frac{x+2}{2}}{=\!=}\left(\lim_{t\to\infty}\left(1+\frac{1}{t}\right)^{t-1}\right)^2=\left(\lim_{t\to\infty}\left(1+\frac{1}{t}\right)^t\lim_{t\to\infty}\left(1+\frac{1}{t}\right)^{-1}\right)^2=\mathrm{e}^2.$$

（6）原式 $=\lim\limits_{x\to 0}(1+\cos^2 x-1)^{\frac{-1}{\cos^2 x-1}}\overset{t=\cos^2 x-1}{=\!=\!=}\lim\limits_{t\to 0}(1+t)^{-\frac{1}{t}}=\dfrac{1}{\lim\limits_{t\to 0}(1+t)^{\frac{1}{t}}}=\mathrm{e}^{-1}$.

第七节　函数的连续与间断

客观世界的许多现象和事物不仅是运动变化的，而且其运动变化的过程往往是连绵不断的，比如日月行空、岁月流逝、植物生长、物种变化等，这些连绵不断发展变化的事物在量的方面的反映就是函数的连续性. 本节将要引入的连续函数就是刻画变量连续变化的数学模型.

16、17 世纪，微积分的酝酿和产生，直接肇始于对物体的连续运动的研究. 例如，伽利略所研究的自由落体运动等都是连续变化的量. 但直到 19 世纪以前，数学家们对连续变量的研究仍停留在几何直观的层面上，即把能一笔画成的曲线所对应的函数称为连续函数. 19 世纪中叶，在柯西等数学家建立起严格的极限理论之后，才对连续函数做出了严格的数学表述.

连续函数不仅是微积分的研究对象，而且微积分中的主要概念、定理、公式、法则等，往往都要求函数具有连续性.

本节和下一节将以极限为基础，介绍连续函数的概念、连续函数的运算及连续函数的一些性质.

一、函数连续的定义

考察函数 $y=f(x)$，当其自变量由 x 变到 $x+\Delta x$ 时，因变量 $f(x)$ 也会随之产生变化. 通常将 x 的变化值 Δx 称为 x 的**改变量**或**增量**，它可以是正的，也可以是负的. 因变量 $y=f(x)$ 随之产生的变化值称为 y 的改变量，记作 Δy，即

$$\Delta y=f(x+\Delta x)-f(x).$$

应该注意到：记号 Δy 并不表示某个量 Δ 与变量 y 的乘积，而是一个不可分割的整体记号.

例如，对函数 $y=x^2$，

$$\Delta y=(x+\Delta x)^2-x^2=2x\cdot\Delta x+(\Delta x)^2.$$

对同一函数 $f(x)$，Δy 的大小取决于 x 与 Δx，本节将要考虑的问题是：当 Δx 无限趋于 0 时，Δy 是否也无限趋于 0？即是否有

$$\lim_{\Delta x\to 0}\Delta y=0\text{（或等价的 }\lim_{\Delta x\to 0}f(x+\Delta x)=f(x)\text{）}.$$

定义 1　设函数 $y=f(x)$ 在点 x_0 的某一邻域内有定义，如果

$$\lim_{\Delta x\to 0}\Delta y=\lim_{\Delta x\to 0}[f(x_0+\Delta x)-f(x_0)]=0,\tag{1}$$

则称函数 $y=f(x)$ 在点 x_0 连续.

为了应用方便起见，下面把函数 $y=f(x)$ 在点 x_0 连续的定义用不同的方式来叙述.

设 $x=x_0+\Delta x$，则 $\Delta x\to 0$ 就是 $x\to x_0$. 又由于

$$\Delta y = f(x_0+\Delta x)-f(x_0)=f(x)-f(x_0),$$

即
$$f(x)=f(x_0)+\Delta y,$$

可见 $\Delta y\to 0$ 就是 $f(x)\to f(x_0)$，因此（1）式与

$$\lim_{x\to x_0} f(x)=f(x_0) \tag{2}$$

等价. 所以，函数 $y=f(x)$ 在点 x_0 连续的定义又可叙述如下：

设函数 $y=f(x)$ 在点 x_0 的某一邻域内有定义，如果

$$\lim_{x\to x_0} f(x)=f(x_0),$$

则称函数 $f(x)$ 在点 x_0 连续.

下面说明左连续、右连续及其他有关的概念.

定义 2　（1）若 $f(x)$ 在 x_0 的某个左邻域 $(x_0-\delta,x_0]$ $(\delta>0)$ 内有定义，且

$$\lim_{x\to x_0^-} f(x)=f(x_0),$$

则称 $f(x)$ 在 x_0 处左连续；若 $f(x)$ 在 x_0 的某个右邻域 $[x_0,x_0+\delta)$ $(\delta>0)$ 内有定义，且

$$\lim_{x\to x_0^+} f(x)=f(x_0),$$

则称 $f(x)$ 在 x_0 处右连续.

（2）设 $f(x)$ 在开区间 (a,b) 内有定义，若 $f(x)$ 在 (a,b) 内每个点都连续，则说 $f(x)$ 在开区间 (a,b) 内连续.

（3）设 $f(x)$ 在闭区间 $[a,b]$ 上有定义，若 $f(x)$ 在开区间 (a,b) 内连续，且在左端点 $x=a$ 右连续，在右端点 $x=b$ 左连续，则说 $f(x)$ 在闭区间 $[a,b]$ 上连续.

由左右极限与极限的相互关系知，$f(x)$ 在 x_0 处连续的充分必要条件是 $f(x)$ 在 x_0 既左连续又右连续.

若 $f(x)$ 在 $[a,b]$ 上连续，则其图形是一条无间断的曲线，即从点 $A(a,f(a))$ 到点 $B(b,f(b))$ 的一笔画成的曲线（见图 1-35）.

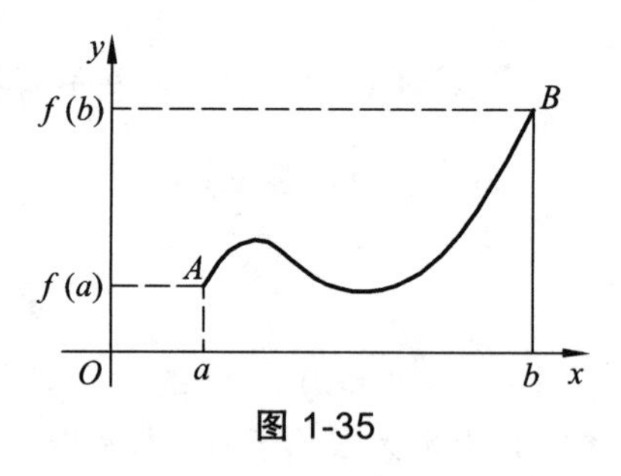

图 1-35

例 1　证明 $f(x)=\sin x$ 在 $(-\infty,+\infty)$ 上连续.

证明　任给 $x_0\in(-\infty,+\infty)$，因为

$$0\leqslant|\sin x-\sin x_0|=2\left|\sin\frac{x-x_0}{2}\cos\frac{x+x_0}{2}\right|$$

$$\leqslant 2\left|\sin\frac{x-x_0}{2}\right|\leqslant 2\frac{|x-x_0|}{2}=|x-x_0|,$$

令 $x\to x_0$，得
$$|\sin x-\sin x_0|\to 0,$$

此即
$$\lim_{x\to x_0}\sin x=\sin x_0.$$

这说明 $\sin x$ 在 x_0 处连续. 由 x_0 的任意性即知 $f(x)$ 在 $(-\infty,+\infty)$ 上连续.

二、函数的间断点

根据函数 $f(x)$ 在 x_0 处连续的定义，我们知道，如果函数 $y=f(x)$ 在点 x_0 处是连续的，那么 $f(x)$ 必须同时满足下面三个条件：

（1）函数 $f(x)$ 在点 x_0 的邻域内有定义；

（2）$\lim\limits_{x\to x_0} f(x)$ 存在；

（3）$\lim\limits_{x\to x_0} f(x)=f(x_0)$.

当三个条件中有任何一个不成立时，我们就说函数 $f(x)$ 在 x_0 处不连续，而点 x_0 叫做函数 $f(x)$ 的间断点或不连续点.

对函数的间断点可进行如下分类：

第一类间断点：$f(x_0^-)$ 与 $f(x_0^+)$ 都存在的间断点；

第二类间断点：$f(x_0^-)$ 与 $f(x_0^+)$ 中至少有一个不存在的间断点（注意，无穷大属于不存在之列）.

在第一类间断点中，有以下两种情形：

（1）$f(x_0^-)=f(x_0^+)\neq f(x_0)$（或 $f(x_0)$ 无定义），这种间断点称为**可去间断点**. 只要重新定义 $f(x_0)$（或补充定义 $f(x_0)$），令 $f(x_0)=f(x_0^-)=f(x_0^+)$，则函数 $f(x)$ 在 x_0 点连续.

（2）$f(x_0^-)\neq f(x_0^+)$，这种间断点称为**跳跃间断点**. 对于跳跃间断点 x_0，数 $|f(x_0^+)-f(x_0^-)|$ 称为函数 $f(x)$ 在 x_0 点的**跃度**.

例 2　$x_0=0$ 是函数 $f(x)=\dfrac{\sin x}{x}$ 的可去间断点. 这是因为

$$f(0^-)=f(0^+)=1,$$

而 $f(0)$ 无定义（见图 1-36），这时我们可以补充定义 $f(0)=1$，于是便得到一个连续的函数

$$F(x)=\begin{cases}\dfrac{\sin x}{x}, & x\neq 0,\\ 1, & x=0.\end{cases}$$

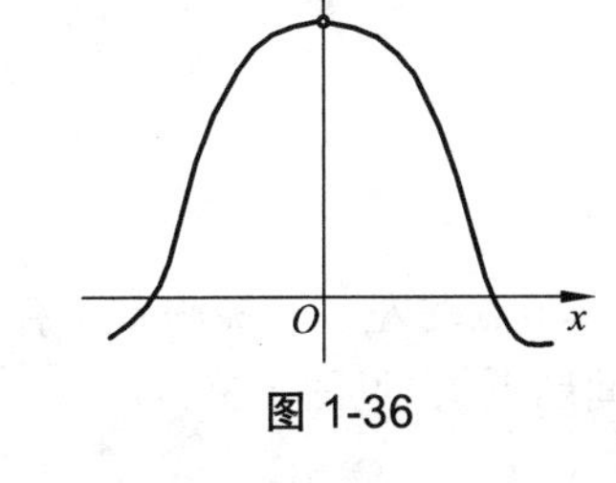

图 1-36

这样便把间断点 $x_0=0$ “去掉”了.

例 3　函数

$$f(x)=\begin{cases}\arctan\dfrac{1}{x}, & x\neq 0\\ 0, & x=0\end{cases}$$

在 $x_0=0$ 点的左、右极限分别为 $-\dfrac{\pi}{2}$，$\dfrac{\pi}{2}$，所以 $x_0=0$ 是函数的第一类间断点（见图 1-37）.

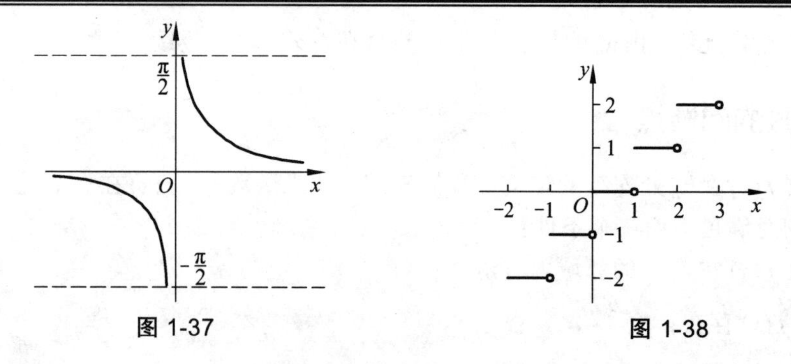

图 1-37　　　　图 1-38

例 4　讨论函数 $f(x)=[x]$（x 的最大整数部分）的连续性.

解　由函数的定义知道，当 $0\leqslant x<1$ 时，$f(x)=0$；当 $1\leqslant x<2$ 时，$f(x)=1$．于是

$$f(1^+)=1, \quad f(1^-)=0.$$

因此，$x=1$ 是 $f(x)=[x]$ 的第一类间断点，即跳跃间断点，函数的跃度等于 1（见图 1-38）.

类似可证一切整数点都是函数的跳跃间断点，且跃度都是 1.

再来考察 $x=\frac{1}{2}$ 处的情形，容易看出

$$\lim_{x\to\frac{1}{2}} f(x)=\lim_{x\to\frac{1}{2}}[x]=0=f\left(\frac{1}{2}\right),$$

所以 $x=\frac{1}{2}$ 是 $f(x)$ 的连续点.

类似可证所有的非整数点都是 $f(x)$ 的连续点.

还可以证明一切整数点处，函数是右连续的，但不左连续.

例 5　函数

$$f(x)=\begin{cases}\dfrac{1}{x}, & x\neq 0\\ 0, & x=0\end{cases}$$

在 $x=0$ 点的左、右极限都不存在（均为无穷大），所以 $x=0$ 是函数的第二类间断点（亦称无穷间断点），见图 1-39.

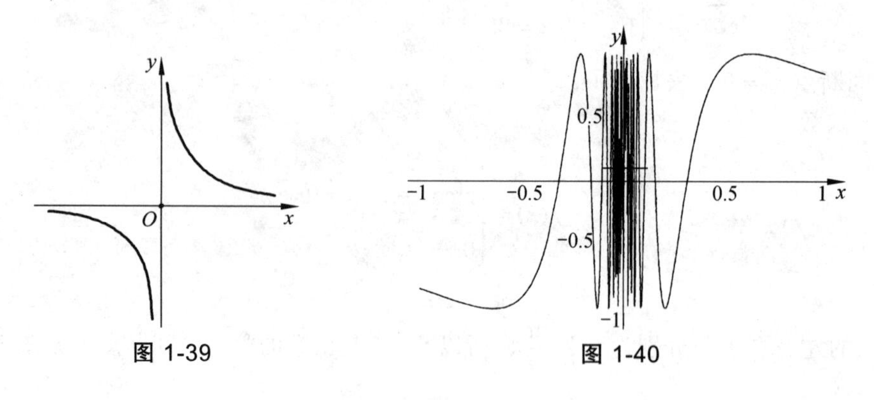

图 1-39　　　　图 1-40

例 6　设

$$f(x)=\begin{cases}\sin\dfrac{1}{x}, & x\neq 0,\\ 0, & x=0,\end{cases}$$

当 $x\to 0$ 时，$\dfrac{1}{x}\to\infty$，$\sin\dfrac{1}{x}$ 不趋向任何数，也不趋向无穷大，当 x 充分靠近 0 时，$\sin\dfrac{1}{x}$ 的值在+1 与 −1 之间无限振荡，因此 $x=0$ 是 $f(x)$ 的第二类间断点（亦称振荡型间断点），如图 1-40 所示.

三、连续函数的有关定理

根据连续函数的定义，可以从函数极限的运算性质中推出如下性质.

定理 1（四则运算的连续性）　设 $f(x)$ 与 $g(x)$ 在点 x_0 处连续，则 $f(x)\pm g(x)$，$f(x)g(x)$，$\dfrac{f(x)}{g(x)}(g(x_0)\neq 0)$ 在 x_0 处也连续.

证明　由条件知

$$\lim_{x\to x_0}f(x)=f(x_0),\qquad \lim_{x\to x_0}g(x)=g(x_0),$$

于是

$$\lim_{x\to x_0}(f(x)\pm g(x))=\lim_{x\to x_0}f(x)\pm\lim_{x\to x_0}g(x)=f(x_0)\pm g(x_0),$$

即 $f(x)\pm g(x)$ 在 x_0 处连续.

类似地可以证明积与商也在 x_0 连续.

定理 2（复合函数的连续性）　设 $g[f(x)]$ 在 x_0 的某邻域上有定义，$f(x)$ 在 x_0 处连续，$g(y)$ 在 $y_0=f(x_0)$ 处连续，则 $g[f(x)]$ 在 x_0 处连续.

证明　由于 $\lim\limits_{x\to x_0}f(x)=f(x_0)$，$\lim\limits_{y\to y_0}g(y)=g(y_0)$，于是

$$\lim_{x\to x_0}g[f(x)]\xlongequal{y=f(x)}\lim_{y\to y_0}g(y)=g(y_0)=g[f(x_0)].$$

这表明 $g[f(x)]$ 在 x_0 处连续.

定理 3（反函数的连续性）　设 $y=f(x)$ 是区间 I 上严格单调的连续函数，则 $y=f(x)$ 的值域 J 是一个区间，且 $f(x)$ 的反函数 $x=f^{-1}(y)$ 也是 J 上严格单调（单调性与 f 相同）的连续函数.

此定理的证明从略. 下面利用这些定理来讨论初等函数的连续性.

先考虑基本初等函数的连续性.

（1）三角函数.

我们已经在前面证明了 $\sin x$ 在定义区间 $(-\infty,+\infty)$ 上连续，而 $\cos x=\sin\left(x+\dfrac{\pi}{2}\right)$ 是连续函数 $\sin y$ 与 $y=x+\dfrac{\pi}{2}$ 的复合，故由定理 2 知，$\cos x$ 也在 $(-\infty,+\infty)$ 上连续.

又由

$$\tan x=\frac{\sin x}{\cos x}，\ \cot x=\frac{\cos x}{\sin x}，\ \sec x=\frac{1}{\cos x}，\ \csc x=\frac{1}{\sin x}，$$

从定理 1 知，它们在各自的定义域上连续.

（2）指数函数.

指数函数 $a^x\ (a>0,\ a\neq 1)$在 $(-\infty,+\infty)$ 上严格单调并且连续．证明从略.

（3）对数函数，反三角函数.

对数函数 $\log_a x$ 是指数函数的反函数，由于指数函数严格单调而且连续，故由定理 3 知，对数函数在 $(0,+\infty)$ 上连续.

类似地可以推出，反三角函数 $\arcsin x$，$\arccos x$，$\arctan x$，$\operatorname{arccot} x$ 在各自的定义域上连续.

（4）幂函数.

幂函数 $y=x^u$ 的定义域随 u 的值而异，但无论 u 为何值，在区间 $(0,+\infty)$ 内幂函数总是有定义的．下面来证明，在 $(0,+\infty)$ 内，幂函数是连续的.

事实上，设 $x>0$，则

$$y=x^u=\mathrm{e}^{u\ln x}，$$

因此，幂函数 $y=x^u$ 可看作由 $y=\mathrm{e}^v$，$v=u\ln x$ 复合而成的，因此，根据定理 2，它在 $(0,+\infty)$ 内连续.

如果对于 u 取各种不同值加以分别讨论，可以证明（证明从略）幂函数在它的定义域内是连续的.

综上所述，基本初等函数在其定义域上连续，于是由定理 1 及定理 2 知，由基本初等函数的连续性可得下列重要结论：

定理 4 初等函数在其定义区间上连续.

注意：所谓定义区间，就是包含在定义域内的区间.

最后，我们介绍连续性在极限计算中的应用.

当 $f(u)$ 在 u_0 连续时，依定义有

$$\lim_{u\to u_0} f(u)=f(u_0)=f(\lim_{u\to u_0} u).$$

从形式上看，上式意味着极限运算与函数的赋值运算可以交换顺序．结合极限的变量代换法有以下的极限计算简化法则.

利用连续性求极限：

（1）若 x_0 是初等函数 $f(x)$ 的连续点，则

$$\lim_{x\to x_0} f(x)=f(x_0).$$

（2）设 $u_0=\lim u(x)$（极限过程可以是 $x\to+\infty$，$x\to x_0^-$ 等）是 $f(u)$ 的连续点，则

$$\lim f(u)=f(\lim u).$$

利用以上两条可以大大简化函数极限的计算.

例 7 求下列极限：

（1）$\lim\limits_{x\to0}\dfrac{\ln(1+x)}{x}$；　（2）$\lim\limits_{x\to0}\dfrac{a^x-1}{x}\ (a>0)$；　（3）$\lim\limits_{x\to\infty}\sqrt{2-\dfrac{\sin x}{x}}$.

解　（1）因为 $\mathrm{e}=\lim\limits_{x\to0}(1+x)^{\frac{1}{x}}$ 是 $\ln u$ 的连续点，故

$$\lim_{x\to0}\frac{\ln(1+x)}{x}=\lim_{x\to0}\ln(1+x)^{\frac{1}{x}}=\ln\left(\lim_{x\to0}(1+x)^{\frac{1}{x}}\right)=\ln\mathrm{e}=1.$$

（2）令 $y=a^x-1$，则 $x=\dfrac{\ln(1+y)}{\ln a}$，故

$$\lim_{x\to0}\frac{a^x-1}{x}=\lim_{y\to0}\frac{y\ln a}{\ln(1+y)}=\ln a.$$

（3）$\lim\limits_{x\to\infty}\sqrt{2-\dfrac{\sin x}{x}}=\sqrt{2-\lim\limits_{x\to\infty}\dfrac{\sin x}{x}}=\sqrt{2-0}=\sqrt{2}$.

四、闭区间上连续函数的性质

下面介绍闭区间上连续函数的几个重要性质，其证明超出大纲要求，故略去.

先介绍函数 $f(x)$ 的最大值与最小值概念.

定义 3　设 $f(x)$ 的定义域是 D，$x_0\in D$，若对每个 $x\in D$ 都有

$$f(x)\leqslant f(x_0),$$

则称 $f(x_0)$ 是 $f(x)$ 在 D 上的最大值；若对每个 $x\in D$ 都有

$$f(x)\geqslant f(x_0),$$

则称 $f(x_0)$ 是 $f(x)$ 在 D 上的**最小值**. 最大值与最小值统称为**最值**，分别记作 $\max\limits_{x\in D}f(x)$ 及 $\min\limits_{x\in D}f(x)$ 或简记作 $f_{\max}$ 及 $f_{\min}$.

显然，最大值与最小值是函数 $f(x)$ 的两个十分重要的值，讨论最值的存在性和计算函数的最值简称为最值问题. 例如，$f(x)=x^2$ 在闭区间[0,1]上有最小值 0 及最大值 1，但它在开区间(0,1)内则没有最小值和最大值. 而在后一种情形下，0 与 1 只是 $f(x)=x^2$ 在区间(0,1)内的下界及上界，但由于不是函数值，因而不是 $f(x)$ 在(0,1)内的最值.

关于函数 $f(x)$ 的最值存在性有以下定理.

定理 5　设 $f(x)$ 是闭区间 $[a,b]$ 上的连续函数，则 $f(x)$ 在 $[a,b]$ 上有最大值和最小值，从而 $f(x)$ 是 $[a,b]$ 上的有界函数.

若分别记 m,M 为连续函数 $f(x)$ 在闭区间 $[a,b]$ 上的最小值及最大值，则 $f(x)$ 在 $[a,b]$ 上的值域应当在闭区间 $[m,M]$ 中，那么 $[m,M]$ 是否就是 $f(x)$ 的值域呢？

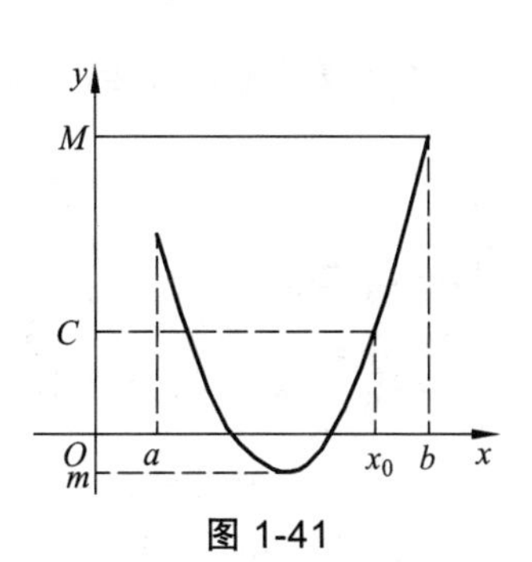

图 1-41

从几何上看（如图 1-41），连续函数 $f(x)$ 的曲线 $y=f(x)$ 是一条连续不断的曲线，如果 C 是介于 m 与 M 之间的数，则一定有 $x_0\in(a,b)$ 使 $f(x_0)=C$. 这就引出以下结论.

定理 6（介值定理） 设 $f(x)$ 是区间 $[a,b]$ 上的连续函数，则对介于 $f(a)$ 与 $f(b)$ 之间任一实数 C，必有 $x_0 \in (a,b)$ 使

$$f(x_0)=C.$$

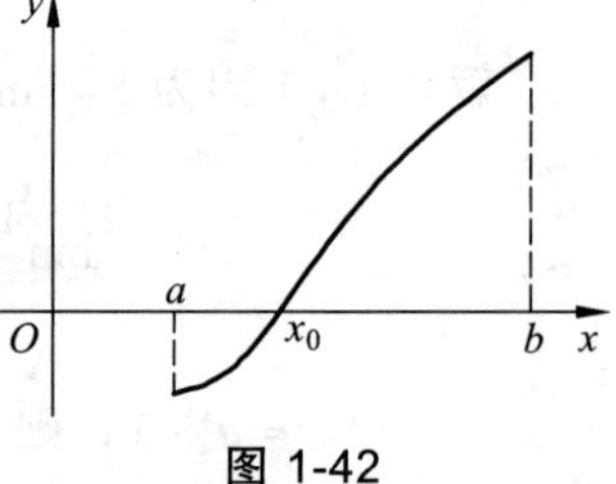

图 1-42

若 $[a,b]$ 上连续函数 $f(x)$ 在端点 a, b 的函数值异号，则 $C=0$ 便介于 $f(a)$ 与 $f(b)$ 之间，从而由定理 6，必有 $x_0 \in (a,b)$ 使 $f(x_0)=0$（如图 1-42）. 此时，称 x_0 是函数 $f(x)$ 的零点或方程 $f(x)=0$ 的根，即有以下结论.

定理 7（零点存在定理） 设 $f(x)$ 在 $[a,b]$ 上连续，且 $f(a)f(b)<0$，则存在 $x_0 \in (a,b)$ 使 $f(x_0)=0$.

例 8 证明方程 $x^5-3x=1$ 在区间(1, 2)内有一个根.

证明 记 $f(x)=x^5-3x-1$，因 $f(x)$ 在[1, 2]上连续且 $f(1)=-3$，$f(2)=25$，$f(1)f(2)<0$，故依定理 7，存在 $x_0 \in (1,2)$ 使

$$f(x_0)=x_0^5-3x_0-1=0,$$

即

$$x_0^5-3x_0=1.$$

这表明该方程在(1, 2)内必有根 x_0.

第八节 无穷小的比较

对无穷小的认识问题，可以追溯到古希腊，那时，阿基米德就曾用无限小量方法得到许多重要的数学结果，但他认为无限小量方法存在着不合理的地方. 直到 1821 年，柯西在他的《分析教程》中才对无限小（即这里所说的无穷小）这一概念给出了明确的回答. 而有关无穷小的理论就是在柯西的理论基础上发展起来的.

本节将着重研究两类特殊的变量：趋于零的变量（无穷小量）以及趋于无穷大的变量（无穷大量）. 为了叙述方便，本节约定用 u, v, w 等表示数列变量或函数变量，而 $\lim u$ 泛指数列极限或各种类型的函数极限.

一、无穷小量和无穷大量

定义 1 若 $\lim u=0$，则称变量 u 为该极限过程中的无穷小量.

例如，当 $n\to\infty$ 时 $\left\{\dfrac{1}{n}\right\}$ 是无穷小量，当 $x\to1$ 时 $(x-1)^2$ 是无穷小量，当 $x\to+\infty$ 时 $\dfrac{1}{\sqrt{x}}$ 是无穷小量等.

在论及具体的无穷小量时应当指明其极限过程，否则会使含义不清. 例如，$u=x^2$ 当 $x\to0$ 时是无穷小量，当 $x\to1$ 时便不是无穷小量. 其次，不可把无穷小量与“很小的量”混为一谈，非零的常量均不是无穷小量. 常量零由于可以看作恒取零的变量且极限是零，故可

视其为无穷小量.

由于$\lim u=0$等价于$\lim|u|=0$，故无穷小量可以说成是绝对值趋于零的变量.

若对某个极限过程，变量u收敛于常数A（此时称u为收敛变量），则变量$u-A$趋于零，即变量$u-A$是同一极限过程中的无穷小量；反过来，若变量$u-A$是无穷小量，则u收敛于A，记$\alpha=u-A$，因此收敛变量与无穷小量有如下关系.

定理 1　$\lim u=A \Leftrightarrow u=A+\alpha$，$\alpha$是同一极限过程中的无穷小量.

如果当$x\to x_0$（或$x\to\infty$）时，对应的函数值的绝对值$|f(x)|$无限增大，就称函数$f(x)$为当$x\to x_0$（或$x\to\infty$）时的无穷大量（简称为无穷大）. 精确地说，就是：

定义 2　设函数$f(x)$在x_0的某一去心邻域内有定义（或$|x|$大于某一正数时有定义）. 如果对于任意给定的正数M（不论它多么大），总存在正数δ（或正数X），只要x满足不等式$0<|x-x_0|<\delta$（或$|x|>X$），对应的函数值$f(x)$总满足不等式

$$|f(x)|>M,$$

则称函数$f(x)$为当$x\to x_0$（或$x\to\infty$）时的无穷大.

当$x\to x_0$（或$x\to\infty$）时为无穷大的函数$f(x)$，按函数极限定义来说，极限是不存在的，但为了便于叙述函数的这一性态，我们也说“函数的极限是无穷大”，并记作

$$\lim_{x\to x_0} f(x)=\infty\ \left(\text{或}\lim_{x\to\infty} f(x)=\infty\right).$$

如果在无穷大的定义中，把$|f(x)|>M$换成$f(x)>M$（或$f(x)<-M$），就记作

$$\lim_{\substack{x\to x_0\\(x\to\infty)}} f(x)=+\infty\qquad \left(\text{或}\lim_{\substack{x\to x_0\\(x\to\infty)}} f(x)=-\infty\right).$$

以上只列出了当$x\to x_0$（或$x\to\infty$）时函数$f(x)$为无穷大的定义，对于数列$\{x_n\}$及对x的其他变化过程，函数$f(x)$为无穷大的定义可类似给出.

必须注意，无穷大(∞)不是数，不可与很大的数（如一千万、一亿等）混为一谈.

例 1　证明$\lim\limits_{x\to+\infty} a^x=+\infty\ (a>1)$.

证明　对任给正数M，因$a^x>M$等价于$x>\dfrac{\ln M}{\ln a}$，故取$X=\dfrac{\ln M}{\ln a}$，则当$x>X$时便有

$$a^x>M,$$

即

$$\lim_{x\to+\infty} a^x=+\infty\ (a>1).$$

依据定义来验证无穷大量比较复杂，以下的定理建立了无穷小量与无穷大量的关系，可以用来判定无穷大量.

定理 2　若$u\neq0$，则u是无穷大量$\Leftrightarrow \dfrac{1}{u}$是无穷小量.

由于变量$\dfrac{1}{n^2}(n\to\infty)$，$\sin x(x\to0)$，$x(x\to0)$，$1-x(x\to1)$是无穷小量，因此变量$n^2\ (n\to\infty)$，$\dfrac{1}{\sin x}(x\to0)$，$\dfrac{1}{x}(x\to0)$，$\dfrac{1}{1-x}(x\to1)$均为无穷大量.

无穷小量的运算有以下性质.

定理 3

（1）有限个无穷小量的和与积仍是无穷小量；

（2）有界量与无穷小量之积仍是无穷小量.

证明 （1）直接由极限运算规则推出.

（2）以数列为例证明. 设$\{x_n\}$是有界量，即有$M>0$，使

$$|x_n|\leqslant M\ (n=1,2,\cdots).$$

$\{y_n\}$是无穷小量，对不等式

$$0\leqslant|x_ny_n|\leqslant|x_n||y_n|\leqslant M|y_n|,$$

两边令$n\to\infty$，因$|y_n|\to 0$，从而$M|y_n|\to 0$. 于是由夹逼准则知

$$x_ny_n\to 0\,(n\to\infty),$$

即$\{x_ny_n\}$是无穷小量.

例如，$x\to 0$时，$x\sin\dfrac{1}{x}\to 0$.

由于常量与收敛变量也是有界的，故它们与无穷小量的积也是无穷小量.

在应用定理 3 之（1）时必须注意，其中所指的“有限个”是一个确定的个数，不能在极限过程中变动. 例如，当$n\to\infty$时，不可将

$$\frac{n}{n^2+1}+\frac{n}{n^2+2}+\cdots+\frac{n}{n^2+n}$$

看作有限个无穷小量$\left(\dfrac{n}{n^2+i}\right)(i=1,2,\cdots,n)$之和，否则将会得出其极限为 0 的错误结论. 而事实上，由夹逼准则已经证明其极限是 1（见第六节例 1）.

二、无穷小量和无穷大量的比较

当$n\to\infty$时，$\dfrac{1}{n}$与$\dfrac{1}{n^2}$都是无穷小量，但趋于零的快慢不一样. 对相同的n，$\dfrac{1}{n^2}$要比$\dfrac{1}{n}$更快地趋近于零. 在一般情形，如何比较无穷小量趋近于零的快慢呢？比如x与$\sin x\,(x\to 0)$，$\dfrac{1}{\sqrt{n}}$与$(\sqrt{n+1}-\sqrt{n})(n\to\infty)$？为此，建立一个比较准则.

定义 3 设u,v均为同一极限过程的无穷小量.

（1）若$\lim\dfrac{u}{v}=0$，则称u是v的高阶无穷小或说v是u的低阶无穷小，记作$u=o(v)$.

（2）若$\lim\dfrac{u}{v}=C\,(C\neq 0)$，则称$u,v$是同阶无穷小.

特别地，当$C=1$时，则称u与v是等价无穷小，记作$u\sim v$或$v\sim u$.

直接从定义可得，当$x\to 0$时，x^2是x的高阶无穷小；$2x$与x是同阶无穷小；$x+x^2$与x

是等价无穷小.

进一步，由前面的例题可得出如下常用的无穷小的等价关系：

$$\sin x \sim \tan x \sim x \quad (x \to 0). \tag{1}$$

$$1-\cos x \sim \frac{1}{2}x^2 \quad (x \to 0). \tag{2}$$

$$\tan x-\sin x \sim \frac{1}{2}x^3 \quad (x \to 0). \tag{3}$$

$$\sqrt[n]{1+x}-1 \sim \frac{1}{n}x \quad (x \to 0). \tag{4}$$

若选定一个无穷小量作为共同的比较对象，则可以对无穷小量做出更细致的刻画.

定义 4　设 $x \to x_0$ 时，$u(x) \sim c(x-x_0)^r$（$c \neq 0,\ r>0$），则称 $u(x)$ 是关于基本无穷小 $x-x_0$ 的 r **阶无穷小**，简称为 r 阶无穷小，r 称为 $u(x)$ 的**阶数**.

例如，由式（1）~（4），当 $x \to 0$ 时，$\sin x$，$\tan x$ 是关于 x 的一阶无穷小；$1-\cos x$ 是二阶无穷小，$\tan x-\sin x$ 是三阶无穷小，$\sqrt[n]{1+x}-1$ 是一阶无穷小.

定理 4（等价代换法则）　设在某一极限过程中有 $u \sim v$，则（当下列等式任一端的极限存在时）有

（1）$\lim(uw)=\lim(vw)$；

（2）$\lim\frac{w}{u}=\lim\frac{w}{v}$（其中 $uv \neq 0$）.

证　（1）$\lim uw=\lim vw \lim\frac{u}{v}=\lim vw$，其中 $\lim\frac{u}{v}=1$ 从条件 $u \sim v$ 推出.

（2）与上类似，$\lim\frac{w}{u}=\lim\frac{w}{v}\lim\frac{v}{u}=\lim\frac{w}{v}$.

定理 4 的证明中仅用到 $\lim\frac{u}{v}=1$ 这一性质，在极限计算时，有时 u, v 可能不是无穷小量，但只要其比值趋近于 1，也可以进行类似的代换.

在使用等价代换法则时必须注意，要代换的量 u 必须是极限式 $\lim f(x)$ 中 $f(x)$ 的因式（若 $f(x)$ 是分式，也可以是分母的因式），不注意这一点可能会导致错误的结果. 如以下计算

$$\lim_{x\to 0}\frac{\tan x-\sin x}{x^3} \xlongequal{\text{将分子代换化简}} \lim_{x\to 0}\frac{x-x}{x^3}=0$$

是不对的.

利用等价代换法则可以简化极限的计算.

例 2　求 $\lim\limits_{x\to 0}\frac{\sqrt{1+x^2}-1}{2\sin^2 x}$.

解　当 $x \to 0$ 时 $x^2 \to 0$，故由式（4）得

$$\sqrt{1+x^2}-1\sim\frac{1}{2}x^2 .$$

而由式（1）式得 $$\sin^2 x=\sin x\sin x\sim x\cdot x=x^2 .$$

故 $$\lim_{x\to0}\frac{\sqrt{1+x^2}-1}{2\sin^2 x}=\lim\frac{\frac{1}{2}x^2}{2x^2}=\frac{1}{4}.$$

注意 在式（1）~（4）的使用中，变量 x 可以换作 x 的函数 $g(x)$，只要在相应的极限过程中 $g(x)$是无穷小量便可. 上例中，$\sqrt{1-x^2}-1\sim\frac{1}{2}x^2(x\to0)$，是把 x^2 看作 x 而推出.

例 3 求 $\lim\limits_{x\to0}\frac{\sin 3x}{\sin 4x}$.

解 当 $x\to0$ 时，$\sin 3x\sim 3x$，$\sin 4x\sim 4x$，故

$$原式=\lim_{x\to0}\frac{3x}{4x}=\frac{3}{4}.$$

例 4 求 $\lim\limits_{x\to0}\frac{(1+x^2)^{\frac{1}{3}}-1}{\cos x-1}$.

解 当 $x\to0$ 时，$(1+x^2)^{\frac{1}{3}}-1\sim\frac{1}{3}x^2$，$\cos x-1\sim-\frac{1}{2}x^2$，所以

$$\lim_{x\to0}\frac{(1+x^2)^{\frac{1}{3}}-1}{\cos x-1}=\lim_{x\to0}\frac{\frac{1}{3}x^2}{-\frac{1}{2}x^2}=-\frac{2}{3}.$$

例 5 求 $\lim\limits_{x\to0}\frac{1-\cos x}{x^2+x}$.

解 当 $x\to0$ 时，$1-\cos x\sim\frac{1}{2}x^2$, $x^2+x\sim x$, 故

$$原式=\lim_{x\to0}\frac{\frac{1}{2}x^2}{x}=\frac{1}{2}\lim_{x\to0}x=0 .$$

关于无穷大的比较，简述以下定义.

定义 5 设 $x\to x_0$ 时，$f(x)$ 与 $g(x)$ 都是无穷大，则当

$$\lim_{x\to x_0}\frac{f(x)}{g(x)}=C\begin{cases}=0\text{时, 称}f(x)\text{是}g(x)\text{的低价无穷大,}\\ \neq0\text{时, 称}f(x)\text{与}g(x)\text{为同阶无穷大,}\\ =1\text{时, 称}f(x)\text{与}g(x)\text{为等价无穷大.}\end{cases}$$

当 $f(x)$ 与 $g(x)$ 为等价无穷大时，亦记作 $f(x)\sim g(x)(x\to x_0)$.

例 6 试确定 k 的值，使 $f(x)=2x+5x^3-x^6$ 在 $x\to\infty$ 时为 x^k 的同阶无穷大.

解 不难看出

$$\lim_{x\to\infty}\frac{2x+5x^3-x^6}{-x^6}=1,$$

所以取 $k=6$ 即可.

关于等价无穷大量，也具有类似于定理 4 的等价代换法则．读者可自行写出.

例 7　求极限 $\lim\limits_{x\to+\infty}\dfrac{\sqrt{1+2x^4}}{x^2+x}$.

解　由于

$$\sqrt{1+2x^4}\sim\sqrt{2}x^2\ (x\to+\infty),\quad x^2+x\sim x^2\ (x\to+\infty),$$

所以

$$\lim_{x\to+\infty}\frac{\sqrt{1+2x^4}}{x^2+x}=\lim_{x\to+\infty}\frac{\sqrt{2}x^2}{x^2}=\sqrt{2}.$$

例 8　当 $x\to\infty$ 时，若 $ax^2+bx+c\sim x+1$，求 a, b, c 的值.

解　由于 $x\to\infty$ 时，$ax^2+bx+c\sim x+1$，则

$$\lim_{x\to\infty}\frac{ax^2+bx+c}{x+1}=1.$$

故分子中 x 的二次幂系数 $a=0$，否则上述极限为 ∞；当 $a=0$ 时，上述极限为分子、分母中 x 的一次幂系数之比，所以 $b=1$．因此 $a=0$，$b=1$，c 为任意常数.

习 题 一

（A）

1. 下列集合是空集的是（　　）.

　A. $\{x\mid x+5=5\}$　　B. $\{x\mid x\in\mathbf{R}$ 且 $x^2+5=0\}$

　C. $\{x\mid x>0$ 且 $x<1\}$　　D. $\{(x,y)\mid x^2+y^2=0$ 且 $x,y\in\mathbf{R}\}$

2. 设 $A=\{a,b,c\}$，下列式子中正确的是（　　）.

　A. $\varnothing\in A$　　B. $A\subset A$　　C. $b\subset A$　　D. $\{a\}<A$

3. 下列函数中，不是单调函数的是（　　）.

　A. $y=10^x$　　B. $y=3-5x$　　C. $y=x^2+1$　　D. $y=2-\lg(x+1)$

4. 函数 $y=x^2+\cos x$ 是（　　）.

　A. 奇函数　　B. 偶函数　　C. 单调函数　　D. 有界函数

5. 下列 $f(x)$ 与 $g(x)$ 是相同函数的是（　　）.

　A. $f(x)=x$，$g(x)=(\sqrt{x})^2$　　B. $f(x)=\lg x^2, g(x)=2\lg x$

　C. $f(x)=1, g(x)=\sin^2 x+\cos^2 x$　　D. $f(x)=\sqrt{x^2}, g(x)=x$

6. 设 $f(x)=\begin{cases}1, & 0\leqslant x\leqslant 1,\\ 2, & 1<x\leqslant 2,\end{cases}$ 则 $g(x)=f(2x)+f(x-2)$ 的定义域为（　　）.

A. $\varnothing$　　B. $[0,2]$　　C. $[0,4]$　　D. $[2,4]$

7. 下列数列中收敛的是（　　）.

A. $u_n=(-1)^n\dfrac{n-1}{n}$　　B. $u_n=(-1)^n\dfrac{1}{n}$

C. $u_n=\sin\dfrac{n\pi}{2}$　　D. $u_n=2^n$

8. 设 A 为常数，$\lim\limits_{x\to x_0}f(x)=A$，则 $f(x)$ 在 x_0 处（　　）.

A. 一定有定义　　B. 一定无定义

C. 有定义且 $f(x_0)=A$　　D. 可以有定义，也可以无定义

9. 下列变量 $(x\to 0)$ 中无穷小量是（　　）.

A. $\sin\dfrac{1}{x}$　　B. $e^{\frac{1}{x}}$　　C. $\ln(1+x^2)$　　D. e^x

10. 当 $x\to 0$ 时，$2\sin x\cos x$ 与 x 比较是（　　）无穷小.

A. 等价的　　B. 高阶的　　C. 较高阶的　　D. 较低阶的

11. 下列变量在给定变化过程中是无穷大量的有（　　）.

A. $\dfrac{x^2}{\sqrt{x^3+1}}\ (x\to+\infty)$　　B. $\lg x\ (x\to 0^+)$

C. $\lg x\ (x\to+\infty)$　　D. $e^{-\frac{1}{x}}\ (x\to 0^-)$

12. 函数 $y=\dfrac{x(x-1)\sqrt{x+1}}{x^3-1}$ 在过程（　　）中为无穷小量.

A. $x\to 0$　　B. $x\to 1$　　C. $x\to -1^+$　　D. $x\to+\infty$

13. 当 $x\to a$ 时，$f(x)$ 是（　　），则必有 $\lim\limits_{x\to a}(x-a)f(x)=0$.

A. 任意函数　　B. 有极限的函数　　C. 无穷小量　　D. 无穷大量

14. 下列极限正确的有（　　）.

A. $\lim\limits_{x\to 0}e^{\frac{1}{x}}=\infty$　　B. $\lim\limits_{x\to 0^-}e^{\frac{1}{x}}=0$

C. $\lim\limits_{x\to 0^+}e^{\frac{1}{x}}=+\infty$　　D. $\lim\limits_{x\to \infty}e^{\frac{1}{x}}=1$

15. 若 $\lim\limits_{x\to a}f(x)=\infty$，$\lim\limits_{x\to a}g(x)=\infty$，则必有（　　）.

A. $\lim\limits_{x\to a}[f(x)-g(x)]=\infty$　　B. $\lim\limits_{x\to a}[f(x)-g(x)]=0$

C. $\lim\limits_{x\to a}\dfrac{1}{f(x)+g(x)}=0$　　D. $\lim\limits_{x\to a}kf(x)=\infty$（$k$ 为非零常数）

16. $\lim\limits_{x\to 1}\dfrac{\sin(x^2-1)}{x-1}=$（　　）.

A. 1　　B. 0　　C. 2　　D. $\dfrac{1}{2}$

17. 当 $x\to 0$ 时，（　　）与 x 是等价无穷小量.

A. $\dfrac{\sin x}{\sqrt{x}}$　　B. $\ln(1+x)$　　C. $\sqrt{1+x}-\sqrt{1-x}$　　D. $x^2(x+1)$

18. 当 $x\to\infty$ 时，若 $\dfrac{1}{ax^2+bx+c}=o\left(\dfrac{1}{x+1}\right)$，则 a, b, c 之值一定为（　　）.

A. $a=0,\ b=1,\ c=1$　　B. $a\neq 0$, $b=1$, c 为任意常数

C. $a\neq 0,\ b, c$ 为任意常数　　D. a, b, c 均为任意常数

19. 设 $f(x)=\begin{cases} e^x, & x<0 \\ x^2+2a, & x\geqslant 0 \end{cases}$ 在点 $x=0$ 连续，则 a 的值等于（　　）.

A. 0　　B. 1　　C. -1　　D. $\dfrac{1}{2}$

20. 若 $f(x)$ 在区间（　　）上连续，则在该区间上 $f(x)$ 一定有最大值和最小值.

A. $(-\infty,+\infty)$　　B. (a,b)　　C. $[a,b]$　　D. $(a,b]$

21. 若 $\lim\limits_{x\to 0}\dfrac{x}{f(3x)}=2$，则 $\lim\limits_{x\to 0}\dfrac{f(2x)}{x}=$（　　）.

A. $\dfrac{1}{6}$　　B. $\dfrac{1}{2}$　　C. $\dfrac{4}{3}$　　D. $\dfrac{1}{3}$

22. 当 $|x|<1$ 时，$y=\sqrt{1-x^2}$（　　）.

A. 是连续函数　　B. 是有界函数

C. 有最大值与最小值　　D. 有最大值无最小值

23. 大于 25 的所有实数的集合是________________.

24. 函数 $y=\sqrt{a^2-x^2}$ 的定义域是________________.

25. 函数 $y=3^{2x+5}$ 的反函数是________________.

26. 函数 $y=|\sin x|$ 的周期是________________.

27. 若 $f(x-1)=x(x-1)$，则 $f(x)=$________________.

（B）

1. 已知 $A=\{a,3,2,4\}$，$B=\{1,3,5,b\}$，要使 $A\cap B=\{1,2,3\}$，求 a 和 b.

2. 用区间表示满足下列不等式的所有 x 的集合.

（1）$|x|\leqslant 4$；　（2）$|x+3|<2$；　（3）$|x-a|<\varepsilon\ (\varepsilon>0)$；

（4）$|x|>2$；　（5）$|x+3|\geqslant 3$；　（6）$1\leqslant|x-2|<3$.

3. 求下列函数的定义域.

（1）$y=\cos\sqrt{x^2-1}$；　（2）$y=\arctan\dfrac{1}{x}+\sqrt{2-x}$；

（3）$y=\arcsin(x-1)$；　（4）$y=\ln(\ln x)$.

4. 已知 $f(x)=x^2-3x+2$，求 $f\left(\dfrac{1}{x}\right)$，$f(x+1)$.

5. 设 $f(x)=\begin{cases}1, & x<0,\\ 0, & x=0,\\ -1, & x>0,\end{cases}$ 求 $f(x-1)$，并作图.

6. 下列函数可以看成由哪些简单函数复合而成？

（1）$y=\sqrt{3x-1}$；（2）$y=(1+\ln x)^5$；

（3）$\sqrt{\ln\sqrt{x}}$；（4）$y=\lg^2 \arccos x^3$.

7. 某机床厂最大生产能力为年产 m 台机床，固定成本为 b 元，每生产一台机床，总成本增加 a 元，试求总成本和平均成本. 若每台机床售价为 p，试求利润函数、损益分歧点（即收益与成本相抵时的产量）.

8. 某企业对某产品制订了如下的销售策略：购买 20 千克以下（含 20 千克）部分，每千克 10 元；购买量小于等于 200 千克时，其中超过 20 千克的部分，每千克 7 元；购买超过 200 千克的部分每千克 5 元. 试将销售收入与总销量的函数关系及销量为 x 时的平均收入用数学表达式表出，并作出图形.

9. 写出以下数列 $\{x_n\}$ 的前 m 项.

（1）$x_n=\dfrac{2n-1}{3n+2}\,(m=5)$；（2）$x_n=\dfrac{1-(-1)^n}{n^2}\,(m=5)$；

（3）$x_n=n^{(-1)^n}n\,(m=5)$；（4）$x_{n+1}=\sqrt{2+x_n}$，$x_1=\sqrt{2}\,(m=3)$.

10. 计算以下极限：

（1）$\lim\limits_{n\to\infty}\dfrac{2n+3}{5n+4}$；（2）$\lim\limits_{n\to\infty}\dfrac{2n^2+n-1}{n^2+n+1}$；（3）$\lim\limits_{n\to\infty}\left(1+\dfrac{1}{n}\right)^4$；

（4）$\lim\limits_{n\to\infty}(\sqrt{n+1}-\sqrt{n})$；（5）$\lim\limits_{n\to\infty}\dfrac{2^{n+1}+3^{n+1}}{2^n+3^n}$；

（6）$\lim\limits_{n\to\infty}\left(\dfrac{1}{2}+\dfrac{1}{4}+\dfrac{1}{8}+\cdots+\dfrac{1}{2^n}\right)$；（7）$\lim\limits_{n\to\infty}\sqrt{2}\cdot\sqrt[4]{2}\cdot\sqrt[8]{2}\cdots\sqrt[2^n]{2}$.

11. 用夹逼准则求以下极限.

（1）$\lim\limits_{n\to\infty}\dfrac{\sin n}{n}$；（2）$\lim\limits_{n\to\infty}\dfrac{n!}{n^n}$；

（3）$\lim\limits_{n\to\infty}\dfrac{1}{\sqrt[n]{n}}(1+\sqrt[3]{2}+\sqrt[3]{3}+\cdots+\sqrt[3]{n})$.

12. 用单调有界收敛准则证明 $\{x_n\}$ 收敛.

（1）$x_1=\sqrt{2}$，$x_{n+1}=\sqrt{2x_n}\ (n\geqslant 1)$；（2）$x_n=\dfrac{5}{1}\cdot\dfrac{6}{3}\cdot\cdots\cdot\dfrac{n+4}{2n-1}$.

13. 证明 $\lim\limits_{n\to\infty}x_n=0\Leftrightarrow\lim\limits_{n\to\infty}|x_n|=0$.

14. 求极限 $\lim\limits_{n\to\infty}\dfrac{a^n}{1+a^n}\,(a\geqslant 0)$.

15. 用定义证明以下极限.

（1）$\lim\limits_{n\to\infty}\dfrac{\sqrt{n^2+a^2}}{n}=1$；（2）$\lim\limits_{n\to\infty}\left(\dfrac{1}{2}\right)^n=0$.

16. 求下列极限.

（1）$\lim\limits_{x\to 3}\dfrac{x^2-3}{x^2+1}$；（2）$\lim\limits_{x\to 1}\dfrac{x^2+x}{x^4-3x^2+1}$；（3）$\lim\limits_{x\to\infty}\dfrac{x^2+1}{2x^2-x-1}$；

（4）$\lim\limits_{x\to\infty}\dfrac{x^3-x}{x^4-3x^2+1}$；（5）$\lim\limits_{x\to\infty}\dfrac{x^2+1}{2x+1}$；（6）$\lim\limits_{n\to\infty}\dfrac{(n+1)(n+2)(n+3)}{5n^3}$；

（7）若 $\lim\limits_{x\to\infty}\left(\dfrac{x^2+1}{x+1}-ax-b\right)=\dfrac{1}{2}$，求 a 和 b.

17. 通过恒等变形求下列极限.

（1）$\lim\limits_{x\to\infty}\dfrac{1+2+3+\cdots+(n+1)}{n^2}$；（2）$\lim\limits_{x\to\infty}\left(1+\dfrac{1}{2}+\cdots+\dfrac{1}{2^n}\right)$；

（3）$\lim\limits_{x\to 1}\dfrac{x^2-2x+1}{x^2-1}$；（4）$\lim\limits_{x\to 4}\dfrac{x^2-6x+8}{x^2-5x+4}$；

（5）$\lim\limits_{x\to+\infty}x^{\frac{3}{2}}(\sqrt{x^3+2}+\sqrt{x^3-2})$；（6）$\lim\limits_{x\to 0}\dfrac{x^2}{1-\sqrt{1+x^2}}$；

（7）$\lim\limits_{x\to 5}\dfrac{\sqrt[3]{x}-\sqrt[3]{5}}{\sqrt{x}-\sqrt{5}}$；（8）$\lim\limits_{x\to\frac{\pi}{4}}\dfrac{1-\cot^3 x}{2-\cot x-\cot^3 x}$；

（9）$\lim\limits_{n\to\infty}(1+x)(1+x^2)\cdots(1+x^{2^n})$（$|x|<1$）；

（10）$\lim\limits_{x\to 1}\dfrac{(1-\sqrt{x})(1-\sqrt[3]{x})\cdots(1-\sqrt[n]{x})}{(1-x)^{n-1}}$；

（11）$\lim\limits_{x\to 1}\left(\dfrac{1}{1-x}-\dfrac{3}{1-x^3}\right)$；（12）$\lim\limits_{x\to 1}\dfrac{x^2-2x+1}{(x-1)^2}$；

（13）$\lim\limits_{x\to 0}\dfrac{\log_a(1+x)}{x}$；（14）$\lim\limits_{x\to 0}\dfrac{a^x-1}{x}$；

（15）$\lim\limits_{x\to 0}(1+2x)^{\frac{3}{\sin x}}$；（16）$\lim\limits_{x\to 0}\ln\dfrac{\sin x}{x}$.

18. 利用 $\lim\limits_{x\to 0}\dfrac{\sin x}{x}=1$ 或等价无穷小量求下列极限：

（1）$\dfrac{\sin mx}{\sin nx}$；（2）$\lim\limits_{x\to 0}x\cot x$；（3）$\lim\limits_{x\to 0}\dfrac{1-\cos 2x}{x\sin x}$；

（4）$\lim\limits_{x\to 0}\dfrac{\sin x-x}{x^3}$；（5）$\lim\limits_{x\to 0}\dfrac{\arctan 3x}{x}$；（6）$\lim\limits_{n\to\infty}2^n\sin\dfrac{x}{2^n}$；

（7）$\lim\limits_{x\to\frac{1}{2}}\dfrac{4x^2-1}{\arcsin(1-2x)}$；（8）$\lim\limits_{x\to 0}\dfrac{\arctan x^2}{\sin\dfrac{x}{2}\arcsin x}$；（9）$\lim\limits_{x\to 0}\dfrac{\tan x-\sin x}{\sin x^3}$；

（10）$\lim\limits_{x\to 0}\dfrac{\cos\alpha x-\sin\beta x}{x^2}$；（11）$\lim\limits_{x\to 0}\dfrac{\frac{x}{\sqrt{1-x^2}}}{\ln(1-x)}$；（12）$\lim\limits_{x\to 0}\dfrac{1-\cos 4x}{2\sin^2 x+x\tan^2 x}$；

（13）$\lim\limits_{x\to 0}\dfrac{\ln\cos ax}{\ln\cos bx}$；（14）$\lim\limits_{x\to 0}\dfrac{\ln\left(\sin^2 x+\mathrm{e}^x\right)-x}{\ln(x^2+\mathrm{e}^{2x})-2x}$.

19. 利用重要极限 $\lim\limits_{u\to 1}(1-u)^{\frac{1}{u}}=\mathrm{e}$ 求下列极限.

（1）$\lim\limits_{x\to\infty}\left(1-\frac{1}{x}\right)^{\frac{x}{2}}$；（2）$\lim\limits_{x\to\infty}\left(\frac{x+3}{x-2}\right)^{2x+1}$；（3）$\lim\limits_{x\to 0}(1+3\tan^2 x)^{\cot^2 x}$；

（4）$\lim\limits_{x\to 0}(\cos 2x)^{\frac{3}{x^2}}$；（5）$\lim\limits_{x\to\infty}x[\ln(2+x)-\ln x]$；（6）$\lim\limits_{x\to 1}\frac{1-x}{\ln x}$.

20. 讨论 $\lim\limits_{x\to 0}\operatorname{sgn} x$ 是否存在？

21. 求以下函数的间断点，并指明间断点的类型.

（1）$f(x)=\frac{x}{1+x}$；（2）$f(x)=\begin{cases}2x+3, & x>0,\\ x+1, & x\leqslant 0;\end{cases}$

（3）$f(x)=\frac{x^2-x}{|x|(x^2-1)}$；（4）$f(x)=(1+2^{\frac{1}{x-1}})^{-1}$；

（5）$f(x)=\lim\limits_{n\to\infty}\frac{1}{1+x^n}\ (x>0)$；（6）$f(x)=\lim\limits_{n\to\infty}\frac{nx}{nx^2+1}$.

22. a 取何值时下列函数在定义域内连续？

（1）$f(x)=\begin{cases}ax^2, & 0\leqslant x\leqslant 2,\\ 2x-1, & 2<x\leqslant 4;\end{cases}$（2）$f(x)=\begin{cases}\frac{\ln(1+ax)}{x}, & x>0,\\ 1, & x\leqslant 0.\end{cases}$

23. 证明方程 $\mathrm{e}^x-x=2$ 在区间(0,2)内有一个根.

24. 证明方程 $x2^x=1$ 在区间(0,1)内有一个根.

25. 设 $f(x)$ 在 $[0,+\infty)$ 上连续，$f(+\infty)=0$，证明 $f(x)$ 在 $[0,+\infty)$ 上有界.

附录一　历史注记：函数概念的起源与演变

一、函数概念的起源

函数概念起源于对运动与变化的定量研究，作为一个明确的数学概念，它是 17 世纪的数学家们引入的，但是，与之相关的问题和方法却至少可以追溯到中世纪后期.

14 世纪 20 年代至 40 年代，牛津大学默顿学院（Merton College）的一批逻辑学家和自然哲学家曾探究了定量变化的问题，即所谓形态幅度. 形态（form）一词一般是指任何可以有变化和含有强度的直观概念的质，也就是诸如速度、加速度、密度等概念. 一般来说，形态幅度是形态具有某种质的程度，讨论的中心问题是形态的增和减，或者是这个质的所得或所失的变化. 一类典型问题是物体在进行各种变速运动时的瞬时速度、加速度以及所经过的距离，用今天的话说就是，这些量表现为时间的函数. 14 世纪中叶，法国数学家奥尔斯姆（N. Oresme，约 1323—1382）继续探讨了形态幅度问题. 在《论质量与运动的构型》一书中，他用线段（遵循希腊的传统，他用线段代替实数）来度量各种物理变量（例如温度、密度、速度），运用了关于变量之间的函数关系的某种概念（例如，把速度看成时间的函数），并且给出了这种关系的图形表示法，这可以看作向坐标系迈入的第一步.

函数概念是 17 世纪的数学家们在对运动的研究中逐渐形成的. 伽利略（Galileo Galilei, 1564—1642）创立近代力学的著作《两门新科学》一书，从头至尾几乎均包含了这个概念. 他用文字和比例的语言表达相当于今天的函数关系的那些内容. 17 世纪引入的绝大多数函数，在函数概念还没有被充分认识以前，是被当作曲线研究的. 例如，法国数学家费马（P. Fermat, 1601—1665）在《平面与立体轨迹引论》一书（完成于 1629—1630 年）中写道："只要两个未知量出现在一个确定的方程里，就存在一条轨迹，这两个量之一的端点描绘了一条直线或曲线." 笛卡儿（R. Descartes，1596—1650）在《几何学》（1637）中表达了同样的思想："如果我们对于线 y 连续地取无穷多个不同的值，我们就将对线 x 得到无穷多个值，从而得到无穷多个不同的点，例如 C，于是所要求的曲线就可以被作出了." 他所提出的几何曲线和机械曲线的区别，引出了代数函数和超越函数的区别. 与此同时，数学家们越来越习惯于用运动概念来引入旧的和新的曲线，从而把曲线看作动点的路径.

自从牛顿（I. Newton，1643—1727）于 1665 年开始微积分的工作之后，他一直用"流量"（fluent）一词来表示变量间的关系. 实际上，牛顿通过选取给定的变量充当时间的变量，从而使它起到自变量的作用. 他在这方面的观点，以完成于 1671 年（发表于 1736 年）的《流数法与无穷级数》表述得最为清楚："然而，我们只有通过均匀的位置运动来解释和度量时间，才能估量时间，才能把一些同类量及其增加和减少的速度彼此进行比较. 由于这些原因，下面我并不是这样严格地看待时间，而是假定在所提出的一些同类量中有某一个量以均匀的速度增加，所有其他的量都可以参照这个量来考虑，就好像它是时间一样，于是根据类似性原则，就有理由把这个量称为'时间'. 因此，今后每当你遇到'时间'这个词时（正如在本书中，为清楚和明确起见，我已偶然使用这一词时那样），不应把它理解为严格看待的'时间'，而应理解为另一个量，可以通过这个量均匀增加或流逝来解释和度量时间."

17 世纪，函数概念的定义，以 J · 格雷果里（J. Gregory, 1638—1675）在他的论文《论圆和双曲线的求积》（1667）中给出的最为明显. 他定义函数是这样一个量：它是从一些其他的量经过一系列代数运算而得到的，或者经过任何其他可以想象到的运算而得到的. 这里，"其他可以想象到的运算" 实际上是指趋于极限的运算.

"函数"（function）一词最早出现在莱布尼茨（G. W. Leibniz, 1646—1716）1673 年的一篇手稿中，表示与曲线上的动点相应的变动的几何量，或者更一般地，表示与曲线有联系的任何量，例如，曲线上点的坐标，曲线的斜率，曲线的曲率半径等. 这一术语又出现在莱布尼茨 1692 年和 1694 年的手稿中. 他引入了"常量"、"变量"和"参变量"，这最后一词是用在曲线族中的. 在《微分学的历史和起源》（1714）一文中，他用"函数"一词表示依赖于一个变量的量.

从历史上看，函数概念的确立，依赖于几个重要的先决条件：① 对于运动与变化问题的广泛的、定量的研究，特别是关于变速运动与非均匀变化的研究；② 代数方法与几何方法的结合：解析几何的创立；③ 数系的发展，连续性的数，最初借助于时间概念，逐渐形成实数连续统的朦胧意识；④ 代数的符号表示，一般数学符号系统的发展. 17 ~ 18 世纪的函数概念局限于解析函数，充分说明了函数概念对代数的符号表示的依赖，特别是，符号表示使得对函数可以进行纯形式的运算，而不必在每一步推理中都提供几何的或物理的意义.

在 18 世纪，函数概念的本质是一种形式上的表示，而不是一种关系的承认，大多数数学家相信一个函数必须处处都有相同的解析表达式. 18 世纪，微积分发展的原因主要是这种形式论的观点. 例如，达朗贝尔（D'Alembert，1717—1783）主张：为了正当地应用微积分运算，每一个函数必须处处由同一个代数的或超越的方程来表示. 这个要求当时叙述为“函数应服从形式连续性法则”. 18 世纪后期，主要是由关于弦振动问题的争论而产生的对于函数的认识. 所谓“连续性”指的是函数解析表达式的一致性，而不是函数图形的接连不断（现代的连续概念）. 实际上，在 18 世纪的数学分析中讨论的绝大多数函数，在现代意义下都是连续的；那时，“间断性”既指在一些孤立点上（即解析表达式变更之处）函数失去（现代意义下的）光滑性，又指根本不存在解析表达式（例如信手画出的曲线的情形）.

二、函数概念的演变

通过 18 ~ 19 世纪一些大数学家对函数的定义，我们可以清楚地看到这一概念的演变过程.

约翰·伯努利（Johann Bernoulli, 1667—1748）的函数定义（1718）：“在这里，一个变量的函数是指由这个变量和常数以任何一种方式构成的一个量，”其中的“任何方式”一词，据他自己说是包括代数式和超越式而言，实际上就是我们所说的解析表达式 .

1734 年，欧拉（L. Euler, 1707—1783）引入了现在流行的函数记号 $f(x)$. 他的《无穷小分析引论》（1748）一书是函数概念在其中起着重要而明确作用的第一部著作. 把函数而不是曲线作为主要的研究对象，这就使得几何学算术化，结果，无穷小分析不再依赖于几何性质. 书中首先定义了常量和变量，然后说，“一个变量的函数是由该变量和一些数或常量以任何一种方式构成的解析表达式.”当“构成解析表达式”时，欧拉允许采用的是一些标准的代数运算（包括解代数方程）和各种超越的求值过程（包括求序列的极限、无穷级数之和、无穷乘积等）. 他将函数分为代数函数与超越函数，有理函数与无理函数，整函数与分函数，单值函数与多值函数等. 他所说的超越函数，大体上是指三角函数、对数函数、指数函数、变量的无理次幂函数以及某些用积分定义的函数. 他写道，函数间的原则区别在于组成这些函数的变量与常量的组合法不同. 他补充说，例如，超越函数与代数函数的区别在于前者重复后者的那些运算无限多次；也就是说超越函数可用无穷级数给出. 他和与他同时代的人们都不认为有必要去考虑无穷尽地应用四则运算而得到的表达式是否有效的问题.

1755 年，欧拉在《微分学原理》一书中给出了函数的另一个定义：“如果某些量以如下方式依赖于另一些量，即当后者变化时，前者本身也变化，则称前一些量是后一些量的函数. 这是一个很广泛的概念，它本身包含各种方式，通过这些方式，使得一些量得以由另一些量所确定. 因此，若以 x 记一个变量，则所有以任何方式依赖于 x 的量或由 x 所确定的量都称作 x 的函数. ……”这里没有强调“解析表达式”，而且首次明确地用“依赖”关系定义函数．虽然“各种方式”所指的应该仍是那些标准的代数运算（包括解代数方程）和各种超越的求值过程（包括求序列的极限、无穷级数之和、无穷乘积等），但无论如何，这个提法本身仍意味着在函数概念上的某种放宽．

18 世纪末，数学家们对函数概念的理解明显地出现了分歧．一方面，许多大数学家如拉格朗日（J. L. Lagrange, 1736—1813）所接受的函数概念仍是解析函数，甚至相信任何给定的函数都可以被展开为一个幂级数．另外一些数学家却对函数定义作出了关键性的改变．例如，1791 年，法国数学家拉克各瓦（S. F. Lacroix, 1765—1843）给出了如下定义：“每一个量，若其值依赖于一个或几个别的量，就称它为后者（这个或这些量）的函数，不管人们知不知道用何种必要的运算可以从后者得到前者.”这里不再强调运算，亦即不再强调函数的解析表达，而只强调自变量与因变量之间的相依关系，从而已在本质上成为今天的函数概念．当然，对于一个函数是否可以由不同的表达式在某一区间分段定义，或者由更复杂的方式定义，这里并未说明，但无论如何，这是对函数概念的第一个实质性推进．

19 世纪，数学分析严格化过程中的函数概念．自从微积分学创立以来，由于把它和运动与量的增长联系在一起，人们曾认为函数的连续性足以保证导数的存在．但是在 1834 年，捷克数学家波尔查诺（B. Bolzano，1781—1848）给出了一个处处不可微分的连续函数的例子，他的工作在当时并不为人们所知. 19 世纪 60 年代，德国数学家魏尔斯特拉斯（K. T. Weierstrass，1815—1897）重新给出了关于这样一个函数的著名例子．

连续函数可以没有导数，不连续函数可以积分，这些发现，以及由狄利克雷（Dirichlet, 1805—1859）和黎曼（B. Riemann, 1826—1866）关于傅里叶级数方面的工作清楚地显示了对不连续函数的新的见解．还有对函数的间断性的分类和程度的研究，使数学家们认识到，函数的精确研究扩充了微积分中以及分析的通常分支中用到的函数．

傅里叶（J. B. J. Fourier, 1768—1830）在《热的解析理论》（1822）中指出：“首先必须注意，我们进行证明时所针对的函数 $f(x)$是完全任意的，并且不服从连续性法则……一般地，函数 $f(x)$代表一系列的值或纵坐标．它们中的每一个都是任意的．对于无限多个给定的横坐标 x 的值，有同样多个纵坐标 $f(x)$……我们不假定这些纵坐标服从一个共同的规律，它们以任何方式一个接着一个地出现，其中的每一个都像是作为单独的量而给定的．”傅里叶的函数定义可以看作是由拉克鲁瓦的定义发展而来（当然这里局限于讨论一元函数），其中特别指出“我们不假定这些纵坐标服从一个共同的规律”和“任何方式”：前者允许函数的分段定义，后者为以完全不同于传统的解析表达的各种复杂方式定义函数提供了可能. 例如，傅里叶在这篇著名论文中，用一个三角级数和的形式表达了一个由不连续的“线”所给出的函数．稍后人们进一步看到，任何一个连续函数（而不是局限于周期函数），在 $[-\pi,\pi]$内，都可以用三角级数表示出来．对三角级数特别是傅里叶级数的研究，极大地推动了函数概念的发展．

虽然傅里叶的函数定义接近于现代的函数概念，但是他实际上采用的间断性的定义仍然是 18 世纪（解析形式的间断性）的定义——他所考虑的函数（和当时其他人考虑的函数一样）最坏也只是逐段光滑的，在每一个有限区间上只有有限个“不连接点”.

1829 年，德国数学家狄利克雷给出了著名的狄利克雷函数：“当变量 x 取有理值时，$f(x)$ 等于一个确定的常数 c；当 x 取无理值时，$f(x)$等于另一个常数 d.”它是第一个被明确给出的没有解析表达式的函数，也是第一个被明确给出的真正不连续的”函数. 在此基础上，狄利克雷于 1837 年给出了新的函数定义：“让我们假定 a 和 b 是两个确定的值，x 是一个变量，它顺序变化取遍 a 和 b 之间所有的值. 于是，如果对于每一个 x，有唯一的一个有限的 y 以如下方式同它对应，即当 x 从 a 连续地通过区间到达 b 时，$y=f(x)$也类似地顺序变化，那么 y 就称为该区间中 x 的连续函数. 而且，完全不必要求 y 在整个区间中按同一规律依赖于 x；确实，没有必要认为函数仅仅是可以用数学运算表示的那种关系. 按几何概念讲，x 和 y 可以想象为横坐标和纵坐标，一个连续函数呈现为一条连贯的曲线，对 a 和 b 之间的每个横坐标，曲线上仅有一个点与之对应.”这个定义已完整地给出了今天流行的函数概念（在不使用集合论概念的情况下），其中的要点是：① 以相依关系定义函数；② 函数的单值性；③ 函数可以在某一区间上分段定义，或者更一般地，分别在不同的子集（虽然当时还没有这个词）上定义；④ 函数概念并不依赖于常规的数学运算. 这一定义可以看作函数概念的第二次实质性推进. 它可以被看作是由傅里叶开始、由狄利克雷加以深化并更为清晰地表述的.

戴德金（R. Dedekind,1831—1916）的函数定义（1887）：“系统 S 上的一个映射蕴含了一种规则，按照这种规则，S 中每一个确定的元素 s 都对应着一个确定的对象，它称为 s 的映像，记作$\varphi(s)$. 我们也可以说，$\varphi(s)$对应于元素 s，$\varphi(s)$由映射φ作用于 s 而产生或导出；s 经映射φ变换成$\varphi(s)$.”采用映射的语言，不再局限于普通的数系，使得函数概念极大地一般化了，也为后来用集合论的语言定义函数概念作了准备，因此，可以认为这是函数概念的第三次实质性推进.

19 世纪末，随着康托尔集合论影响的逐渐扩大，一些数学家使用集合论的语言给出了函数概念的更为抽象的表述，加之 20 世纪以来实变函数论、复变函数论以及更一般的抽象分析的发展，函数概念也获得了更一般的意义和更抽象的形式，在此就不多介绍了.

“微积分是人类思维的伟大成果之一……这门学科乃是一种撼人心灵的智力、奋斗的结晶”

——Courant

第二章　导数与微分

微分学是微积分的重要组成部分，研究导数、微分及其应用的部分称为**微分学**，研究不定积分、定积分及其应用的部分称为**积分学**. 微分学与积分学统称为**微积分学**.

微积分学是高等数学最基本、最重要的组成部分，是现代数学许多分支的基础，是人类认识客观世界、探索宇宙奥秘乃至人类自身的典型数学模型之一.

恩格斯（1820—1895）曾指出：“在一切理论成就中，未必再有什么像17世纪下半叶微积分的发明那样被看作人类精神的最高胜利了”. 微积分的发展历史曲折跌宕，撼人心灵，是培养人们正确世界观、科学方法论和对人们进行文化熏陶的极好素材.

积分的雏形可追溯到古希腊和我国魏晋时期，但微分概念直至16世纪才应运萌生. 本章及下一章将介绍一元函数微分学及其应用的内容.

第一节　导数概念

一、导数概念的引入

从15世纪初文艺复兴时期起，欧洲的工业、农业、航海事业与商贾贸易得到大规模的发展，形成了一个新的经济时代. 而16世纪的欧洲，正处在资本主义萌芽时期，生产力得到了很大的发展. 生产实践的发展对自然科学提出了新的课题，迫切要求力学、天文学等基础科学的发展，而这些学科都是深刻依赖于数学的，因而也推动了数学的发展. 在各类学科对数学提出的种种要求中，下列三类问题导致了微分学的产生：

（1）求变速运动的瞬时速度；

（2）求曲线上一点处的切线；

（3）求最大值和最小值.

1. 变速直线运动的速度

设物体M沿直线L作变速运动，运动开始时$(t=0)$物体M位于O，经过一段时间t之后，物体M到达A点. 这时，物体所走过的路程$s=OA$. 显然，路程s是时间t的函数，即

$$s=f(t).$$

当时间由t_0变到$t_0+\Delta t$时，物体M由A点移至B点. 对应于时间t_0的增量Δt，物体M所走过的路程s有相应的增量$\Delta s=AB$（见图2-1），即

$$\Delta s = f(t_0 + \Delta t) - f(t_0).$$

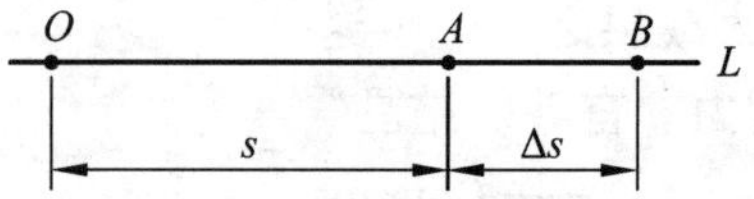

图 2-1

在本问题中，因变量 s 的增量 Δs 与自变量 t 的增量 Δt 的比 $\frac{\Delta s}{\Delta t}$ 表示物体 M 在 Δt 这段时间内的平均速度 $\bar{v}$，即

$$\bar{v} = \frac{\Delta s}{\Delta t} = \frac{f(t_0 + \Delta t) - f(t_0)}{\Delta t}.$$

当 Δt 很小时，可以用 $\bar{v}$ 近似地表示物体在时刻 t_0 的速度，Δt 愈小，近似的程度就愈好. 当 $\Delta t \to 0$ 时，如果极限 $\lim\limits_{\Delta t \to 0} \frac{\Delta s}{\Delta t}$ 存在，就称此极限为物体在时刻 t_0 的瞬时速度，即

$$v\big|_{t=t_0} = \lim_{\Delta t \to 0} \frac{\Delta s}{\Delta t} = \lim_{\Delta t \to 0} \frac{f(t_0 + \Delta t) - f(t_0)}{\Delta t}.$$

例 1 已知自由落体的运动方程为

$$s = \frac{1}{2} g t^2,$$

求：（1）落体在 t_0 到 $t_0 + \Delta t$ 这段时间内的平均速度；

（2）落体在 t_0 时的瞬时速度；

（3）落体在 $t_0 = 10$ 秒到 $t_1 = 10.1$ 秒这段时间内的平均速度；

（4）落体在 $t = 10$ 秒时的瞬时速度.

解 （1）落体在 t_0 到 $t_0 + \Delta t$ 这段时间内（即 Δt 时间内）取得的路程增量为

$$\Delta s = \frac{1}{2} g (t_0 + \Delta t)^2 - \frac{1}{2} g t_0^2,$$

因此，落体在 t_0 到 $t_0 + \Delta t$ 这段时间内的平均速度为

$$\bar{v} = \frac{\Delta s}{\Delta t} = \frac{\frac{1}{2} g (t_0 + \Delta t)^2 - \frac{1}{2} g t_0^2}{\Delta t} = \frac{1}{2} g \frac{\Delta t (2t_0 + \Delta t)}{\Delta t} = \frac{1}{2} g (2t_0 + \Delta t). \quad (1)$$

（2）落体在 t_0 时的瞬时速度为

$$v\big|_{t=t_0} = \lim_{\Delta t \to 0} \frac{1}{2} g (2t_0 + \Delta t) = g t_0. \quad (2)$$

（3）当 $t_0 = 10$ 秒，$\Delta t = 0.1$ 秒时，由（1）式得平均速度：

$$\bar{v} = \frac{1}{2} g (2 \times 10 + 0.1) = 10.05g \text{（米/秒）}.$$

（4）当 $t = 10$ 秒时，由（2）式得瞬时速度：

$$v|_{t=10}=10g \text{（米/秒）}.$$

从本例可以看到，当 Δt 较小时，平均速度 $\bar{v}$ 与瞬时速度 v 是很接近的.

2. 曲线的切线斜率

设点 $A(x_0,y_0)$ 是曲线 $y=f(x)$ 上一点，当自变量 x_0 变到 $x_0+\Delta x$ 时，在曲线上得到另一点 $B(x_0+\Delta x, y_0+\Delta y)$，由图 2-2 可以看到，函数的增量 Δy 与自变量的增量 Δx 的比 $\frac{\Delta y}{\Delta x}$ 等于曲线 $y=f(x)$ 的割线 AB 的斜率

$$\tan\varphi=\frac{\Delta y}{\Delta x}=\frac{f(x_0+\Delta x)-f(x_0)}{\Delta x},$$

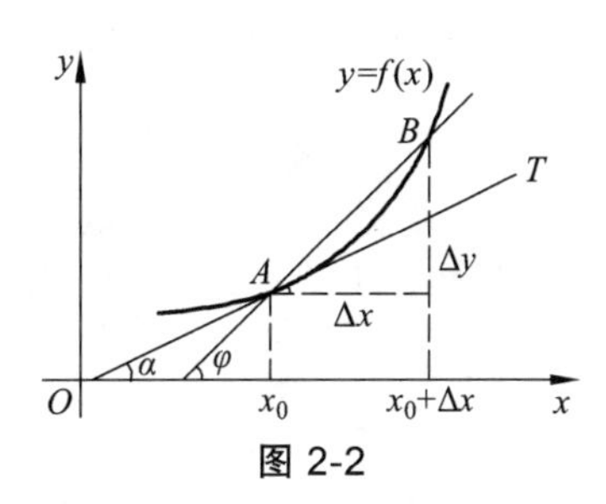

图 2-2

其中 φ 是割线 AB 的倾角. 显然，当 $\Delta x\to 0$ 时，B 点沿曲线移动而趋向于 A 点，这时割线 AB 以 A 为支点逐渐转动而趋于一极限位置，即直线 AT. 直线 AT 称为曲线 $y=f(x)$ 在 A 点处的切线. 相应地，割线 AB 的斜率 $\tan\varphi$ 随 $\Delta x\to 0$ 而趋于切线 AT 的斜率 $\tan\alpha$（α 是切线的倾角），即

$$\tan\alpha=\lim_{\varphi\to\alpha}\tan\varphi=\lim_{\Delta x\to 0}\frac{\Delta y}{\Delta x}=\lim_{\Delta x\to 0}\frac{f(x_0+\Delta x)-f(x_0)}{\Delta x}.$$

通过以上两个实际问题的讨论，我们撇开速度问题的物理意义、切线斜率问题的几何意义，从抽象的函数关系分析，它们具有共同特点：均有三步. 即

（1）给自变量 x_0 一个增量 Δx 时，函数 $y=f(x)$ 有增量：$\Delta y=f(x_0+\Delta x)-f(x_0)$.

（2）函数增量 Δy 与自变量增量 Δx 的比值 $\frac{\Delta y}{\Delta x}=\frac{f(x_0+\Delta x)-f(x_0)}{\Delta x}$ 反映的是自变量 x 从 x_0 改变到 $x_0+\Delta x$ 时，函数 $f(x)$ 的平均变化速度，称为函数的平均变化率.

（3）当 $\Delta x\to 0$ 时，比值 $\frac{\Delta y}{\Delta x}$ 的极限 $\lim\limits_{\Delta x\to 0}\frac{\Delta y}{\Delta x}$ 反映的是函数在点 x_0 处的变化速度，称为函数在点 x_0 的变化率或导数或微商.

二、导数的定义

1. $f(x)$ 在 x_0 处的导数

定义 1　设函数 $y=f(x)$ 在点 x_0 的某个邻域内有定义，当自变量在点 x_0 处取得改变量 $\Delta x(\neq 0)$ 时，函数 $f(x)$ 取得相应的改变量

$$\Delta y=f(x_0+\Delta x)-f(x_0).$$

如果当 $\Delta x\to 0$ 时，$\frac{\Delta y}{\Delta x}$ 的极限存在，即

$$\lim_{\Delta x\to 0}\frac{\Delta y}{\Delta x}=\lim_{\Delta x\to 0}\frac{f(x_0+\Delta x)-f(x_0)}{\Delta x}$$

存在，则称此极限值为函数 $f(x)$ 在点 x_0 处的导数（或微商），可记作

$$f'(x_0)\text{，}\ y'\big|_{x=x_0}\text{，}\ \left.\frac{\mathrm{d}y}{\mathrm{d}x}\right|_{x=x_0}\ \text{或}\ \left.\frac{\mathrm{d}f(x)}{\mathrm{d}x}\right|_{x=x_0}\text{，}$$

即

$$f'(x_0)=\lim_{\Delta x\to 0}\frac{f(x_0+\Delta x)-f(x_0)}{\Delta x}. \tag{3}$$

若在（3）式中，令 $x=x_0+\Delta x$，则有：

① $\Delta x=x-x_0$；

② 当 $\Delta x\to 0$ 时，$x\to x_0$.

于是，得到一个和（3）式等价的定义：

$$f'(x_0)=\lim_{x\to x_0}\frac{f(x)-f(x_0)}{x-x_0}. \tag{4}$$

当然，下式也是（3）式的一个等价式：

$$f'(x_0)=\lim_{h\to 0}\frac{f(x_0+h)-f(x_0)}{h}.$$

例 2 求函数 $y=x^2$ 在点 $x=2$ 处的导数.

解 当 x 由 2 改变到 $2+\Delta x$ 时，函数改变量为

$$\Delta y=(2+\Delta x)^2-2^2=4\Delta x+(\Delta x)^2.$$

因此

$$\frac{\Delta y}{\Delta x}=4+\Delta x.$$

所以

$$f'(2)=\lim_{\Delta x\to 0}\frac{\Delta y}{\Delta x}=\lim_{\Delta x\to 0}(4+\Delta x)=4.$$

2. $f(x)$ 在 (a,b) 内可导

如果函数 $f(x)$ 在点 x_0 处有导数，则称函数 $f(x)$ 在点 x_0 处可导，否则称函数 $f(x)$ 在点 x_0 处不可导. 如果函数 $f(x)$ 在某区间 (a,b) 内每一点处都可导，则称 $f(x)$ 在区间 (a,b) 内可导.

设 $f(x)$ 在区间 (a,b) 内可导，此时，对于区间 (a,b) 内每一点 x，都有一个导数值与它对应，这就定义了一个新的函数，这个新函数称为函数 $y=f(x)$ 在区间 (a,b) 内对 x 的导函数，简称为**导数**，记作

$$f'(x)\text{，}\ y'\text{，}\ \frac{\mathrm{d}y}{\mathrm{d}x}\ \text{或}\ \frac{\mathrm{d}}{\mathrm{d}x}f(x).$$

根据导数定义，两个引入例题可以叙述为：

（1）瞬时速度是路程 s 对时间 t 的导数，即

$$v=s'=\frac{\mathrm{d}s}{\mathrm{d}t}.$$

（2）曲线 $y=f(x)$ 在点 x 处的切线的斜率是曲线的纵坐标对横坐标 x 的导数，即

$$\tan\alpha=f'(x)=\frac{\mathrm{d}y}{\mathrm{d}x}.$$

由导数定义可将求导数的方法概括为以下几个步骤：

（1）求出对应于自变量改变量 Δx 的函数改变量：

$$\Delta y = f(x+\Delta x) - f(x);$$

（2）作出比值：

$$\frac{\Delta y}{\Delta x} = \frac{f(x+\Delta x)-f(x)}{\Delta x};$$

（3）求 $\Delta x \to 0$ 时 $\frac{\Delta y}{\Delta x}$ 的极限，即

$$y' = f'(x) = \lim_{\Delta x\to 0}\frac{f(x+\Delta x)-f(x)}{\Delta x}.$$

例 3　求线性函数 $y = ax+b$ 的导数.

解　（1）$\Delta y = [a(x+\Delta x)+b]-(ax+b) = a\Delta x$；

（2）$\frac{\Delta y}{\Delta x} = a$；

（3）$y' = \lim\limits_{\Delta x\to 0}\frac{\Delta y}{\Delta x} = \lim\limits_{\Delta x\to 0} a = a$.

例 4　求函数 $y = \frac{1}{x}$ 的导数.

解　（1）$\Delta y = \frac{1}{x+\Delta x} - \frac{1}{x} = \frac{-\Delta x}{x(x+\Delta x)}$；

（2）$\frac{\Delta y}{\Delta x} = -\frac{1}{x(x+\Delta x)}$；

（3）$y' = \lim\limits_{\Delta x\to 0}\frac{\Delta y}{\Delta x} = \lim\limits_{\Delta x\to 0}\left[-\frac{1}{x(x+\Delta x)}\right] = -\frac{1}{x^2}$.

例 5　设 $f(x) = x^2$，求 $f'(x), f'(-1), f'(2)$.

解　由导数定义有

$$f'(x) = \lim_{\Delta x\to 0}\frac{f(x+\Delta x)-f(x)}{\Delta x} = \lim_{\Delta x\to 0}\frac{(x+\Delta x)^2 - x^2}{\Delta x} = \lim_{\Delta x\to 0}\frac{\Delta x(2x+\Delta x)}{\Delta x} = 2x.$$

由式（3）有

$$f'(-1) = f'(x)\big|_{x=-1} = 2\times(-1) = -2.$$

$$f'(2) = f'(x)\big|_{x=2} = 2\times 2 = 4.$$

注： $f(x)$ 在 x_0 处的导数 $f'(x_0)$ 等于 $f'(x)$ 在 x_0 处的值.

三、单侧导数

定义 2　若 $\lim\limits_{\Delta x\to 0^-}\frac{f(x_0+\Delta x)-f(x_0)}{\Delta x}$ 存在，则称其为 $f(x)$ 在点 x_0 处的**左导数**，记作 $f'_-(x_0)$；

反之，若 $\lim\limits_{\Delta x \to 0^+} \dfrac{f(x_0+\Delta x)-f(x_0)}{\Delta x}$ 存在，则称其为 $f(x)$ 在点 x_0 处的**右导数**，记作 $f'_+(x_0)$; $f'_-(x_0)$ 与 $f'_+(x_0)$ 统称为 $f(x)$ 在点 x_0 处的**单侧导数**.

根据导数定义及极限存在定理，有：$f'(x_0)$ **存在的充分必要条件是其左、右导数均存在且相等**.

例 6 讨论函数 $y=f(x)=|x|$ 在 $x=0$ 处的可导性.

解 如图 2-3 所示，

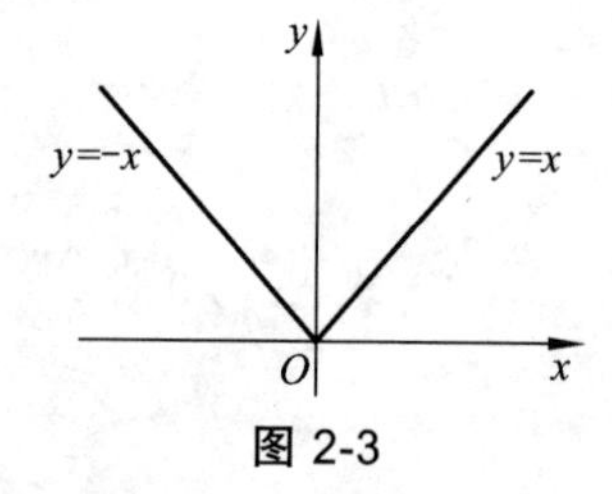

图 2-3

$$f(x)=|x|=\begin{cases} x, & x \geqslant 0, \\ -x, & x<0. \end{cases}$$

右导数：

$$f'_+(0)=\lim_{\Delta x \to 0^+}\frac{\Delta y}{\Delta x}=\lim_{\Delta x \to 0^+}\frac{|\Delta x|}{\Delta x}=\lim_{\Delta x \to 0^+}\frac{\Delta x}{\Delta x}=1\ ;$$

左导数：

$$f'_-(0)=\lim_{\Delta x \to 0^-}\frac{\Delta y}{\Delta x}=\lim_{\Delta x \to 0^-}\frac{|\Delta x|}{\Delta x}=\lim_{\Delta x \to 0^-}\frac{-\Delta x}{\Delta x}=-1\,.$$

因 $f'_+(0) \neq f'_-(0)$，故 $f(x)$ 在 $x=0$ 不可导.

本题中易知 $y=|x|$ 在 $x=0$ 连续.

四、可导与连续的关系

定理 1 若函数 $y=f(x)$ 在点 x_0 处可导，则 $f(x)$ 在点 x_0 处连续.

证明 由 $y=f(x)$ 在点 x_0 处可导，即

$$\lim_{x \to x_0}\frac{f(x)-f(x_0)}{x-x_0}=f'(x_0)\,,$$

得
$$\lim_{x \to x_0}[f(x)-f(x_0)]=\lim_{x \to x_0}\frac{f(x)-f(x_0)}{x-x_0}(x-x_0)=f'(x_0)\cdot 0=0\,.$$

从而
$$\lim_{x \to x_0} f(x)=f(x_0)\,,$$

故 $f(x)$ 在点 x_0 处连续.

这个定理的逆定理不成立，即函数 $y=f(x)$ 在点 x_0 处连续，但在 x_0 处不一定可导.

通过例 6，我们知道函数 $y=|x|$ 是一个在 $x=0$ 处连续，左、右导数存在，但不可导的典型实例.

由定理 1 及例 6 可知：连续是可导的必要条件但不是充分条件，即可导一定连续，但连续不一定可导.

根据这个定理，我们可以判断当函数 $f(x)$ 在某点不连续时，则在该点一定不可导.

例 7　讨论函数 $f(x)=\begin{cases}1-x, & x\geqslant 0\\ 1+x, & x<0\end{cases}$ 在 $x=0$ 处的连续性与可导性.

解　$f(x)$ 在 $x=0$ 处，如图 2-4 所示.

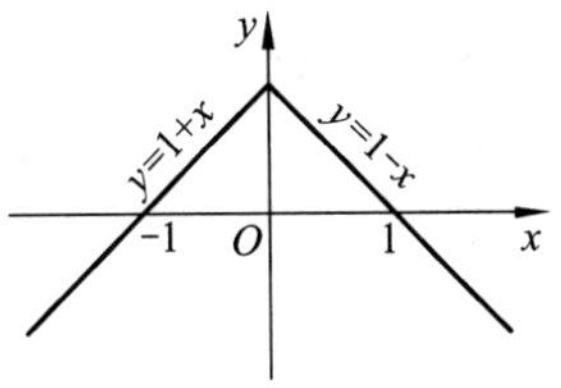

左极限：

$$f(0^-)=\lim_{x\to 0^-}f(x)=\lim_{x\to 0^-}(1+x)=1;$$

右极限：

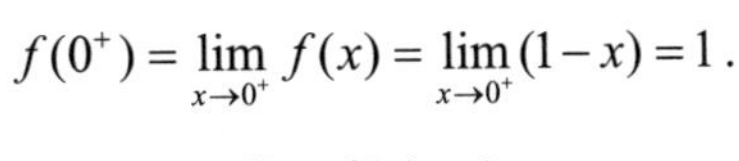

$$f(0^+)=\lim_{x\to 0^+}f(x)=\lim_{x\to 0^+}(1-x)=1.$$

图 2-4

从而

$$\lim_{x\to 0}f(x)=1.$$

又由 $f(0)=1$，有

$$\lim_{x\to 0}f(x)=f(0),$$

故 $f(x)$ 在 $x=0$ 处连续.

$f(x)$ 在 $x=0$ 处的左导数为

$$f'_-(0)=\lim_{\Delta x\to 0^-}\frac{f(\Delta x)-f(0)}{\Delta x-0}=\lim_{\Delta x\to 0^-}\frac{(1+\Delta x)-1}{\Delta x}=\lim_{\Delta x\to 0^-}\frac{\Delta x}{\Delta x}=1;$$

同理，$f(x)$ 在 $x=0$ 处的右导数为

$$f'_+(0)=\lim_{\Delta x\to 0^+}\frac{(1-\Delta x)-1}{\Delta x}=-1,$$

则 $f(x)$ 在点 $x=0$ 的左、右导数存在但不相等，故 $f(x)$ 在 $x=0$ 处不可导.

例 8　讨论函数 $f(x)=\begin{cases}3x+1, & x\geqslant 0\\ 3x-1, & x<0\end{cases}$ 在 $x=0$ 处的可导性.

解　由于

$$\lim_{x\to 0^+}f(x)=\lim_{x\to 0^+}(3x+1)=1,\quad \lim_{x\to 0^-}f(x)=\lim_{x\to 0^-}(3x-1)=-1,$$

所以 $f(x)$ 在 $x=0$ 的极限不存在，则它在该点不连续，从而 $f(x)$ 在 $x=0$ 不可导.

例 9　讨论函数 $f(x)=\begin{cases}x\sin\dfrac{1}{x}, & x\neq 0\\ 0, & x=0\end{cases}$ 在 $x=0$ 处的连续性与可导性.

解

$$\lim_{x\to 0}f(x)=\lim_{x\to 0}x\sin\frac{1}{x}=0=f(0),$$

所以 $f(x)$ 在点 $x=0$ 处连续.

又

$$\lim_{\Delta x\to 0}\frac{f(\Delta x)-f(0)}{\Delta x-0}=\lim_{\Delta x\to 0}\frac{\Delta x\sin\frac{1}{\Delta x}}{\Delta x}=\lim_{\Delta x\to 0}\sin\frac{1}{\Delta x},$$

不存在，所以 $f(x)$ 在点 $x=0$ 处不可导.

五、用导数定义求导数

1. 常数的导数

例 10 设 $y=C$，求 y'.

解 记 $f(x)\equiv C$，则

$$C'=\lim_{\Delta x\to 0}\frac{f(x+\Delta x)-f(x)}{\Delta x}=\lim_{\Delta x\to 0}\frac{C-C}{\Delta x}=0.$$

即常数的导数等于零.

2. 幂函数的导数

例 11 设 $y=x^n$（n 为正整数），求 y'.

解 记 $f(x)=x^n$，则

$$\begin{aligned}f'(x)&=\lim_{\Delta x\to 0}\frac{f(x+\Delta x)-f(x)}{\Delta x}=\lim_{\Delta x\to 0}\frac{(x+\Delta x)^n-x^n}{\Delta x}\\&=\lim_{\Delta x\to 0}\frac{x^n+nx^{n-1}\Delta x+\frac{n(n-1)}{2}x^{n-2}\Delta x^2+\cdots+\Delta x^n-x^n}{\Delta x}\\&=\lim_{\Delta x\to 0}\frac{nx^{n-1}\Delta x+\frac{n(n-1)}{2}x^{n-2}\Delta x^2+\cdots+\Delta x^n}{\Delta x}\\&=\lim_{\Delta x\to 0}\left[nx^{n-1}+\frac{n(n-1)}{2}x^{n-2}\Delta x+\cdots+\Delta x^{n-1}\right]=nx^{n-1}.\end{aligned}$$

即

$$(x^n)'=nx^{n-1}.$$

特例：（1）若 $n=1$，则 $x'=1$；

（2）若 $n=2$，则 $(x^2)'=2x$.

下一节将证明：

$$(x^\alpha)'=\alpha x^{\alpha-1}\text{（}\alpha\text{ 为任意实数）}.$$

3. 指数函数的导数

例 12 设 $y=a^x$（$a>0$，$a\neq 1$），求 y'.

解 记 $f(x)=a^x$，则

$$f'(x)=\lim_{\Delta x\to 0}\frac{f(x+\Delta x)-f(x)}{\Delta x}=\lim_{\Delta x\to 0}\frac{a^{x+\Delta x}-a^x}{\Delta x}=a^x\lim_{\Delta x\to 0}\frac{a^{\Delta x}-1}{\Delta x}. \tag{5}$$

又在（5）中，令 $a^{\Delta x}-1=\beta$，则

（1）当 $\Delta x\to 0$ 时，$\beta\to 0$；

（2）$\Delta x=\dfrac{\ln(1+\beta)}{\ln a}$.

故（5）式变为

$$(a^x)'=a^x\lim_{\beta\to0}\frac{\beta\ln a}{\ln(1+\beta)}=a^x\ln a\lim_{\beta\to0}\frac{1}{\frac{1}{\beta}\ln(1+\beta)}=a^x\ln a\lim_{\beta\to0}\frac{1}{\ln(1+\beta)^{\frac{1}{\beta}}}=a^x\ln a,$$

即
$$(a^x)'=a^x\ln a.$$

特例　若 $a=\mathrm{e}$，则得 $(\mathrm{e}^x)'=\mathrm{e}^x$.

4. 对数函数的导数

例 13　设 $y=\log_a x\,(a>0,\ a\neq1)$，求 y'.

解　记 $f(x)=\log_a x$，则

$$f'(x)=\lim_{\Delta x\to0}\frac{f(x+\Delta x)-f(x)}{\Delta x}=\lim_{\Delta x\to0}\frac{\log_a(x+\Delta x)-\log_a x}{\Delta x}$$

$$=\lim_{\Delta x\to0}\frac{\log_a\left(1+\frac{\Delta x}{x}\right)}{\Delta x}=\lim_{\Delta x\to0}\log_a\left(1+\frac{1}{x}\Delta x\right)^{\frac{1}{\Delta x}}=\log_a\mathrm{e}^{\frac{1}{x}}=\frac{1}{x}\log_a\mathrm{e},$$

即
$$(\log_a x)'=\frac{1}{x}\log_a\mathrm{e}=\frac{1}{x}\cdot\frac{1}{\ln a}.$$

特例　若 $a=\mathrm{e}$，则得 $(\ln x)'=\frac{1}{x}$.

5. 正弦函数的导数

例 14　设 $y=\sin x$，求 y'.

解　记 $f(x)=\sin x$，则

$$f'(x)=\lim_{\Delta x\to0}\frac{f(x+\Delta x)-f(x)}{\Delta x}=\lim_{\Delta x\to0}\frac{\sin(x+\Delta x)-\sin x}{\Delta x}$$

$$=\lim_{\Delta x\to0}\frac{2\sin\frac{\Delta x}{2}\cos\left(x+\frac{\Delta x}{2}\right)}{\Delta x}=\lim_{\Delta x\to0}\frac{\sin\frac{\Delta x}{2}}{\frac{\Delta x}{2}}\cos\left(x+\frac{\Delta x}{2}\right)=\cos x,$$

即
$$(\sin x)'=\cos x.$$

六、导数的实际意义

（1）函数 $y=f(x)$ 在点 x_0 处的导数 $f'(x_0)$ 就是曲线 $y=f(x)$ 在点 $M(x_0,y_0)$ 处的切线 MT 的斜率，如图 2-2.

$$f'(x_0)=\lim_{\Delta x\to0}\frac{\Delta y}{\Delta x}=\lim_{\varphi\to\alpha}\tan\varphi=\tan\alpha\qquad\left(\alpha\neq\frac{\pi}{2}\right).$$

由导数的几何意义及直线的点斜式方程可知，曲线 $y=f(x)$ 上点 (x_0,y_0) 处的切线方程为

$$y-y_0=f'(x_0)(x-x_0).$$

例 15　求 $y=\frac{1}{x}$ 在点(1, 1)处的切线方程.

解 由例 4 已求得 $f'(x)=-\dfrac{1}{x^2}$，故 $f'(1)=-1$. 所以所求的切线方程为

$$y-1=(-1)\cdot(x-1),$$

即

$$x+y-2=0.$$

（2）瞬时速度 v 是路程函数 $s=s(t)$ 对时间 t 的导数，即 $v=\dfrac{\mathrm{d}s}{\mathrm{d}t}$；

加速度 a 是速度 $v=v(t)$ 对时间 t 的导数，即 $a=\dfrac{\mathrm{d}v}{\mathrm{d}t}$.

（3）某产品的产量 $P=P(K)$，K 为生产该产品的资本，则产出关于资本的变化率是产量函数 $P(K)$ 对资本 K 的导数 $P'(K)$，在经济学中称为资本的**边际产出**.

（4）某产品的总成本 $W=W(x)$，x 为产品产量，则产量的变化引起成本的变化率是成本函数 $W(x)$ 对产量 x 的导数 $W'(x)$，经济学中常称为**边际成本**.

第二节　求导法则和基本初等函数导数公式

求函数的变化率——导数，是理论研究和实践应用中经常遇到的一个普遍问题，但根据定义求导往往非常繁难，有时甚至是不可行的. 那么能否找到求导的一般法则或常用函数的求导公式，使求导的运算变得更为简单易行呢？从微积分诞生之日起，数学家们就在探求这一途径. 牛顿和莱布尼茨都做了大量的工作，特别是博学多才的数学符号大师莱布尼茨对此做出了不朽的贡献. 今天我们所学的微积分学中的法则、公式，特别是所采用的符号，大体上是由莱布尼茨完成的.

一、导数的四则运算

为探索函数的和、差、积、商的求导法则，先设函数 $u=u(x)$，$v=v(x)$ 在点 x 具有导数 $u'=u'(x)$，$v'=v'(x)$，并分别考虑这两个函数的和、差、积、商在点 x 的导数.

1. 函数和、差求导法则

两个可导函数之和（差）的导数等于这两个函数导数之和（差），即

$$[u+v]'=u'+v',\quad [u-v]'=u'-v'.$$

如设 $f(x)=u(x)+v(x)$，则由导数定义有

$$f'(x)=\lim_{h\to 0}\frac{f(x+h)-f(x)}{h}=\lim_{h\to 0}\frac{[u(x+h)+v(x+h)]-[u(x)+v(x)]}{h}$$

$$=\lim_{h\to 0}\left[\frac{u(x+h)-u(x)}{h}+\frac{v(x+h)-v(x)}{h}\right]=u'(x)+v'(x).$$

这表示，函数 $f(x)$ 在点 x 处也可导，且

$$f'(x)=u'(x)+v'(x).$$

这个法则可推广到有限个代数和情形，如

$$[f_1(x)\pm f_2(x)\pm\cdots\pm f_n(x)]'=f_1'(x)\pm f_2'(x)\pm\cdots\pm f_n'(x).$$

例 1　设 $y=\mathrm{e}^x+\sin x+x^3$，求 y', $y'(0)$.

解　$y'=\mathrm{e}^x+\cos x+3x^2$.

$$y'(0)=\mathrm{e}^0+\cos 0+3\times 0=1+1=2.$$

2. 函数积的求导法则

两个可导函数乘积的导数等于第一个因子的导数与第二因子的乘积加上第一个因子与第二个因子的导数的乘积，即

$$[uv]'=u'v+uv'.$$

证明

$$(uv)'=\lim_{\Delta x\to 0}\frac{u(x+\Delta x)v(x+\Delta x)-u(x)v(x)}{\Delta x}.$$

又

$$\Delta u=u(x+\Delta x)-u(x),\quad \Delta v=v(x+\Delta x)-v(x),$$

代入上式，得

$$(uv)'=\lim_{\Delta x\to 0}\frac{(\Delta u+u)(\Delta v+v)-uv}{\Delta x}=\lim_{\Delta x\to 0}\left(u\frac{\Delta v}{\Delta x}+v\frac{\Delta u}{\Delta x}+\frac{\Delta u}{\Delta x}\cdot\Delta v\right)=uv'+vu'+u'\cdot 0,$$

即

$$(uv)'=uv'+vu'.$$

特殊地，如果 $u=C$ (常数)，则因 $C'=0$，故有

$$[Cv]'=Cv'.$$

这就是说：求一个常数与一个可导函数的乘积的导数时，常数因子可以提到求导记号外面去.

积的求导法则也可推广到任意有限个函数之积的情形. 例如

$$[uvw]'=[(uv)w]'=(uv)'w+(uv)w'=(u'v+uv')w+uvw',$$

即

$$[uvw]'=u'vw+uv'w+uvw'.$$

例 2　设 $y=\mathrm{e}^x\left(\sin x+x^2+\frac{1}{x}-\ln x\right)$，求 y'.

解

$$\begin{aligned}y'&=(\mathrm{e}^x)'\left(\sin x+x^2+\frac{1}{x}-\ln x\right)+\mathrm{e}^x\left(\sin x+x^2+\frac{1}{x}-\ln x\right)'\\&=\mathrm{e}^x\left(\sin x+x^2+\frac{1}{x}-\ln x\right)+\mathrm{e}^x\left(\cos x+2x-\frac{1}{x^2}-\frac{1}{x}\right)\\&=\mathrm{e}^x\left(\sin x+\cos x+x^2+2x-\frac{1}{x^2}-\ln x\right).\end{aligned}$$

3. 函数之商的求导法则

两个可导函数之商的导数等于分子的导数与分母的乘积减去分母的导数与分子的乘积，再除以分母的平方，即

$$\left(\frac{u}{v}\right)' = \frac{u'v - uv'}{v^2} \quad (v \neq 0).$$

证明
$$\left(\frac{u}{v}\right)' = \lim_{\Delta x \to 0} \frac{\frac{u(x+\Delta x)}{v(x+\Delta x)} - \frac{u}{v}}{\Delta x} = \lim_{\Delta x \to 0} \frac{\frac{\Delta u + u}{\Delta v + v} - \frac{u}{v}}{\Delta x} = \lim_{\Delta x \to 0} \frac{\frac{v\Delta u - u\Delta v}{(\Delta v + v)v}}{\Delta x}$$
$$= \lim_{\Delta x \to 0} \frac{v\frac{\Delta u}{\Delta x} - u\frac{\Delta v}{\Delta x}}{(\Delta v + v)v} = \frac{vu' - uv'}{(0+v)v},$$

即
$$\left(\frac{u}{v}\right)' = \frac{u'v - uv'}{v^2}.$$

例 3 设 $y = \tan x$，求 y'.

解
$$y' = (\tan x)' = \left(\frac{\sin x}{\cos x}\right)' = \frac{(\sin x)'\cos x - \sin x(\cos x)'}{\cos^2 x} = \frac{\cos^2 x + \sin^2 x}{\cos^2 x} = \frac{1}{\cos^2 x},$$

即
$$(\tan x)' = \sec^2 x.$$

这就是正切函数的导数公式.

同理可得

$$(\cot x)' = -\csc^2 x.$$

例 4 设 $y = \sec x$，求 y'.

解
$$y' = (\sec x)' = \left(\frac{1}{\cos x}\right)' = \frac{0 - 1\cdot(\cos x)'}{\cos^2 x} = \frac{\sin x}{\cos^2 x} = \tan x \sec x,$$

即
$$(\sec x)' = \tan x \sec x.$$

这就是正割函数的导数公式.

同理可得

$$(\csc x)' = -\cot x \csc x.$$

例 5 求 $y = \dfrac{1-x}{1+x}$ 的导数 y'.

解 $y' = \dfrac{(1-x)'(1+x) - (1-x)\cdot(1+x)'}{(1+x)^2} = \dfrac{(-1)\cdot(1+x) - (1-x)\cdot 1}{(1+x)^2} = \dfrac{-2}{(1+x)^2}$.

二、反函数求导法则

设函数 $y = f(x)$ 在 x 处有不等于零的导数，对应反函数记作 $x = f^{-1}(y)$，它在相应点处连续，则

$$[f^{-1}(y)]' = \frac{1}{f'(x)} \quad 或 \quad \frac{\mathrm{d}x}{\mathrm{d}y} = \frac{1}{\frac{\mathrm{d}y}{\mathrm{d}x}},$$

即反函数的导数等于原函数的导数的倒数.

证明　当 $y=f(x)$ 的反函数 $x=f^{-1}(y)$ 的自变量 y 取得改变量 Δy 时，因变量 x 取得相应的改变量 Δx；当 $\Delta y\neq 0$ 时必有 $\Delta x\neq 0$，否则由 $\Delta x=f^{-1}(y+\Delta y)-f^{-1}(y)=0$ 得 $f^{-1}(y+\Delta y)=f^{-1}(y)$，但 $f(x)$ 是一一对应的，所以 $y+\Delta y=y$，于是 $\Delta y=0$ 与 $\Delta y\neq 0$ 的假设相矛盾. 因此，当 $\Delta y\neq 0$ 时，有

$$\frac{\Delta x}{\Delta y}=\frac{1}{\dfrac{\Delta y}{\Delta x}}.$$

又因为 $x=f^{-1}(y)$ 在相应点处连续，所以当 $\Delta y\to 0$ 时，$\Delta x\to 0$，于是由上面的等式及 $f'(x)\neq 0$ 的假设，得到

$$[f^{-1}(y)]'=\lim_{\Delta y\to 0}\frac{\Delta x}{\Delta y}=\lim_{\Delta x\to 0}\frac{1}{\dfrac{\Delta y}{\Delta x}}=\frac{1}{\lim\limits_{\Delta x\to 0}\dfrac{\Delta y}{\Delta x}}=\frac{1}{f'(x)}.$$

例 6　求反正弦函数 $y=\arcsin x$ 的导数.

解　因为 $y=\arcsin x\ (-1<x<1)$的反函数是

$$x=\sin y\quad\left(-\frac{\pi}{2}<y<\frac{\pi}{2}\right).$$

而 $(\sin y)'=\cos y>0\left(-\dfrac{\pi}{2}<y<\dfrac{\pi}{2}\right)$，又 $\cos y=\sqrt{1-\sin^2 y}=\sqrt{1-x^2}>0$，所以由反函数求导公式

$$y'=(\arcsin x)'=\frac{1}{(\sin y)'}=\frac{1}{\sqrt{1-x^2}}\quad(-1<x<1),$$

即

$$(\arcsin x)'=\frac{1}{\sqrt{1-x^2}}\quad(-1<x<1).$$

同样可证

$$(\arccos x)'=-\frac{1}{\sqrt{1-x^2}}\quad(-1<x<1).$$

例 7　求反正切函数 $y=\arctan x$ 的导数.

解　由 $y=\arctan x$，于是 $x=\tan y\left(-\dfrac{\pi}{2}<y<\dfrac{\pi}{2}\right)$. 又

$$(\arctan x)'=\frac{1}{(\tan y)'}=\frac{1}{\sec^2 y},$$

而 $\sec^2 y=1+\tan^2 y=1+x^2$，所以

$$(\arctan x)'=\frac{1}{1+x^2}\quad(-\infty<x<+\infty).$$

同理可得反余切函数的导数为

$$(\operatorname{arc}\cot x)' = -\frac{1}{1+x^2} \quad (-\infty < x < +\infty).$$

到目前为止，已将基本初等函数的导数求出，下面我们讨论复合函数的导数问题.

三、复合函数求导法则

设函数 $y=f(u)$，$u=\varphi(x)$，则 y 是 x 的复合函数 $y=f[\varphi(x)]$. 如 $\ln\tan x, \mathrm{e}^{\sin x}, \sin\frac{2x}{1+x^2}$ 均为复合函数.

法则 若 $u=\varphi(x)$ 在点 x_0 有导数 $\left.\frac{\mathrm{d}u}{\mathrm{d}x}\right|_{x=x_0}=\varphi'(x_0)$，$y=f(u)$ 在对应点 u_0 处有导数 $\left.\frac{\mathrm{d}y}{\mathrm{d}u}\right|_{u=u_0}=f'(u_0)$，则复合函数 $y=f[\varphi(x)]$ 在 x_0 点处也有导数，且

$$\left.\frac{\mathrm{d}y}{\mathrm{d}x}\right|_{x=x_0}=\left.\frac{\mathrm{d}y}{\mathrm{d}u}\right|_{u=u_0}\left.\frac{\mathrm{d}u}{\mathrm{d}x}\right|_{x=x_0}，\text{或}\quad \left.\frac{\mathrm{d}y}{\mathrm{d}x}\right|_{x=x_0}=f'(u_0)\varphi'(x_0).$$

证明 给自变量 x 在 x_0 处增量 Δx，则由此产生的中间变量 u 的增量为

$$\Delta u=\varphi(x_0+\Delta x)-\varphi(x_0).$$

相应地，变量 y 的增量为

$$\Delta y=f[\varphi(x_0+\Delta x)]-f[\varphi(x_0)]=f(u_0+\Delta u)-f(u_0).$$

由已知条件 $f(u)$ 在 u_0 可导，即

$$\lim_{\Delta u\to 0}\frac{\Delta y}{\Delta u}=f'(u_0).$$

于是当 $\Delta u\neq 0$ 时，记

$$\frac{\Delta y}{\Delta u}-f'(u_0)=\alpha,$$

或

$$\Delta y=(f'(u_0)+\alpha)\Delta u. \tag{1}$$

由极限定义可知，α 当 $\Delta u\to 0$ 时为无穷小量. 由于当 $\Delta u=0$ 时必有 $\Delta y=0$，故不论 $\Delta u=0$ 与否（1）式均成立. 利用（1）式，得

$$\left.\frac{\mathrm{d}f[\varphi(x)]}{\mathrm{d}x}\right|_{x=x_0}=\lim_{\Delta x\to 0}\frac{\Delta y}{\Delta x}=\lim_{\Delta x\to 0}(f'(u_0)+\alpha)\Delta u\cdot\frac{1}{\Delta x}.$$

注意到 $u=\varphi(x)$ 在点 x_0 可导，因而当 $\Delta x\to 0$ 时必有 $\Delta u\to 0$，于是得

$$\left.\frac{\mathrm{d}f[\varphi(x)]}{\mathrm{d}x}\right|_{x=x_0}=\lim_{\Delta u\to 0}(f'(u_0)+\alpha)\lim_{\Delta x\to 0}\frac{\Delta u}{\Delta x}=f'(u_0)\varphi'(x_0),$$

即

$$\left.\frac{\mathrm{d}y}{\mathrm{d}x}\right|_{x=x_0}=\left.\frac{\mathrm{d}y}{\mathrm{d}u}\right|_{u=u_0}\left.\frac{\mathrm{d}u}{\mathrm{d}x}\right|_{x=x_0}. \tag{2}$$

即复合函数的导数等于复合函数对中间变量的导数乘以中间变量对自变量的导数.

相应区间 I 上，有

$$\frac{dy}{dx}=\frac{dy}{du}\cdot\frac{du}{dx}.$$

该公式可推广到有限次的复合函数的求导法则. 例如，设

$$y=f(u),\quad u=\varphi(v),\quad v=\psi(x),$$

则复合函数 $y=f\{\varphi[\psi(x)]\}$ 对 x 的导数为

$$\frac{dy}{dx}=\frac{dy}{du}\cdot\frac{du}{dv}\cdot\frac{dv}{dx}. \tag{3}$$

（2）、（3）式称为复合函数求导的链式法则.

例 8　设 $y=(1+x-x^2)^{100}$，求 y'.

解　设 $y=u^{100}$，$u=1+x-x^2$，则

$$y'_u=100u^{99},\quad u'_x=1-2x.$$

于是
$$y'=y'_u\cdot u'_x=100u^{99}(1-2x)=100(1+x-x^2)^{99}(1-2x).$$

例 9　设 $y=\ln\tan x$，求 y'.

解　记 $u=\tan x$，$y=\ln u$，则

$$y'_u=\frac{1}{u},\quad u'_x=\sec^2 x.$$

于是
$$\frac{dy}{dx}=\frac{1}{u}\cdot\sec^2 x=\cot x\cdot\frac{1}{\cos^2 x}=\frac{1}{\sin x\cos x}.$$

例 10　求 $y=e^{\sin x}$ 的导数 $\frac{dy}{dx}$.

解　$y=e^{\sin x}$ 可看作由 $y=e^u$，$u=\sin x$ 复合而成，则

$$\frac{dy}{dx}=\frac{dy}{du}\cdot\frac{du}{dx}=e^u\cos x=e^{\sin x}\cos x.$$

例 11　设 $y=\sin\frac{2x}{1+x^2}$，求 $\frac{dy}{dx}$.

解　记 $y=\sin u$, $u=\frac{2x}{1+x^2}$，则

$$\frac{dy}{du}=\cos u,\quad \frac{du}{dx}=\frac{2(1+x^2)-(2x)^2}{(1+x^2)^2}=\frac{2(1-x^2)}{(1+x^2)^2}.$$

于是
$$\frac{dy}{dx}=\frac{dy}{du}\cdot\frac{du}{dx}=\cos u\cdot\frac{2(1-x^2)}{(1+x^2)^2}=\frac{2(1-x^2)}{(1+x^2)^2}\cdot\cos\frac{2x}{1+x^2}.$$

对于复合函数的分解比较熟练后，不必写出中间变量，可采用下列例题的方式来计算.

例 12 设 $y=\ln\sin x$，求 $\frac{\mathrm{d}y}{\mathrm{d}x}$.

解 $\frac{\mathrm{d}y}{\mathrm{d}x}=(\ln\sin x)'=\frac{1}{\sin x}\cdot(\sin x)'=\frac{\cos x}{\sin x}=\cot x$.

例 13 设 $y=\mathrm{e}^{\sin\sqrt{x}}$，求 y'.

解 $y'=(\mathrm{e}^{\sin\sqrt{x}})'=\mathrm{e}^{\sin\sqrt{x}}(\sin\sqrt{x})'=\mathrm{e}^{\sin\sqrt{x}}\cos\sqrt{x}(\sqrt{x})'$

$$=\mathrm{e}^{\sin\sqrt{x}}\cos\sqrt{x}\cdot\frac{1}{2}\cdot\frac{1}{\sqrt{x}}=\frac{\cos\sqrt{x}}{2\sqrt{x}}\mathrm{e}^{\sin\sqrt{x}}.$$

例 14 求函数 $y=\ln(x+\sqrt{x^2+a^2})$ 的导数.

解 $y'=[\ln(x+\sqrt{x^2+a^2})]'=\frac{1}{x+\sqrt{x^2+a^2}}(x+\sqrt{x^2+a^2})'$

$$=\frac{1}{x+\sqrt{x^2+a^2}}\{1+[(x^2+a^2)^{\frac{1}{2}}]'\}=\frac{1}{x+\sqrt{x^2+a^2}}\left[1+\frac{1}{2}(x^2+a^2)^{-\frac{1}{2}}(x^2+a^2)'\right]$$

$$=\frac{1}{x+\sqrt{x^2+a^2}}\left(1+\frac{x}{\sqrt{x^2+a^2}}\right)=\frac{1}{\sqrt{x^2+a^2}}.$$

例 15 证明：$(x^{\mu})'=\mu x^{\mu-1}$（μ为任意实数，$x>0$).

证明 由对数性质有

$$x=\mathrm{e}^{\ln x}.$$

故
$$(x^{\mu})'=[(\mathrm{e}^{\ln x})^{\mu}]'=(\mathrm{e}^{\mu\ln x})'=\mathrm{e}^{\mu\ln x}(\mu\ln x)'=x^{\mu}\cdot\mu\cdot\frac{1}{x}=\mu x^{\mu-1}.$$

四、取对数法求导

设 $y=u^v$，其中 $u=u(x)$，$v=v(x)$ 在 x 处可导，则 y 在 x 处可导，且有

$$(u^v)'=u^v\left(v'\ln u+\frac{v}{u}u'\right).$$

证明 （方法 1）将 $y=u^v$ 两边取对数，得

$$\ln y=v\ln u.$$

两边对 x 求导数，得

$$\frac{1}{y}y'=v'\ln u+v(\ln u)'=v'\ln u+\frac{v}{u}u'.$$

于是可得
$$y'=y\left(v'\ln u+\frac{v}{u}u'\right)=u^v\left(v'\ln u+\frac{v}{u}u'\right).$$

（方法 2）记 $u=\mathrm{e}^{\ln u}$，则

$$y'=(u^v)'=[(\mathrm{e}^{\ln u})^v]'=(\mathrm{e}^{v\ln u})'=\mathrm{e}^{v\ln u}(v\ln u)'=u^v\left(v'\ln u+\frac{v}{u}u'\right).$$

读者不必死记这个公式，只要掌握这种取对数之后求导的方法即可.

例 16　求 $y=x^{\sin x}$ 的导数.

解　（方法 1）直接求导.

$$y'=(x^{\sin x})'=(\mathrm{e}^{\sin x\ln x})'=\mathrm{e}^{\sin x\ln x}(\sin x\ln x)'=x^{\sin x}\left(\cos x\ln x+\frac{\sin x}{x}\right).$$

（方法 2）将 $y=x^{\sin x}$ 两端取对数，得

$$\ln y=\sin x\ln x.$$

两边对 x 求导数，得

$$\frac{1}{y}y'=\cos x\ln x+\frac{\sin x}{x}.$$

故

$$y'=y\left(\cos x\ln x+\frac{\sin x}{x}\right)=x^{\sin x}\left(\cos x\ln x+\frac{\sin x}{x}\right).$$

例 17　求 $y=\sqrt{\dfrac{(x-1)(x-2)}{(x-3)(x-4)}}$ 的导数.

解　先在两边取对数（假定 $x>4$），得

$$\ln y=\frac{1}{2}[\ln(x-1)+\ln(x-2)-\ln(x-3)-\ln(x-4)].$$

对上式两端求导数，得

$$\frac{1}{y}y'=\frac{1}{2}\left(\frac{1}{x-1}+\frac{1}{x-2}-\frac{1}{x-3}-\frac{1}{x-4}\right)=\frac{1}{2}\left(\frac{1}{x-1}+\frac{1}{x-2}+\frac{1}{3-x}+\frac{1}{4-x}\right).$$

故

$$\begin{aligned}y'&=\frac{1}{2}y\left(\frac{1}{x-1}+\frac{1}{x-2}+\frac{1}{3-x}+\frac{1}{4-x}\right)\\&=\frac{1}{2}\sqrt{\frac{(x-1)(x-2)}{(x-3)(x-4)}}\left(\frac{1}{x-1}+\frac{1}{x-2}+\frac{1}{3-x}+\frac{1}{4-x}\right).\end{aligned}$$

当 $x<1$ 时，$y=\sqrt{\dfrac{(1-x)(2-x)}{(3-x)(4-x)}}$；

当 $2<x<3$ 时，$y=\sqrt{\dfrac{(x-1)(x-2)}{(3-x)(4-x)}}$.

用同样的方法可得与上面相同的结果.

五、基本初等函数导数公式

（1）$C'=0$（C 为常数）.　　（2）$(x^{\mu})'=\mu x^{\mu-1}$（μ 为任意实数）.

（3）$(a^x)'=a^x\ln a$.　　（4）$(\mathrm{e}^x)'=\mathrm{e}^x$.

（5）$(\log_a x)' = \frac{1}{x}\log_a \mathrm{e} = \frac{1}{x\ln a}$.

（6）$(\ln x)' = \frac{1}{x}$.

（7）$(\sin x)' = \cos x$.

（8）$(\cos x)' = -\sin x$.

（9）$(\tan x)' = \sec^2 x$.

（10）$(\cot x)' = -\csc^2 x$.

（11）$(\arcsin x)' = \frac{1}{\sqrt{1-x^2}}\ (-1<x<1)$.

（12）$(\arccos x)' = -\frac{1}{\sqrt{1-x^2}}\ (-1<x<1)$.

（13）$(\arctan x)' = \frac{1}{1+x^2}\ (-\infty<x<+\infty)$.

（14）$(\mathrm{arc}\cot x) = -\frac{1}{1+x^2}\ (-\infty<x<+\infty)$.

（15）$(\sec x)' = \sec x\tan x$.

（16）$(\csc x)' = -\csc x\cot x$.

第三节　高阶导数

一、高阶导数的概念

在运动学中，不但需要了解物体运动的速度，而且需要了解物体运动速度的变化，即加速度问题．例如，自由落体的运动方程为 $s=\frac{1}{2}gt^2$，t 时刻的瞬时速度 $v=\frac{\mathrm{d}s}{\mathrm{d}t}=\left(\frac{1}{2}gt^2\right)'=gt$，$t$ 时刻的加速度 $a=\frac{\mathrm{d}v}{\mathrm{d}t}=(gt)'=g$.

以上为物理学中所熟悉的公式．在工程学中，常常需要了解曲线斜率的变化程度，以求得曲线的弯曲程度，即需要讨论斜率函数的导数问题．在进一步讨论函数的性质时，也会遇到类似的情况，也就是说，我们对一个可导函数求导之后，还需研究其导函数的导数问题．为此给出如下的定义：

定义 1　设函数 $y=f(x)$ 在 x 处可导，若 $f'(x)$ 的导数存在，则称该导数为 $y=f(x)$ 的二阶导数，记为

$$f''(x)\quad 或\quad y'',\ \frac{\mathrm{d}^2y}{\mathrm{d}x^2},\ \frac{\mathrm{d}^2f}{\mathrm{d}x^2},$$

即

$$y''=(y')'=\frac{\mathrm{d}}{\mathrm{d}x}\left(\frac{\mathrm{d}y}{\mathrm{d}x}\right)=\frac{\mathrm{d}^2y}{\mathrm{d}x^2}.$$

若 $y''=f''(x)$ 的导数存在，则称该导数为 $y=f(x)$ 的三阶导数，记为 $f'''(x)$ 或 y'''.

一般地，若 $y=f(x)$ 的 $n-1$ 阶导数 $f^{(n-1)}(x)$ 的导数存在，则称该导数为 $y=f(x)$ 的 n 阶导数，记为 $y^{(n)}$ 或 $f^{(n)}(x)$，$\frac{\mathrm{d}^ny}{\mathrm{d}x^n}$，$\frac{\mathrm{d}^nf}{\mathrm{d}x^n}$.

函数的二阶和二阶以上的导数称为函数的**高阶导数**．函数 $f(x)$ 的 n 阶导数在 $x=x_0$ 处的导数值记为 $f^{(n)}(x_0)$ 或 $y^{(n)}(x_0)$，$\left.\frac{\mathrm{d}^ny}{\mathrm{d}x^n}\right|_{x=x_0}$ 等.

二、求导举例

例 1　$y = x^3 + ax^2 + bx + c$，求 y'', $y^{(3)}$, $y^{(4)}$.

解　$y' = 3x^2 + 2ax + b$.

$y'' = 6x + 2a$.

$y^{(3)} = 6$.

$y^{(4)} = 0$.

例 2　求指数函数 $y = \mathrm{e}^x$ 的 n 阶导数.

解　$y' = \mathrm{e}^x$.

$y'' = \mathrm{e}^x$.

$y''' = \mathrm{e}^x$.

…………

一般地，可得

$$y^{(n)} = \mathrm{e}^x.$$

例 3　求正弦与余弦函数的 n 阶导数.

解　正弦函数为 $y = \sin x$，则

$$y' = \cos x = \sin\left(x + \frac{\pi}{2}\right).$$

$$y'' = \cos\left(x + \frac{\pi}{2}\right) = \sin\left(x + \frac{\pi}{2} + \frac{\pi}{2}\right) = \sin\left(x + 2 \cdot \frac{\pi}{2}\right).$$

$$y''' = \cos\left(x + 2 \cdot \frac{\pi}{2}\right) = \sin\left(x + 3 \cdot \frac{\pi}{2}\right).$$

…………

一般地，可得

$$y^{(n)} = \sin\left(x + n \cdot \frac{\pi}{2}\right).$$

即

$$\sin^{(n)}(x) = \sin\left(x + n \cdot \frac{\pi}{2}\right).$$

用类似方法可得

$$\cos^{(n)}(x) = \cos\left(x + n \cdot \frac{\pi}{2}\right).$$

例 4　求 $y = x^n$ 的各阶导数，其中 n 为正整数.

解

$$y' = nx^{n-1}.$$

$$y'' = n(n-1)x^{n-2}.$$

由归纳法可得

$$y^{(k)}=n(n-1)\cdots(n-k+1)x^{n-k} \quad (k<n).$$

当 $k=n$ 时，

$$y^{(k)}=y^{(n)}=n(n-1)\cdots 3\cdot 2\cdot 1=n!.$$

当 $k>n$，显然有

$$y^{(n+1)}=0,\ y^{(n+2)}=0,\ \cdots,\ y^{(k)}=0.$$

例 5 求对数函数 $\ln(1+x)$ 的 n 阶导数.

解 设 $y=\ln(1+x)$，则

$$y'=\frac{1}{1+x}.$$

$$y''=-\frac{1}{(1+x)^2}.$$

$$y^{(3)}=\frac{1\cdot 2}{(1+x)^3}.$$

$$\cdots\cdots\cdots\cdots$$

一般地，可得

$$y^{(n)}=(-1)^{n-1}\frac{(n-1)!}{(1+x)^n}$$

例 6 设函数 $y=\ln(1+x^2)$，求 $y''(0)$.

解

$$y'=\frac{2x}{1+x^2}.$$

$$y''=\frac{2(1+x^2)-2x\cdot 2x}{(1+x^2)^2}=\frac{2(1-x^2)}{(1+x^2)^2}.$$

从而

$$y''(0)=\left.\frac{2(1-x^2)}{(1+x^2)^2}\right|_{x=0}=2.$$

第四节 隐函数及由参数方程所确定的函数的导数

一、隐函数求导法则

1. 隐函数概念

函数 $y=f(x)$ 表示两个变量 y 与 x 之间的对应关系，如 $y=2x+1$，$y=\sin x$，这种表达的函数叫做**显函数**. 有些函数的表达方式，如方程：$x^2+y^2=1\,(y>0)$，它也表示 $y=\sqrt{1-x^2}$，那么，前者称为**隐函数**，后者称为隐函数的显化.

一般地，如果在方程 $F(x,y)=0$ 中，当 x 取某区间内任一值时，相应地总有满足这方程的

唯一的 y 值存在，那么，就说方程 $F(x,y)=0$ 在该区间确定了一个隐函数．如：$xe^y-y+1=0$ 确定的函数 $y=f(x)$ 是一个隐函数．

2．求导举例

例 1　求由方程 $e^y+xy-e=0$ 所确定的隐函数 $y=y(x)$ 的导数 $\frac{dy}{dx}$，$\left.\frac{dy}{dx}\right|_{x=0}$．

解　把 y 视为 x 的函数，方程两边对 x 求导，得

$$e^y\cdot\frac{dy}{dx}+y+x\cdot\frac{dy}{dx}=0.$$

从而

$$\frac{dy}{dx}=-\frac{y}{x+e^y}\quad(x+e^y\neq0).$$

由于 $x=0$ 时，$y=1$，故

$$\left.\frac{dy}{dx}\right|_{x=0}=-\frac{1}{0+e}=-\frac{1}{e}.$$

例 2　如图 2-5 所示，求椭圆 $\frac{x^2}{16}+\frac{y^2}{9}=1$ 在点 $A\left(2,\frac{3\sqrt{3}}{2}\right)$ 处的切线方程．

解　由导数的几何意义知道，所求切线斜率为

$$k=y'|_{x=2}.$$

把椭圆方程的两边分别对 x 求导，有

$$\frac{x}{8}+\frac{2}{9}y\cdot\frac{dy}{dx}=0.$$

从而

$$\frac{dy}{dx}=-\frac{9x}{16y}.$$

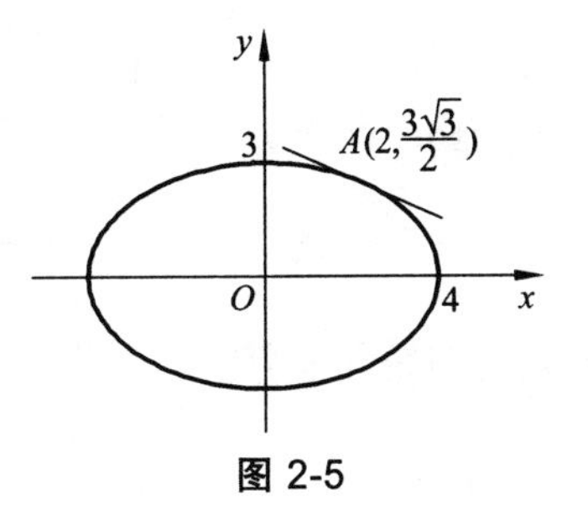

图 2-5

当 $x=2$ 时，$y=\frac{3\sqrt{3}}{2}$．代入上式得 $\left.\frac{dy}{dx}\right|_{x=2}=-\frac{\sqrt{3}}{4}$．于是所求的切线方程为

$$y-\frac{3}{2}\sqrt{3}=-\frac{\sqrt{3}}{4}(x-2),$$

即

$$\sqrt{3}x+4y-8\sqrt{3}=0.$$

二、参数方程求导

在实际问题中，函数 y 与自变量 x 可能不是直接由 $y=f(x)$ 表示，而是通过一参变量 t 来表示，即

$$\begin{cases}x=\varphi(t),\\ y=\psi(t),\end{cases}$$

称之为函数的**参数方程**．我们现在来求由上式确定的 y 对 x 的导数 y'．

设 $x=\varphi(t)$ 有连续的反函数 $t=\varphi^{-1}(x)$，又 $\varphi'(t)$ 与 $\psi'(t)$ 存在，且 $\varphi'(t)\neq 0$，则 y 为复合函数

$$y=\psi(t)=\psi[\varphi^{-1}(x)].$$

利用反函数和复合函数求导法则，得

$$\frac{\mathrm{d}y}{\mathrm{d}x}=\frac{\mathrm{d}y}{\mathrm{d}t}\frac{\mathrm{d}t}{\mathrm{d}x}=\psi'(t)\cdot\frac{1}{\varphi'(t)}=\frac{\psi'(t)}{\varphi'(t)},$$

或

$$\frac{\mathrm{d}y}{\mathrm{d}x}=\frac{\mathrm{d}y}{\mathrm{d}t}\frac{\mathrm{d}t}{\mathrm{d}x}=\frac{\mathrm{d}y}{\mathrm{d}t}\cdot\frac{1}{\frac{\mathrm{d}x}{\mathrm{d}t}}=\frac{\psi'(t)}{\varphi'(t)}.$$

例 3 已知椭圆的参数方程为 $\begin{cases}x=a\cos t,\\ y=b\sin t,\end{cases}$ 求椭圆在 $t=\frac{\pi}{4}$ 相应的点 M_0 处的切线方程.

解

$$\frac{\mathrm{d}y}{\mathrm{d}x}=\frac{\frac{\mathrm{d}y}{\mathrm{d}t}}{\frac{\mathrm{d}x}{\mathrm{d}t}}=\frac{(b\sin t)'}{(a\cos t)'}=\frac{b\cos t}{-a\sin t}=-\frac{b}{a}\cot t.$$

又当 $t=\frac{\pi}{4}$ 时，椭圆上相应点 $M_0(x_0,y_0)$ 的直角坐标为

$$x_0=a\cos\frac{\pi}{4}=\frac{\sqrt{2}}{2}a,\quad y_0=b\sin\frac{\pi}{4}=\frac{\sqrt{2}}{2}b.$$

曲线在 M_0 的切线斜率为

$$k=\left.\frac{\mathrm{d}y}{\mathrm{d}x}\right|_{t=\frac{\pi}{4}}=-\frac{b}{a}\cot\frac{\pi}{4}=-\frac{b}{a}.$$

故在 M_0 点的切线方程为

$$y-\frac{\sqrt{2}}{2}b=-\frac{b}{a}\left(x-\frac{\sqrt{2}}{2}a\right),$$

即

$$bx+ay-\sqrt{2}ab=0.$$

例 4 设参数方程为 $\begin{cases}x=a\cos^3\varphi\\ y=b\sin^3\varphi\end{cases}$（$\varphi$ 为参数），求 $\frac{\mathrm{d}y}{\mathrm{d}x}$.

解 $\frac{\mathrm{d}y}{\mathrm{d}x}=\frac{\frac{\mathrm{d}y}{\mathrm{d}\varphi}}{\frac{\mathrm{d}x}{\mathrm{d}\varphi}}=\frac{3b\sin^2\varphi\cos\varphi}{3a\cos^2\varphi(-\sin\varphi)}=-\frac{b}{a}\tan\varphi.$

第五节 微 分

一、微分的定义

前面讲的函数的导数是表示函数在点 x 处的变化率，它描述了函数在点 x 处变化的快慢程度. 有时我们还需要了解函数在某一点当自变量取得一个微小的改变量时，函数取得的相

应改变量的大小，这就引进了微分的概念.

我们先看一个具体例子.

设有一个边长为 x 的正方形，其面积用 S 表示，显然，$S=x^2$. 如果边长 x 取得一个改变量Δx，则面积 S 相应地取得改变量

$$\Delta S=(x+\Delta x)^2-x^2=2x\Delta x+(\Delta x)^2 .$$

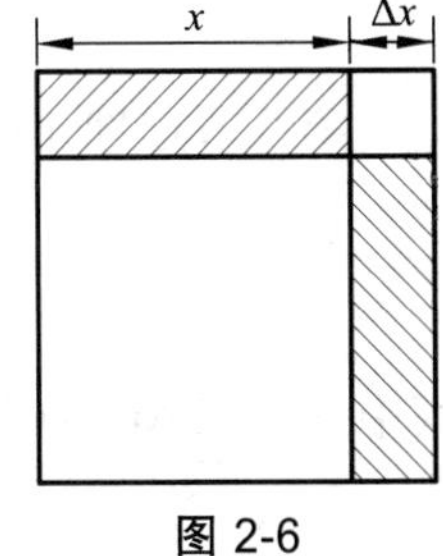

图 2-6

上式包括两部分：第一部分 $2x\Delta x$ 是 Δx 的线性函数，即图 2-6 中画斜线的那两个矩形面积之和；而第二部分 $(\Delta x)^2$，当 $\Delta x\to 0$ 时，是比 Δx 高阶的无穷小量. 因此，当 Δx 很小时，我们可以用第一部分 $2x\Delta x$ 近似地表示 ΔS，而将第二部分忽略掉，其差 $\Delta S-2x\Delta x$ 只是一个比 Δx 高阶的无穷小量. 我们把 $2x\Delta x$ 叫做正方形面积 S 的微分，记作

$$\mathrm{d}S=2x\Delta x .$$

定义 1 对于自变量在点 x 处的改变量 Δx，如果函数 $y=f(x)$ 的相应改变量 Δy 可以表示为

$$\Delta y=A\Delta x+o(\Delta x) \quad (\Delta x\to 0), \tag{1}$$

其中 A 与 Δx 无关，则称函数 $y=f(x)$ 在点 x 处**可微**，并称 $A\Delta x$ 为函数 $y=f(x)$ 在点 x 处的**微分**，记为 $\mathrm{d}y$ 或 $\mathrm{d}f(x)$，即

$$\mathrm{d}y=\mathrm{d}f(x)=A\Delta x .$$

由微分的定义可知，微分是自变量的改变量 Δx 的线性函数. 当 $\Delta x\to 0$ 时，微分与函数的改变量 Δy 的差是一个比 Δx 高阶的无穷小量 $o(\Delta x)$. 当 $A\neq 0$ 时，函数的微分 $\mathrm{d}y=A\Delta x$ 与函数改变量 Δy 是等价无穷小量. 通常称函数微分 $\mathrm{d}y$ 为函数改变量 Δy 的线性主部.

现在的问题是怎样确定 A？还是从上面讲到的正方形面积来考察. 我们已经知道正方形面积 S 的微分为

$$\mathrm{d}S=2x\Delta x .$$

显然，这里 $A=2x=(x^2)'=S'$. 这就是说，正方形面积 S 的微分等于正方形面积 S 对边长 x 的导数与边长改变量的乘积.

这个例子说明：微分系数“A”就是函数在点 x 处的导数. 下面证明这个结论对一般的可微函数也是正确的.

设函数 $y=f(x)$ 在点 x 处可微，则由定义可知，公式（1）成立. 用 $\Delta x(\neq 0)$ 除（1）式的两边得

$$\frac{\Delta y}{\Delta x}=A+\frac{o(\Delta x)}{\Delta x}，且 \quad \lim_{\Delta x\to 0}\frac{o(\Delta x)}{\Delta x}=0 .$$

所以

$$y'=\lim_{\Delta x\to 0}\frac{\Delta y}{\Delta x}=A .$$

由此可见，如果函数 $y=f(x)$ 在点 x 处可微，则它在点 x 处可导，而且

$$dy = f'(x)\Delta x .$$

反之，如果 $y = f(x)$ 在点 x 处可导，则它在点 x 处也可微．因为，若

$$\lim_{\Delta x \to 0} \frac{\Delta y}{\Delta x} = f'(x) ,$$

则由第八节定理 1 的必要条件可知

$$\frac{\Delta y}{\Delta x} = f'(x) + \alpha ,$$

其中 α 是当 $\Delta x \to 0$ 时的无穷小量，所以

$$\Delta y = f'(x)\Delta x + \alpha \Delta x .$$

$f'(x)\Delta x$ 是 Δx 的线性函数，$\alpha \Delta x$ 是比 Δx 高阶的无穷小量．这就是说，函数 $y = f(x)$ 在点 x 处可微，且 $f'(x)\Delta x$ 就是它的微分．

由上面的讨论可知：函数可微必可导，可导必可微，可导与可微是一致的，并且函数的微分就是函数的导数与自变量改变量的乘积，即

$$dy = f'(x)\Delta x .$$

如果将自变量 x 看作自己的函数 $y = x$，则得

$$dx = x' \cdot \Delta x = \Delta x .$$

因此，我们说自变量的微分就是它的改变量．于是，函数的微分可以写成

$$dy = f'(x)dx ,$$

即函数的微分就是函数的导数与自变量的微分之乘积．由上式可得

$$\frac{dy}{dx} = f'(x) .$$

以前我们曾用 $\frac{dy}{dx}$ 表示过导数，那时 $\frac{dy}{dx}$ 是作为一个整体记号来用的．在引进微分概念之后，我们才知道 $\frac{dy}{dx}$ 表示的是函数微分与自变量微分的商，所以我们又称导数为微商．由于求微分的问题可归结为求导数的问题，因此求导数与求微分的方法叫做微分法．

例 1　求函数 $y = x^3$ 在 $x = 2$，$\Delta x = 0.02$ 时的微分．

解　先求函数在任意点 x 的微分

$$dy = (x^3)'\Delta x = 3x^2 \Delta x .$$

再求函数当 $x = 2$，$\Delta x = 0.02$ 时的微分

$$dy\Big|_{\substack{x=2 \\ \Delta x=0.02}} = 3x^2\Delta x\Big|_{\substack{x=2 \\ \Delta x=0.02}} = 3 \times 2^2 \times 0.02 = 0.24 .$$

二、微分的几何意义

在直角坐标系中作函数 $y=f(x)$ 的图形，如图 2-7 所示. 在曲线上取定一点 $M(x,y)$，过 M 点作曲线的切线，则此切线的斜率为

$$f'(x)=\tan\alpha\ .$$

当自变量在点 x 处取得改变量 Δx 时，就得到曲线上另外一点 $M'(x+\Delta x,y+\Delta y)$. 由图 2-7 易知

$$MN=\Delta x,\ NM'=\Delta y\ ,$$

且
$$NT=MN\cdot\tan\alpha=f'(x)\Delta x=\mathrm{d}y\ .$$

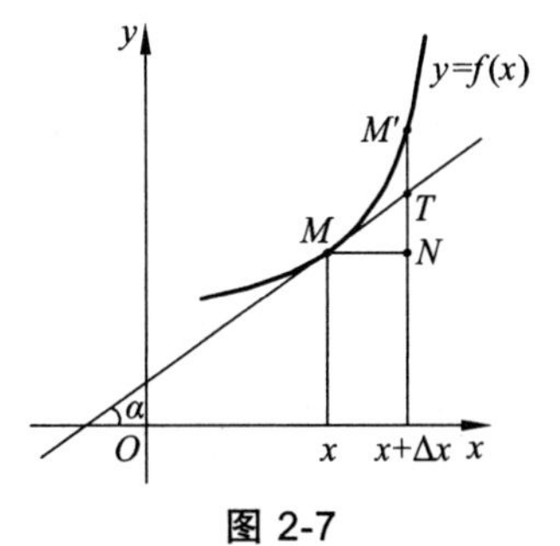

图 2-7

因此，函数 $y=f(x)$ 的微分 $\mathrm{d}y$ 就是过点 $M(x,y)$ 的切线的纵坐标的改变量. 图中线段 TM' 是 Δy 与 $\mathrm{d}y$ 之差，它是 Δx 的高阶无穷小量，即

$$\lim_{\Delta x\to 0}\frac{\Delta y-\mathrm{d}y}{\Delta x}=0\ .$$

三、基本初等函数的微分公式与微分运算法则

从函数的微分表达式

$$\mathrm{d}y=f'(x)\mathrm{d}x$$

可以看出，要计算函数的微分，只要计算出函数的导数，再乘以自变量的微分即可. 因此可得如下的微分公式和微分运算法则.

1. 基本初等函数的微分公式

由基本初等函数的导数公式，可以直接写出基本初等函数的微分公式，为了便于对照，列表如下：

表 2-1　基本初等函数的微分公式

导数公式	微分公式
$[C]'=0$（C 为常数）	$\mathrm{d}C=0$（C 为常数）
$[\sin x]'=\cos x$	$\mathrm{d}\sin x=\cos x\mathrm{d}x$
$[\cos x]'=-\sin x$	$\mathrm{d}\cos x=-\sin x\mathrm{d}x$
$[\tan x]'=\sec^2 x$	$\mathrm{d}\tan x=\sec^2 x\mathrm{d}x$
$[\cot x]'=-\csc^2 x$	$\mathrm{d}\cot x=-\csc^2 x\mathrm{d}x$
$[\sec x]'=\sec x\tan x$	$\mathrm{d}\sec x=\sec x\tan x\mathrm{d}x$
$[\csc x]'=-\csc x\cot x$	$\mathrm{d}\csc x=-\csc x\cot x\mathrm{d}x$

续表

$[a^x]' = a^x \ln a$	$\mathrm{d}a^x = a^x \ln a\mathrm{d}x$
$[\mathrm{e}^x]' = \mathrm{e}^x$	$\mathrm{de}^x = \mathrm{e}^x\mathrm{d}x$
$[\log_a x]' = \dfrac{1}{x\ln a}$	$\mathrm{d}\log_a x = \dfrac{1}{x\ln a}\mathrm{d}x$
$[\ln x]' = \dfrac{1}{x}$	$\mathrm{d}\ln x = \dfrac{1}{x}\mathrm{d}x$
$[\arcsin x]' = \dfrac{1}{\sqrt{1-x^2}}$	$\mathrm{d}\arcsin x = \dfrac{1}{\sqrt{1-x^2}}\mathrm{d}x$
$[\arccos x]' = -\dfrac{1}{\sqrt{1-x^2}}$	$\mathrm{d}\arccos x = -\dfrac{1}{\sqrt{1-x^2}}\mathrm{d}x$
$[\arctan x]' = \dfrac{1}{1+x^2}$	$\mathrm{d}\arctan x = \dfrac{1}{1+x^2}\mathrm{d}x$
$[\mathrm{arccot}\, x]' = -\dfrac{1}{1+x^2}$	$\mathrm{d}\,\mathrm{arccot}\, x = -\dfrac{1}{1+x^2}\mathrm{d}x$

2. 函数微分的四则运算法则

由函数和、差、积、商的求导法则，可推得相应的微分法则，表 2-2 中 $u = u(x)$ ，$v = v(x)$.

表 2-2　函数微分四则运算法则

求导法则	微分法则
$[u \pm v]' = u' \pm v'$	$\mathrm{d}[u \pm v] = \mathrm{d}u \pm \mathrm{d}v$
$[kv]' = ku'$ (k 为常数)	$\mathrm{d}[kv] = k\mathrm{d}u$ (k 为常数)
$[uv]' = u'v + uv'$	$\mathrm{d}[uv] = v\mathrm{d}u + u\mathrm{d}v$
$\left[\dfrac{u}{v}\right]' = \dfrac{u'v - uv'}{v^2}(v \neq 0)$	$\mathrm{d}\left[\dfrac{u}{v}\right] = \dfrac{v\mathrm{d}u - u\mathrm{d}v}{v^2}$

现在，我们以乘积的微分法则为例加以证明.

因为
$$\mathrm{d}[uv] = [uv]'\mathrm{d}x ,$$
而
$$[uv]' = u'v + uv' ,$$
于是
$$\mathrm{d}[uv] = [u'v + uv']\mathrm{d}x = vu'\mathrm{d}x + uv'\mathrm{d}x = v\mathrm{d}u + u\mathrm{d}v .$$

四、微分形式不变性

我们知道，如果函数 $y = f(u)$ 对 u 是可导的，则当 u 是自变量时，函数的微分为
$$\mathrm{d}y = f'(u)\mathrm{d}u .$$
而当 u 是中间变量，即 $u = \varphi(x)$ 为 x 的可导函数时，则 y 为 x 的复合函数 $y = f[\varphi(x)]$. 根据复合函数求导法则，有

$$\frac{dy}{dx}=f'(u)\varphi'(x).$$

于是
$$dy=f'(u)\varphi'(x)dx.$$

而 $du=\varphi'(x)dx$，所以

$$dy=f'(u)du.$$

由此可见，对函数 $y=f(u)$ 来说，不论 u 是自变量还是自变量的可导函数，它的微分形式都是

$$dy=f'(u)du,$$

这叫做微分形式的不变性.

例 2　设 $y=e^{\sin x}$，求 dy.

解　（方法 1）微分与导数关系

$$dy=[e^{\sin x}]'dx=e^{\sin x}\cos x dx.$$

（方法 2）微分形式不变性

$$dy=e^{\sin x}d(\sin x)=e^{\sin x}\cos x dx.$$

例 3　$y=\ln(1+e^{2x})$，求 dy.

解　由微分形式不变性，得

$$dy=\frac{1}{1+e^{2x}}\cdot d(1+e^{2x})=\frac{1}{1+e^{2x}}\cdot e^{2x}\cdot 2dx=\frac{2e^{2x}dx}{1+e^{2x}}.$$

例 4　设 $y=e^{-ax}\sin bx$，求 dy.

解　$dy=\sin bx de^{-ax}+e^{-ax}d(\sin bx)=\sin bx e^{-ax}(-a)dx+e^{-ax}\cos bx\cdot bdx$
$=e^{-ax}(-a\sin bx+b\cos bx)dx.$

五、微分在近似计算中的应用

在工程问题中，经常会遇到一些复杂的计算公式，如果直接用这些公式进行计算，将很繁琐、费力，但利用微分往往可以将公式改用简单的近似公式来代替.

由前面知道，如果 $y=f(x)$ 在点 x_0 处导数 $f'(x_0)\neq 0$，且 $|\Delta x|$ 很小时，有

$$\Delta y\approx dy=f'(x_0)\Delta x.$$

这个式子可以写为

$$\Delta y=f(x_0+\Delta x)-f(x_0)\approx f'(x_0)\Delta x,$$

即
$$f(x_0+\Delta x)\approx f(x_0)+f'(x_0)\Delta x.$$

记 $x=x_0+\Delta x$，上式又可写成

$$f(x)\approx f(x_0)+f'(x_0)(x-x_0).$$

在 $x_0=0$ 的特殊情况时，有

$$f(x)\approx f(0)+f'(0)x \quad (|x|\text{很小}).$$

此为 $x_0=0$ 附近函数值的近似公式.

例 5 一个外直径为 8 cm 的球，球壳厚度为 $\frac{1}{16}$ cm，试求球壳体积的近似值.

解 半径为 r 的球体积为

$$V=f(r)=\frac{4}{3}\pi r^3.$$

球壳体积为 ΔV，用 $\mathrm{d}V$ 作为其近似值

$$\mathrm{d}V=f'(r)\Delta r=4\pi r^2\Delta r=4\pi\cdot 4^2\cdot\left(-\frac{1}{16}\right)\approx -12.56\left(\text{其中}r=4,\ \Delta r=-\frac{1}{16}\right).$$

所求球壳体积 $(|\Delta V|)$ 的近似值 $(|\mathrm{d}V|)$ 为 12.56 cm^3.

当 $|x|$ 较小时，以下是工程上常用的近似公式：

（1）$\sqrt[n]{1+x}\approx 1+\frac{1}{n}x$；（2）$\sin x\approx x$（$x$ 用弧度）；（3）$\tan x\approx x$（x 用弧度）；

（4）$\mathrm{e}^x\approx 1+x$；（5）$\ln(1+x)\approx x$.

例 6 计算 $\sqrt{1.05}$ 的近似值.

解 因为

$$\sqrt{1.05}=\sqrt{1+0.05}.$$

令 $x=0.05$，则 $|x|$ 较小，于是用微分近似公式有

$$\sqrt{1.05}\approx 1+\frac{1}{2}\times 0.05=1.025.$$

习 题 二

（A）

1. 设 $f(x)$ 可导且下列各极限均存在，则（　　）成立.

A. $\lim\limits_{x\to 0}\frac{f(x)-f(0)}{x}=f'(0)$　　B. $\lim\limits_{h\to 0}\frac{f(a+2h)-f(a)}{h}=f'(a)$

C. $\lim\limits_{\Delta x\to 0}\frac{f(x_0)-f(x_0-\Delta x)}{\Delta x}=f'(x_0)$　　D. $\lim\limits_{\Delta x\to 0}\frac{f(x_0+\Delta x)-f(x_0-\Delta x)}{2\Delta x}=f'(x_0)$

2. 若 $\lim\limits_{\Delta x\to 0}\frac{f(x)-f(a)}{x-a}=A$，$A$ 为常数，则有（　　）.

A. $f(x)$ 在点 $x=a$ 处连续　　B. $f(x)$ 在点 $x=a$ 处可导

C. $\lim\limits_{x\to a}f(x)$ 存在　　D. $f(x)-f(a)=A(x-a)+o(x-a)$

3. 设函数 $f(x)$ 在点 x_0 及其邻域有定义，且有

$$f(x_0+\Delta x)-f(x_0)=a\Delta x+b(\Delta x)^2,$$

a,b 为常数，则有（　　）.

A. $f(x)$ 在点 $x=x_0$ 处连续

B. $f(x)$ 在点 $x=x_0$ 处可导，且 $f'(x_0)=a$

C. $f(x)$ 在点 $x=x_0$ 处可微，且 $\mathrm{d}f(x_0)=a\mathrm{d}x$

D. $f(x_0+\Delta x)\approx f(x_0)+a\Delta x$（当 Δx 充分小时）

4. 若 $f(x)$ 在 x_0 可导，则 $|f(x)|$ 在 x_0 处（　　）.

A. 必可导　　B. 连续但不一定可导

C. 一定不可导　　D. 不连续

5. 下列命题中正确的是（　　）.

A. $f(x)$ 在点 x_0 可导是 $f(x)$ 在点 x_0 连续的必要条件

B. $f(x)$ 在点 x_0 连续是 $f(x)$ 在点 x_0 可导的充分条件

C. $f(x)$ 在点 x_0 的左导数 $f'_-(x_0)$ 及右导数 $f'_+(x_0)$ 都存在是 $f(x)$ 在点 x_0 可导的充分条件

D. $f(x)$ 在点 x_0 可导是 $f(x)$ 在点 x_0 可微的充要条件

6. $y=|x-1|$ 在 $x=1$ 处（　　）.

A. 连续　　B. 不连续　　C. 可导　　D. 不可导

7. $f(x)=\begin{cases}1, & x<0\\ 1-x^2, & 0\leqslant x\leqslant 1\\ x-1, & x>1\end{cases}$（　　）.

A. 在点 $x=0$ 处可导　　B. 在点 $x=0$ 处不可导

C. 在点 $x=1$ 处可导　　D. 在点 $x=1$ 处不可导

8. 若函数 $f(x)$ 在点 x_0 处有导数，而函数 $g(x)$ 在点 x_0 处没有导数，则 $F(x)=f(x)+g(x)$，$G(x)=f(x)-g(x)$ 在 x_0 处（　　）.

A. 一定都没有导数　　B. 一定都有导数

C. 恰有一个有导数　　D. 至少有一个有导数

9. 若 $f(x)$ 为 $(-l,l)$ 内的可导奇函数，则 $f'(x)$（　　）.

A. 必为 $(-l,l)$ 内的奇函数　　B. 必为 $(-l,l)$ 内的偶函数

C. 必为 $(-l,l)$ 内的非奇非偶函数　　D. 可能为奇函数，也可能为偶函数

10. 若 $f(x)$ 为可微分函数，当 $\Delta x\to 0$ 时，则在点 x 处的 $\Delta y-\mathrm{d}y$ 是关于 Δx 的（　　）.

A. 高阶无穷小　　B. 等阶无穷小　　C. 低阶无穷小　　D. 不可比较

11. 已知 $y=x\ln x$，则 $y^{(10)}=$（　　）.

A. $-\dfrac{1}{x^9}$　　B. $\dfrac{1}{x^9}$　　C. $\dfrac{8!}{x^9}$　　D. $-\dfrac{8!}{x^9}$

12. 已知 $y=\mathrm{e}^{f(x)}$，则 $y''=$（　　）.

A. $\mathrm{e}^{f(x)}$　　B. $\mathrm{e}^{f(x)}f''(x)$

C. $\mathrm{e}^{f(x)}[f'(x)+f''(x)]$　　D. $\mathrm{e}^{f(x)}\{[f'(x)]^2+f''(x)\}$

13. 曲线 $y=x^3-3x$ 上切线平行 x 轴的点有（　　）.

A. (0, 0)　　B. (1, 2)

C. (−1, 2)　　D. (1, −2)

14. 若 $f(u)$ 可导，且 $y=f(\mathrm{e}^x)$，则有（　　）.

A. $\mathrm{d}y=f'(\mathrm{e}^x)\mathrm{d}x$　　B. $\mathrm{d}y=f'(\mathrm{e}^x)\mathrm{d}\mathrm{e}^x$

C. $\mathrm{d}y=[f(\mathrm{e}^x)]'\mathrm{d}\mathrm{e}^x$　　D. $\mathrm{d}y=f'(\mathrm{e}^x)\mathrm{e}^x\mathrm{d}x$

（B）

1. 根据导数的定义求下列函数的导数：

（1）$y=1-2x^2$；　（2）$y=\dfrac{1}{x^2}$；　（3）$y=\sqrt[3]{x^2}$

2. 给定函数 $f(x)=ax^2+bx+c$，其中 a,b,c 为常量，求：$f'(x)$，$f'(0)$，$f'\left(\dfrac{1}{2}\right)$，$f'\left(-\dfrac{b}{2a}\right)$.

3. 一物体的运动方程为 $s=t^3+10$，求该物体在 $t=3$ 时的瞬时速度.

4. 求在抛物线 $y=x^2$ 上点 $x=3$ 处的切线方程.

5. 自变量 x 取哪些值时，抛物线 $y=x^2$ 与 $y=x^3$ 的切线平行？

6. 讨论下列函数在指定点的连续性与可导性：

（1）$f(x)=\begin{cases}x^2+1, & 0\leqslant x<1,\\ 3x-1, & 1\leqslant x,\end{cases}$ $x=1$ 处；

（2）$y=x|x|$，$x=0$ 处；

（3）$f(x)=\begin{cases}\ln(1+x), \\ \sqrt{1+x}-\sqrt{1-x},\end{cases}$ $x=0$ 处。

7. 用导数定义求 $f(x)=\begin{cases}x, & x<0\\ \ln(1+x), & x\geqslant 0\end{cases}$ 在点 $x=0$ 处的导数.

8. 讨论 $f(x)=\begin{cases}1, & x\leqslant 0\\ 2x+1, & 0<x\leqslant 1\\ x^2+2, & 1<x\leqslant 2\\ x, & 2<x\end{cases}$ 在 $x=0,x=1,x=2$ 处的连续性与可导性.

9. 求下列各函数的导数（其中 a,b 为常量）.

（1）$y=3x^2-x+5$；　（2）$y=x^{a+b}$；

（3）$y=2\sqrt{x}-\dfrac{1}{x}+4\sqrt{3}$；　（4）$y=\dfrac{x^2}{2}+\dfrac{2}{x^2}$；

（5）$y=\dfrac{1-x^3}{\sqrt{x}}$；　（6）$y=x^2(2x-1)$；

（7）$y=(\sqrt{x}+1)\left(\dfrac{1}{\sqrt{x}}-1\right)$；　（8）$y=(x+1)\sqrt{2x}$；

（9）$y=\dfrac{ax+b}{a+b}$；　（10）$y=(x-a)(x-b)$；

（11）$y=(1+ax^b)(1+bx^a)$.

10. 求下列各函数的导数（其中 a,b,c,n 为常量）.

（1）$y=(x+1)(x+2)(x+3)$；

（2）$y=x\ln x$；

（3）$y=x^n\ln x$；

（4）$y=\log_a\sqrt{x}$；

（5）$y=\dfrac{x+1}{x-1}$；

（6）$y=\dfrac{5x}{1+x^2}$；

（7）$y=3x-\dfrac{2x}{2-x}$；

（8）$y=\dfrac{a}{b+cx^n}$；

（9）$y=\dfrac{1-\ln x}{1+\ln x}$；

（10）$y=\dfrac{1+x-x^2}{1-x+x^2}$.

11. 求下列各函数的导数.

（1）$y=x\sin x+\cos x$；

（2）$y=\dfrac{x}{1-\cos x}$；

（3）$y=\tan x-x\tan x$；

（4）$y=\dfrac{5\sin x}{1+\cos x}$；

（5）$y=\dfrac{\sin x}{x}+\dfrac{x}{\sin x}$；

（6）$y=x\sin x\ln x$.

12. 求曲线 $y=\sin x$ 在点 $x=\pi$ 处的切线方程.

13. 在曲线 $y=\dfrac{1}{1+x^2}$ 上求一点，使通过该点的切线平行于 x 轴.

14. 求曲线 $y=(x+1)\sqrt[3]{3-x}$ 在 $A(-1,0)$，$B(2,3)$，$C(3,0)$ 各点处的切线方程.

15. a 为何值时，$y=ax^2$ 与 $y=\ln x$ 相切？

16. 求下列各函数的导数（其中 a,n 为常量）.

（1）$y=(1+x)(1+x^2)^2$；

（2）$y=(1-x)(1-2x)$；

（3）$y=(3x+5)^3(5x+4)^5$；

（4）$y=(2+3x^2)\sqrt{1+5x^2}$；

（5）$y=\dfrac{(x+4)^2}{x+3}$；

（6）$y=\sqrt{x^2-a^2}$；

（7）$y=\dfrac{x}{\sqrt{1-x^2}}$；

（8）$y=\log_a(1+x^2)$；

（9）$y=\ln(a^2-x^2)$；

（10）$y=\ln\sqrt{x}+\sqrt{\ln x}$；

（11）$y=\ln\dfrac{1+\sqrt{x}}{1-\sqrt{x}}$；

（12）$y=\sin nx$；

（13）$y=\sin^n x$；

（14）$y=\sin x^n$；

（15）$y=\sin^n x\cdot\cos nx$；

（16）$y=\cos^3\dfrac{x}{2}$；

（17）$y=\tan\dfrac{x}{2}-\dfrac{x}{2}$；

（18）$y=\ln\tan\dfrac{x}{2}$；

（19）$y=x^2\sin\dfrac{1}{x}$；

（20）$y=\ln\ln x$；

（21）$y=\ln(x+\sqrt{x^2-a^2})$；

（22）$y=\dfrac{1}{\cos^n x}$；

（23）$y=\dfrac{\sin x - x\cos x}{\cos x + x\sin x}$；

（24）$y=\sec^2\dfrac{x}{a}+\csc^2\dfrac{x}{a}$．

17. 求下列各函数的导数.

（1）$y=\arcsin\dfrac{x}{2}$；

（2）$y=\operatorname{arc\,cot}\dfrac{1}{x}$；

（3）$y=\arctan\dfrac{2x}{1-x^2}$；

（4）$y=\dfrac{\arccos x}{\sqrt{1-x^2}}$；

（5）$y=\left(\arcsin\dfrac{x}{2}\right)^2$；

（6）$y=x\sqrt{1-x^2}+\arcsin x$；

（7）$y=\arcsin x+\arccos x$.

18. 求下列隐函数的导数（其中a,b为常数）.

（1）$x^2+y^2-xy=1$；

（2）$y^2-2axy+b=0$；

（3）$x-y+\dfrac{1}{2}\sin y=0$；

（4）$xe^y-y+1=0$.

19. 求下列各函数的导数（a为正常数）.

（1）$y=(2x+5)^4$；

（2）$y=e^{-3x^2}$；

（3）$y=\ln(1+x^2)$；

（4）$y=e^{-\frac{1}{x}}$；

（5）$y=\ln\cos x$；

（6）$y=\ln(x+\sqrt{a^2+x^2})$；

（7）$y=x^a+a^x+a^a$；

（8）$y=e^{\arctan\sqrt{x}}$；

（9）$y=\ln[\ln(\ln x)]$；

（10）$y=\arcsin\sqrt{\dfrac{1-x}{1+x}}$；

（11）$y=e^{-\frac{x}{2}}\cos 3x$.

20. 利用取对数求导法求下列函数的导数.

（1）$y=x\sqrt{\dfrac{1-x}{1+x}}$；

（2）$y=x^{\sin x}$；

（3）$y=\left(\dfrac{x}{1+x}\right)^x$；

（4）$y=\dfrac{\sqrt{x+2}(3-x)^4}{(x+1)^5}$.

21. 求下列各函数的导数.

（1）$y=\cos\ln(1+2x)$，求 y'；

（2）$y=(\ln x)^x$，求 y'；

（3）$y=x^{x^2}+e^{x^2}+x^{e^x}+e^{e^x}$，求 y'；

（4）$\sqrt{x}+\sqrt{y}-a=0$确定y是x的函数，求 y'；

（5）$y=f(e^x)e^{f(x)}$，求 y'_x；

（6）$y=f\left(\arcsin\dfrac{1}{x}\right)$，求 y'_x；

（7）$y=f(e^x+x^e)$，求 y'_x；

（8）$y=f(\sin^2 x)+f(\cos^2 x)$，求 y'_x；

（9）已知 $f\left(\dfrac{1}{x}\right)=\dfrac{x}{1+x}$，求 $f'(x)$.

22. 已知 $\psi(x)=a^{f^2(x)}$ 且 $f'(x)=\dfrac{1}{f(x)\ln a}$，证明 $\psi'(x)=2\psi(x)$.

23. 证明：（1）可导的偶函数的导数是奇函数；

（2）可导的周期函数的导函数是具有相同周期的周期函数.

24. 设 $f(x)$ 是可导偶函数且 $f'(0)$ 存在，求证 $f'(0)=0$.

25. 求下列各函数的 n 阶导数（其中 a, m 为常数）.

（1）$y=a^x$；（2）$y=\ln(1+x)$；（3）$y=\cos x$；（4）$y=(1+x)^m$

26. 求下列各函数的二阶导数.

（1）$y=\ln(1+x^2)$；（2）$y=x\ln x$；（3）$y=(1+x^2)\arctan x$；

（4）$y=xe^{x^2}$；（5）$x^2+y^2=a^2$.

27. 已知 $xy-\sin(\pi y^2)=0$，求 $y'\big|_{\substack{x=0\\y=1}}$ 及 $y''\big|_{\substack{x=0\\y=1}}$.

28. 设 y 的 $n-2$ 阶导数 $y^{(n-2)}=\dfrac{x}{\ln x}$，求 y 的 n 阶导数 $y^{(n)}$.

29. 设 $y=f(x^2+b)$，求 y''_x.

30. 验证：$y=e^x\sin x$ 满足关系式 $y''-2y'+2y=0$.

31. 已知 $y=x^3-x$，计算在 $x=2$ 处当 Δx 分别等于 1, 0.1, 0.01 时的 Δy 及 dy.

32. 将适当的函数填入括号内，使等式成立.

（1）$d(\quad)=2dx$；（2）$d(\quad)=3xdx$；

（3）$d(\quad)=\cos xdx$；（4）$d(\quad)=\sin 2xdx$；

（5）$d(\quad)=\dfrac{1}{1+x}dx$；（6）$d(\quad)=e^{-2x}dx$；

（7）$d(\quad)=\dfrac{1}{\sqrt{x}}dx$；（8）$d(\quad)=\sec^2 3xdx$.

33. 求下列函数的微分.

（1）$y=\dfrac{1}{x}+2\sqrt{x}$；（2）$y=x\sin 2x$；（3）$y=\dfrac{x}{\sqrt{x^2+1}}$；

（4）$y=[\ln(1-x)]^2$；（5）$y=x^2e^{2x}$；（6）$y=e^{-x}\cos(3-x)$；

（7）$y=\arcsin\sqrt{1-x^2}$；（8）$y=\tan^2(1+2x^2)$；（9）$y=\arctan\dfrac{1-x^2}{1+x^2}$；

（10）$xy=1$；（11）$\dfrac{x^2}{a^2}+\dfrac{y^2}{b^2}=1$；（12）$y=1+xe^y$.

34. 正立方体的棱长 $x=10\,\text{m}$，如果棱长增加 0.1m，求立方体体积增加的精确值与近似值.

35. 一平面圆环形，其内半径为 10cm，宽为 0.1cm，求其面积的精确值与近似值.

36. 证明当 $|x|$ 很小时，下列各近似公式成立.

（1）$\sqrt[n]{1+x}\approx 1+\dfrac{1}{n}x$；（2）$\sin x\approx x$；（3）$e^x\approx 1+x$；（4）$\ln(1+x)\approx x$.

37. 求下列各式的近似值：

（1）$\ln 1.005$；（2）$e^{0.01}$；（3）$\sqrt[4]{0.998}$；（4）$\sin\dfrac{\pi}{100}$.

附录二　历史注记：极限 无穷小与连续性

一、极　限

极限是现代数学分析的最基本概念，函数的连续性、导数、积分以及无穷级数的和等都是用极限来定义的.

直观的极限思想起源很早. 公元前 5 世纪，希腊数学家安提丰（Antiphon）在研究化圆为方问题时创立了割圆术，即从一个简单的圆内接正多边形（如正方形或正六边形）出发，把每边所对的圆弧二等分，联结分点，得到一个边数加倍的圆内接正多边形. 当重复这一步骤足够多次时，所得圆内接正多边形面积与圆面积之差将小于任意给定的限度. 实际上，安提丰认为，圆内接正多边形与圆最终将会重合. 稍后，另一位希腊数学家布里松（Bryson）考虑了用圆的外切正多边形逼近圆的类似方法. 这种以直线形逼近曲边形的过程表明，当时的希腊数学家已经产生了初步的极限思想. 公元前 4 世纪，欧多克索斯（Eudoxus 约公元前 400 年—约前 347 年）将上述过程发展为处理面积、体积等问题的一般方法，称为穷竭法，有关细节将在第四章“积分”的历史注记中给出.

中国古代成书于春秋末年的《庄子・天下》中记载了这样一个命题：“一尺之捶，日取其半，万世不竭.”这是说一尺长的一根木棒，每天截取其一半，这个过程一万年也不会终结. 成书于春秋末至战国时期的《墨经》对上述过程有另一种观点.《墨经・经下》：“非半弗斱则不动，说在端.”《墨经・经说下》：“非，斱半；进前取也，前则中无为半，犹端也；前后取，则端中也. 斱必半，毋与非半，不可斱也.”大意是，对一条有限长的线段进行无限多次截取其半的操作，最终将得到一个不可再分的点，这个点在原线段上的位置是由截割的方式确定的. 公元 263 年，魏晋年间杰出数学家刘徽创立割圆术以推求圆面积和弓形面积，使用极限方法计算了开平方、开立方中的不尽根数以及棱锥的体积.

应该指出，17 世纪中叶以前，原始的极限思想与方法曾在世界上的不同地区和不同时代多次出现，特别是在 17 世纪早期，一些杰出的数学家从极限观念出发，发展了各种高超的技巧，解决了许多关于求瞬时速度、加速度、切线、极值、复杂的面积与体积等方面的问题. 然而，所有这些工作都是直接依赖直观的，不严密的，与今天所说的极限有很大差别.

最早试图明确定义和严格处理极限概念的数学家是微积分学创始人之一：牛顿（I. Newton, 1643—1727)，他在完成于 1676 年的《论曲线的求积》(部分发表于 1693 年，全文发表于 1704 年）中使用了“初始比和终极比”方法，这实际上就是极限方法. 他还指出，用当时流行的、他本人也经常使用的不可分量或无穷小量来进行论证，只不过是以终极比（极限）来做严格数学证明的一种方便的简写法，并不是取代这种严格的证明.

1687 年，牛顿的名著《自然哲学的数学原理》出版，书中充满了无穷小思想和极限论证，此书有时被看作牛顿最早发表的微积分论著.

在第一节的评注中牛顿特别说明：“所谓两个垂逝量（即趋于零的量）的终极比，并非指这两个量消逝前或消逝后的比，而是指它们消逝时的比……两个量消逝时的这种终极比，并非真的是两个终极量的比，而是两个量之比在这两个量无限变小时所收敛的极限；这些比无限接近这个极限，与其相差小于任何给定的差别，但决不在这两个量无限变小以前超过或真的取得这个极限值.”

这本书第一编引理I实际上是牛顿给极限下的定义：“两个量或量之比，如果在有限时间内不断趋于相等，且在这一时间终止前互相靠近，使得其差小于任意给定的差别，则最终就成为相等.”用现代记号来写，就是说，若给定$\varepsilon>0$，而在t足够接近a时，$f(t)$与$g(t)$之差小于ε，则$\lim\limits_{t\to a}f(t)=\lim\limits_{t\to a}g(t)$.

在18世纪，牛顿的上述思想被进一步明确和完善. 1735年，英国数学家罗宾斯（B. Robins, 1707—1751）写道：“当一个变量能以任意接近程度逼近一个最终的量（虽然永远不能绝对等于它），我们定义这个最终的量为极限.”1750年，法国著名数学家达朗贝尔（J. le R. D’Alembert, 1717—1783）在为法国科学院出版的《百科全书》第四版所写的条目“微分”中指出：“牛顿……从未认为微分学是研究无穷小量，而认为只是求最初比和最终比，即求出这些比的极限的一种方法.”他对极限的描述是：“一个变量趋于一个固定量，趋近程度小于任何给定量，且变量永远达不到固定量.”

虽然最迟到18世纪中叶极限已成了微分学的基本概念，但在19世纪以前，它仍缺乏精确的表达形式. 极限概念和理论的真正严格化是由柯西开始而由魏尔斯特拉斯完成的.

1821年，法国数学家柯西（A. L. Cauchy, 1789—1557）在《分析教程第一编·代数分析》中写道：“当一个变量相继取的值无限接近于一个固定值，最终与此固定值之差要多小就有多小时，该值就称为所有其他值的极限.”“当同一变量相继取的数值无限减小，以至降到低于任何给定的数，这个变量就成为人们所称的无穷小或无穷小量. 这类变量以零为其极限.”“当同一变量相继取的数值越来越增加以至升到高于每个给定的数，如果它是正变量，则称它以正无穷为其极限，记作∞；如果是∞负变量，则称它以负无穷为其极限，记作$-\infty$.”柯西没有使用$\varepsilon-\delta$型的极限，他的以零为极限的变量也不可能适应这个框架，虽然如此，在某些场合他还是给出了一种$\varepsilon-\delta$式的证明.

1860—1861年，德国数学家魏尔斯特拉斯（K. W. T. Weierstrass, 1815—1897）对极限概念给出了纯粹算术的表述. 以往极限概念总是具有连续运动的涵义：如果当x趋向于a时，$f(x)$趋向于L，则称$\lim\limits_{x\to a}f(x)=L$. 魏尔斯特拉斯反对用这种“动态”方式来描述极限概念，而代之以仅仅涉及实数而不依靠运动或几何思想的“静态”描述：

如果对于给定的$\varepsilon>0$，存在数$\delta>0$，使得当$0<|x-a|<\delta$时，$|f(x)-L|<\varepsilon$成立，则称$\lim\limits_{x\to a}f(x)=L$. 用这种方式把微积分中出现的各种类型的极限重新表述，分析学的算术化即告完成，从而使得微积分达到了20世纪时所阐释的形式.

二、无穷小量

数学史上所说的无穷小量，是指非零而又小于任何指定大小的量，有时它被描述为小到不可再分的量，所以又称为不可分量. 它有时被理解为“正在消失的量”，但更为常见的是理解为一种静态的、已被确定的量，并且经常与空间性质的几何直观联系在一起，这与今天所说的无穷小量（以0为极限的变量）是有很大区别的. 它的含义一直很模糊，一再引起哲学家、数学家的关注和争论. 希腊和中国的古代思想家很早就讨论过无穷小和无穷大的概念及有关问题．它们最初被作为哲学问题提出，并逐渐影响到对一些数学问题的处理．公元前 5 世纪，古希腊埃利亚学派的芝诺（Zeno，约公元前 490—前 430 年）在考虑时间和空间是无限可分的还是由不可再分的微粒组成的这一问题时提出了四个著名的悖论；稍后，德谟克利特（Democritus，约公元前 460—前 370 年）创立原子论并用以处理了一些简单的体积计算问题．后来，由于对无穷小、无穷大等问题无法做出逻辑上令人信服的处理，希腊人在数学中基本上排斥了无穷小、无穷大概念．中国春秋末年的《庄子・天下》中有“至大无外，谓之大一；至小无内，谓之小一”的命题，其中大一和小一就是（几何中的）无穷大与无穷小概念．在《墨经》中则做了进一步的讨论．

中世纪后期，欧洲一些逻辑学家和自然哲学家继续讨论不可分量问题．17 世纪早期的数学家们将其发展为一套有效的数学方法，对微积分学的早期发展产生了极为重要的影响．然而，在 19 世纪以前，无穷小量概念始终缺少一个严格的数学定义，对其性质的认识也往往是模糊的，并因此导致了相当严重的混乱，引发了数学史上著名的第二次数学危机，直到 19 世纪才得以解决．

牛顿在创立微积分之初是以“瞬”（即时间 t 的无穷小量 o）为其论证基础的，稍后又取变元 x 的无穷小瞬 o 为基础，而这种无穷小瞬的概念在性质上是模糊的．到 17 世纪 80 年代中期，牛顿对微积分的基础在观念上发生了变化，提出了“首末比”方法，试图根据有限差值的最初比和最终比——也就是说用极限——来建立起流数的概念．

莱布尼茨（G. W. Leibniz，1646—1716）的微积分是从研究有限差值开始的，几何变量的离散的无穷小的差在他的方法中起着中心的作用．虽然似乎他并不坚持认为无穷小量实际存在，但无论如何，他已认识到：无穷小量是否存在的问题，以及按照微积分运算法则对无穷小量进行计算是否可以导致正确答案的问题，两者是独立的．因此，不论无穷小量是否实际存在，它们总是可以作为“一些假想的对象，以便用来普遍进行简写和陈述”．虽然莱布尼茨本人对于无穷小量是否存在这个问题相当慎重，但是他的继承人（例如伯努利兄弟）却不假思索地承认无穷小量是数学上的实体．事实上，对于微积分的基础这样不怀疑的大胆做法，或许促进了微积分及其应用的迅速发展．

针对作为微积分基础的无穷小量在概念与性质上的含糊不清，英国哲学家贝克莱（G. Berkeley，1685—1753）在《分析学者，或致一个不信教的数学家》（1734 年）一文中对微积分基础的可靠性提出了强烈的质疑，从而引发了第二次数学危机．当时包括麦克劳林（C. Maclaurin, 1698—1746）在内的一些数学家试图对此进行辩护，但他们的论证同样不能为无穷小量概念提供一个令人满意的基础．为此，达朗贝尔在为法国科学院出版的《百科全书》（1750）所写的“微分”条目中用极限方法取代了无穷小量方法；大数学家欧拉基本上拒绝了无穷小量概念；18 世纪末，法国数学家拉格朗日（J. L. Lagrange，1736—1813）甚至试图把微分、无穷小和极限等概念从微积分中完全排除．19 世纪，由于柯西、魏尔斯特拉斯等人的努力，严格的极限理论得以建立，无穷小量可以用 $\varepsilon-\delta$ 语言清楚地加以描述，有关的逻辑困难才得到解决．事实上，最初意义上的无穷小量这时已被排除出微积分，直到 20 世纪 60 年代它才在非标准分析中卷土重来．

三、连续性

连续性是微积分中的一个重要概念. 但在微积分发展的早期，数学家们主要依赖几何直观处理与之相关的问题，而对这一概念的深入研究直到 19 世纪早期才开始. 这一工作是由波尔查诺首先推动并经过柯西和魏尔斯特拉斯的努力完成的.

波尔查诺（B. Bolzano, 1781—1848）：“对于处于某些界限之内（或外）的一切 x 值，函数 $f(x)$按连续性规律变化，这不过是说：如果 x 是任一这样的值，则可通过把 ω 取得足够小，而使得差 $f(x+\omega)-f(x)$ 小于给定的量.” 波尔查诺给出了连续函数的定义，第一次明确地指出连续观念的基础存在于极限概念之中. 函数 $f(x)$ 如果对于一个区间内的任一值 x，和无论是正或负的充分小的 Δx，差 $f(x+\Delta x)-f(x)$ 始终小于任一给定的量时，波尔查诺定义这个函数在这个区间内连续. 这个定义和稍后柯西给出的定义没有实质上的差别，它在目前的微积分学中仍然是基本的.

柯西（A. L. Cauchy, 1789—1857）：“函数 $f(x)$是处于两个指定界限之间的变量 x 的连续函数，如果对这两个界限之间的每个值 x，差 $f(x+a)-f(x)$ 的数值随着 a 的无限减小而无限减小. 换言之，……变量的无穷小增量总导致函数本身的无穷小增量.” 魏尔斯特拉斯（K. Weierstrass, 1815—1897）：如果给定任何一个正数 ε，都存在一个正数 δ，使得对于区间 $|x-x'|<\delta$ 内的所有的 x 都有 $|f(x)-f(x')|<\varepsilon$，则 $f(x)$ 在 $x=x'$ 处连续. 如果在上述说法中，用 L 代替 $f(x')$，则说 $f(x)$在 $x=x'$ 处有极限 L. 如果函数 $f(x)$在区间内的每一点 x 处都连续，就说 $f(x)$在 x 值的这个区间上连续.

一个人的贡献和他的自负严格地成反比，
这似乎是品行上的一个公理.

——拉格朗日

第三章　中值定理与导数应用

从第二章第一节的引言中已经知道，导致微分学产生的第三类问题是“求最大值和最小值”. 此类问题在当时的生产实践中具有深刻的应用背景. 例如，求炮弹从炮管里射出后运行的水平距离（即射程），其依赖于炮筒对地面的倾斜角（即发射角）. 又如，在天文学中，求行星离开太阳的最远和最近距离等. 一直以来，导数作为函数的变化率，在研究函数变化的性态中有着十分重要的意义，因而在自然科学、工程技术以及社会科学等领域中得到了广泛的应用.

在第二章，我们介绍了微分学的两个基本概念：导数与微分，并介绍了其计算方法. 本章以微分学基本定理——微分中值定理为基础，进一步介绍利用导数研究函数的性态，例如判断函数的单调性和凹凸性，求函数的极限、极值、最大（小）值以及函数作图的方法.

第一节　中值定理

下面将由特殊到一般情形，依次介绍三个微分中值定理.

一、罗尔（Rolle）定理

罗尔定理　如果函数 $f(x)$ 在闭区间 $[a,b]$ 上连续，在开区间 (a,b) 内可导，且在区间端点有 $f(a)=f(b)$，那么在 (a,b) 内至少有一点 ξ $(a<\xi<b)$，使

$$f'(\xi)=0.$$

在证明定理之前，我们先看定理的几何解释. 定理的条件在几何上表示：函数曲线 $y=f(x)$ 是一条以 $A(a,f(a))$，$B(b,f(b))$ 为端点的连续曲线弧段，除端点 A,B 外，处处有不垂直于 x 轴的切线，由于 $f(a)=f(b)$，故线段 AB 平行于 x 轴. 定理的结论表示这样一个几何事实：在曲线弧 $\overset{\frown}{AB}$ 上至少有一点 C，坐标为 $(\xi,f(\xi))$，在该点处曲线的切线平行于 x 轴，如图 3-1 所示.

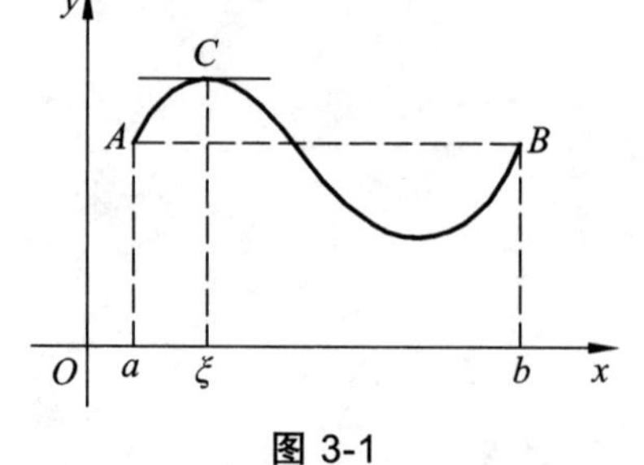

图 3-1

在图中我们还可以看到，在曲线的最高点或最低点处，切线是水平的，这为我们证明这个定理提供了一个切入点.

证明　因为函数 $f(x)$ 在闭区间 $[a,b]$ 上连续，$f(x)$ 在 $[a,b]$ 上必定取到最大值 M 和最小值 m. 此时，有以下两种可能情形：

（1）$M=m$，也就是说，$f(x)$ 在 $[a,b]$ 上必然为常值函数，即 $f(x)=M$. 因此有 $f'(x)=0$，即对开区间 (a,b) 内的每一点而言，均可作为 ξ，使 $f'(\xi)=0$.

（2）$M>m$，因为 $f(a)=f(b)$，所以此时 M 和 m 不可能同时是两个端点的函数值. 因此不妨设 $M\neq f(a)$，那么 $f(x)$ 必定在 (a,b) 内某一点 ξ 取到最大值 M，即 $f(\xi)=M$. 下面我们将证明在点 ξ 处，$f'(\xi)=0$.

由于 ξ 是开区间 (a,b) 内的点，所以 $f'(\xi)$ 存在，即

$$f'(\xi)=\lim_{x\to\xi}\frac{f(x)-f(\xi)}{x-\xi}.$$

因为 $f(\xi)=M$，是 $f(x)$ 在 $[a,b]$ 上的最大值，所以，只要 $x\in[a,b]$，总有 $f(x)\leqslant f(\xi)$. 又 $f'(\xi)$ 存在，左、右导数必定存在并相等，所以当 $x>\xi$ 时，

$$f'(\xi)=f'_+(\xi)=\lim_{x\to\xi^+}\frac{f(x)-f(\xi)}{x-\xi}\leqslant 0,$$

当 $x<\xi$ 时，

$$f'(\xi)=f'_-(\xi)=\lim_{x\to\xi^-}\frac{f(x)-f(\xi)}{x-\xi}\geqslant 0,$$

故只能有

$$f'(\xi)=0\quad(a<\xi<b).$$

例 1　验证函数 $f(x)=(x^2-1)^2+1$ 在区间 $[-2,2]$ 上满足罗尔定理的三个条件，并求出满足 $f'(\xi)=0$ 的点 ξ.

解　因为 $f(x)=(x^2-1)^2+1$ 是多项式，所以在 $(-\infty,+\infty)$ 内 $f(x)$ 是可导的，故它在闭区间 $[-2,2]$ 上连续，在开区间 $(-2,2)$ 内可导，且 $f(-2)=f(2)=10$，所以 $f(x)$ 满足罗尔定理的三个条件.

由于

$$f'(x)=4x(x^2-1),$$

令 $f'(x)=0$，即

$$x(x^2-1)=0,$$

解得 $x=0$ 及 $x=\pm1$，即在 $(-2,2)$ 内存在三个点 $-1, 0, 1$，它们均是满足罗尔定理结论 $f'(\xi)=0$ 的点 ξ.

应当注意的是：罗尔定理中的三个条件是充分而非必要的，也就是说，若满足定理的三个条件，结论必然成立，而若定理的条件不完全满足时，结论可能成立也可能不成立.

例 2　验证罗尔定理对函数 $f(x)=|x|$ 在区间 $x\in[-1,1]$ 上的正确性.

在前面的学习中已经知道，函数 $f(x)=|x|$ 在 $x=0$ 不可导，因而不满足在开区间内可导的条件. 尽管定理中另外两个条件成立，但显然函数的曲线上没有水平切线，见图 3-2.

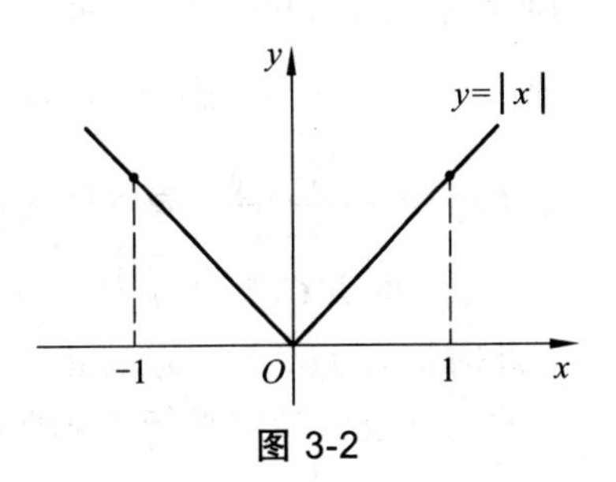

图 3-2

例 3 验证罗尔定理对函数 $f(x)=x$ 在区间 $x\in[0,1]$ 上的正确性.

显然，函数 $f(x)=x$ 在区间 $[0,1]$ 端点处函数值不相等，而连续性和可导性均满足，但仍不存在平行于 x 轴的切线，见图 3-3.

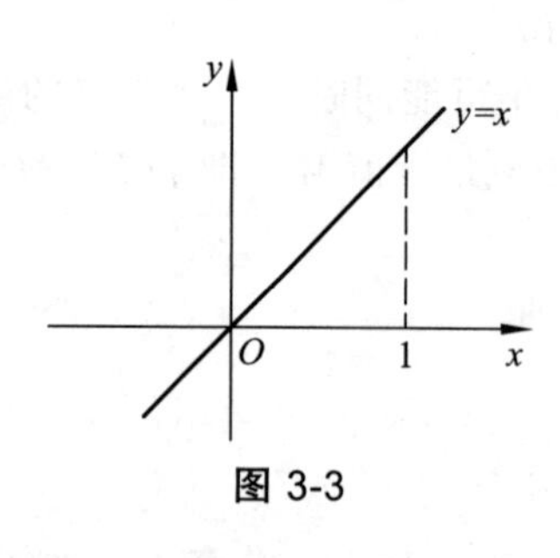

图 3-3

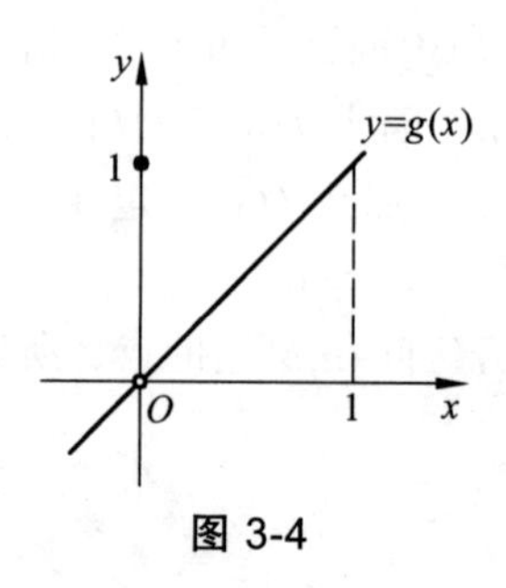

图 3-4

将上述函数略加修改，定义

$$g(x)=\begin{cases}x, & 0<x\leqslant 1,\\ 1, & x=0,\end{cases}$$

函数 $g(x)$ 在开区间 $(0,1)$ 内可导，且在区间端点处满足 $g(0)=g(1)=1$，但 $g(x)$ 在左端点 $x=0$ 处不连续（$\lim\limits_{x\to 0^+}g(x)=0\neq g(0)$），可以看到仍然不存在平行于 x 轴的切线，见图 3-4.

例 4 验证罗尔定理对函数 $f(x)=x^2$ 在区间 $x\in[-1,2]$ 上的正确性.

函数显然在闭区间 $[-1,2]$ 上连续，在开区间 $(-1,2)$ 内可导，但 $f(-1)=1$，$f(2)=4$，即在区间端点函数值不相等，而显然在 $x=0$ 处，$f'(0)=0$，亦即曲线在 $(0,0)$ 处有平行于 x 轴的切线，见图 3-5.

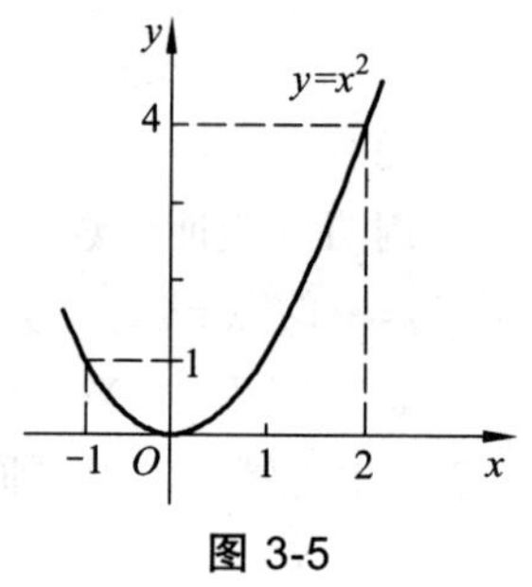

图 3-5

二、拉格朗日（Lagrange）中值定理

拉格朗日中值定理 如果函数 $f(x)$ 在闭区间 $[a,b]$ 上连续，在开区间 (a,b) 内可导，那么在 (a,b) 内至少有一点 ξ（$a<\xi<b$），使

$$f(b)-f(a)=f'(\xi)(b-a).$$

在证明定理之前先做一个简单的分析. 与罗尔定理相比较，拉格朗日中值定理的条件仅少了函数在区间两端点的值相等的条件，而在结论中，$\dfrac{f(b)-f(a)}{b-a}$ 正是曲线两端点 $A(a,f(a))$，$B(b,f(b))$ 连线的斜率，因此

$$f(b)-f(a)=f'(\xi)(b-a),$$

即 $f'(\xi)=\dfrac{f(b)-f(a)}{b-a}$ 表示区间 (a,b) 内至少有一点 ξ，使曲线上对应于 ξ 的点 $C(\xi,f(\xi))$ 处的切线与弦 AB 平行，见图 3-6. 如果此时恰有 $f(a)=f(b)$ 成立，则弦 AB 平行于 x 轴，因而点 C 处的切线也就随之平行于 x 轴了. 这也正是罗尔定理对应的情

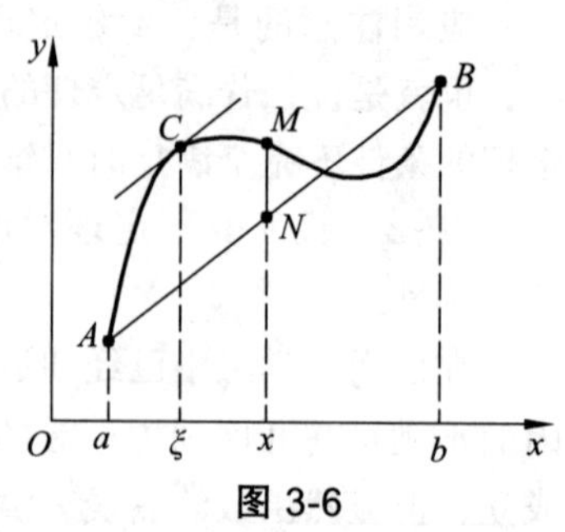

图 3-6

形．可见，罗尔定理是拉格朗日中值定理的特殊情形．正是因为这样的关系，我们可以考虑构造一个与 $f(x)$ 密切相关的函数 $\varphi(x)$，使其满足罗尔定理的条件，再把对 $\varphi(x)$ 所得到的结论转化到 $f(x)$ 上，证得我们所要的结果．这样的函数 $\varphi(x)$ 叫做辅助函数．

证明　从图 3-6 中可以看到：有向线段 NM 的值是 x 的函数，设为 $\varphi(x)$．设直线 AB 的方程为 $y=L(x)$，则

$$L(x)=f(a)+\frac{f(b)-f(a)}{b-a}(x-a).$$

有向线段 NM 的值为 M 的纵坐标 $f(x)$ 减去 N 的纵坐标 $L(x)$，即

$$\varphi(x)=f(x)-L(x)=f(x)-f(a)-\frac{f(b)-f(a)}{b-a}(x-a).$$

容易验证，$\varphi(x)$ 满足罗尔定理的三个条件：$\varphi(x)$ 在闭区间 $[a,b]$ 上连续，在开区间 (a,b) 内可导，且 $\varphi(a)=\varphi(b)=0$，因此，在 (a,b) 内至少有一点 ξ，使 $\varphi'(\xi)=0$．而

$$\varphi'(x)=f'(x)-\frac{f(b)-f(a)}{b-a},$$

故
$$\varphi'(\xi)=f'(\xi)-\frac{f(b)-f(a)}{b-a}=0.$$

则
$$f'(\xi)=\frac{f(b)-f(b)}{b-a}.$$

即
$$f(b)-f(a)=f'(\xi)(b-a).$$

该公式称为拉格朗日中值公式．

例 5　在区间 $[1,\mathrm{e}]$ 上验证函数 $f(x)=\ln x$ 满足拉格朗日中值定理．

解　显然，$f(x)=\ln x$ 在 $[1,\mathrm{e}]$ 上连续，在 $(1,\mathrm{e})$ 内可导，所以 $f(x)$ 满足定理的条件．又

$$f'(x)=\frac{1}{x},\quad f(1)=0,\quad f(\mathrm{e})=1,$$

则
$$\frac{f(\mathrm{e})-f(1)}{\mathrm{e}-1}=\frac{1}{\mathrm{e}-1}.$$

只要取 $\xi=\mathrm{e}-1$，即可满足

$$f'(\xi)=\frac{1}{\mathrm{e}-1}=\frac{f(\mathrm{e})-f(1)}{\mathrm{e}-1}.$$

而且 $\mathrm{e}-1\in(1,\mathrm{e})$，所以定理结论成立．

此外，若记 $a=x$，$b=x+\Delta x$，ξ 作为介于 a 与 b 之间的一个值，可以表示为 $x+\theta\Delta x\ (0<\theta<1)$，则拉格朗日公式又可表示为

$$f(x+\Delta x)-f(x)=f'(x+\theta\Delta x)\cdot\Delta x\quad(0<\theta<1).$$

我们知道，函数的微分 $\mathrm{d}y=f'(x)\Delta x$ 是函数增量 Δy 的近似表达式，只有当 $\Delta x\to 0$ 时，以 $\mathrm{d}y$ 近似 Δy 所产生的误差才趋于零，而这里得到的 $f'(x+\theta\Delta x)\cdot\Delta x$ 在 Δx 为任一有限值时就是 Δy 的准确表达式，即

$$\Delta y = f'(x+\theta\Delta x)\cdot\Delta x \quad (0<\theta<1).$$

因此拉格朗日中值定理也叫做有限增量定理,它可以精确地表达函数在一个区间上的增量Δy与函数在这个区间内某点处的导数$f'(x+\theta\Delta x)$之间的关系.

我们已经知道,如果函数$f(x)$在某区间上是一个常数,那么$f(x)$在该区间上的导数恒为零. 作为拉格朗日中值定理的一个应用,我们将给出如下结论.

推论 如果函数$f(x)$在区间I上的导数恒为零,那么$f(x)$在区间I上是一个常数.

证明 在区间I上任取两点x_1, x_2,且$x_1<x_2$,应用拉格朗日公式就得

$$f(x_2)-f(x_1)=f'(\xi)(x_2-x_1) \quad (x_1<\xi<x_2).$$

由假定,$f'(\xi)=0$,所以

$$f(x_2)-f(x_1)=0,$$

即

$$f(x_1)=f(x_2).$$

由于x_1, x_2是I上任意两点,所以在I上$f(x)$的函数值总不变,即$f(x)$在区间I上是一个常数.

三、柯西(Cauchy)中值定理

柯西中值定理 若函数$f(t)$, $F(t)$在闭区间$[a,b]$上连续,在开区间(a,b)内可导,且$F'(t)$在(a,b)内不为零,则在(a,b)内至少有一点ξ($a<\xi<b$),使

$$\frac{f(b)-f(a)}{F(b)-F(a)}=\frac{f'(\xi)}{F'(\xi)}.$$

同样,在证明之前先进行分析.

设曲线弧$\overparen{AB}$的参数方程为

$$\begin{cases} x=F(t) \\ y=f(t) \end{cases} \quad (a\leqslant t\leqslant b),$$

其中t为参数. 由定理条件可知,$\overparen{AB}$为连续曲线弧,除端点外处处有不垂直于x轴的切线,在点(x,y)处切线斜率为$\dfrac{\mathrm{d}y}{\mathrm{d}x}=\dfrac{f'(t)}{F'(t)}$,弦$AB$的斜率为$\dfrac{f(b)-f(a)}{F(b)-F(a)}$. 定理结论表示,$(a,b)$内至少存在一个参数$t=\xi$,对应曲线弧$\overparen{AB}$上的点$C(F(\xi), f(\xi))$,使过$C$点的切线平行于弦$AB$,见图 3-7. 可见,柯西中值定理与拉格朗日中值定理在几何上是一致的.

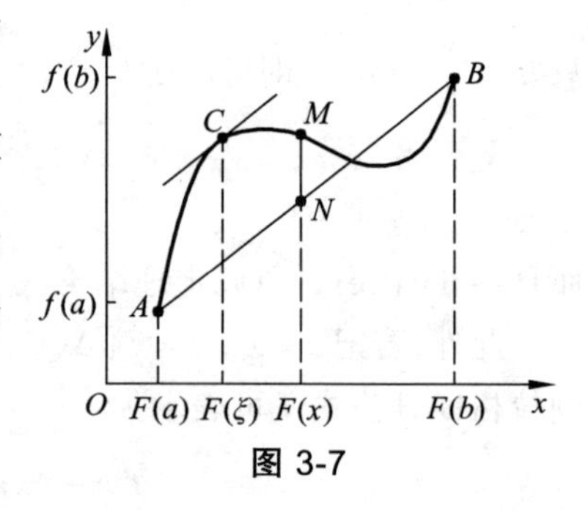

图 3-7

事实上,当$\overparen{AB}$弧的参数方程为

$$\begin{cases} x=t \\ y=f(t) \end{cases}$$

时,柯西中值定理就成为拉格朗日中值定理了. 类似地,可以证明柯西中值定理.

证明 作辅助函数

$$\varphi(t)=f(t)-f(a)-\frac{f(b)-f(a)}{F(b)-F(a)}[F(t)-F(a)],$$

这里 $F(b)\neq F(a)$，否则若 $F(b)=F(a)$，则 $F(t)$ 在 $[a,b]$ 上满足罗尔定理条件，从而在 (a,b) 内至少存在一点 η，使 $F'(\eta)=0$，这与假定的 $F'(t)\neq 0$ 矛盾，所以 $F(b)\neq F(a)$.

对 $\varphi(t)$，可以验证 $\varphi(t)$ 在区间 $[a,b]$ 上满足罗尔定理的条件，所以，在 (a,b) 内至少存在一点 ξ，使 $\varphi'(\xi)=0$. 而

$$\varphi'(t)=f'(t)-\frac{f(b)-f(a)}{F(b)-F(a)}F'(t),$$

因此
$$f'(\xi)-\frac{f(b)-f(a)}{F(b)-F(a)}F'(\xi)=0,$$

即
$$\frac{f(b)-f(a)}{F(b)-F(a)}=\frac{f'(\xi)}{F'(\xi)}.$$

例 6　对函数 $f(x)=\sin x$ 及 $F(x)=\cos x$ 在区间 $\left[0,\frac{\pi}{2}\right]$ 上验证柯西中值定理的正确性.

解　显然，函数 $f(x)=\sin x$ 及 $F(x)=\cos x$ 在闭区间 $\left[0,\frac{\pi}{2}\right]$ 上连续，在开区间 $\left(0,\frac{\pi}{2}\right)$ 内可导，并且由 $F'(x)=-\sin x$ 可知，在 $\left(0,\frac{\pi}{2}\right)$ 内，$F'(x)\neq 0$，即满足定理条件.

又
$$\frac{f\left(\frac{\pi}{2}\right)-f(0)}{F\left(\frac{\pi}{2}\right)-F(0)}=-1,$$

而 $f'(x)=\cos x$，$F'(x)=-\sin x$，只要取 $\xi=\frac{\pi}{4}$，就有

$$\frac{f'(\xi)}{F'(\xi)}=-1,$$

即在 $\left(0,\frac{\pi}{2}\right)$ 内存在 $\xi=\frac{\pi}{4}$，使

$$\frac{f\left(\frac{\pi}{2}\right)-f(0)}{F\left(\frac{\pi}{2}\right)-F(0)}=\frac{f'\left(\frac{\pi}{4}\right)}{F'\left(\frac{\pi}{4}\right)}=-1.$$

所以定理结论成立.

四、中值定理的初步应用

微分中值定理的应用非常广泛，作为初步应用，这里仅介绍关于方程根的讨论及不等式的证明这两方面的应用. 在今后的学习中，可逐步深入地看到更多方面、更多角度的应用.

例 7　证明方程 $x^5+x-1=0$ 只有一个正根.

证明 设函数 $f(x)=x^5+x-1$，$x\in[0,1]$，可以看到，$f(x)$ 在 $[0,1]$ 上连续，且 $f(0)f(1)=-1<0$. 因此，在 $(0,1)$ 内至少存在一点 ξ，使

$$f(\xi)=0.$$

即在 $(0,1)$ 内，方程 $x^5+x-1=0$ 至少有一个实根 ξ.

假设方程 $x^5+x-1=0$ 另有一正根 η，不妨设 $\xi<\eta$，容易验证，函数 $f(x)$ 在区间 $[\xi,\eta]$ 上满足罗尔定理的三个条件，所以在 (ξ,η) 内至少存在一点 ζ，使 $f'(\zeta)=0$. 但

$$f'(x)=5x^4+1$$

所以对一切 x，$f'(x)>0$，不可能有这样的 ζ，使 $f'(\zeta)=0$，即方程有另一正根 η 的假设错误，方程 $x^5+x-1=0$ 仅有一个正根.

例 8 不求导数，判断函数 $f(x)=(x-1)(x-2)(x-3)(x-4)$ 的导数 $f'(x)$ 有几个零点及其所在范围.

解 容易验证，函数 $f(x)$ 在区间 $[1,2]$ 上满足罗尔定理的三个条件，因此在 $(1,2)$ 内至少存在一点 ξ_1，使 $f'(\xi_1)=0$，即 ξ_1 是 $f'(x)$ 的一个零点.

同理可得，在区间 $(2,3)$ 及 $(3,4)$ 内至少分别存在点 ξ_2,ξ_3，使 $f'(\xi_2)=f'(\xi_3)=0$.

而 $f'(x)$ 为三次多项式，$f'(x)=0$ 至多只能有三个实根，所以 $f'(x)$ 有三个零点 ξ_1，ξ_2，ξ_3，分别位于区间 $(1,2)$，$(2,3)$，$(3,4)$ 内.

例 9 证明不等式 $|\arctan x_2-\arctan x_1|\leqslant|x_2-x_1|$.

证明 设函数 $f(x)=\arctan x$，$x\in[x_1,x_2]$（或 $[x_2,x_1]$），可以验证，$f(x)$ 在区间 $[x_1,x_2]$（或 $[x_2,x_1]$）上满足拉格朗日中值定理的条件，因此至少存在一点 ξ 介于 x_1 与 x_2 之间，使

$$\arctan x_2-\arctan x_1=f'(\xi)(x_2-x_1).$$

又 $f'(x)=\dfrac{1}{1+x^2}$，所以

$$|\arctan x_2-\arctan x_1|=\frac{1}{1+\xi^2}|x_2-x_1|\leqslant|x_2-x_1|.$$

例 10 证明：当 $x\neq0$ 时，$e^x>1+x$.

证明 设 $f(t)=e^t$，显然函数 $f(t)=e^t$ 在区间 $[0,x]$（或 $[x,0]$）上满足拉格朗日中值定理的条件. 这里 $x\neq0$，所以在 0 与 x 之间至少存在一点 ξ，使

$$\frac{e^x-e^0}{x-0}=e^\xi,$$

即

$$\frac{e^x-1}{x}=e^\xi.$$

当 $x>0$ 时，$\xi>0$，故 $e^\xi>1$，从而 $\dfrac{e^x-1}{x}>1$，即 $e^x>x+1$；当 $x<0$ 时，$\xi<0$，则 $0<e^\xi<1$，从而 $\dfrac{e^x-1}{x}<1$，所以 $e^x-1>x$，即 $e^x>x+1$.

综上所述，只要 $x\neq0$，总有 $e^x>x+1$.

第二节　导数的应用

一、洛必达（L'Hospital）法则

中值定理的一个重要应用就是推导出一类简便有效的极限计算的方法——洛必达法则.

如果当 $x \to a$（或 $x \to \infty$）时，两个函数 $f(x)$ 与 $F(x)$ 都趋于零或都趋于无穷大，那么极限 $\lim\limits_{\substack{x \to a \\ (x \to \infty)}} \dfrac{f(x)}{F(x)}$ 可能存在，也可能不存在. 例如：$\lim\limits_{x \to 0} \dfrac{\sin x}{x}$ 是两个无穷小量之比的极限，此极限为 1，而 $\lim\limits_{x \to 0} \dfrac{\sin x}{x^2}$ 也是两个无穷小量之比的极限，但此极限不存在. 又如两个无穷大量之比的极限 $\lim\limits_{x \to \infty} \dfrac{x^2}{2x^2+1} = \dfrac{1}{2}$，但同为两个无穷大量之比的极限 $\lim\limits_{x \to \infty} \dfrac{x^3}{x^2}$ 则不存在. 通常把这类极限叫做**未定式**. 对于这一类极限，即使极限存在也不能用"商的极限等于极限的商"这一法则，而洛必达法则则是解决这类极限的一个重要方法.

1. $\dfrac{0}{0}$ 型及 $\dfrac{\infty}{\infty}$ 型

定理 1　如果函数 $f(x)$ 与 $F(x)$ 满足条件：

（1）$\lim\limits_{x \to a} f(x) = \lim\limits_{x \to a} F(x) = 0$；

（2）在点 a 的某个邻域内（点 a 可以除外），$f'(x)$，$F'(x)$ 存在且 $F'(x) \neq 0$；

（3）极限 $\lim\limits_{x \to a} \dfrac{f'(x)}{F'(x)} = A$（或$\infty$），

那么

$$\lim_{x \to a} \frac{f(x)}{F(x)} = \lim_{x \to a} \frac{f'(x)}{F'(x)}.$$

这种在一定条件下通过分子、分母分别求导后，再求极限，从而确定未定式的值的方法，称为**洛必达法则**.

证明　因为当 $x \to a$ 时，$\dfrac{f(x)}{F(x)}$ 的极限与 $f(a)$ 及 $F(a)$ 无关，所以可以假定 $f(a) = F(a) = 0$，由条件(1)、(2)可知，$f(x)$ 及 $F(x)$ 在点 a 的某一邻域内连续.

设 x 是点 a 的这个邻域内的一点，在以 a 及 x 为端点的区间上，$f(x)$ 与 $F(x)$ 满足柯西中值定理的条件，因此有

$$\frac{f(x)}{F(x)} = \frac{f(x) - f(a)}{F(x) - F(a)} = \frac{f'(\xi)}{F'(\xi)} \quad (\xi \text{ 介于 } a \text{ 与 } x \text{ 之间}).$$

令 $x \to a$，在上式中 $\xi \to a$. 结合条件（3），得

$$\lim_{x \to a} \frac{f(x)}{F(x)} = \lim_{\xi \to a} \frac{f'(\xi)}{F'(\xi)} = \lim_{x \to a} \frac{f'(x)}{F'(x)}.$$

如果 $\dfrac{f'(x)}{F'(x)}$ 当 $x\to a$ 时仍是 $\dfrac{0}{0}$ 型，且这时 $f'(x),F'(x)$ 能满足定理 1 中 $f(x),F(x)$ 所要满足的条件，那么可以继续使用洛必达法则，即

$$\lim_{x\to a}\frac{f(x)}{F(x)}=\lim_{x\to a}\frac{f'(x)}{F'(x)}=\lim_{x\to a}\frac{f''(x)}{F''(x)}$$

且可以依次类推.

例 1 求 $\lim\limits_{x\to 0}\dfrac{\sin ax}{\sin bx}\ (b\neq 0)$.

解 $\lim\limits_{x\to 0}\dfrac{\sin ax}{\sin bx}=\lim\limits_{x\to 0}\dfrac{a\cos ax}{b\cos bx}=\dfrac{a}{b}$.

例 2 求 $\lim\limits_{x\to 0}\dfrac{x-\sin x}{x^3}$.

解 $\lim\limits_{x\to 0}\dfrac{x-\sin x}{x^3}=\lim\limits_{x\to 0}\dfrac{1-\cos x}{3x^2}=\lim\limits_{x\to 0}\dfrac{\sin x}{6x}=\dfrac{1}{6}$.

例 3 求 $\lim\limits_{x\to 0}\dfrac{e^x-e^{-x}-2x}{x-\sin x}$.

解 $\lim\limits_{x\to 0}\dfrac{e^x-e^{-x}-2x}{x-\sin x}=\lim\limits_{x\to 0}\dfrac{e^x+e^{-x}-2}{1-\cos x}=\lim\limits_{x\to 0}\dfrac{e^x-e^{-x}}{\sin x}=\lim\limits_{x\to 0}\dfrac{e^x+e^{-x}}{\cos x}=2$.

在例 2 和例 3 中都多次使用洛必达法则，注意每次使用前要切实检查它是否仍为未定式，如果已经不是未定式，还继续使用法则，势必会出现错误.

例 4 求 $\lim\limits_{x\to 0}\dfrac{e^x-\cos x}{x\sin x}$.

解 按如下方法计算是错误的.

$$\lim_{x\to 0}\frac{e^x-\cos x}{x\sin x}=\lim_{x\to 0}\frac{e^x+\sin x}{\sin x+x\cos x}=\lim_{x\to 0}\frac{e^x+\cos x}{\cos x+\cos x-x\sin x}=1.$$

在上述计算过程中，第二式 $\lim\limits_{x\to 0}\dfrac{e^x+\sin x}{\sin x+x\cos x}$ 已经不是未定式了，故不能继续使用洛必达法则. 正确做法是：

$$\lim_{x\to 0}\frac{e^x-\cos x}{x\sin x}=\lim_{x\to 0}\frac{e^x+\sin x}{\sin x+x\cos x}=\infty.$$

我们还要指出，对于 $x\to\infty$ 时的未定式 $\dfrac{0}{0}$，以及 $x\to a$ 或 $x\to\infty$ 时的未定式 $\dfrac{\infty}{\infty}$，也有相应的洛必达法则. 下面将一并给出这三个结论，请读者自己证明.

定理 2 如果函数 $f(x),F(x)$ 满足：

（1）$\lim\limits_{x\to\infty}f(x)=\lim\limits_{x\to\infty}F(x)=0$；

（2）当 $|x|$ 充分大时，$f'(x)$，$F'(x)$ 存在且 $F'(x)\neq 0$；

（3）$\lim\limits_{x\to\infty}\dfrac{f'(x)}{F'(x)}=A$（或 ∞），

则

$$\lim_{x\to\infty}\frac{f(x)}{F(x)}=\lim_{x\to\infty}\frac{f'(x)}{F'(x)}$$

定理 3　如果函数 $f(x)$, $F(x)$ 满足：

（1）当 $x\to a$ 时，$f(x)\to\infty$，$F(x)\to\infty$；

（2）在点 a 的某一邻域中（点 a 可以除外），$f'(x)$，$F'(x)$ 存在，且 $F'(x)\neq 0$；

（3）$\lim\limits_{x\to a}\dfrac{f'(x)}{F'(x)}=A$（或 ∞），

则

$$\lim_{x\to a}\frac{f(x)}{F(x)}=\lim_{x\to a}\frac{f'(x)}{F'(x)}.$$

定理 4　如果函数 $f(x)$，$F(x)$ 满足：

（1）当 $x\to\infty$ 时，$f(x)\to\infty$, $F(x)\to\infty$；

（2）当 $|x|$ 充分大时，$f'(x)$，$F'(x)$ 存在且 $F'(x)\neq 0$；

（3）$\lim\limits_{x\to\infty}\dfrac{f'(x)}{F'(x)}=A$（或 ∞），

则

$$\lim_{x\to\infty}\frac{f(x)}{F(x)}=\lim_{x\to\infty}\frac{f'(x)}{F'(x)}.$$

例 5　求 $\lim\limits_{x\to+\infty}\dfrac{\frac{\pi}{2}-\arctan x}{\frac{1}{x}}$.

解　$\lim\limits_{x\to+\infty}\dfrac{\frac{\pi}{2}-\arctan x}{\frac{1}{x}}=\lim\limits_{x\to+\infty}\dfrac{-\frac{1}{1+x^2}}{-\frac{1}{x^2}}=\lim\limits_{x\to+\infty}\dfrac{x^2}{1+x^2}=1$.

例 6　求 $\lim\limits_{x\to\frac{\pi}{2}}\dfrac{\tan x}{\tan 3x}$.

解　这是 $x\to\dfrac{\pi}{2}$ 时的 $\dfrac{\infty}{\infty}$ 型.

$$\lim_{x\to\frac{\pi}{2}}\frac{\tan x}{\tan 3x}=\lim_{x\to\frac{\pi}{2}}\frac{\sec^2 x}{3\sec^2 3x}=\frac{1}{3}\lim_{x\to\frac{\pi}{2}}\frac{\cos^2 3x}{\cos^2 x}=\frac{1}{3}\lim_{x\to\frac{\pi}{2}}\frac{2\cos 3x\cdot(-3\sin 3x)}{2\cos x\cdot(-\sin x)}$$

$$=\lim_{x\to\frac{\pi}{2}}\frac{\sin 6x}{\sin 2x}=\lim_{x\to\frac{\pi}{2}}\frac{6\cos 6x}{2\cos 2x}=3.$$

例 7　求 $\lim\limits_{x\to+\infty}\dfrac{\ln x}{x^n}\ (n>0)$.

解　这是 $x\to+\infty$ 时的 $\dfrac{\infty}{\infty}$ 型.

$$\lim_{x\to+\infty}\frac{\ln x}{x^n}=\lim_{x\to+\infty}\frac{\frac{1}{x}}{nx^{n-1}}=\lim_{x\to+\infty}\frac{1}{nx^n}=0.$$

需要说明的是，洛必达法则是求未定式的一种有效方法，但最好能与其他方法结合使用，这样可以使运算更简捷.

例 8 求 $\lim\limits_{x\to 0}\dfrac{\tan x-x}{x^2\sin x}$.

解 若直接用洛必达法则，分母的导数会比较复杂，特别是若需反复使用洛必达法则时，分母的高阶导数形式会更复杂，所以可以利用等价无穷小量进行变换，并在计算过程中注意整理，以及使用已知结论.

$$\lim_{x\to 0}\frac{\tan x-x}{x^2\sin x}=\lim_{x\to 0}\frac{\tan x-x}{x^3}=\lim_{x\to 0}\frac{\sec^2 x-1}{3x^2}=\frac{1}{3}\lim_{x\to 0}\frac{\tan^2 x}{x^2}=\frac{1}{3}.$$

洛必达法则并非万能的，有时会失效. 事实上，法则只有当极限 $\lim\limits_{\substack{x\to a\\(x\to\infty)}}\dfrac{f'(x)}{F'(x)}$ 存在或为 ∞ 时，才能够使用. 也就是说，若无法断定 $\dfrac{f'(x)}{F'(x)}$ 的极限状态，或能断定它振荡而无极限时，洛必达法则失效.

例 9 求 $\lim\limits_{x\to 0}\dfrac{x^2\sin\dfrac{1}{x}}{\sin x}$.

解 这是 $\dfrac{0}{0}$ 型的未定式，但

$$\lim_{x\to 0}\frac{\left(x^2\sin\dfrac{1}{x}\right)'}{(\sin x)'}=\lim_{x\to 0}\frac{2x\sin\dfrac{1}{x}-\cos\dfrac{1}{x}}{\cos x},$$

此式振荡无极限，因而不能用洛必达法则. 此时，只能用其他方法.

$$\lim_{x\to 0}\frac{x^2\sin\dfrac{1}{x}}{\sin x}=\lim_{x\to 0}\frac{x}{\sin x}\cdot x\sin\frac{1}{x}=\lim_{x\to 0}\frac{x}{\sin x}\cdot\lim_{x\to 0}x\sin\frac{1}{x}=0.$$

2. $0\cdot\infty$ 及 $\infty-\infty$ 型

这两种类型的未定式均可经过适当变型，转化为 $\dfrac{0}{0}$ 型或 $\dfrac{\infty}{\infty}$ 型，再考虑使用洛必达法则.

例 10 求 $\lim\limits_{x\to+\infty}x\left(\dfrac{\pi}{2}-\arctan x\right)$.

解 这是 $0\cdot\infty$ 型，参看例 5，变形为 $\dfrac{0}{0}$ 型.

$$\lim_{x\to+\infty}x\left(\frac{\pi}{2}-\arctan x\right)=\lim_{x\to+\infty}\frac{\dfrac{\pi}{2}-\arctan x}{\dfrac{1}{x}}=1.$$

例 11 求 $\lim\limits_{x\to 0^+}x^n\ln x\ (x>0)$.

解　这也是$0\cdot\infty$型，但变型为$\dfrac{\infty}{\infty}$型较简捷.

$$\lim_{x\to 0^+} x^n \ln x = \lim_{x\to 0^+} \frac{\ln x}{x^{-n}} = \lim_{x\to 0^+} \frac{\dfrac{1}{x}}{(-n)x^{-n-1}} = \lim_{x\to 0^+} \frac{-x^n}{n} = 0 .$$

例 12　求$\lim\limits_{x\to\frac{\pi}{2}}(\sec x-\tan x)$.

解　这是$\infty-\infty$型，通分即可化为$\dfrac{0}{0}$型.

$$\lim_{x\to\frac{\pi}{2}}(\sec x-\tan x)=\lim_{x\to\frac{\pi}{2}}\frac{1-\sin x}{\cos x}=\lim_{x\to\frac{\pi}{2}}\frac{-\cos x}{-\sin x}=0 .$$

例 13　求$\lim\limits_{x\to 1}\left(\dfrac{x}{x-1}-\dfrac{1}{\ln x}\right)$.

解　这是$\infty-\infty$型.

$$\lim_{x\to 1}\left(\frac{x}{x-1}-\frac{1}{\ln x}\right)=\lim_{x\to 1}\frac{x\ln x-x+1}{(x-1)\ln x}=\lim_{x\to 1}\frac{\ln x+1-1}{\ln x+\dfrac{x-1}{x}}=\lim_{x\to 1}\frac{\ln x}{\ln x+1-\dfrac{1}{x}}=\lim_{x\to 1}\frac{\dfrac{1}{x}}{\dfrac{1}{x}+\dfrac{1}{x^2}}=\frac{1}{2} .$$

3．1^∞, 0^0及∞^0型

这类未定式源于幂指函数$[f(x)]^{F(x)}$，因此通常可以用取对数的方法或换底的方法来解决，通过这两种方法变形后的未定式为$0\cdot\infty$型.

例 14　求$\lim\limits_{x\to 1}x^{\frac{1}{1-x}}$.

解　这是1^∞型．设$y=x^{\frac{1}{1-x}}$，则

$$\ln y=\frac{1}{1-x}\ln x .$$

当$x\to 1$时，$\dfrac{1}{1-x}\ln x$为未定式$0\cdot\infty$型，则

$$\lim_{x\to 1}\ln y=\lim_{x\to 1}\frac{\ln x}{1-x}=\lim_{x\to 1}\frac{\dfrac{1}{x}}{-1}=-1 .$$

因为$y=\mathrm{e}^{\ln y}$，所以

$$\lim_{x\to 1}x^{\frac{1}{1-x}}=\lim_{x\to 1}\mathrm{e}^{\ln y}=\mathrm{e}^{-1}=\frac{1}{\mathrm{e}} .$$

以上求解过程还可以写成

$$\lim_{x\to1}x^{\frac{1}{1-x}}=\lim_{x\to1}e^{\frac{1}{1-x}\ln x}=e^{\lim\limits_{x\to1}\frac{\ln x}{1-x}}=e^{-1}=\frac{1}{e}.$$

例 15 求 $\lim\limits_{x\to0^+}x^x$.

解 这是 0^0 型，所以

$$\lim_{x\to0^+}x^x=\lim_{x\to0^+}e^{x\ln x}=e^{\lim\limits_{x\to0^+}x\ln x}=e^0=1.$$

这里由例 11 取 $n=1$，得 $\lim\limits_{x\to0^+}x\ln x=0$.

例 16 求 $\lim\limits_{x\to0^+}(\cot x)^{\sin x}$.

解 这是 ∞^0 型，则

$$\lim_{x\to0^+}(\cot x)^{\sin x}=\lim_{x\to0^+}e^{\sin x\ln\cot x}=e^{\lim\limits_{x\to0^+}\sin x\ln\cot x},$$

这里
$$\lim_{x\to0^+}\sin x\ln\cot x=\lim_{x\to0^+}\frac{\ln\cot x}{\csc x}=\lim_{x\to0^+}\frac{\tan x\cdot(-\csc^2x)}{-\csc x\cot x}=\lim_{x\to0^+}\frac{\sin x}{\cos^2x}=0,$$

所以
$$\lim_{x\to0^+}(\cot x)^{\sin x}=e^0=1.$$

二、函数单调性的判别法

在第一章已经介绍了函数在某个区间上单调的概念，但是利用定义判断函数的单调性，即使是比较简单的函数，往往也有一定的难度. 现在利用导数研究函数的单调性.

从几何上看，如果函数 $y=f(x)$ 在区间 I 上单调增加，那么它的图形是一条沿 x 轴正向上升的曲线，这时曲线上各点的切线斜率都是非负的，即 $y'=f'(x)\geqslant0$，如图 3-8（1）；类似地，若函数 $f(x)$ 在区间 I 上单调减少，那么其图形是一条沿 x 轴正向下降的曲线，并且曲线上各点的切线斜率是非正的，即 $y'=f'(x)\leqslant0$，如图 3-8（2）. 因此，可以考虑能否用导数的符号来判定函数的单调性.

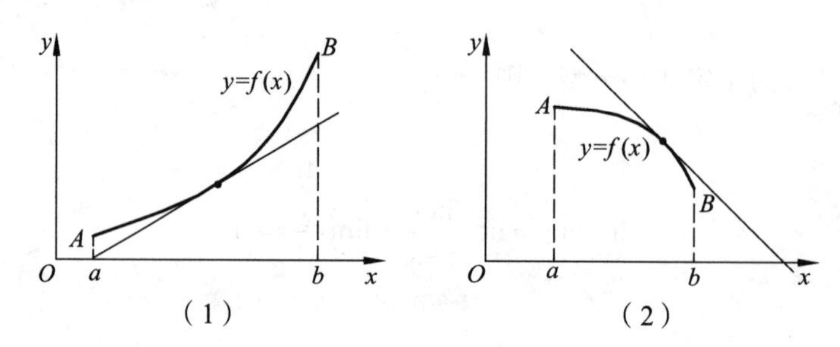

图 3-8

定理 5 设函数 $f(x)$ 在区间 $[a,b]$ 上连续，在 (a,b) 内可导.

（1）若在 (a,b) 内，$f'(x)>0$，那么函数 $y=f(x)$ 在 $[a,b]$ 上是单调增加的；

（2）若在 (a,b) 内，$f'(x)<0$，那么函数 $y=f(x)$ 在 $[a,b]$ 上是单调减少的.

证明　由于函数 $f(x)$ 满足拉格朗日中值定理的条件，故在区间 $[a,b]$ 上任取两点 x_1, x_2，不妨设 $x_1<x_2$，必有 $\xi\in(x_1,x_2)$，使

$$f(x_2)-f(x_1)=f'(\xi)(x_2-x_1).$$

若 $f'(x)$ 在 (a,b) 内总大于零，而 $x_1<x_2$，所以 $f(x_2)>f(x_1)$，即函数 $f(x)$ 在 $[a,b]$ 上是单调增加的.

若 $f'(x)$ 在 (a,b) 内总小于零，又 $x_1<x_2$，所以 $f(x_2)<f(x_1)$，即函数 $f(x)$ 在 $[a,b]$ 上是单调减少的.

需要说明的是，如果把这个定理中的闭区间换成其他各种形式的区间（开区间、半开区间、无穷区间），结论也成立.

在第一章介绍过的供给函数和需求函数，一般情况下，当价格上升时，供给上升，需求下降；而当价格下降时，供给下降，需求上升. 因此，供给函数的一阶导数应为正，需求函数的一阶导数应为负.

例 17　判定函数 $y=x-\arctan x$ 在区间 $[0,+\infty)$ 上的单调性.

解　因为在 $(0,+\infty)$ 内，

$$y'=1-\frac{1}{1+x^2}>0,$$

所以函数 $y=x-\arctan x$ 在 $[0,+\infty)$ 上单调增加.

例 18　讨论函数 $y=\mathrm{e}^x-x-1$ 的单调性.

解　因为

$$y'=\mathrm{e}^x-1,$$

而函数 $y=\mathrm{e}^x-x-1$ 的定义域为 $(-\infty,+\infty)$，在 $(-\infty,0)$ 内，$y'<0$，所以函数 $y=\mathrm{e}^x-x-1$ 在 $(-\infty,0]$ 上单调减少；在 $(0,+\infty)$ 内，$y'>0$，所以函数 $y=\mathrm{e}^x-x-1$ 在 $[0,+\infty)$ 上单调增加.

可以看到，$x=0$ 是函数 $y=\mathrm{e}^x-x-1$ 的单调减少区间 $(-\infty,0]$ 及单调增加区间 $[0,+\infty)$ 的分界点，在这一点，$y'=0$.

如果函数在它的定义区间上不是单调的，当我们用导数等于零的点来划分定义区间后，就可以使函数在各个部分区间上单调，这些区间就是函数的**单调区间**. 如果函数在某些点不可导，则划分函数定义区间的分点还应包括这些点. 综合以上两种情况，可以看到如下结论：

如果函数在定义区间上除去有限个不可导的点外，导数总存在且连续，那么只要用方程 $f'(x)=0$ 的根及 $f'(x)$ 不存在的点来划分其定义区间，就可保证 $f'(x)$ 在各个部分区间内保持确定的符号，从而使函数 $f(x)$ 在每个部分区间上单调.

例 19　确定函数 $f(x)=x^2\mathrm{e}^{2x}$ 的单调区间.

解　函数 $f(x)$ 的定义域为 $(-\infty,+\infty)$.

$$f'(x)=2x(x+1)\mathrm{e}^{2x}.$$

无不可导的点．令 $f'(x)=0$，解得 $x=0$ 及 $x=-1$．由 $x=-1$ 及 $x=0$ 将定义域 $(-\infty,+\infty)$ 分成三个部分区间：

在 $(-\infty,-1)$ 内，$f'(x)>0$，故在 $(-\infty,-1]$ 上 $f(x)$ 单调增加；

在 $(-1,0)$ 内，$f'(x)<0$，故在 $[-1,0]$ 上 $f(x)$ 单调减少；

在 $(0,+\infty)$ 内，$f'(x)>0$，故在 $[0,+\infty)$ 上 $f(x)$ 单调增加.

例 20 确定函数 $y=\sqrt[3]{x^2}$ 的单调区间.

解 函数的定义域为 $(-\infty,+\infty)$.

当 $x\neq 0$ 时，
$$y'=\frac{2}{3\sqrt[3]{x}}.$$

显然不存在 x 使 $y'=0$．在 $x=0$ 处，函数的导数不存在．由 $x=0$ 将定义域分成两部分：

在 $(-\infty,0)$ 内，$y'<0$，$y=\sqrt[3]{x^2}$ 在 $(-\infty,0]$ 上单调减少；

在 $(0,+\infty)$ 内，$y'<0$，$y=\sqrt[3]{x^2}$ 在 $[0,+\infty)$ 上单调增加.

函数图形见图 3-9.

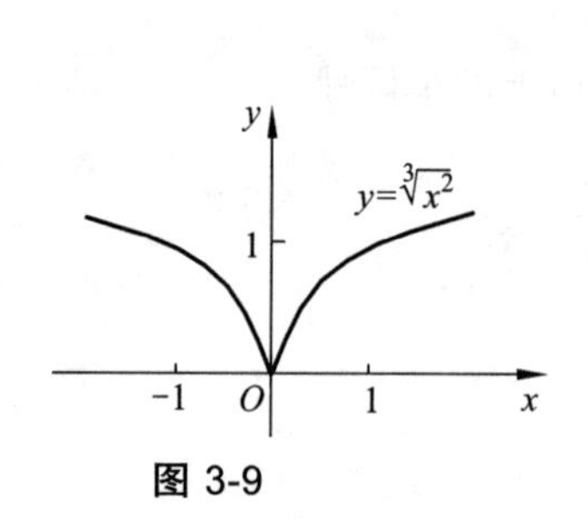

图 3-9

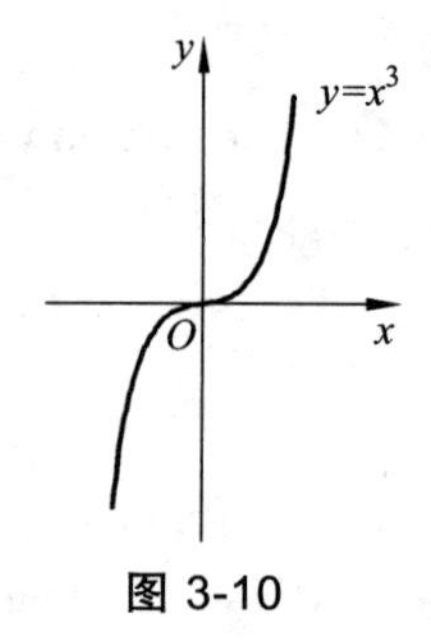

图 3-10

例 21 讨论函数 $y=x^3$ 的单调性.

解 函数的定义域为 $(-\infty,+\infty)$.
$$y'=3x^2.$$

显然，当 $x\neq 0$ 时，总有 $y'>0$，而当 $x=0$ 时 $y'=0$．这样函数 $y=x^3$ 在区间 $(-\infty,0]$ 及 $[0,+\infty)$ 上都是单调增加的，因此在整个定义域 $(-\infty,+\infty)$ 内是单调增加的，见图 3-10．这里导数为零的点 $x=0$ 并不是单调区间的分界点，仅仅表明函数曲线在该点处有一条水平切线.

一般地，如果 $f'(x)$ 在某区间内的有限点处为零，其余各点处均为正（或负），那么 $f(x)$ 在该区间上仍是单调增加（或减少）的.

下面介绍函数单调性的两种应用.

例 22 试证：当 $x>1$ 时，$2\sqrt{x}>3-\frac{1}{x}$.

证明 令 $f(x)=2\sqrt{x}-\left(3-\frac{1}{x}\right)$，下面只要证当 $x>1$ 时，$f(x)>0$ 即可.

由于
$$f'(x)=\frac{1}{\sqrt{x}}-\frac{1}{x^2},$$

当 $x>1$ 时，$f'(x)>0$，所以函数 $f(x)$ 在 $x>1$ 时是单调增加的，从而当 $x>1$ 时，

$$f(x) > f(1).$$

而 $f(1)=0$，故 $f(x)>0$，即当 $x>1$ 时，$2\sqrt{x} > 3-\frac{1}{x}$.

例 23　证明方程 $x^5+x-1=0$ 只有一个正根.

证明　利用零点定理可证明方程 $x^5+x-1=0$ 确有正根（见本章第一节例 7）. 下面利用单调性证明根的唯一性.

由 $f(x)=x^5+x-1$，有

$$f'(x)=5x^4+1.$$

对一切 x 的取值，总有 $f'(x)>0$，说明函数 $f(x)$ 是单调增加的函数，所以 $f(x)$ 若存在零点，只会有一个，即方程 $x^5+x-1=0$ 仅有一个正根.

三、函数的极值及其求法

在例 19 中我们看到了这样的情形，$x=-1$ 及 $x=0$ 是函数 $f(x)=x^2e^{2x}$ 的单调区间的分界点，在点 $x=0$ 的左侧邻近，函数 $f(x)$ 是单调减少的，而在点 $x=0$ 的右侧邻近，函数 $f(x)$ 单调增加，因此存在着 $x=0$ 的一个邻域，对于该邻域内的任何点 x，除了 $x=0$ 之外，总有 $f(x)>f(0)$；类似地，关于点 $x=-1$，也存在着一个邻域，对于这个邻域内的点 x，除了 $x=-1$，总有 $f(x)<f(-1)$. 这样的点及其函数值 $f(0), f(-1)$，在应用与研究中有着重要意义. 下面将对此进行讨论.

定义 1　设函数 $f(x)$ 在点 x_0 的某个邻域内有定义，且

（1）若对邻域内异于 x_0 的任何点 x，$f(x)<f(x_0)$ 均成立，则称 $f(x_0)$ 为函数 $f(x)$ 的一个极大值，而称 x_0 为**极大值点**.

（2）若对邻域内异于 x_0 的任何点 x，$f(x)>f(x_0)$ 均成立，则称 $f(x_0)$ 为函数 $f(x)$ 的一个极小值，而称 x_0 为**极小值点**.

极大值和极小值统称为**极值**，极大值点和极小值点统称为**极值点**. 例如，例 19 中的函数 $f(x)=x^2e^{2x}$ 在 $x=0$ 处有极小值 $f(0)=0$，而在 $x=-1$ 处有极大值 $f(-1)=\frac{1}{e^2}$，故 $x=0$ 为极小值点，$x=-1$ 为极大值点.

函数的极大值和极小值概念是局部性的，如果 $f(x_0)$ 是函数的一个极大值，那只是就 x_0 附近的一个局部范围而言 $f(x_0)$ 是最大的；而如果就 $f(x)$ 的整个定义区间来说，$f(x_0)$ 就不一定是最大的了. 关于极小值也有类似的情形. 因此在定义区间上，函数可以有许多极大值和极小值，但其中的极大值并不一定都大于每个极小值，而在确定的区间上，函数的最大值或最小值如果存在，则必然是唯一确定的值，且最小值不大于最大值.

在图 3-11 中，函数 $f(x)$ 有 2 个极大值 $f(x_2)$，$f(x_5)$，3 个极小值 $f(x_1)$，$f(x_4)$，$f(x_6)$，其中极大值 $f(x_2)$ 小于极小值 $f(x_6)$. 就整个区间 $[a,b]$ 而言，只有极小值 $f(x_1)$ 同时也是最小值，所有的极大值都不是最大值. 从图上看，最大值出现在区间的右端点处为 $f(b)$. 此外，在函数取得极值的点，曲线上的切线是水平的；反之，曲线上有水平切线的地方，函数并非一定取得极值. 在图中的 x_3 处，曲线上的切线是水平的，但 $f(x_3)$ 并不是极值.

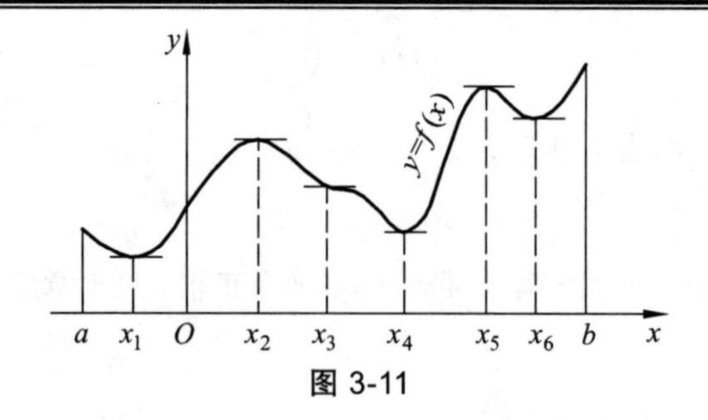

图 3-11

我们先介绍函数取得极值的必要条件.

定理 6（极值存在的必要条件） 设函数 $f(x)$ 在点 x_0 有导数，且在 x_0 处 $f(x)$ 取得极值，那么这个函数在 x_0 处的导数 $f'(x_0)=0$.

证明 设 $f(x)$ 在 x_0 取得极大值 $f(x_0)$，那么在 x_0 的某个邻域内的任何点 x，只要 $x\neq x_0$，就有

$$f(x)<f(x_0).$$

所以当 $x<x_0$ 时，
$$\frac{f(x)-f(x_0)}{x-x_0}>0,$$

则
$$f'(x_0)=\lim_{x\to x_0^-}\frac{f(x)-f(x_0)}{x-x_0}\geqslant 0.$$

当 $x>x_0$ 时，
$$\frac{f(x)-f(x_0)}{x-x_0}<0,$$

则
$$f'(x_0)=\lim_{x\to x_0^+}\frac{f(x)-f(x_0)}{x-x_0}\leqslant 0.$$

所以 $f'(x_0)=0$.

$f(x)$ 在 x_0 处取得极小值时可类似地证明.

使得导数为零的点，即方程 $f'(x)=0$ 的实根，叫做函数 $f(x)$ 的**驻点**. 定理 6 告诉我们，可导函数 $f(x)$ 的极值点必定是它的驻点，也就是说，如果可导函数在某点的导数不为零，那么该点一定不是极值点. 反过来，导数为零的点是否一定是极值点呢？结论是不一定. 例如，$f(x)=x^3$ 在 $x=0$ 处有 $f'(0)=0$，但 $x=0$ 却不是该函数的极值点. 事实上，这个函数是单调增加的，所以点 $x=0$ 的函数值 $f(0)=0$ 不可能比 $x=0$ 邻近两侧各点的函数值都大或都小，这就不符合极值的定义了. 在图 3-11 中的点 x_3 处也是类似的情形. 因此，驻点只能是函数的可能极值点，函数在一点的导数为零是函数在该点取得极值的必要而非充分条件.

但是，定理 6 只讨论了可导函数如何寻找可能极值点，对于不可导的函数显然不能用此定理. 然而，许多函数在导数不存在的点处却也可能取得极值. 例如：$f(x)=x^{\frac{2}{3}}$ 及 $f(x)=|x|$，它们在 $x=0$ 处均取得极小值，且这两个函数在点 $x=0$ 都不可导. 当然也要注意，函数在它的不可导的点处，也并不一定都能取得极值. 例如，$f(x)=x^{\frac{1}{3}}$ 在 $x=0$ 不可导，但它在这一点没有极值，所以这种定义域内的不可导的点也是函数的可能极值点.

综上所述，要确定函数的极值点，应从函数导数为零的点和导数不存在的点中去寻找，而这两类点在单调区间的计算中已经多次用到过，它们往往是单调区间的分界点，那么若能

确定函数的单调性，就能判定可能极值点的函数值与它两侧各点函数值的大小关系，从而确定该点是否为极值点．这就是下面定理要给出的结论．

定理 7（极值存在的一阶充分条件）　设函数 $f(x)$ 在点 x_0 的一个邻域内连续，且在此邻域内可导（ x_0 可以除外），那么

（1）若 $x<x_0$ 时，$f'(x)>0$，而 $x>x_0$ 时，$f'(x)<0$，则 $f(x)$ 在 x_0 取到极大值，见图 3-12（1）．

（2）若 $x<x_0$ 时，$f'(x)<0$，而 $x>x_0$ 时，$f'(x)>0$，则 $f(x)$ 在 x_0 取到极小值，见图 3-12（2）．

（3）若 $x\neq x_0$ 时，$f'(x)>0$，或当 $x\neq x_0$ 时，$f'(x)<0$，则 x_0 不是 $f(x)$ 的极值点，见图 3-12（3）、（4）．

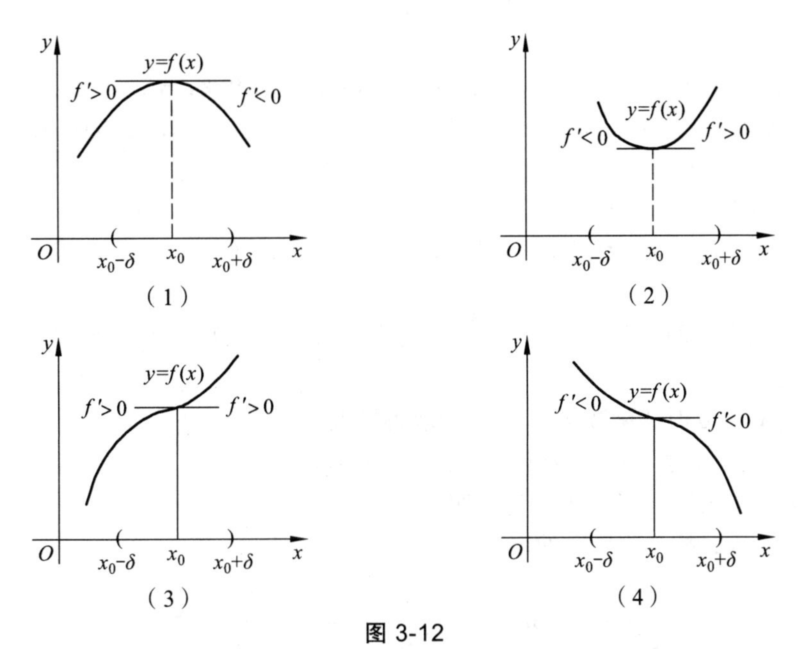

图 3-12

证明　就第一种情形来说，根据函数单调性的判定法，函数 $f(x)$ 在 x_0 的左侧邻近是单调增加的，在 x_0 的右侧邻近是单调减少的，因此，$f(x_0)$ 是 $f(x)$ 的一个极大值．

类似可以论证另三种情形．

上述定理可简单地这样看：当一个连续函数的自变量从左到右经过某一点时，其导数改变符号，那么函数在该点取得极值．若导数符号由正变负，则取得极大值；若导数符号由负变正，则取得极小值；若导数符号不变，那么函数在该点无极值．

根据前面的讨论，可以将求函数 $f(x)$ 的极值点和极值的步骤归纳如下：

（1）求出 $f(x)$ 的导数 $f'(x)$，确定 $f(x)$ 的可能极值点（驻点及导数不存在的点）．

（2）考察 $f'(x)$ 在可能极值点两侧的符号是否发生改变，确定极大值点和极小值点．

（3）求出各极值点处的函数值．

例 24　求函数 $f(x)=2x^3-9x^2+12x-3$ 的极值．

解　（1）这个函数的定义域为 $(-\infty,+\infty)$．

$$f'(x)=6x^2-18x+12=6(x-1)(x-2),$$

令 $f'(x)=0$，解得驻点 $x=1$ 及 $x=2$．$f(x)$ 作为多项式无不可导的点．

（2）由 $f'(x)=6(x-1)(x-2)$ 来确定 $f'(x)$ 的符号．在 $(-\infty,1)$ 内，$x-1<0$，$x-2<0$，所以 $f'(x)>0$；在 $(1,2)$ 内，$x-1>0$，$x-2<0$，所以 $f'(x)<0$；在 $(2,+\infty)$ 内，$x-1>0$，$x-2>0$，所以 $f'(x)>0$．因而 $x=1$ 为极大值点，$x=2$ 为极小值点．

（3）算出极大值 $f(1)=2$，极小值 $f(2)=1$．

例 25 求函数 $f(x)=(2x-x^2)^{\frac{2}{3}}$ 的极值．

解（1）函数的定义域为 $(-\infty,+\infty)$．

$$f'(x)=\frac{2}{3}(2x-x^2)^{-\frac{1}{3}}(2-2x)=\frac{4(1-x)}{3\sqrt[3]{x(2-x)}}.$$

令 $f'(x)=0$，解得驻点为 $x=1$．$f(x)$ 有两个不可导的点 $x=0$ 及 $x=2$．

（2）在 $(-\infty,0)$ 内，$f'(x)<0$；在 $(0,1)$ 内，$f'(x)>0$；在 $(1,2)$ 内，$f'(x)<0$；在 $(2,+\infty)$ 内，$f'(x)>0$．所以，$x=0$ 和 $x=2$ 为极小值点，$x=1$ 为极大值点．

（3）极小值有 $f(0)=0$，$f(2)=0$，极大值为 $f(1)=1$．

当函数 $f(x)$ 在驻点 x 处的二阶导数 $f''(x_0)$ 存在且不为零时，还可以利用二阶导数来确定 $f(x)$ 在 x_0 处的极值．

定理 8（极值存在的二阶充分条件） 设函数 $f(x)$ 在点 x_0 处具有二阶导数，且 $f'(x_0)=0$，$f''(x_0)\neq 0$，则

（1）当 $f''(x_0)<0$ 时，函数 $f(x)$ 在 x_0 处取得极大值；

（2）当 $f''(x_0)>0$ 时，函数 $f(x)$ 在 x_0 处取得极小值．

证明 仅就 $f''(x_0)<0$ 的情形进行证明．

由于 $f'(x_0)=0$，按二阶导数的定义有

$$f''(x_0)=\lim_{x\to x_0}\frac{f'(x)-f'(x_0)}{x-x_0}=\lim_{x\to x_0}\frac{f'(x)}{x-x_0}<0.$$

根据函数极限的性质，在 x_0 的某个邻域内，当 $x\neq x_0$ 时，就有

$$\frac{f'(x)}{x-x_0}<0.$$

所以，在这个邻域内，$f'(x)$ 与 $x-x_0$ 符号相反，即当 $x<x_0$ 时，$f'(x)>0$，当 $x>x_0$ 时，$f'(x)<0$，因此，$f(x)$ 在 x_0 处取得极大值．

类似地可以证明 $f''(x_0)>0$ 时的结论．

例 26 求函数 $f(x)=2x^3-9x^2+12x-3$ 的极值．

解 由导数运算法则可知

$$f'(x)=6x^2-18x+12.$$

令 $f'(x)=0$，解得驻点 $x=1$ 及 $x=2$．

又
$$f''(x)=12x-18,$$

由于 $f''(1)=-6<0$，故 $f(x)$ 在 $x=1$ 取得极大值 $f(1)=2$；又由 $f''(2)=6>0$，故 $f(x)$ 在 $x=2$ 取

得极小值 $f(2)=1$.

例 27 试问 a 为何值时，函数 $f(x)=a\sin x+\frac{1}{3}\sin 3x$ 在 $x=\frac{\pi}{3}$ 处取得极值？它是极大值还是极小值？求此极值.

解 函数 $f(x)=a\sin x+\frac{1}{3}\sin 3x$ 在定义域 $(-\infty,+\infty)$ 内总是可导的，且

$$f'(x)=a\cos x+\cos 3x.$$

由于 $x=\frac{\pi}{3}$ 为 $f(x)$ 的极值点，故 $x=\frac{\pi}{3}$ 也是 $f(x)$ 的驻点，即 $f'\left(\frac{\pi}{3}\right)=0$，则

$$\frac{1}{2}a-1=0\Rightarrow a=2.$$

所以

$$f(x)=2\sin x+\frac{1}{3}\sin 3x.$$

又因为

$$f''(x)=-2\sin x-3\sin 3x,$$

则

$$f''\left(\frac{\pi}{3}\right)=-2\cdot\frac{\sqrt{3}}{2}-3\cdot 0=-\sqrt{3}<0.$$

所以在 $x=\frac{\pi}{3}$ 处 $f(x)$ 取得极大值，$f\left(\frac{\pi}{3}\right)=\sqrt{3}$.

这个例子使用定理 8 比使用定理 7 更简单. 需要说明的是，定理 8 使用的范围较定理 7 要小一些. 显然，函数 $f(x)$ 在点 x_0 处如果二阶导数不存在，就不能使用定理 8，或者如果 $f(x)$ 在驻点 x_0 处二阶导数为零，即 $f''(x_0)=0$，也不能使用定理 8，这时 x_0 是否为 $f(x)$ 的极值点还得用定理 7 来判断.

例 28 求函数 $f(x)=(x^2-1)^3+1$ 的极值.

解 函数在定义域 $(-\infty,+\infty)$ 内连续且可导.

$$f'(x)=6x(x^2-1)^2.$$

令 $f'(x)=0$，得驻点 $x=0,x=1$ 及 $x=-1$.

$$f''(x)=6(x^2-1)(5x^2-1).$$

由于 $f''(0)=6>0$，则 $f(x)$ 在 $x=0$ 处取得极小值，极小值为 $f(0)=0$；又 $f''(-1)=f''(1)=0$，所以定理 8 失效. 考察一阶导数 $f'(x)$ 在驻点 $x=1$ 及 $x=-1$ 左右邻近的符号：在 $(-\infty,-1)$ 内，$f'(x)<0$；在 $(-1,0)$ 内，$f'(x)<0$；在 $(0,1)$ 内，$f'(x)>0$；在 $(1,+\infty)$ 内，$f'(x)>0$. 也就是说，在 $x=-1$ 及 $x=1$ 两侧邻近，$f'(x)$ 的符号没有改变，所以这两个驻点都不是极值点.

第三节 泰勒公式

多项式是一类比较简单的函数，对一般函数而言，如果能近似地用多项式来表示，那么对它的各种研究无疑会带来许多便利. 另外，在微分学的讨论中，由

$$f'(x_0)=\lim_{x\to x_0}\frac{f(x)-f(x_0)}{x-x_0}$$

可以得到

$$f(x)-f(x_0)=f'(x_0)(x-x_0)+o(x-x_0),$$

即 $$f(x)=f(x_0)+f'(x_0)(x-x_0)+o(x-x_0).$$

这说明，当 x 接近 x_0 时，$f(x)$ 可以用 $(x-x_0)$ 的一次多项式

$$p_1(x)=f(x_0)+f'(x_0)(x-x_0)$$

近似表示. 但这种近似精度不高，误差仅是比 $(x-x_0)$ 高阶的无穷小，并且无法比较准确地估计误差. 所以，我们需要用关于 $(x-x_0)$ 的高次多项式来表示函数，并给出估计误差的公式.

设函数 $f(x)$ 在含有 x_0 的开区间内具有直到 $(n+1)$ 阶导数，若存在一个关于 $(x-x_0)$ 的 n 次多项式

$$p_n(x)=a_0+a_1(x-x_0)+a_2(x-x_0)^2+\cdots+a_n(x-x_0)^n,$$

它在 x_0 处的函数值及它的直到 n 阶导数在 x_0 处的值依次与 $f(x_0)$, $f'(x_0)$, $\cdots$, $f^{(n)}(x_0)$ 相等，即

$$p_n(x_0)=f(x_0),\quad p_n'(x_0)=f'(x_0),\quad p_n''(x_0)=f''(x_0),\cdots,p_n^{(n)}(x_0)=f^{(n)}(x_0),$$

则由这几个等式可以分别确定多项式 $p_n(x)$ 的系数 $a_0,a_1,a_2,\cdots,a_n$ 的值，即

$$p_n(x_0)=a_0\Rightarrow a_0=f(x_0),$$

$$p_n'(x_0)=a_1\Rightarrow a_1=f'(x_0),$$

$$p_n''(x_0)=2!a_2\Rightarrow a_2=\frac{1}{2!}f''(x_0),$$

…………

$$p_n^{(n)}(x_0)=n!a_n\Rightarrow a_n=\frac{1}{n!}f^{(n)}(x_0),$$

所以 $$p_n(x)=f(x_0)+f'(x_0)(x-x_0)+\frac{f''(x_0)}{2!}(x-x_0)^2+\cdots+\frac{f^{(n)}(x_0)}{n!}(x-x_0)^n.$$

下面的定理将告诉我们，这个多项式的确是我们所要找的多项式.

泰勒(Taylor)中值定理 如果函数 $f(x)$ 在含有 x_0 的某个开区间 (a,b) 内具有直到 $(n+1)$ 阶的导数，则当 x 在 (a,b) 内时，$f(x)$ 可以表示为 $(x-x_0)$ 的一个 n 次多项式与一个余项 $R_n(x)$ 之和：

$$f(x)=f(x_0)+f'(x_0)(x-x_0)+\frac{f''(x_0)}{2!}(x-x_0)^2+\cdots+\frac{f^{(n)}(x_0)}{n!}(x-x_0)^n+R_n(x),$$

其中
$$R_n(x)=\frac{f^{(n+1)}(\xi)}{(n+1)!}(x-x_0)^{n+1},$$
这里ξ是x_0与x之间的某个值.

证明略去.

上式称为$f(x)$按$(x-x_0)$的幂展开到n阶的**泰勒公式**，而$R_n(x)$这种表示式称为**拉格朗日型余项**.

当$n=0$时，泰勒公式变成拉格朗日中值公式
$$f(x)=f(x_0)+f'(\xi)(x-x_0)\quad(\xi\text{在}x\text{与}x_0\text{之间}).$$
因此泰勒中值定理是拉格朗日中值定理的推广.

由泰勒公式可知，以多项式$p(x)$近似表示函数$f(x)$时，误差为$|R_n(x)|$. 若在(a,b)内，能有$|f^{(n+1)}(x)|\leqslant M$（$M$为常数)，则有误差估计式
$$|R_n(x)|=\left|\frac{f^{(n+1)}(\xi)}{(n+1)!}(x-x_0)^{n+1}\right|\leqslant\frac{M}{(n+1)!}|x-x_0|^{n+1},$$
并且
$$\lim_{x\to x_0}\frac{R_n(x)}{(x-x_0)^n}=0.$$
也就是说，误差$|R_n(x)|$是当$x\to x_0$时比$(x-x_0)^n$高阶的无穷小.

在泰勒公式中，如果取$x_0=0$，则ξ在0与x之间，泰勒公式变成更简单的形式
$$f(x)=f(0)+f'(0)x+\frac{f''(0)}{2!}x^2+\cdots+\frac{f^{(n)}(0)}{n!}x^n+\frac{f^{(n+1)}(\xi)}{(n+1)!}x^{n+1}.$$
此公式称为$f(x)$的**麦克劳林**（Maclaurin）**公式**.

若记$\xi=\theta x\ (0<\theta<1)$，则公式中的余项可以写成
$$R_n(x)=\frac{f^{(n+1)}(\theta x)}{(n+1)!}x^{n+1}.$$

例 1　写出函数$f(x)=\mathrm{e}^x$的麦克劳林公式.

解　因为
$$f'(x)=f''(x)=\cdots=f^{(n)}(x)=\mathrm{e}^x,$$
所以
$$f(0)=f'(0)=f''(0)=\cdots=f^{(n)}(0)=1.$$
从而可得
$$\mathrm{e}^x=1+x+\frac{1}{2!}x^2+\cdots+\frac{1}{n!}x^n+\frac{\mathrm{e}^{\theta x}}{(n+1)!}x^{n+1}\quad(0<\theta<1).$$

当$x=1$时，则得无理数e的近似式为
$$\mathrm{e}\approx1+1+\frac{1}{2!}+\cdots+\frac{1}{n!}.$$

其误差
$$|R_n|=\left|\frac{e^{\theta}}{(n+1)!}\right|<\frac{e}{(n+1)!}<\frac{3}{(n+1)!}\quad(0<\theta<1).$$

当 $n=10$ 时，可算出 $e\approx 2.718282$，误差不超过 10^{-6}.

例 2　写出 $f(x)=\sin x$ 的麦克劳林公式.

解　由第二章第三节例 3 知

$$f^{(n)}(x)=\sin\left(x+\frac{n\pi}{2}\right)\ (n=1,2,3\cdots),$$

所以
$$f(0)=0,$$
$$f^{(n)}(0)=\sin\frac{n\pi}{2}=\begin{cases}0, & n=2m,\\ (-1)^{m-1}, & n=2m-1.\end{cases}$$

从而可得

$$\sin x=x-\frac{1}{3!}x^3+\frac{1}{5!}x^5-\frac{1}{7!}x^7+\cdots+(-1)^{m-1}\frac{1}{(2m-1)!}x^{2m-1}+R_{2m}(x).$$

其中
$$R_{2m}(x)=\frac{\sin\left[\theta x+(2m+1)\frac{\pi}{2}\right]}{(2m+1)!}x^{2m+1}\quad(0<\theta<1).$$

取 $m=1$，则得近似公式 $\sin x\approx x$，此时误差为

$$|R_2|=\left|\frac{\sin\left(\theta x+\frac{3}{2}\pi\right)}{3!}x^3\right|\leqslant\frac{|x|^3}{6}\quad(0<\theta<1).$$

同理可得
$$\cos x=1-\frac{x^2}{2!}+\frac{x^4}{4!}+\cdots+(-1)^m\frac{x^{2m}}{(2m)!}+R_{2m+1}(x).$$

其中
$$R_{2m+1}(x)=\frac{\sin\left[\theta x+(2m+2)\cdot\frac{\pi}{2}\right]}{(2m+2)!}x^{2m+2}\quad(0<\theta<1).$$

例 3　写出函数 $f(x)=\ln(1+x)$ 的麦克劳林公式.

解　由第二章第三节例 5 知

$$f^{(n)}(x)=(-1)^{n-1}(n-1)!(1+x)^{-n}\quad(n=1,2,3\cdots).$$

所以
$$f^{(n)}(0)=(-1)^{n-1}(n-1)!\quad(n=1,2,3\cdots).$$

从而得

$$\ln(1+x)=x-\frac{1}{2}x^2+\frac{1}{3}x^3-\cdots+(-1)^{n-1}\frac{1}{n}x^n+R_n(x),$$

其中
$$R_n(x)=\frac{(-1)^n}{(n+1)(1+\theta x)^{n+1}}x^{n+1}\quad(0<\theta<1).$$

当 $x=1$ 时，得近似公式
$$\ln 2\approx 1-\frac{1}{2}+\frac{1}{3}-\frac{1}{4}+\cdots+(-1)^{n-1}\frac{1}{n}.$$

此时误差
$$|R_n|=\frac{1}{(n+1)(1+\theta)^{n+1}}<\frac{1}{n+1}\quad(0<\theta<1).$$

第四节　函数的最大值和最小值

在工农业生产、经济管理及科学实验中，常常遇到一类问题：在一定条件下，怎样使投入最少，产出最多，成本最低，效率最高，利润最大等，这类问题在数学上就是求函数的最大值和最小值问题.

下面我们假定函数 $f(x)$ 在闭区间 $[a,b]$ 上连续，且至多在有限个点导数为零，来讨论 $f(x)$ 在 $[a,b]$ 上的最大值和最小值的求法.

由闭区间上连续函数的性质可知，$f(x)$ 在 $[a,b]$ 上必存在最大值和最小值，其最大值和最小值可能在区间内部取得，也可能在区间的端点取得. 如果在区间内部某点取得最大值或最小值，那么这个值也一定相应地是函数的极大值或极小值. 因此，可以用如下方法求 $[a,b]$ 上的连续函数 $f(x)$ 的最大值和最小值.

设 $f(x)$ 在 (a,b) 内的可能极值点为 $x_1,x_2,\cdots,x_n$，则比较 $f(a),f(x_1),\cdots,f(x_n),f(b)$ 的大小，其中最大的和最小的就是 $f(x)$ 在 $[a,b]$ 上的最大值和最小值.

例 1　求函数 $f(x)=2x^3-6x^2-18x+11$ 在区间 $[-2,4]$ 上的最大值和最小值.

解　函数 $f(x)$ 在 $[-2,4]$ 上连续且可导，且
$$f'(x)=6x^2-12x-18=6(x-3)(x+1).$$
令 $f'(x)=0$，得驻点 $x=-1$ 及 $x=3$. 因
$$f(-2)=7,\ f(-1)=21,\ f(3)=-43,\ f(4)=-29,$$
所以在 $x=-1$ 有最大值 $f(-1)=21$，在 $x=3$ 有最小值 $f(3)=-43$.

例 2　求函数 $f(x)=x^{\frac{2}{3}}-(x^2-1)^{\frac{1}{3}}$ 在区间 $[0,2]$ 上的最大值和最小值.

解　函数 $f(x)$ 在 $[0,2]$ 上连续，且
$$f'(x)=\frac{2}{3}x^{-\frac{1}{3}}-\frac{1}{3}(x^2-1)^{-\frac{2}{3}}\cdot 2x=\frac{2}{3}\cdot\frac{(x^2-1)^{\frac{2}{3}}-x^{\frac{4}{3}}}{x^{\frac{1}{3}}(x^2-1)^{\frac{2}{3}}}.$$
令 $f'(x)=0$，则

$$(x^2-1)^{\frac{2}{3}}=x^{\frac{4}{3}},$$

即 $(x^2-1)^2=x^4$．整理得 $2x^2-1=0$，故驻点为 $x=\pm\frac{1}{\sqrt{2}}$．

另外，$f(x)$ 有不可导的点 $x=0$ 及 $x=\pm1$．由于点 $x=-1$ 及 $x=-\frac{1}{\sqrt{2}}$ 不在区间 $[0,2]$ 内，故舍去. 比较函数值 $f(0)$，$f\left(\frac{1}{\sqrt{2}}\right)$，$f(1)$，$f(2)$ 的大小：

$$f(0)=1,\quad f\left(\frac{1}{\sqrt{2}}\right)=\sqrt[3]{4},\quad f(1)=1,\quad f(2)=\sqrt[3]{4}-\sqrt[3]{3},$$

所以最大值为 $f\left(\frac{1}{\sqrt{2}}\right)=\sqrt[3]{4}$，最小值 $f(2)=\sqrt[3]{4}-\sqrt[3]{3}$．

例 3 铁路线上 AB 段的距离为 100 千米，工厂 C 距 A 处为 20 千米，AC 垂直于 AB，见图 3-13. 为了运输需要，要在 AB 线上选定一点 D 向工厂修筑一条公路，已知铁路每千米货运的运费与公路每千米的运费之比为 3 : 5. 为了使货物在 B 与 C 之间运送的费用最省，问 D 点应选在何处？

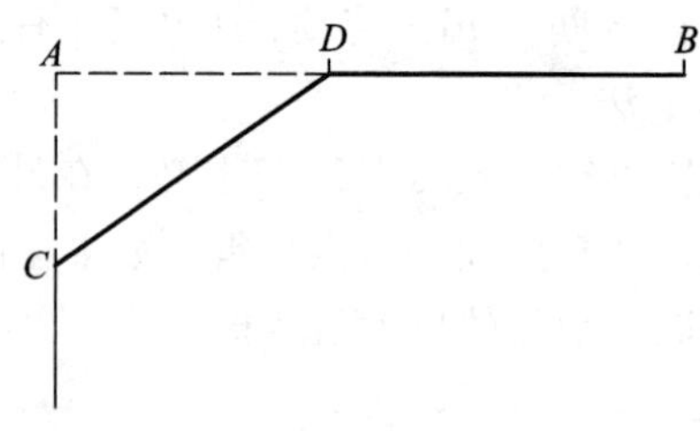

图 3-13

解 设 $AD=x$ (千米)，那么

$$DB=100-x,\ CD=\sqrt{20^2+x^2}\ .$$

设铁路每千米运费为 $3k$，公路每千米运费为 $5k$（k 为一大于零的常数），则 B 与 C 之间运费的总费用

$$y=5k\cdot CD+3k\cdot DB,$$

即
$$y=5k\sqrt{400+x^2}+3k(100-x)\qquad(0\leqslant x\leqslant 100).$$

下面只需求出当 x 在 $[0,100]$ 上取值时，函数 y 的最小值.

$$y'=k\left(\frac{5x}{\sqrt{400+x^2}}-3\right).$$

令 $y'=0$，得 $x=15$（千米）. 由于 $y(0)=400k$，$y(15)=380k$，$y(100)=500k\sqrt{1+\frac{1}{5^2}}$，因此当 $AD=15$ 千米时，总运费最省.

在实际问题中常遇到这种特殊情况，连续函数 $f(x)$ 在一个区间（有限或无限，开或闭）

内仅有一个极大值 $f(x_0)$ 而无极小值，那么 $f(x_0)$ 也就是 $f(x)$ 在该区间上的最大值，见图 3-14（1）；同样的，若连续函数在一个区间内仅有一个极小值 $f(x_0)$ 而无极大值，则 $f(x_0)$ 也就是 $f(x)$ 在该区间上的最小值，见图 3-14（2）.

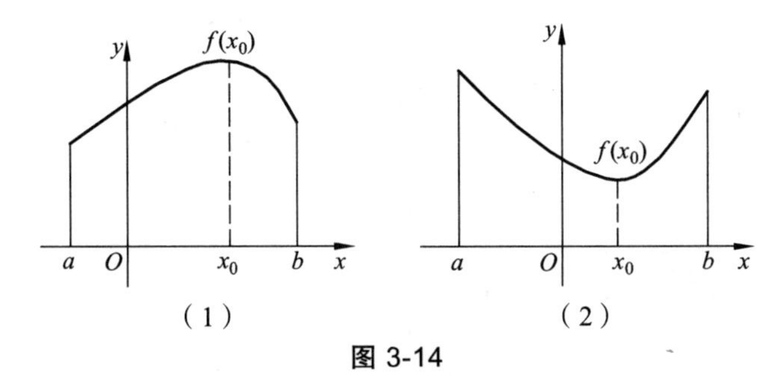

图 3-14

例 4　一正方形铁皮，边长为 a 厘米，从它的四角截去四个相等的小正方形，见图 3-15，剩下的部分做成一个无盖的盒子，问被截去的小正方形的边长为多少厘米时，才能使盒子的容积最大？

解　设截下去的小正方形边长为 x 厘米，则盒子的容积为

$$V = x(a-2x)^2 \quad (0 < x < \frac{a}{2}).$$

求 V 的一阶、二阶导数，得

$$V' = (a-2x)(a-6x),\quad V'' = 8(3x-a).$$

令 $V'=0$，得驻点 $x=\frac{a}{2}$ 及 $x=\frac{a}{6}$. 可见，在区间 $\left(0,\frac{a}{2}\right)$ 内的驻点只能是 $x=\frac{a}{6}$. 由 $V''\left(\frac{a}{6}\right)=-4a<0$，所以 $x=\frac{a}{6}$ 时，体积 V 有极大值 $V\left(\frac{a}{6}\right)$，而除此之外在 $\left(0,\frac{a}{2}\right)$ 内，体积 V 没有其他极值，故 $V\left(\frac{a}{6}\right)$ 也是最大值. 当 $x=\frac{a}{6}$ 厘米时，盒子的最大容积

$$V\left(\frac{a}{6}\right)=\frac{2a^3}{27}\text{（厘米}^3\text{）}.$$

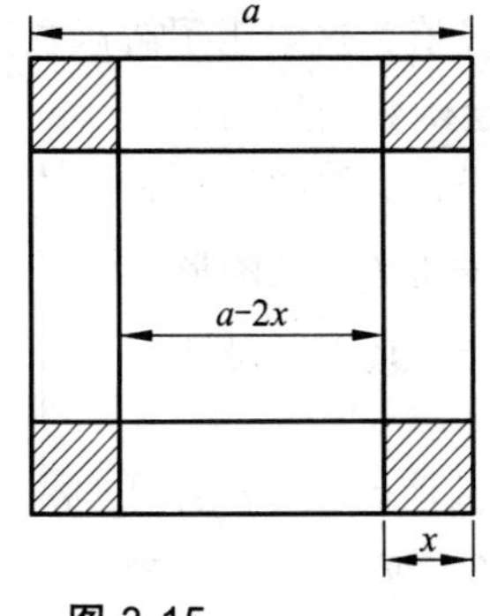

图 3-15

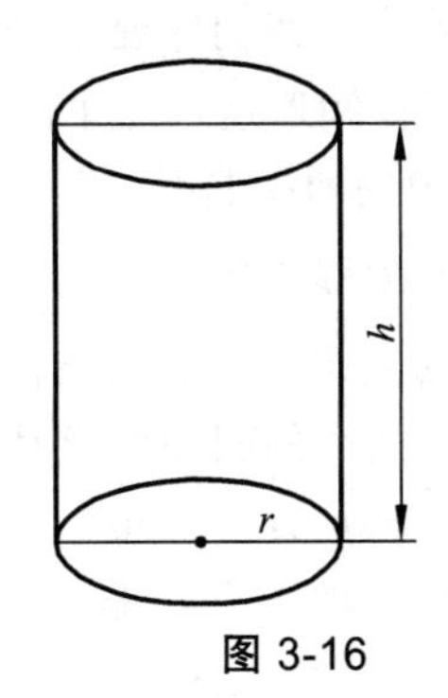

图 3-16

例 5　如图 3-16，某厂要造一个容积为 128 立方米的带盖圆柱形容器，问如何确定底半

径 r 和桶高 h，才能使所用材料最省？

解 由圆柱体体积及表面积公式，所需材料的面积为

$$A = 2\pi r^2 + 2\pi rh \quad (\text{其中 } \pi r^2 h = 128)$$

则
$$A = 2\pi r^2 + \frac{256}{r} \quad (0 < r < +\infty).$$

下面求此函数的最小值.

$$A' = 4\pi r - \frac{256}{r^2}.$$

令 $A' = 0$，即
$$4\pi r - \frac{256}{r^2} = 0,$$

化简为
$$r^3 = \frac{64}{\pi}.$$

在 $(0,+\infty)$ 内得驻点 $r = \frac{4}{\sqrt[3]{\pi}}$. 又

$$A'' = 4\pi + \frac{512}{r^3} > 0,$$

所以 $r = \frac{4}{\sqrt[3]{\pi}}$ 是函数 A 在 $(0,+\infty)$ 内的唯一极值点且 A 取得极小值，因而 A 也取得最小值.

由 $h = \frac{128}{\pi r^2}$ 及 $r = \frac{4}{\sqrt[3]{\pi}}$，得

$$h = \frac{128}{\pi \cdot \frac{16}{\sqrt[3]{\pi^2}}} = 2 \cdot \frac{4}{\sqrt[3]{\pi}} = \frac{8}{\sqrt[3]{\pi}}.$$

即 $h = 2r$，所以当圆柱体的高等于其底直径时，所用材料最省.

第五节 函数的凹凸性与拐点

在前面的学习中，我们研究了函数的单调性与极值，这对于了解函数图形的变化状况有很大作用，但是仅仅知道这些还不能比较准确地描绘函数图形的变化规律，如图 3-17 中的两条曲线弧，虽然它们都是上升的，但图形却有着明显的不同，$\overset{\frown}{ACB}$ 弧上每一点的切线位于曲线弧的上方，其图形是凸起的；而 $\overset{\frown}{ADB}$ 弧上每一点的切线位于曲线弧的下方，其图形是凹下的. 下面就来研究曲线的凹凸性及其判别法.

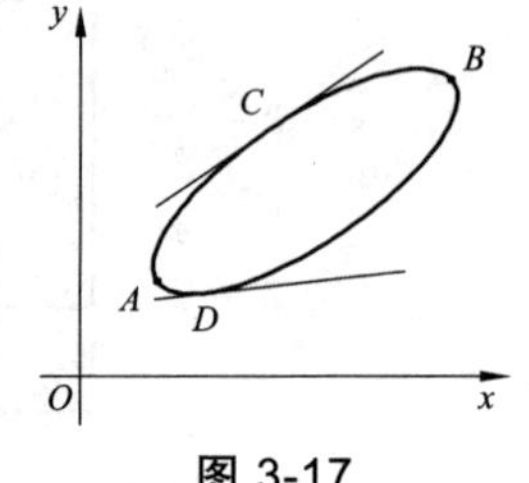

图 3-17

定义 1 函数 $y = f(x)$ 在区间 I 内可导，如果在 I 内曲线 $y = f(x)$ 总位于它每一点处切线的上方，那么称曲线 $y = f(x)$ 在区间 I 上是**凹的**（或**下凸的**）；如果在 I 内曲线 $y = f(x)$ 总位于它每一点处切线的下方，那么称曲线 $y = f(x)$ 在区间 I 上是**凸的**（或**下凹的**）.

定理 1 设函数 $f(x)$ 在区间 (a,b) 内具有二阶导数，那么

（1）如果 $f''(x)>0$，则曲线 $y=f(x)$ 在 (a,b) 内是凹的；

（2）如果 $f''(x)<0$，则曲线 $y=f(x)$ 在 (a,b) 内是凸的.

因为 $f''(x)>0$ 时，$f'(x)$ 单调增加，所以曲线 $y=f(x)$ 上各点切线的斜率 $\tan\alpha$ 由小变大，曲线是凹的；反之，若 $f''(x)<0$，则 $f'(x)$ 单调减少，所以曲线 $y=f(x)$ 上各点切线斜率 $\tan\alpha$ 由大变小，曲线是凸（这里 $\tan\alpha$ 的变化是对应 x 沿 x 轴正方向变化时）. 定理的证明略去.

例 1　判定 $y=x-\ln(x+1)$ 的凹凸性.

解　因为

$$y'=1-\frac{1}{x+1}，\quad y''=\frac{1}{(x+1)^2}>0，$$

所以，在函数的定义域 $(-1,+\infty)$ 内，曲线 $y=x-\ln(x+1)$ 是凹的.

例 2　判断 $y=x^3$ 的凹凸性.

解　因为

$$y'=3x^2，\quad y''=6x，$$

所以当 $x<0$ 时，$y''<0$，曲线 $y=x^3$ 在 $(-\infty,0]$ 上为凸弧；当 $x>0$ 时，$y''>0$，曲线 $y=x^3$ 在 $[0,+\infty)$ 上为凹弧.

在本例中，当 $x=0$ 时，$y''=0$，同时点 $(0,0)$ 是曲线 $y=x^3$ 由凸变凹的分界点. 一般地，连续曲线弧 $y=f(x)$ 上凹弧与凸弧的分界点 $(x_0,f(x_0))$ 称为曲线的拐点.

由拐点的概念可知，若函数 $y=f(x)$ 在点 x_0 左右两侧邻近存在二阶导数且异号，则点 $(x_0,f(x_0))$ 必定是曲线的一个拐点，而在拐点处，$f''(x_0)=0$ 或 $f''(x_0)$ 不存在.

所以判别曲线 $y=f(x)$ 的凹凸性及拐点，可以按下列步骤进行：

（1）求函数的二阶导数 $f''(x)$；

（2）令 $f''(x)=0$，求出二阶导数为零的点，并确定二阶导数不存在的点；

（3）对于（2）中确定的每个点 x_0，检查 $f''(x)$ 在 x_0 左、右两侧邻近的符号是否发生改变，若符号保持不变，则 $(x_0,f(x_0))$ 不是拐点，若符号发生改变，则 $(x_0,f(x_0))$ 就是曲线 $y=f(x)$ 的拐点.

例 3　求曲线 $y=x^4-2x^3+1$ 的凹凸性与拐点.

解　求导数，得

$$y'=4x^3-6x^2，\quad y''=12x^2-12x=12x(x-1).$$

令 $y''=0$ 得 $x=0$ 及 $x=1$.

由 $x=0$ 及 $x=1$ 将函数定义域 $(-\infty,+\infty)$ 分成三个部分区间：在 $(-\infty,0)$ 内，$f''(x)>0$，曲线在 $(-\infty,0]$ 上为凹弧；在 $(0,1)$ 内，$f''(x)<0$，曲线在 $[0,1]$ 上为凸弧；在 $(1,+\infty)$ 内，$f''(x)>0$，曲线在 $[1,+\infty)$ 上为凹弧. 所以点 $(0,1)$ 和 $(1,0)$ 为曲线的拐点.

例 4 求曲线 $y=(x-4)\sqrt[3]{x^5}$ 的凹凸性及拐点.

解 对函数求导，得

$$y'=x^{\frac{5}{3}}+(x-4)\cdot\frac{5}{3}x^{\frac{2}{3}}=\frac{8}{3}x^{\frac{5}{3}}-\frac{20}{3}x^{\frac{2}{3}}.$$

$$y''=\frac{40}{9}x^{\frac{2}{3}}-\frac{40}{9}x^{-\frac{1}{3}}=\frac{40}{9}\cdot\frac{x-1}{\sqrt[3]{x}}.$$

令 $y''=0$，解得 $x=1$. 显然，在定义域中 $x=0$ 处函数不可导. 由 $x=0$ 及 $x=1$ 将定义域 $(-\infty,+\infty)$ 分成三个部分区间：在 $(-\infty,0)$ 内，$y''>0$，故曲线在 $(-\infty,0]$ 上是凹弧；在 $(0,1)$ 内，$y''<0$，故曲线在 $[0,1]$ 上是凸弧；在 $(1,+\infty)$ 内，$y''>0$，故曲线在 $[1,+\infty)$ 上为凹弧. 所以拐点是 $(0,0)$ 及 $(1,-3)$.

例 5 考察曲线 $y=x^4$ 及曲线 $y=x^{\frac{2}{3}}$ 是否有拐点.

解 对曲线 $y=x^4$ 求导，有

$$y'=4x^3,\quad y''=12x^2.$$

显然，在 $x=0$ 有 $y''=0$；当 $x\neq0$ 时 $y''>0$. 因此点 $(0,0)$ 不是曲线 $y=x^4$ 的拐点，曲线 $y=x^4$ 在 $(-\infty,+\infty)$ 内是凹的，没有拐点.

对曲线 $y=x^{\frac{2}{3}}$ 求导，有

$$y'=\frac{2}{3}x^{-\frac{1}{3}},\quad y''=-\frac{2}{9}x^{-\frac{4}{3}}.$$

显然，在函数的定义域 $(-\infty,+\infty)$ 内，当 $x=0$ 时，函数 $y=x^{\frac{2}{3}}$ 不可导，而当 $x\neq0$ 时，总有 $y''<0$，所以点 $(0,0)$ 不是曲线 $y=x^{\frac{2}{3}}$ 的拐点. 在 $(-\infty,+\infty)$ 内，曲线 $y=x^{\frac{2}{3}}$ 是凸的，没有拐点.

第六节 函数图形的描绘

一、曲线的渐近线

有些函数的定义域和值域都是有限区间，因而其函数图形局限于一定范围之内，如圆、椭圆等. 但有些函数的定义域或值域是无穷区间，在平面上，当曲线向无穷远处延伸时就很难准确把握，而如果其中某些向无穷远处延伸的曲线能渐渐靠近一条确定的直线，那就可以既快又准确地画出趋于无穷远处的曲线的走向趋势，如双曲线. 这种直线就是曲线的**渐近线**.

定义 1 若曲线上的点沿曲线趋于无穷远时，该点与某一直线的距离趋于零，则称此直线是曲线的一条**渐近线**.

下面分三种情形进行讨论.

1. 水平渐近线

如果曲线 $y=f(x)$ 的定义域是无限区间，且有

$$\lim_{x\to-\infty}f(x)=C \quad 或 \quad \lim_{x\to+\infty}f(x)=C,$$

则称直线 $y=C$ 为曲线 $y=f(x)$ 的一条水平渐近线.

2. 铅直渐近线

如果曲线 $y=f(x)$ 在点 a 间断，且

$$\lim_{x\to a^-}f(x)=\infty \quad 或 \quad \lim_{x\to a^+}f(x)=\infty,$$

则称直线 $x=a$ 为曲线 $y=f(x)$ 的一条铅直渐近线.

例 1　求曲线 $y=\dfrac{1}{x-1}$ 的渐近线.

解　因为 $\lim\limits_{x\to\infty}\dfrac{1}{x-1}=0$，所以 $y=0$ 是曲线的水平渐近线.

又因为 $\lim\limits_{x\to1}\dfrac{1}{x-1}=\infty$，所以 $x=1$ 是曲线的铅直渐近线.

如图 3-18 所示.

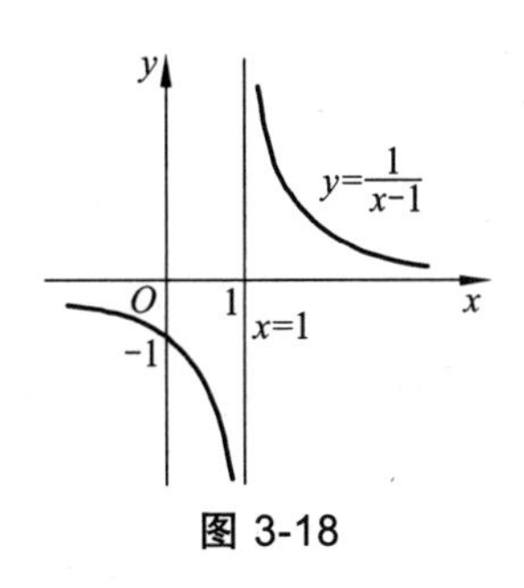

图 3-18

3. 斜渐近线

如果

$$\lim_{x\to+\infty}[f(x)-(kx+b)]=0 \quad 或 \quad \lim_{x\to-\infty}[f(x)-(kx+b)]=0,$$

则直线 $y=kx+b$ 是曲线 $y=f(x)$ 的一条斜渐近线. 其中直线 $y=kx+b$ 表达式中的 k 和 b 可以如下计算.

由于 $\lim\limits_{x\to\pm\infty}[f(x)-(kx+b)]=0$，则

$$\lim_{x\to\pm\infty}x\left[\frac{f(x)}{x}-k-\frac{b}{x}\right]=0.$$

因为 $x\to\pm\infty$，所以有

$$\lim_{x\to\pm\infty}\left[\frac{f(x)}{x}-k-\frac{b}{x}\right]=\lim_{x\to\pm\infty}\frac{f(x)}{x}-k=0,$$

即
$$k=\lim_{x\to\pm\infty}\frac{f(x)}{x}.$$

又由于
$$\lim_{x\to\pm\infty}[f(x)-(kx+b)]=0,$$

可得
$$b=\lim_{x\to\pm\infty}[f(x)-kx].$$

这样确定了 k 和 b，即可得曲线的斜渐近线

$$y=kx+b.$$

例 2 求曲线 $y=\dfrac{x^3}{x^2+2x-3}$ 的渐近线.

解 函数曲线为 $y=\dfrac{x^3}{(x+3)(x-1)}$. 因为

$$\lim_{x\to 1}\frac{x^3}{(x-1)(x+3)}=\infty \quad 及 \quad \lim_{x\to -3}\frac{x^3}{(x-1)(x+3)}=\infty ,$$

所以 $x=1$ 及 $x=-3$ 是曲线的两条铅直渐近线. 又因为

$$k=\lim_{x\to\infty}\frac{f(x)}{x}=\lim_{x\to\infty}\frac{x^3}{x(x-1)(x+3)}=1 ,$$

$$b=\lim_{x\to\infty}[f(x)-kx]=\lim_{x\to\infty}\left(\frac{x^3}{x^2+2x-3}-x\right)=\lim_{x\to\infty}\frac{-2x^2+3x}{x^2+2x-3}=2 ,$$

所以直线 $y=x-2$ 是曲线的斜渐近线.

例 3 求曲线 $y=x+\arctan x$ 的渐近线.

解 要按 $x\to+\infty$ 和 $x\to-\infty$ 两种情形分别计算.

$$k=\lim_{x\to\pm\infty}\frac{f(x)}{x}=\lim_{x\to\pm\infty}\frac{x+\arctan x}{x}=1 ,$$

$$b_1=\lim_{x\to+\infty}[f(x)-kx]=\lim_{x\to+\infty}[x+\arctan x-x]=\frac{\pi}{2} ,$$

$$b_2=\lim_{x\to-\infty}[f(x)-kx]=\lim_{x\to-\infty}[x+\arctan x-x]=-\frac{\pi}{2} .$$

所以当 $x\to+\infty$ 时，曲线有斜渐近线 $y=x+\dfrac{\pi}{2}$；当 $x\to-\infty$ 时，曲线有斜渐近线 $y=x-\dfrac{\pi}{2}$.

二、函数图形的做法

描绘函数图形的过程，是对前一阶段所学习的函数各种性态的一种综合应用的过程. 其作图步骤如下：

（1）确定函数的定义域，讨论对称性及周期性.

（2）确定函数的单调区间和极值.

（3）确定函数的凹凸区间和拐点.

（4）确定函数曲线的水平渐近线、铅直渐近线和斜渐近线.

（5）描出极值点、拐点，作出各条渐近线，然后结合（2）和（3）的结果，用光滑的曲线弧连接描出的各个点，画出函数图形.

如果函数图形具有对称性或周期性，则可以先考虑函数在某一部分范围的图形，再根据对称性或周期性做出其他范围的图形. 描点时，如果极值点、拐点比较少，为使图形更准确，可以另外补充描一些点，再连接出曲线弧.

例 4　作函数 $f(x)=\mathrm{e}^{-x^2}$ 的图形.

解　（1）$f(x)$ 的定义域为 $(-\infty,+\infty)$. 显然，$f(x)$ 为偶函数，其图形关于 y 轴对称，所以可以只讨论函数在 $[0,+\infty)$ 上的图形.

（2）确定 $f(x)$ 的单调性和极值.

$$f'(x)=-2x\mathrm{e}^{-x^2}.$$

令 $f'(x)=0$，解得 $x=0$. 当 $x<0$ 时，$f'(x)>0$，当 $x>0$ 时，$f'(x)<0$，所以 $x=0$ 为 $f(x)$ 的极大值点，极大值 $f(0)=1$.

（3）确定 $f(x)$ 的凹凸性和拐点.

$$f''(x)=(4x^2-2)\mathrm{e}^{-x^2}.$$

令 $f''(x)=0$，解得 $x=\pm\frac{1}{\sqrt{2}}$. 考虑 $x=\frac{1}{\sqrt{2}}$，当 x 从该点左侧变化到右侧时，$f''(x)$ 符号不同，所以 $\left(\frac{1}{\sqrt{2}},f(\sqrt{2})\right)$ 是曲线的拐点，即 $\left(\frac{1}{\sqrt{2}},\frac{1}{\sqrt{\mathrm{e}}}\right)$ 是拐点.

在区间 $[0,+\infty)$ 上将以上结果列表 3-1 如下：

表 3-1

x	0	$\left(0,\frac{1}{\sqrt{2}}\right)$	$\frac{1}{\sqrt{2}}$	$\left(\frac{1}{\sqrt{2}},+\infty\right)$
$f'(x)$	0	−	−	−
$f''(x)$	−	−	0	+
$f(x)$	极大值	↘（凸）	有拐点	↘（凹）

（4）因为 $\lim\limits_{x\to\infty}\mathrm{e}^{-x^2}=0$，所以直线 $y=0$ 是曲线的水平渐近线.

（5）描点 $M_1(0,1)$，$M_2\left(\frac{1}{\sqrt{2}},\frac{1}{\sqrt{\mathrm{e}}}\right)$，另外补描一点 $M_3\left(1,\frac{1}{\mathrm{e}}\right)$，结合表中的结论做出函数在 $[0,+\infty)$ 上的图形，最后利用对称性可得函数在 $(-\infty,0]$ 上的图形，见图 3-19.

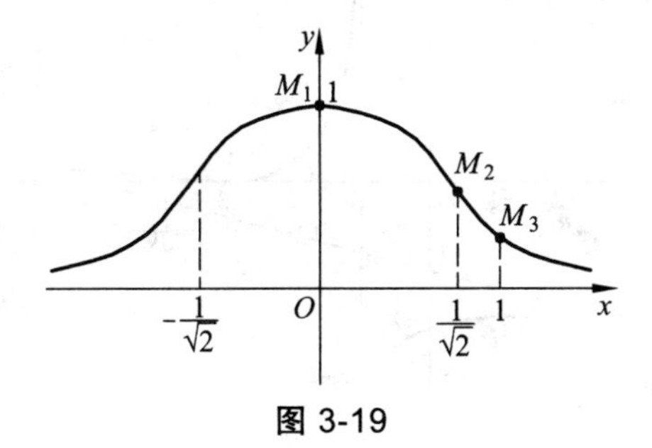

图 3-19

例 5 作函数 $y=\dfrac{(x-3)^2}{4(x-1)}$ 的图形.

解 （1）定义域为 $(-\infty,1)$ 及 $(1,+\infty)$.

（2）求函数的一阶导数和二阶导数.

$$y'=\frac{(x-3)(x+1)}{4(x-1)^2},\quad y''=\frac{2}{(x-1)^3}.$$

令 $y'=0$，得驻点 $x=-1$ 及 $x=3$．因为 $f''(-1)<0$，所以 $f(-1)=-2$ 是极大值；又因 $f''(3)>0$，所以 $f(3)=0$ 是极小值.

（3）由 $y''=\dfrac{2}{(x-1)^3}$ 可以看到曲线无拐点.

把以上结果列表 3-2 如下：

表 3-2

x	$(-\infty,-1)$	-1	$(-1,1)$	1	$(1,3)$	3	$(3,+\infty)$
$f'(x)$	+	0	−	无	−	0	+
$f''(x)$	−	−	−	无	+	+	+
$f(x)$	↗	极大值	↘	无	↘	极小值	↗

（4）因为 $\lim\limits_{x\to1}\dfrac{(x-3)^2}{4(x-1)}=\infty$，所以直线 $x=1$ 是函数曲线的铅直渐近线.

又
$$k=\lim_{x\to\infty}\frac{f(x)}{x}=\lim_{x\to\infty}\frac{(x-3)^2}{4x(x-1)}=\frac{1}{4},$$

$$b=\lim_{x\to\infty}[f(x)-kx]=\lim_{x\to\infty}\left[\frac{(x-3)^2}{4(x-1)}-\frac{1}{4}x\right]=\lim_{x\to\infty}\frac{-5x+9}{4(x-1)}=-\frac{5}{4},$$

所以直线 $y=\dfrac{1}{4}(x-5)$ 是函数曲线的斜渐近线.

（5）描出点 $M_1(-1,-2)$，$M_2(3,0)$，再补描几点：$A\left(-2,-\dfrac{25}{12}\right)$，$B\left(0,-\dfrac{9}{4}\right)$，$C\left(2,\dfrac{1}{4}\right)$，以虚线表示两条渐近线，即可做出函数图形．见图 3-20.

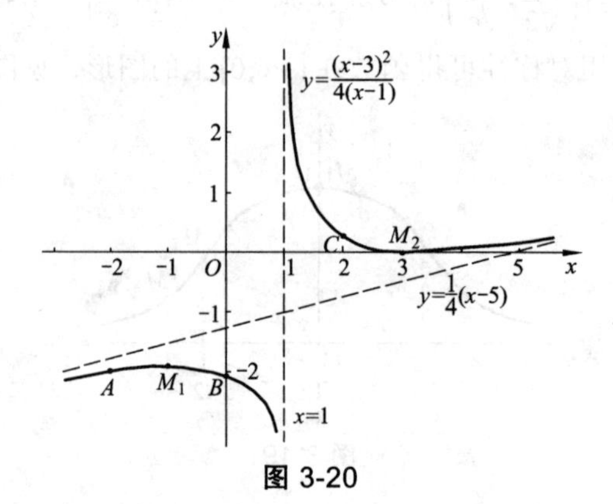

图 3-20

第七节 曲 率

一、弧微分

弧微分是曲率的预备知识.

设曲线的方程为 $y=f(x)$，且 $f(x)$ 在区间 (a,b) 内有连续导数. 在曲线 $y=f(x)$ 上取一点 $M_0(x_0,y_0)$ 作为度量弧长的起点，对于弧上任一点 (x,y)，有一段弧 $\overset{\frown}{M_0M}$，这段弧的值为 s（当 M 点在 M_0 的右边时规定 s 为正，否则为负）. 显然，s 是 x 的函数：$s=s(x)$，并且 $s(x)$ 是 x 的单调函数.

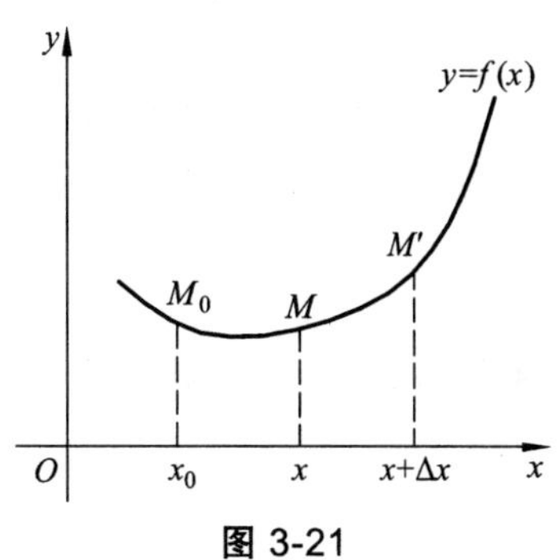

图 3-21

如图 3-21 所示，设 x，$x+\Delta x$ 为 (a,b) 内邻近的两点，它们在曲线 $y=f(x)$ 上的对应点为 M, M'，对应于 x 的增量为 Δx，s 的增量为 Δs，所以

$$\Delta s=\overset{\frown}{M_0M'}-\overset{\frown}{M_0M}=\overset{\frown}{MM'}.$$

于是

$$\left(\frac{\Delta s}{\Delta x}\right)^2=\left(\frac{\overset{\frown}{MM'}}{\Delta x}\right)^2=\left(\frac{\overset{\frown}{MM'}}{|\overline{MM'}|}\right)^2\cdot\frac{|\overline{MM'}|^2}{(\Delta x)^2}=\left(\frac{\overset{\frown}{MM'}}{|\overline{MM'}|}\right)^2\cdot\left[1+\left(\frac{\Delta y}{\Delta x}\right)^2\right],$$

即

$$\frac{\Delta s}{\Delta x}=\pm\sqrt{\left(\frac{\overset{\frown}{MM'}}{|\overline{MM'}|}\right)^2\cdot\left[1+\left(\frac{\Delta y}{\Delta x}\right)^2\right]}.$$

令 $\Delta x\to 0$，这时 $M'\to M$，弧长 $|\overset{\frown}{MM'}|$ 与弦长 $|\overline{MM'}|$ 之比的极限为 1，即

$$\lim_{M'\to M}\frac{|\overset{\frown}{MM'}|}{|\overline{MM'}|}=1.$$

又因为 $\lim\limits_{\Delta x\to 0}\dfrac{\Delta y}{\Delta x}=y'$，所以

$$\frac{\mathrm{d}s}{\mathrm{d}x}=\lim_{\Delta x\to 0}\frac{\Delta s}{\Delta x}=\pm\sqrt{1+y'^2}.$$

由于 $s=s(x)$ 是单调增加的函数，所以 $\dfrac{\mathrm{d}s}{\mathrm{d}x}>0$，于是有

$$\mathrm{d}s=\sqrt{1+y'^2}\,\mathrm{d}x.$$

这就是弧微分公式.

二、曲率及其计算公式

以前，对于曲线弯曲的程度，我们只有一些定性的认识，如：直线不弯曲；半径较小的

圆弧比半径较大的圆弧更弯曲一些；抛物线在顶点附近弯曲度比远离顶点部分更厉害.

设曲线 $y=f(x)$ 是光滑的，在曲线上取一点 M_0 作为度量弧 s 的起点，设曲线上点 M 对应于弧 s，切线的倾角为 α，曲线上另外一点 M' 对应于弧 $s+\Delta s$，切线的倾角为 $\alpha+\Delta\alpha$，见图 3-22，那么弧段 $\overset{\frown}{MM'}$ 的长度为 $|\Delta s|$，当动点从 M 移动到 M' 时，切线转角为 $|\Delta\alpha|$. 如果切线转动时方向改变较快，即倾角改变量较大，曲线弯曲程度就较重；反之，弯曲程度就较轻. 因此，$\left|\dfrac{\Delta\alpha}{\Delta s}\right|$ 便可看作曲线在弧 $\overset{\frown}{MM'}$ 上方向改变的平均速度，称为弧 $\overset{\frown}{MM'}$ 的平均曲率，记为

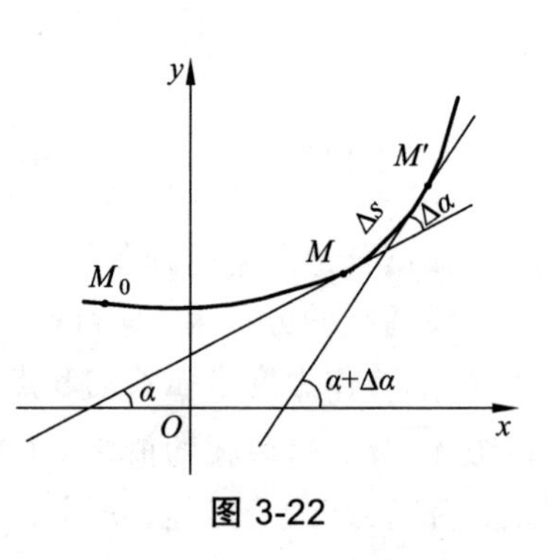

图 3-22

$$\overline{K}=\left|\frac{\Delta\alpha}{\Delta s}\right|.$$

当 $\Delta s\to 0$ 时，$\left|\dfrac{\Delta\alpha}{\Delta s}\right|$ 的极限就称为曲线 $y=f(x)$ 在点 M 处的曲率，记为

$$K=\lim_{\Delta s\to 0}\left|\frac{\Delta\alpha}{\Delta s}\right|=\left|\frac{\mathrm{d}\alpha}{\mathrm{d}s}\right|.$$

设曲线方程是 $y=f(x)$，且 $f(x)$ 具有二阶导数，此时 $f'(x)$ 连续，曲线是光滑的. 由 $\tan\alpha=y'$，得

$$\sec^2\alpha\cdot\frac{\mathrm{d}\alpha}{\mathrm{d}x}=y'',$$

即
$$\frac{\mathrm{d}\alpha}{\mathrm{d}x}=\frac{y''}{\sec^2\alpha}=\frac{y''}{1+\tan^2\alpha}=\frac{y''}{1+y'^2}.$$

则
$$\mathrm{d}\alpha=\frac{y''}{1+y'^2}\mathrm{d}x.$$

由弧微分公式 $\mathrm{d}s=\sqrt{1+y'^2}\,\mathrm{d}x$，从而有

$$K=\left|\frac{\mathrm{d}\alpha}{\mathrm{d}s}\right|=\frac{|y''|}{(1+y'^2)^{\frac{3}{2}}}.$$

若曲线的参数方程为

$$\begin{cases}x=\varphi(t),\\ y=\psi(t),\end{cases}$$

则利用由参数方程所确定的函数的求导法，求出 $\dfrac{\mathrm{d}y}{\mathrm{d}x}$ 及 $\dfrac{\mathrm{d}^2y}{\mathrm{d}x^2}$，代入上式可得

$$K=\frac{|\varphi'(t)\psi''(t)-\varphi''(t)\psi'(t)|}{[\varphi'^2(t)+\psi'^2(t)]^{\frac{3}{2}}}.$$

例 1 证明：直线的曲率是零.

证明　直线 $y=kx+b$ 的二阶导数

$$y''=0,$$

所以 $K=0$.

例 2　求抛物线 $y=ax^2+bx+c$ 上曲率最大的点.

解　由 $y=ax^2+bx+c$ 得

$$y'=2ax+b,\quad y''=2a.$$

因此

$$K=\frac{|2a|}{[1+(2ax+b)^2]^{\frac{3}{2}}}.$$

显然，当 $2ax+b=0$ 时，曲率 K 的值最大，即当 $x=-\dfrac{b}{2a}$ 时，曲率 K 最大，此时对应抛物线上的点是 $\left(-\dfrac{b}{2a},\dfrac{4ac-b^2}{4a}\right)$，即在抛物线的顶点处，曲率最大.

例 3　证明：圆上各点的曲率是常数，等于半径的倒数.

证明　设圆的半径为 R，从图 3-23 看到，弧 $\widehat{M_1M_2}$ 的平均曲率

$$\overline{K}=\left|\frac{\Delta\alpha}{\widehat{M_1M_2}}\right|=\frac{|\Delta\alpha|}{|R\cdot\Delta\alpha|}=\frac{1}{R}.$$

所以

$$K=\lim_{\Delta s\to 0}\left|\frac{\Delta\alpha}{\Delta s}\right|=\frac{1}{R}.$$

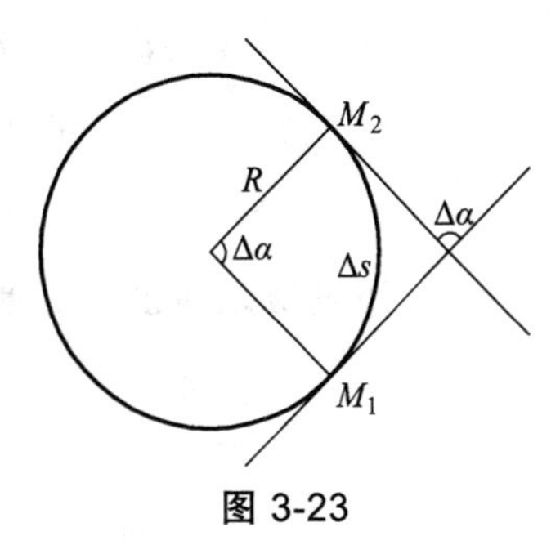

图 3-23

本例也可以利用曲率公式来证，但计算过程比上面的做法复杂，请读者自己推证.

最后简单介绍一下曲率圆和曲率半径的知识.

曲率表示曲线在一点处的弯曲程度，将曲线弯曲度量化为数值. 这以圆的情形最为简单，圆的曲率 K 与圆的半径 R 互为倒数. 对一般曲线来说，若已经求得了曲线在点 M 处的曲率 K，只要 $K\neq 0$，便可以取 $\dfrac{1}{K}$ 为半径，过 M 点作一个圆，将这个圆的圆心 D 取在曲线在 M 点处凹侧法线上，见图 3-24. 那么这个圆的曲率与曲线在点 M 处的曲率相同，均为 K. 用这样的圆来表示曲线在 M 处的弯曲程度，更为形象. 这个圆就是曲线在点 M 处的曲率圆，圆心 D 叫做曲率中心，半径 DM 叫做曲率半径. 这样，曲率圆与原来的曲线在点 M 处有相同的切线、相同的凹向以及相同的曲率，并且在点 M 附近，它远比切线更密切地近似于曲线.

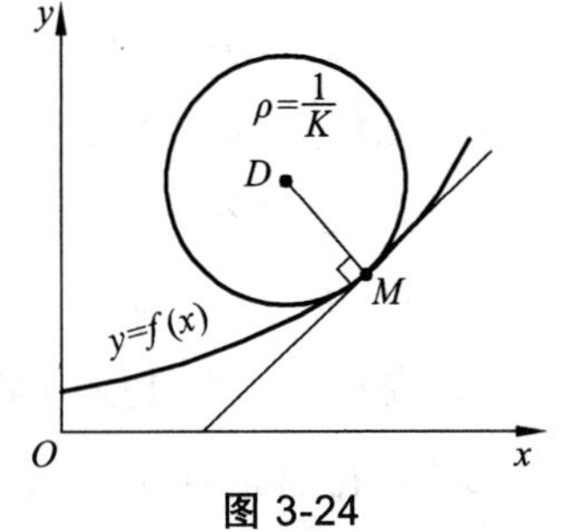

图 3-24

习 题 三

(A)

1. 下列函数在给定区间上满足罗尔定理的有（　　）.

A. $y=x\sqrt{3-x}, x\in[0,3]$　　B. $y=x\mathrm{e}^{-x}, x\in[0,1]$

C. $y=(x-1)^{\frac{2}{3}}, x\in[0,2]$　　D. $y=\begin{cases}x+1, x<5\\1, \quad x\geqslant 5\end{cases}, x\in[0,5]$

2. 下列函数在给定区间上满足拉格朗日定理的有（　　）.

A. $y=|x|, x\in[-1,2]$　　B. $y=[x], x\in[0,1]$

C. $y=\ln(1+x^2), x\in[0,3]$　　D. $y=\operatorname{sgn}x, x\in[0,2]$

3. 函数 $f(x)$ 在 $[a,b]$ 上连续，在 (a,b) 内可导，$a<x_1<x_2<b$，则至少存在一点 ξ，使（　　）.

A. $f(b)-f(a)=f'(\xi)(a-b), \xi\in(a,b)$

B. $f(x_2)-f(x_1)=f'(\xi)(x_2-x_1), \xi\in(a,b)$

C. $f(b)-f(a)=f'(\xi)(b-a), \xi\in(x_1,x_2)$

D. $f(b)-f(a)=f'(\xi)(a-b), \xi\in(x_1,x_2)$

4. 下列极限问题不能使用洛必达法则求解的是（　　）.

A. $\lim\limits_{x\to0}\dfrac{x^2\sin\frac{1}{x}}{\sin x}$　　B. $\lim\limits_{x\to+\infty}x\left(\dfrac{\pi}{2}-\arctan x\right)$

C. $\lim\limits_{x\to\infty}\left(1+\dfrac{k}{x}\right)^x (k\neq0)$　　D. $\lim\limits_{x\to+\infty}\dfrac{x^n}{\mathrm{e}^{ax}} (a>0, n\in\mathbf{N})$

5. 函数 $y=f(x)$ 在点 $x=x_0$ 处取得极大值，则必有（　　）.

A. $f'(x_0)=0$　　B. $f''(x_0)<0$

C. $f'(x_0)=0$ 且 $f''(x_0)<0$　　D. $f'(x_0)=0$ 或不存在

6. 条件 $f''(x_0)=0$ 是曲线 $y=f(x)$ 有拐点 $(x_0, f(x_0))$ 的（　　）.

A. 必要条件　　B. 充分条件

C. 充分必要条件　　D. A, B, C 都不是

7. 函数 $y=x^3+12x+1$ 的单调增加的区间为________.

8. 点 $(0,1)$ 是曲线 $y=ax^3+bx+c$ 的拐点，则常数 a, b, c 的值分别为________.

9. 曲线 $y=\dfrac{2x-1}{(x-1)^2}$ 的铅直渐近线为________.

10. 曲线 $y=x+\dfrac{\ln x}{x}$ 的斜渐近线为________.

（B）

1. 验证罗尔定理对函数 $y=\ln\sin x$ 在区间 $\left[\frac{\pi}{6},\frac{5}{6}\pi\right]$ 上的正确性.

2. 试证明对函数 $y=px^2+qx+r$ 应用拉格朗日中值定理时，所求得的点 ξ 总位于区间的正中间.

3. 写出函数 $f(x)=x^2$，$g(x)=x^3$ 在区间[1,2]上的柯西公式，并求出 ξ 的值.

4. 试证在方程 $\sqrt[3]{x^2-5x+6}=0$ 的两根之间有使导数 $(\sqrt[3]{x^2-5x+6})'=0$ 的值.

5. 求证：$4ax^3+3bx^2+2cx=a+b+c$ 在 $(0,1)$ 内至少有一个根.

6. 证明：在 $[-1,1]$ 上，$\arcsin x+\arccos x=\frac{\pi}{2}$ 恒成立.

7. 若函数 $f(x)$ 在 (a,b) 内有二阶导数，且 $f(x_1)=f(x_2)=f(x_3)$，其中 $a<x_1<x_2<x_3<b$，证明：在 (x_1,x_3) 内至少有一点 ξ，使 $f''(\xi)=0$.

8. 证明下列不等式.

（1）$|\sin x_2-\sin x_1|\leqslant|x_2-x_1|$；

（2）$\frac{a-b}{a}<\ln\frac{a}{b}<\frac{a-b}{b}$，其中 $a>b>0$.

9. 利用洛必达法则求下列极限.

（1）$\lim\limits_{x\to1}\frac{\ln x}{x-1}$；　（2）$\lim\limits_{x\to0}\frac{x-\tan x}{x^3}$；

（3）$\lim\limits_{x\to\frac{\pi}{2}^+}\frac{\ln\left(x-\frac{\pi}{2}\right)}{\tan x}$；　（4）$\lim\limits_{x\to+\infty}\frac{\ln\left(1+\frac{1}{x}\right)}{\operatorname{arccot} x}$；

（5）$\lim\limits_{x\to+\infty}\frac{\ln\ln x}{x}$；　（6）$\lim\limits_{x\to\frac{\pi}{2}}\frac{\tan x-5}{\sec x+4}$；

（7）$\lim\limits_{x\to+\infty}\frac{e^x+e^{-x}}{e^x-e^{-x}}$；　（8）$\lim\limits_{x\to1}\left(\frac{2}{x^2-1}-\frac{1}{x-1}\right)$；

（9）$\lim\limits_{x\to0}\left(\frac{1}{x}-\frac{1}{e^x-1}\right)$；　（10）$\lim\limits_{x\to1}(x-1)\tan\frac{\pi x}{2}$；

（11）$\lim\limits_{x\to\pi}\left(1-\tan\frac{x}{4}\right)\sec\frac{x}{2}$；　（12）$\lim\limits_{x\to0}x\cot 2x$；

（13）$\lim\limits_{x\to0}x^2e^{\frac{1}{x^2}}$；　（14）$\lim\limits_{x\to0^+}\left(\frac{1}{x}\right)^{\tan x}$；

（15）$\lim\limits_{x\to+\infty}\left(\frac{2}{\pi}\arctan x\right)^x$；　（16）$\lim\limits_{x\to0^+}x^{\ln(1+x)}$；

（17）$\lim\limits_{x\to0^+}\left(\ln\frac{1}{x}\right)^x$；　（18）$\lim\limits_{x\to0}(1+\sin x)^{\frac{1}{x}}$；

10. 求下列函数的单调区间和极值：

（1）$y=x^3(1-x)$；（2）$y=\dfrac{x}{1+x^2}$；

（3）$y=x^{\frac{1}{3}}(1-x)^{\frac{2}{3}}$；（4）$y=\dfrac{2x}{\ln x}$.

11. 证明函数 $y=x-\ln(1+x^2)$ 单调增加.

12. 证明下列不等式.

（1）当 $x>0$ 时，$1+\dfrac{1}{2}x>\sqrt{1+x}$；

（2）当 $x>0$ 时，$1+x\ln(x+\sqrt{1+x^2})>\sqrt{1+x^2}$；

（3）当 $0<x<\dfrac{\pi}{2}$ 时，$\sin x+\tan x>2x$；

（4）当 $0<x<\dfrac{\pi}{2}$ 时，$\tan x>x+\dfrac{1}{3}x^3$.

13. 求下列函数的极值.

（1）$y=2\mathrm{e}^x+\mathrm{e}^{-x}$；（2）$y=2x^3-3x^2$；

（3）$y=2x-\ln(4x)^2$；（4）$y=x^{\frac{1}{x}}$.

14. 求下列函数在给定区间上的最大值与最小值.

（1）$y=x^4-2x^2+5, x\in[-2,2]$；（2）$y=\ln(x^2+1), x\in[-1,2]$；

（3）$y=x+\sqrt{x}, x\in[0,4]$；（4）$y=\dfrac{x^2}{1+x}, x\in\left[-\dfrac{1}{2},1\right]$.

15. 证明：周长一定的矩形中，以正方形的面积为最大.

16. 以直的河岸为一边用篱笆围出一矩形场地，现有 36 米长的篱笆，问能围出的最大场地面积是多少？

17. 证明：在所有面积为已知的矩形中，正方形的外接圆的半径最小.

18. 从一块半径为 R 的圆铁片上挖去一个扇形做成漏斗，问剩下的扇形的中心角 φ 取多大时，挖去的那一块做成的漏斗容积最大？

19. 以汽船拖载重量相等的小船若干只，在两港之间来回运货，已知每次拖 4 只小船一日能来回 16 次，每次拖 7 只则一日能来回 10 次，如果小船增多的只数与来回减少的次数成正比，问每日来回多少次，每次拖多少只小船能使运货总量达到最大？

20. 确定下列函数的凹凸区间及拐点.

（1）$y=x^2-x^3$；（2）$y=x\mathrm{e}^x$；

（3）$y=\ln(x^2+1)$；（4）$y=x^4(12\ln x-7)$.

21. 如果 (1,3) 是曲线 $y=ax^3+bx^2$ 的拐点，求 a, b 的值.

22. 作下列函数的图形.

（1）$y=\frac{x}{1+x^2}$；　（2）$y=x^2+\frac{1}{x^2}$；　（3）$y=\ln(x^2+1)$.

23. 对数函数 $y=\ln x$ 上哪一点曲率半径最小？求出该点处的曲率半径.

附录三　历史注记：导数和微分

一、导　数

在现代，求变量的导数是微分学的核心问题，但在微积分的初创阶段，这个概念是十分模糊的，不仅在牛顿和莱布尼茨的工作中找不到导数的明确定义，在此后相当长的一个时期这个概念都没有得到认真的处理.

大约在 1629 年，法国数学家费马（P. de Fermat, 1601—1665）研究了作曲线的切线和求函数极值的方法. 1637 年左右，他将这些方法写成了一篇手稿：《求最大值和最小值的方法》. 在作切线时，他构造了差分 $f(A+E)-f(A)$，并注意到：对于他所研究的多项式函数，这个差分包含 E 作为因子. 除以 E，最后消去仍然含有因子 E 的那些项，最终得到一个量

$$\left.\frac{f(A+E)-f(A)}{E}\right|_{E=0}.$$

今天我们称这个量为导数，并记为 $f'(A)$. 但费马既没有给它命名，也没有引入任何特定的记号.

牛顿（I. Newton, 1643—1727）称自己的微积分学为流数法，称变量为流量，称变量的变化率为流数，相当于我们所说的导数. 假定 x 和 y 是流量，则它们的流数用带点的字母记为 $\bar{x}$ 和 $\bar{y}$. 虽然牛顿给出了许多计算流数的实例，却从未给出它的明确定义. 根据他写于 1691—1692 年的《曲线求积术》一文中的论述，可以将流数的实质概括为：它的重点在于一个变量的函数而不在于一个多变量的方程；在于自变量的变化与函数的变化的比的构成；最后在于决定这个比当变化趋于零时的极限.

莱布尼茨（G. W. Leibniz, 1646—1716）在微积分方面的全部工作都是以微分作为基点的，在他那里导数不过是微分之比，相当于今天所说的微商. 虽然他认识到了两个无穷小量之比的重要性，却从未想到这个比是一个单一的数，而总是把它看作不确定量的商，或者是与它们成比例的确定量的商.

1737 年，英国数学家辛普森（T. Simpson，1710—1761）在《有关流数的一篇新论文》中写道："一个流动的量，按它在任何一个位置或瞬间所产生的速率（从该位置或瞬间起持续不变），在一段给定的时间内，所均匀增长的数量称为该流动量在该位置或瞬间的流数." 换言之，他是在用（$\mathrm{d}y/\mathrm{d}t$）来定义导数.

1750 年，达朗贝尔（J. le R. D' Alembert，1717—1783）在为法国科学院出版的《百科全书》第四版写的"微分"条目中提出了关于导数的一种观点，可以用现代符号简单地表示为

$\frac{dy}{dx}=\lim_{\Delta x\to 0}\frac{\Delta y}{\Delta x}$. 也就是说，他把导数看作增量之比的极限，而不是看作微分或流数之比，这是十分值得注意的. 由于他坚持微分学只能严格地用极限来理解，这才接近了导数的现代概念. 但是，他的思想仍然受到几何直观的束缚.

拉格朗日（J. Lagrange, 1736—1513）在《解析函数论》(1797）中首次给出了“导数”这一名称，并用 $f'(x)$ 来表示.

1817 年，波尔查诺（B. Bolzano, 1781—1848）第一个将导数定义为当 Δx 经由负值和正值趋于 0 时，比 $[f(x+\Delta x)-f(x)]/\Delta x$ 无限地接近于量 $f'(x)$，并强调 $f'(x)$ 不是两个 0 的商，也不是两个消失了的量的比，而是前面所指出的比所趋近的一个数.

1823 年，柯西（A. L. Cauchy，1789—1857）在他的《无穷小分析教程概论》中用与波尔查诺同样的方式定义导数：“如果函数 $y=f(x)$ 在变量 x 的两个给定的界限之间保持连续，并且我们为这样的变量指定一个包含在这两个不同界限之间的值，那么使变量得到一个无穷小增量，就会使函数本身产生一个无穷小增量. 因此，如果我们设 $\Delta x=i$，那么差比

$$\frac{\Delta y}{\Delta x}=\frac{f(x+i)-f(x)}{i}$$

中的两项都是无穷小量. 虽然这两项同时无限地趋向于零，但是差比本身可能收敛于另一个极限，它既可以为正，也可以为负. 当这个极限存在时，对于 x 的每一个特定值，它具有一个确定的值；但是这个值随 x 的变化而变化……作为差比 $[f(x+i)-f(x)]/i$ 的极限的这个新函数的形式，依赖于给定的函数 $y=f(x)$ 的形式. 为了说明这种依赖关系，我们把这个新函数称为导出函数，并且用带“′”的符号 y' 或 $f'(x)$ 来表示.”这个定义与今天导数定义的差别仅仅是没有使用 $\varepsilon-\delta$ 语言.

19 世纪 60 年代以后，魏尔斯特拉斯(K. Weierstrass, 1815—1897）创造了 $\varepsilon-\delta$ 语言，对微积分中出现的各种类型的极限重新表述，导数的定义也就获得了今天通常见到的形式.

二、微　分

在牛顿、莱布尼茨创立微积分学之前，一些数学家已经隐约地触及了与微分概念有关的一些问题和方法，尤为重要的是在求曲线的切线过程中逐渐形成了特征三角形（即微分三角形）的初步概念. 实际上，早在 1624 年，荷兰数学家施内尔（W. Snell，1580—1626）就曾考虑过一个由经线、纬线和斜线所围成的小球面形，它相当于一个平面直角三角形，在 17 世纪中叶的几何著作中可以找到许多类似于微分三角形的图形.

1657 年，法国数学家帕斯卡（B. Padcal，1623—1662）开始系统地研究“不可分量”方法. 1658 年 6 月，他提出了一项数学竞赛，截止日期是 1658 年 10 月 1 日，要求确定任何一段摆线下的面积和形心，以及确定这样一段摆线绕它的底或纵坐标旋转而成的旋转体的体积和形心. 当时大多数一流的数学家对这项竞赛都很感兴趣. 在经过审查确认没有得到完全满意的答案后，帕斯卡以戴东维尔（Dettonville）为笔名发表了他自己在这方面的研究结果. 在短文“论圆的一个象限的正弦”中，他隐约地使用了特征三角形. 1714 年，莱布尼茨发表了《微分学的历史和起源》一文，其中明确地谈到他发现微分三角形是受到了帕斯卡上述工作的启发.

1670 年，巴罗（I. Barrow，1630—1677）出版了《几何学讲义》，是根据他自 1664 年以

来在剑桥大学讲授几何学的材料整理而成的，其中给出了一种作曲线切线的方法，用到了特征三角形，本质上就是微分三角形.

然而，在所有上述著作中，特征三角形两边的商对于决定切线的重要性似乎都被忽视了，直到牛顿、莱布尼茨的工作中这一点才被明确地揭示出来.

牛顿积分理论的核心是反微分，即不定积分．他给出了一些基本的微分法则，也计算了一些函数的微分，但始终没有给出微分的明确定义．在他的微分学中，基本概念是“流量”（变量）及其“流数”（相当于导数），微分只是一种方便的表述方式而已.

如前所述，莱布尼茨在微积分方面的全部工作都是以微分作为基点的．在 1675 年 10 月的一篇手稿中，他首次引入了微分的概念和符号，也就是今天我们使用的符号．1677 年，他未加证明地给出了两个函数的和、差、积、商以及幂和方根的微分法则．1684 年，莱布尼茨发表了题为《一种求极大值与极小值和切线的新方法，它也适用于无理量，以及这种方法的奇妙类型的计算》的论文．这是最早发表的微积分文献．在这篇文章中，他对一阶微分给出了一个比较令人满意的定义．他说，横坐标 x 的微分 $\mathrm{d}x$ 是个任意量，而纵坐标 y 的微分 $\mathrm{d}y$ 则定义为它与 $\mathrm{d}x$ 之比等于纵坐标与次切距之比的那个量．次切距是这样定义的：给定曲线上一点 P，由 P 点向横坐标轴作垂线，设垂足为 Q，又设曲线在 P 点的切线与横坐标轴交于 T，称 TQ 为次切线或次切距．然而，关于 $\mathrm{d}y$, $\mathrm{d}x$ 和 $\mathrm{d}y/\mathrm{d}x$ 的最终的含义，莱布尼茨仍然是含糊的，他说 $\mathrm{d}x$ 是两个无限接近的点的 x 值的差，切线是连接这样两点的直线，有时他将无穷小量 $\mathrm{d}x$ 和 $\mathrm{d}y$ 描述成正在消失的或刚出现的量，与已形成的量相对应．这些无穷小量不是 0，但小于任何有限量.

微分概念在牛顿、莱布尼茨之后相当长一个时期一直是含糊的．1750 年，达朗贝尔在前述“微分”条目中把它定义为“无穷小量或者至少小于任何给定值的量”．1797 年，拉格朗日甚至试图把微分等概念从微积分中完全排除.

1823 年，法国数学家柯西在《无穷小分析教程概论》中首先用因变量与自变量差商之比的极限定义了导数，并使之成了微分学的核心概念．然后，他通过把 $\mathrm{d}x$ 定义为任一有限量而把 $\mathrm{d}y$ 定义为 $f'(x)\mathrm{d}x$，从而把导数概念与微分概念统一起来．这样，微分通过导数也就有了意义，但只是一个辅助概念．他还指出，整个 18 世纪所用的微分表达式的含义就是通过导数来表示的.

要发明，就要挑选恰当的符号，要做到这一点，就要用含义简明的少量符号来表达和比较忠实地描绘事物的内在本质，从而最大限度地减少人的思维活动.

——F. 莱布尼茨

第四章　不定积分

数学发展的主要动力是社会发展的环境力量. 17 世纪，微积分的创立首先是为了解决当时数学面临的四类核心问题中的第四类问题，即求曲线的长度、曲线围成的面积、曲面围成的体积、物体的重心和引力等. 此类问题的研究具有久远的历史. 例如，古希腊人曾用穷竭法求出了某些图形的面积和体积，我国南北朝时期的祖冲之、祖恒也曾推导出某些图形的面积和体积，而在欧洲，对此类问题的研究兴起于 17 世纪，先是穷竭法被逐渐修改，后来由于微积分的创立彻底改变了解决这一大类问题的方法.

由求运动速度、曲线的切线和极值等问题产生了导数和微分，构成了微积分学的微分学部分；同时由已知速度求路程、已知切线求曲线以及上述求面积与体积等问题，产生了不定积分和定积分，构成了微积分学的积分学部分.

前面已经介绍已知函数求导数的问题，现在要考虑其反问题：已知导数求其函数，即求一个未知函数，使其导数恰好是某一已知函数. 这种由导数或微分求原来函数的逆运算称为不定积分. 本章将介绍不定积分的概念及其计算方法.

第一节　不定积分的概念和性质

一、原函数与不定积分的概念

定义 1　如果定义在区间 I 上的函数 $f(x)$ 及可导函数 $F(x)$，对任意 $x\in I$，都有

$$F'(x)=f(x) \quad 或 \quad \mathrm{d}F(x)=f(x)\mathrm{d}x,$$

则称 $F(x)$ 是 $f(x)$ 在区间 I 上的一个原函数.

例如，因 $(\sin x)'=\cos x$，故 $\sin x$ 是 $\cos x$ 的一个原函数.

又如，当 $x\in(1,+\infty)$ 时，

$$[\ln(x+\sqrt{x^2-1})]'=\frac{1}{\sqrt{x^2-1}},$$

故 $\ln(x+\sqrt{x^2-1})$ 是 $\dfrac{1}{\sqrt{x^2-1}}$ 在$(1,+\infty)$ 内的一个原函数.

由前面的讨论，我们知道函数可导必须具备一定的条件，而对原函数研究的一个首要问题是一个函数具备怎样的条件才能保证它的原函数一定存在？这个问题将在下一章讨论，这里先介绍一个结论.

原函数存在定理　如果函数 $f(x)$ 在区间 I 上连续，那么在区间 I 上存在可导函数 $F(x)$，使对任意 $x\in I$，都有

$$F'(x)=f(x).$$

简单地说就是：连续函数一定有原函数. 例如，一切初等函数在其定义区间上都连续，从而都有原函数.

关于原函数还要做两点说明：

（1）如果 $F(x)$是 $f(x)$ 在区间 I 上的一个原函数，这个原函数是否唯一？

由对任意 $x\in I$，有 $F'(x)=f(x)$，那么对任意常数 C，都有 $[F(x)+C]'=f(x)$，即对任意常数 C，$F(x)+C$ 都是 $f(x)$ 的原函数. 这说明，如果 $f(x)$ 有一个原函数，那么 $f(x)$ 就有无限多个原函数.

（2）如果 $F(x)$是 $f(x)$ 在区间 I 上的一个原函数，那么 $F(x)$与 $f(x)$ 的其他原函数间有什么关系？

设 $G(x)$是 $f(x)$ 的另一个原函数，即对任意 $x\in I$，有 $G'(x)=f(x)$，于是

$$[G(x)-F(x)]' = G'(x)-F'(x)=f(x)-f(x)=0.$$

我们知道，导数恒为零的函数必为常数，所以

$$G(x)-F(x)=C_0 \quad (C_0\text{为某个常数}).$$

这表明 $f(x)$ 的任意两个原函数只差一个常数，因此，当 C 为任意常数时，就可用表达式 $f(x)+C$ 表示 $f(x)$ 的所有原函数. 由 $f(x)$ 的全体原函数组成的集合 $\{F(x)+C\mid -\infty<C<+\infty\}$ 称为 $f(x)$ 的原函数族.

由以上两点说明，我们引出下述定义.

定义 2　在区间 I 上，函数 $f(x)$ 的全体原函数称为 $f(x)$ 在区间 I 上的不定积分，记为

$$\int f(x)\mathrm{d}x.$$

其中 $\int$ 称为积分号，$f(x)$ 称为被积函数，$f(x)\mathrm{d}x$ 称为被积表达式，x 称为积分变量.

由此定义及前面的说明可知，若 $F(x)$是 $f(x)$ 在区间 I 上的一个原函数，那么 $F(x)+C$ 也是 $f(x)$ 在区间 I 上的全体原函数，即 $f(x)$ 的不定积分，有

$$\int f(x)\mathrm{d}x = F(x)+C.$$

因此，表达式 $\int f(x)\mathrm{d}x$ 可以表示 $f(x)$ 的任意一个原函数.

例 1　求 $\int 4x^3\mathrm{d}x$.

解 由 $(x^4)' = 4x^3$ 知，x^4 是 $4x^3$ 的一个原函数，因此，

$$\int 4x^3 \mathrm{d}x = x^4 + C.$$

例 2 求 $\int \frac{1}{x} \mathrm{d}x$.

解 当 $x > 0$ 时，由 $(\ln x)' = \frac{1}{x}$，所以

$$\int \frac{1}{x} \mathrm{d}x = \ln x + C;$$

当 $x > 0$ 时，由 $[\ln(-x)]' = \frac{1}{x}$，所以

$$\int \frac{1}{x} \mathrm{d}x = \ln(-x) + C;$$

把 $x > 0$ 及 $x < 0$ 的结果合起来，有

$$\int \frac{1}{x} \mathrm{d}x = \ln|x| + C.$$

二、不定积分的几何意义

在几何上，我们通常把 $f(x)$ 的一个原函数 $F(x)$的图形叫做 $f(x)$ 的一条积分曲线. 于是，不定积分 $\int f(x)\mathrm{d}x$ 在几何上所表示的是一族曲线. $F(x)+C$ 称为积分曲线族. 这一族曲线具有两个特点：其一是横坐标相同点处的切线都平行，斜率都等于 $f(x)$；其二是曲线族中任意两条曲线只差一个常数，见图 4-1.

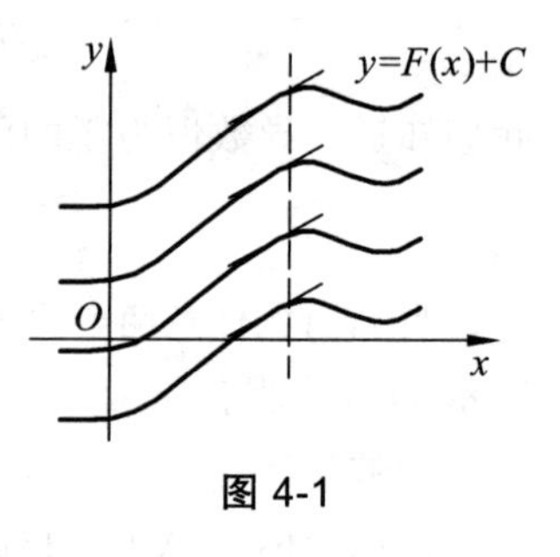

图 4-1

在问题的讨论中，有时要从积分曲线族 $F(x)+C$ 确定通过某一定点 (x_0, y_0) 的一条积分曲线，即确定满足初始条件 $F(x_0) = y_0$ 的原函数. 那么，这样的原函数是唯一的. 这时，只要在等式 $y = F(x) + C$ 中代入初始条件 (x_0, y_0)，便可确定出任意常数 C 的值 $C_0 = y_0 - F(x_0)$，从而求得 $y = F(x) + C_0$.

例 3 设一曲线 $y = f(x)$ 通过点(1, 2)，且其上任一点处的切线斜率为 $2x$，求此曲线的方程.

解 由题意，曲线上任一点(x, y)处的切线斜率为 $f'(x) = 2x$，则 $f(x)$ 是 $2x$ 的一个原函数. 又 $(x^2)' = 2x$，故

$$f(x) = x^2 + C$$

即有

$$y = x^2 + C.$$

因所求曲线通过(1,2)，故

$$2 = 1^2 + C.$$

解得 $C = 1$. 于是所求曲线为

$$y = x^2 + 1,$$

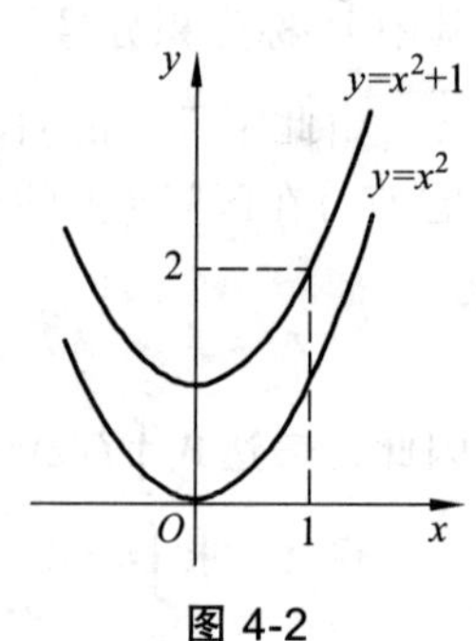

图 4-2

见图 4-2. 这里 $x=1$，$y=2$ 便是问题的初始条件.

由不定积分的定义可知，微分运算“d”与积分运算“$\int$ ”互为逆运算，并有如下的关系：

（1）若先积分后微分，则两者的作用相互抵消. 即

$$\left[\int f(x)\mathrm{d}x\right]'=f(x) \quad 或 \quad \mathrm{d}\left[\int f(x)\mathrm{d}x\right]=f(x)\mathrm{d}x .$$

事实上，若设 $F'(x)=f(x)$，则有

$$\int f(x)\mathrm{d}x = F(x)+C.$$

于是

$$\left[\int f(x)\mathrm{d}x\right]' = [F(x)+C]' = f(x).$$

（2）若先微分后积分，则抵消后要差一个常数，即

$$\int F'(x)\mathrm{d}x = F(x)+C \quad 或 \quad \int \mathrm{d}F(x) = F(x)+C.$$

例如，$(\int \cos x\mathrm{d}x)' = \cos x$；

$\int (\cos x)'\mathrm{d}x = \cos x + C.$

由此可见，当 d 与 $\int$ 连在一起时，“d$\int$ ”作用相互抵消，而“$\int$d”抵消后差一个常数.

三、基本积分表

既然积分运算与微分运算是互逆的，那么很自然地从基本导数公式可以得到相应的基本积分公式.

例如，$\left(\dfrac{x^{\mu+1}}{\mu+1}\right)' = x^{\mu}$，即 $\dfrac{x^{\mu+1}}{\mu+1}$ 是 x^{μ} 的一个原函数，于是有

$$\int x^{\mu}\mathrm{d}x = \frac{x^{\mu+1}}{\mu+1}+C \quad (\mu\neq -1).$$

类似地可以得到其他基本积分公式，这些公式都可以通过对等式右边的函数求导数后等于左边的被积函数来验证. 下面把一些基本积分公式列成一个表，这个表通常叫做基本积分表.

（1）$\int k\mathrm{d}x = kx+C$ (k 是常数)；

（2）$\int x^{\mu}\mathrm{d}x = \dfrac{x^{\mu+1}}{\mu+1}+C$ ($\mu\neq -1$)；

（3）$\int \dfrac{\mathrm{d}x}{x} = \ln|x|+C$；

（4）$\int \dfrac{\mathrm{d}x}{1+x^2} = \arctan x + C$ (或 $-\operatorname{arc}\cot x + C$)；

（5）$\int \dfrac{\mathrm{d}x}{\sqrt{1-x^2}} = \arcsin x + C$ (或 $-\arccos x + C$)；

（6）$\int \cos x\mathrm{d}x = \sin x + C$；

（7）$\int \sin x\mathrm{d}x = -\cos x + C$；

（8）$\int \dfrac{\mathrm{d}x}{\cos^2 x} = \int \sec^2 x\mathrm{d}x = \tan x + C$；

（9）$\int \dfrac{\mathrm{d}x}{\sin^2 x} = \int \csc^2 x\mathrm{d}x = -\cot x + C$；

（10）$\int \sec x \tan x \mathrm{d}x = \sec x + C$；（11）$\int \csc x \cot x \mathrm{d}x = -\csc x + C$；

（12）$\int \mathrm{e}^x \mathrm{d}x = \mathrm{e}^x + C$；（13）$\int a^x \mathrm{d}x = \frac{1}{\ln a} a^x + C \ (a > 0, a \neq 1)$.

以上 13 个基本积分公式是求不定积分的基础，必须熟记，下面举出几个应用积分公式（2）的例子.

例 4 求 $\int \frac{\mathrm{d}x}{x^3}$.

解 $\int \frac{\mathrm{d}x}{x^3} = \int x^{-3} \mathrm{d}x = \frac{1}{-3+1} x^{-3+1} + C = -\frac{1}{2x^2} + C$.

例 5 求 $\int x^2 \sqrt{x} \mathrm{d}x$.

解 $\int x^2 \sqrt{x} \mathrm{d}x = \int x^{\frac{5}{2}} \mathrm{d}x = \frac{x^{\frac{5}{2}+1}}{\frac{5}{2}+1} + C = \frac{2}{7} x^{\frac{7}{2}} + C$.

例 6 求 $\int \frac{\mathrm{d}x}{x\sqrt[3]{x}}$.

解 $\int \frac{\mathrm{d}x}{x\sqrt[3]{x}} = \int x^{-\frac{4}{3}} \mathrm{d}x = \frac{x^{-\frac{4}{3}+1}}{-\frac{4}{3}+1} + C = -3x^{-\frac{1}{3}} + C = -\frac{3}{\sqrt[3]{x}} + C$.

以上三个例子表明，被积函数有时就是幂函数，但用分式或根式表示，遇到这种情形时，往往先把它化成幂函数 x^μ 的形式，再用幂函数的积分公式（2）来求不定积分.

四、不定积分的性质

根据不定积分的定义，可以推出不定积分的两个性质：

性质 1 设函数 $f(x)$ 和 $g(x)$的原函数都存在，则

$$\int [f(x) \pm g(x)] \mathrm{d}x = \int f(x) \mathrm{d}x \pm \int g(x) \mathrm{d}x,$$

即两个函数代数和的不定积分等于各函数不定积分的代数和.

性质 1 对于有限个函数都是成立的.

性质 2 设函数 $f(x)$ 的原函数存在，则

$$\int kf(x) \mathrm{d}x = k\int f(x) \mathrm{d}x \quad (k \neq 0 \text{ 为常数}),$$

即求不定积分时，被积函数中的非零常数因子可以提到积分号外.

以上两个性质，可以通过对右边的关系式求导数后等于左边的被积函数的方法来验证.

利用基本积分公式及不定积分的性质，可求出一些较简单函数的不定积分.

例 7 求 $\int \frac{x+1}{\sqrt[3]{x}} \mathrm{d}x$.

解　$\int \frac{x+1}{\sqrt[3]{x}}\mathrm{d}x = \int\left(x^{\frac{2}{3}}+x^{-\frac{1}{3}}\right)\mathrm{d}x=\int x^{\frac{2}{3}}\mathrm{d}x+\int x^{-\frac{1}{3}}\mathrm{d}x = \frac{3}{5}x^{\frac{5}{3}}+\frac{3}{2}x^{\frac{2}{3}}+C$.

例 8　求 $\int\sqrt{x}(x^2-5)\mathrm{d}x$.

解

$$\int\sqrt{x}(x^2-5)\mathrm{d}x = \int\left(x^{\frac{5}{2}}-5x^{\frac{1}{2}}\right)\mathrm{d}x = \int x^{\frac{5}{2}}\mathrm{d}x-\int 5x^{\frac{1}{2}}\mathrm{d}x$$

$$= \frac{2}{7}x^{\frac{7}{2}}-5\cdot\frac{2}{3}x^{\frac{3}{2}}+C = \frac{2}{7}x^{\frac{7}{2}}-\frac{10}{3}x^{\frac{3}{2}}+C.$$

注（1）函数积分后，每个不定积分的结果都含有任意常数，但因任意常数之和还是任意常数，因而只用一个任意常数表示即可. 并且，当各等式右边尚有积分号时，隐含着任意常数，可以不写“$+C$”，当右边的所有积分号都消失时，再写上“$+C$”.

（2）检验积分结果是否正确，只要将结果求导数，看它的导数是否等于被积函数，相等时结果正确，否则结果是错误的.

如对例 8 的结果，由于

$$\left(\frac{2}{7}x^{\frac{7}{2}}-\frac{10}{3}x^{\frac{3}{2}}+C\right)'=x^{\frac{5}{2}}-5x^{\frac{1}{2}}=\sqrt{x}(x^2-5),$$

所以结果是正确的.

例 9　求 $\int\frac{(x-1)^3}{x^2}\mathrm{d}x$.

解

$$\int\frac{(x-1)^3}{x^2}\mathrm{d}x = \int\frac{x^3-3x^2+3x-1}{x^2}\mathrm{d}x = \int\left(x-3+\frac{3}{x}-\frac{1}{x^2}\right)\mathrm{d}x$$

$$=\frac{1}{2}x^2-3x+3\ln|x|+\frac{1}{x}+C.$$

例 10　求 $\int(\mathrm{e}^x-3\cos x)\mathrm{d}x$.

解　$\int(\mathrm{e}^x-3\cos x)\mathrm{d}x=\int\mathrm{e}^x\mathrm{d}x-3\int\cos x\mathrm{d}x = \mathrm{e}^x-3\sin x+C$.

有一些积分，被积函数在基本积分表中没有，我们可以通过简单的变形化成积分表中所列类型的积分后再求积分. 有一些则需要把它们进行分项（或拆项）后，再逐项积分. 下面举出一些此类型积分的例子.

例 11　求 $\int 2^x\mathrm{e}^x\mathrm{d}x$.

解　这里，由 $2^x\mathrm{e}^x=(2\mathrm{e})^x$，并把 2e 看成公式（13）中的 a，再用这个公式.

$$\int 2^x\mathrm{e}^x\mathrm{d}x = \int(2\mathrm{e})^x\mathrm{d}x=\frac{(2\mathrm{e})^x}{\ln(2\mathrm{e})}+C=\frac{2^x\mathrm{e}^x}{\ln2+1}+C.$$

例 12　求 $\int\frac{1+x+x^2}{x(1+x^2)}\mathrm{d}x$.

解

$$\int\frac{1+x+x^2}{x(1+x^2)}\mathrm{d}x = \int\frac{x+(1+x^2)}{x(1+x^2)}\mathrm{d}x=\int\left(\frac{1}{1+x^2}+\frac{1}{x}\right)\mathrm{d}x$$

$$= \int \frac{1}{1+x^2}\mathrm{d}x + \int \frac{1}{x}\mathrm{d}x = \arctan x + \ln|x| + C.$$

例 13 求 $\int \frac{x^4}{1+x^2}\mathrm{d}x$.

解 $\int \frac{x^4}{1+x^2}\mathrm{d}x = \int \frac{x^4-1+1}{1+x^2}\mathrm{d}x = \int \frac{(x^2-1)(x^2+1)+1}{1+x^2}\mathrm{d}x = \int \left(x^2-1+\frac{1}{1+x^2}\right)\mathrm{d}x$

$$= \int x^2\mathrm{d}x - \int \mathrm{d}x + \int \frac{\mathrm{d}x}{1+x^2} = \frac{1}{3}x^3 - x + \arctan x + C.$$

还有一些积分，被积函数可利用三角函数恒等变形，化为基本积分表中已有的类型，然后再积分.

例 14 求 $\int \tan^2 x\mathrm{d}x$.

解 $\int \tan^2 x\mathrm{d}x = \int (\sec^2 x - 1)\mathrm{d}x = \int \sec^2 x\mathrm{d}x - \int \mathrm{d}x = \tan x - x + C.$

例 15 求 $\int \sin^2 \frac{x}{2}\mathrm{d}x$.

解 $\int \sin^2 \frac{x}{2}\mathrm{d}x = \int \frac{1-\cos x}{2}\mathrm{d}x = \frac{1}{2}\int \mathrm{d}x - \frac{1}{2}\int \cos x\mathrm{d}x = \frac{1}{2}x - \frac{1}{2}\sin x + C.$

例 16 求 $\int \frac{1+\cos^2 x}{1+\cos 2x}\mathrm{d}x$.

解 $\int \frac{1+\cos^2 x}{1+\cos 2x}\mathrm{d}x = \int \frac{1+\cos^2 x}{1+2\cos^2 x-1}\mathrm{d}x = \int \frac{1+\cos^2 x}{2\cos^2 x}\mathrm{d}x$

$$= \frac{1}{2}\int \frac{1}{\cos^2 x}\mathrm{d}x + \frac{1}{2}\int \mathrm{d}x = \frac{1}{2}\tan x + \frac{1}{2}x + C.$$

第二节　换元积分法

能用直接积分法计算的不定积分是十分有限的，本节介绍的换元积分法，是将复合函数的求导法则反过来用于不定积分，通过适当的变量替换（换元），把某些不定积分化为基本积分公式表中所列的形式，再计算出所求的不定积分.

一、第一类换元积分法

设 $f(u)$ 具有原函数 $F(u)$，即 $F'(u)=f(u)$，$\int f(u)\mathrm{d}u = F(u)+C$，如果有 $u=\varphi(x)$，且 $\varphi(x)$ 可微，那么根据复合函数微分法，有

$$\mathrm{d}F[\varphi(x)] = f[\varphi(x)]\varphi'(x)\mathrm{d}x.$$

从而根据不定积分的定义得

$$\int f[\varphi(x)]\varphi'(x)\mathrm{d}x = F[\varphi(x)] + C = \left[\int f(u)\mathrm{d}u\right]_{u=\varphi(x)}.$$

于是有下述定理：

定理 1　设 $f(u)$ 具有原函数，$u=\varphi(x)$ 可导，则有**换元公式**：

$$\int f[\varphi(x)]\varphi'(x)\mathrm{d}x=\left[\int f(u)\mathrm{d}u\right]_{u=\varphi(x)}. \tag{1}$$

如何应用公式（1）来求不定积分呢？一般的应用原则是：

如果要求 $\int g(x)\mathrm{d}x$，而这个积分中被积函数 $g(x)$ 经过分析整理可化为 $f[\varphi(x)]\varphi'(x)$ 的形式，即有

$$\int g(x)\mathrm{d}x=\int f[\varphi(x)]\varphi'(x)\mathrm{d}x=\int f[\varphi(x)]\mathrm{d}\varphi(x).$$

又若 $\int f(u)\mathrm{d}u=F(u)+C$，则通过代换就可得到

$$\int g(x)\mathrm{d}x=F[\varphi(x)]+C.$$

这种求不定积分的方法也叫**凑微分法**. 使用这种方法的关键在于被积函数是否具有 $f[\varphi(x)]\varphi'(x)$ 的形式. 如果具有这种形式，只要作代换就可以了. 这种方法可按下述步骤表示：

$$\int g(x)\mathrm{d}x=\int f[\varphi(x)]\varphi'(x)\mathrm{d}x=\int f[\varphi(x)]\mathrm{d}\varphi(x)=\left[\int f(u)\mathrm{d}u\right]_{u=\varphi(x)}$$

$$=[F(u)+C]_{u=\varphi(x)}=F[\varphi(x)]+C.$$

这样，函数 $g(x)$ 的积分便转化为函数 $f(u)$ 的积分，再求出 $f(u)$ 的原函数，就得到了 $g(x)$ 的原函数.

例 1　求 $\int 2\cos 2x\mathrm{d}x$.

解　$\int 2\cos 2x\mathrm{d}x=\int \cos 2x\cdot(2x)'\mathrm{d}x=\int\cos 2x\mathrm{d}(2x)$

$$=\left[\int\cos u\mathrm{d}u\right]_{u=2x}=[\sin u+C]_{u=2x}=\sin 2x+C.$$

例 2　求 $\int\frac{\mathrm{d}x}{3x+1}$.

解　$\int\frac{\mathrm{d}x}{3x+1}=\frac{1}{3}\int\frac{(3x+1)'}{3x+1}\mathrm{d}x=\frac{1}{3}\int\frac{\mathrm{d}(3x+1)}{3x+1}=\left[\frac{1}{3}\int\frac{1}{u}\mathrm{d}u\right]_{u=3x+1}$

$$=\left[\frac{1}{3}\ln|u|+C\right]_{u=3x+1}=\frac{1}{3}\ln|3x+1|+C.$$

例 3　求 $\int 2x\mathrm{e}^{x^2}\mathrm{d}x$.

解　$\int 2x\mathrm{e}^{x^2}\mathrm{d}x=\int\mathrm{e}^{x^2}(x^2)'\mathrm{d}x=\int\mathrm{e}^{x^2}\mathrm{d}x^2=\left[\int\mathrm{e}^u\mathrm{d}u\right]_{u=x^2}=[\mathrm{e}^u+C]_{u=x^2}=\mathrm{e}^{x^2}+C.$

例 4　求 $\int x\sqrt{1-x^2}\mathrm{d}x$.

解　$\int x\sqrt{1-x^2}\mathrm{d}x=-\frac{1}{2}\int(1-x^2)^{\frac{1}{2}}(1-x^2)'\mathrm{d}x=-\frac{1}{2}\int(1-x^2)^{\frac{1}{2}}\mathrm{d}(1-x^2)$

$$=\left[-\frac{1}{2}\int u^{\frac{1}{2}}\mathrm{d}u\right]_{u=1-x^2}=\left[-\frac{1}{2}\cdot\frac{2}{3}u^{\frac{3}{2}}+C\right]_{u=1-x^2}=-\frac{1}{3}(1-x^2)^{\frac{3}{2}}+C.$$

例 5　求 $\int\tan x\mathrm{d}x$.

解 $\int \tan x\mathrm{d}x = \int \frac{\sin x}{\cos x}\mathrm{d}x = -\int \frac{(\cos x)'}{\cos x}\mathrm{d}x = -\int \frac{\mathrm{d}(\cos x)}{\cos x}$

$$= \left[-\int \frac{\mathrm{d}u}{u}\right]_{u=\cos x} = [-\ln|u|+C]_{u=\cos x} = -\ln|\cos x|+C .$$

例 6 求 $\int \frac{\mathrm{d}x}{a^2+x^2}\ (a \neq 0)$.

解 $\int \frac{\mathrm{d}x}{a^2+x^2} = \int \frac{1}{a}\cdot\frac{1}{1+\left(\frac{x}{a}\right)^2}\frac{1}{a}\mathrm{d}x = \frac{1}{a}\int \frac{1}{1+\left(\frac{x}{a}\right)^2}\cdot\left(\frac{x}{a}\right)'\mathrm{d}x = \frac{1}{a}\int \frac{1}{1+\left(\frac{x}{a}\right)^2}\mathrm{d}\left(\frac{x}{a}\right)$

$$= \left[\frac{1}{a}\int \frac{1}{1+u^2}\mathrm{d}u\right]_{u=\frac{x}{a}} = \left[\frac{1}{a}\arctan u + C\right]_{u=\frac{x}{a}} = \frac{1}{a}\arctan\frac{x}{a}+C .$$

对变量代换比较熟练以后，不一定要写出中间变量 u，而直接把"$\varphi(x)$"整体作为变量"u"与 $\mathrm{d}x$ 凑微分，再利用基本积分公式解决.

例 7 求 $\int \frac{\mathrm{d}x}{x^2-a^2}\ (a \neq 0)$.

解 由于 $\frac{1}{x^2-a^2}=\frac{1}{2a}\left(\frac{1}{x-a}-\frac{1}{x+a}\right)$，所以

$$\int \frac{\mathrm{d}x}{x^2-a^2} = \frac{1}{2a}\int\left(\frac{1}{x-a}-\frac{1}{x+a}\right)\mathrm{d}x = \frac{1}{2a}\left(\int \frac{1}{x-a}\mathrm{d}x - \int \frac{1}{x+a}\mathrm{d}x\right)$$

$$= \frac{1}{2a}\left[\int \frac{\mathrm{d}(x-a)}{x-a} - \int \frac{\mathrm{d}(x+a)}{x+a}\right] = \frac{1}{2a}(\ln|x-a|-\ln|x+a|)+C$$

$$= \frac{1}{2a}\ln\left|\frac{x-a}{x+a}\right|+C .$$

例 8 求 $\int \frac{\cos x}{1+\sin^2 x}\mathrm{d}x$.

解 $\int \frac{\cos x}{1+\sin^2 x}\mathrm{d}x = \int \frac{\mathrm{d}(\sin x)}{1+\sin^2 x} = \arctan(\sin x)+C .$

例 9 求 $\int \frac{\cos\sqrt{x}}{\sqrt{x}}\mathrm{d}x$.

解 因为 $\mathrm{d}\sqrt{x} = \frac{1}{2}\frac{\mathrm{d}x}{\sqrt{x}}$，所以

$$\int \frac{\cos\sqrt{x}}{\sqrt{x}}\mathrm{d}x = 2\int \cos\sqrt{x}\mathrm{d}\sqrt{x} = 2\sin\sqrt{x}+C .$$

例 10 求 $\int \frac{\mathrm{d}x}{x(1+2\ln x)}$.

解 $\int \frac{\mathrm{d}x}{x(1+2\ln x)} = \int \frac{\mathrm{d}\ln x}{1+2\ln x} = \frac{1}{2}\int \frac{\mathrm{d}(2\ln x)}{1+2\ln x} = \frac{1}{2}\int \frac{\mathrm{d}(1+2\ln x)}{1+2\ln x} = \frac{1}{2}\ln|1+2\ln x|+C .$

例 12 求 $\int \cos^3 x\mathrm{d}x$.

解 本例中，先从三角函数 $\cos^3 x$（奇次幂）中分出一个 $\cos x$ 与 $\mathrm{d}x$ 凑微分，再把被积函

数的剩余部分化成 $\sin x$.

$$\int\cos^3 x\mathrm{d}x = \int(1-\sin^2 x)\mathrm{d}(\sin x) = \int\mathrm{d}(\sin x) - \int\sin^2 x\mathrm{d}(\sin x)$$

$$= \sin x - \frac{1}{3}\sin^3 x + C .$$

例 13　求 $\int\sin^2 x\cos^3 x\mathrm{d}x$.

解　$\int\sin^2 x\cos^3 x\mathrm{d}x = \int\sin^2 x\cos^2 x\cos x\mathrm{d}x = \int\sin^2 x\cos^2 x\mathrm{d}\sin x$

$$= \int\sin^2 x(1-\sin^2 x)\mathrm{d}\sin x = \int(\sin^2 x - \sin^4 x)\mathrm{d}\sin x$$

$$= \frac{1}{3}\sin^3 x - \frac{1}{5}\sin^5 x + C .$$

例 14　求 $\int\sin^2 x\mathrm{d}x$.

解　被积函数为三角函数的偶次幂，一般应先降幂（利用倍角公式）

$$\int\sin^2 x\mathrm{d}x = \int\frac{1-\cos 2x}{2}\mathrm{d}x = \frac{1}{2}\left(\int\mathrm{d}x - \int\cos 2x\mathrm{d}x\right)$$

$$= \frac{1}{2}\int\mathrm{d}x - \frac{1}{2}\cdot\frac{1}{2}\int\cos 2x\mathrm{d}(2x) = \frac{1}{2}x - \frac{1}{4}\sin 2x + C .$$

例 15　求 $\int\sin 2x\cos 3x\mathrm{d}x$.

解　$\int\sin 2x\cos 3x\mathrm{d}x = \int\frac{1}{2}(\sin 5x - \sin x)\mathrm{d}x = \frac{1}{2}\int\sin 5x\mathrm{d}x - \frac{1}{2}\int\sin x\mathrm{d}x$

$$= \frac{1}{2}\cdot\frac{1}{5}\int\sin 5x\mathrm{d}(5x) + \frac{1}{2}\cos x = -\frac{1}{10}\cos 5x + \frac{1}{2}\cos x + C .$$

例 16　求 $\int\csc x\mathrm{d}x$.

解　$\int\csc x\mathrm{d}x = \int\frac{\mathrm{d}x}{\sin x} = \int\frac{\sin x}{\sin^2 x}\mathrm{d}x = -\int\frac{\mathrm{d}\cos x}{1-\cos^2 x}$

$$= -\int\frac{\mathrm{d}\cos x}{(1+\cos x)(1-\cos x)} = -\frac{1}{2}\int\left(\frac{1}{1+\cos x} + \frac{1}{1-\cos x}\right)\mathrm{d}\cos x$$

$$= -\frac{1}{2}\int\frac{\mathrm{d}\cos x}{1+\cos x} - \frac{1}{2}\int\frac{\mathrm{d}\cos x}{1-\cos x} = -\frac{1}{2}\ln|1+\cos x| + \frac{1}{2}\ln|1-\cos x| + C$$

$$= \frac{1}{2}\ln\left|\frac{1-\cos x}{1+\cos x}\right| + C = \frac{1}{2}\ln\left|\frac{(1-\cos x)^2}{1-\cos^2 x}\right| + C = \frac{1}{2}\ln\left|\frac{(1-\cos x)^2}{\sin^2 x}\right| + C$$

$$= \ln\left|\frac{1-\cos x}{\sin x}\right| + C = \ln|\csc x - \cot x| + C .$$

完全类似，可求得

$$\int\sec x\mathrm{d}x = \ln|\sec x + \tan x| + C .$$

例 17　求 $\int\sec^4 x\mathrm{d}x$.

解　$\int\sec^4 x\mathrm{d}x = \int\sec^2 x\sec^2 x\mathrm{d}x = \int(1+\tan^2 x)\mathrm{d}\tan x = \tan x + \frac{1}{3}\tan^3 x + C .$

例 18 求$\int \cos^4 x\mathrm{d}x$.

解
$$\int \cos^4 x\mathrm{d}x = \int\left(\frac{1+\cos 2x}{2}\right)^2 \mathrm{d}x = \frac{1}{4}\int (1+2\cos 2x+\cos^2 2x)\mathrm{d}x$$
$$= \frac{1}{4}\int\left(1+2\cos 2x+\frac{1+\cos 4x}{2}\right)\mathrm{d}x = \frac{1}{4}\int\left(\frac{3}{2}+2\cos 2x+\frac{\cos 4x}{2}\right)\mathrm{d}x$$
$$= \frac{1}{4}\left[\int \frac{3}{2}\mathrm{d}x+\int 2\cos 2x\mathrm{d}x+\int \frac{\cos 4x}{2}\mathrm{d}x\right]$$
$$= \frac{1}{4}\left[\frac{3}{2}x+\int \cos 2x\mathrm{d}(2x)+\frac{1}{2}\cdot\frac{1}{4}\int \cos 4x\mathrm{d}(4x)\right]$$
$$= \frac{1}{4}\left(\frac{3}{2}x+\sin 2x+\frac{1}{8}\sin 4x\right)+C$$
$$= \frac{3}{8}x+\frac{1}{4}\sin 2x+\frac{1}{32}\sin 4x+C.$$

例 19 求$\int \frac{2x-3}{x^2-3x+8}\mathrm{d}x$.

解 因为$(x^2-3x+8)'=2x-3$，所以
$$\int \frac{2x-3}{x^2-3x+8}\mathrm{d}x = \int \frac{(x^2-3x+8)'}{x^2-3x+8}\mathrm{d}x = \int \frac{\mathrm{d}(x^2-3x+8)}{x^2-3x+8} = \ln|x^2-3x+8|+C.$$

例 20 求$\int \frac{1-\cos x}{x-\sin x}\mathrm{d}x$.

解 因为$(x-\sin x)'=1-\cos x$，所以
$$\int \frac{1-\cos x}{x-\sin x}\mathrm{d}x = \int \frac{\mathrm{d}(x-\sin x)}{x-\sin x} = \ln|x-\sin x|+C.$$

例 21 求$\int \frac{(1+x)\mathrm{e}^x}{1+x\mathrm{e}^x}\mathrm{d}x$.

解 因为$(1+x)\mathrm{e}^x=\mathrm{e}^x+x\mathrm{e}^x=(x\mathrm{e}^x)'$，所以
$$\int \frac{(1+x)\mathrm{e}^x}{1+x\mathrm{e}^x}\mathrm{d}x = \int \frac{\mathrm{d}(x\mathrm{e}^x)}{1+x\mathrm{e}^x} = \int \frac{\mathrm{d}(1+x\mathrm{e}^x)}{1+x\mathrm{e}^x} = \ln|1+x\mathrm{e}^x|+C.$$

上述所举的例子，可以使我们看到凑微分方法在求不定积分中所起的作用．像复合函数的求导法则在微分学中一样，公式（1）在积分学中也是经常用到的．不过，求复合函数的不定积分要比求复合函数的导数困难得多，因为其中需要一定的技巧，至于如何选择变量代换$u=\varphi(x)$也没有一般途径可循．因此要掌握换元法，不仅要熟悉一些典型例子，还要做较多的练习才行．而能否熟练的凑微分是求不定积分的重要技巧之一，为方便应用，现将常用的一些凑微分形式列出如下：

（1）$f(ax+b)\mathrm{d}x=\frac{1}{a}f(ax+b)\mathrm{d}(ax+b)\ (a\neq 0)$；

（2） $f(ax^k+b)x^{k-1}\mathrm{d}x=\dfrac{1}{ka}f(ax^k+b)\mathrm{d}(ax^k+b)$；

（3） $f(\sqrt{x})\cdot\dfrac{1}{\sqrt{x}}\mathrm{d}x=2f(\sqrt{x})\mathrm{d}\sqrt{x}$；

（4） $f\left(\dfrac{1}{x}\right)\cdot\dfrac{1}{x^2}\mathrm{d}x=-f\left(\dfrac{1}{x}\right)\mathrm{d}\left(\dfrac{1}{x}\right)$；

（5） $f(\mathrm{e}^x)\cdot\mathrm{e}^x\mathrm{d}x=f(\mathrm{e}^x)\mathrm{d}\mathrm{e}^x$；

（6） $f(\ln x)\cdot\dfrac{1}{x}\mathrm{d}x=f(\ln x)\mathrm{d}(\ln x)$；

（7） $f(\sin x)\cos x\mathrm{d}x=f(\sin x)\mathrm{d}(\sin x)$；

（8） $f(\cos x)\sin x\mathrm{d}x=-f(\cos x)\mathrm{d}(\cos x)$；

（9） $f(\tan x)\sec^2 x\mathrm{d}x=f(\tan x)\mathrm{d}(\tan x)$；

（10） $f(\cot x)\csc^2 x\mathrm{d}x=-f(\cot x)\mathrm{d}(\cot x)$；

（11） $f(\arcsin x)\dfrac{\mathrm{d}x}{\sqrt{1-x^2}}=f(\arcsin x)\mathrm{d}(\arcsin x)$；

（12） $f(\arccos x)\dfrac{\mathrm{d}x}{\sqrt{1-x^2}}=-f(\arccos x)\mathrm{d}(\arccos x)$；

（13） $f(\arctan x)\dfrac{\mathrm{d}x}{1+x^2}=f(\arctan x)\mathrm{d}(\arctan x)$；

（14） $f[\ln\varphi(x)]\dfrac{\varphi'(x)}{\varphi(x)}\mathrm{d}x=f[\ln\varphi(x)]\mathrm{d}\ln\varphi(x)$；

（15） $f(\sin x+\cos x)(\sin x-\cos x)\mathrm{d}x=-f(\sin x+\cos x)\mathrm{d}(\sin x+\cos x)$；

（16） $f\left(x+\dfrac{1}{x}\right)\left(1-\dfrac{1}{x^2}\right)\mathrm{d}x=f\left(x+\dfrac{1}{x}\right)\mathrm{d}\left(x+\dfrac{1}{x}\right)$.

二、第二类换元积分法

前面介绍的第一类换元法是通过变量代换 $\varphi(x)=u$ 将形式比较复杂、也难于计算的积分 $\int f[\varphi(x)]\varphi'(x)\mathrm{d}x$ 化为形式比较简单、并易于计算的积分 $\int f(u)\mathrm{d}u$，有时也常会遇到一些相反的问题，即有些形式虽不复杂，但却不容易用积分性质或凑微分法计算的积分 $\int f(x)\mathrm{d}x$，这时只要作适当的变量代换 $x=\varphi(t)$，积分可化为

$$\int f(x)\mathrm{d}x=\int f[\varphi(t)]\varphi'(t)\mathrm{d}t.$$

又若上式右边的被积函数具有原函数 $\Phi(t)$，则有

$$\int f[\varphi(t)]\varphi'(t)\mathrm{d}t=\Phi(t)+C.$$

再将 t 用 $x=\varphi(t)$ 的反函数 $t=\varphi^{-1}(x)$ 代回便得所求的不定积分

$$\int f(x)\mathrm{d}x=\Phi[\varphi^{-1}(x)]+C.$$

从这个积分计算过程便知，要求作变量代换的函数 $x=\varphi(t)$ 不但要可导，还必须具备单调且 $\varphi'(t)\neq 0$，这样可保证它的反函数存在.

归纳以上讨论，我们给出下面定理.

定理 2 设 $x=\varphi(t)$ 是单调的可导函数，并且 $\varphi'(t)\neq 0$，又设 $f[\varphi(t)]\varphi'(t)$ 具有原函数 $\Phi(t)$，则有换元公式

$$\int f(x)\mathrm{d}x=\left\{\int f[\varphi(t)]\varphi'(t)\mathrm{d}t\right\}_{t=\varphi^{-1}(x)}=\Phi(t)\big|_{t=\varphi^{-1}(x)}+C\,, \tag{2}$$

其中 $t=\varphi^{-1}(x)$ 是 $x=\varphi(t)$ 的反函数.

（2）式可利用复合函数与反函数的求导法则来直接验证. 下面通过具体例子来说明换元公式（2）的应用.

例 22 求 $\int\sqrt{a^2-x^2}\,\mathrm{d}x\ (a>0)$.

解 设 $x=a\sin t\left(-\dfrac{\pi}{2}<t<\dfrac{\pi}{2}\right)$，则

$$\mathrm{d}x=a\cos t\mathrm{d}t\,,\quad \sqrt{a^2-x^2}=\sqrt{a^2-a^2\sin^2 t}=a\cos t\,.$$

所以

$$\begin{aligned}\int\sqrt{a^2-x^2}\,\mathrm{d}x&=\int a\cos t\cdot a\cos t\mathrm{d}t=a^2\int\cos^2 t\mathrm{d}t\\&=\frac{a^2}{2}\int(1+\cos 2t)\mathrm{d}t=\frac{a^2}{2}\left(t+\frac{1}{2}\sin 2t\right)+C\\&=\frac{a^2}{2}t+\frac{a^2}{2}\sin t\cos t+C\,.\end{aligned}$$

而 $\sin t=\dfrac{x}{a}$，$\cos t=\dfrac{\sqrt{a^2-x^2}}{a}$，见图 4-3，故

$$\int\sqrt{a^2-x^2}\,\mathrm{d}x=\frac{a^2}{2}\arcsin\frac{x}{a}+\frac{x}{2}\sqrt{a^2-x^2}+C\,.$$

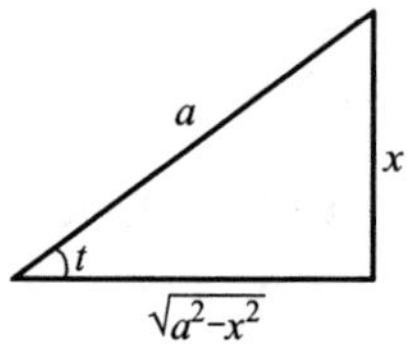

图 4-3

在第二换元法中，对所做的变量代换 $x=\varphi(t)$ 要用它的反函数 $t=\varphi^{-1}(x)$ 代回到原来的变量. 为了保证其原函数存在，在定理中要求函数 $x=\varphi(t)$ 单调可导. 在具体应用中，往往对函数 $x=\varphi(t)$ 还附加单调区间的限制，使之存在反函数，而在利用三角函数代换时，我们总是认定其反函数在主值范围且在被积函数的定义域内.

例 23 求 $\displaystyle\int\frac{\mathrm{d}x}{\sqrt{a^2+x^2}}\ (a>0)$.

解 设 $x=a\tan t\left(-\dfrac{\pi}{2}<t<\dfrac{\pi}{2}\right)$，则

$$\mathrm{d}x=a\sec^2 t\mathrm{d}t\,,\quad \sqrt{a^2+x^2}=\sqrt{a^2+a^2\tan^2 t}=a\sec t\,.$$

所以

$$\int\frac{\mathrm{d}x}{\sqrt{a^2+x^2}}=\int\frac{a\sec^2 t}{a\sec t}\mathrm{d}t=\int\sec t\mathrm{d}t=\ln|\sec t+\tan t|+C_1 .$$

而 $\tan t=\dfrac{x}{a}$，$\sec t=\dfrac{\sqrt{a^2+x^2}}{a}$，见图 4-4．又 $\sec t+\tan t>0$，故

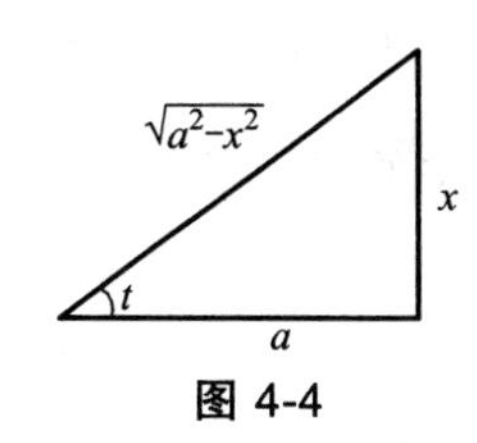

图 4-4

$$\int\frac{\mathrm{d}x}{\sqrt{a^2+x^2}}=\ln\left(\frac{x}{a}+\frac{\sqrt{a^2+x^2}}{a}\right)+C_1$$

$$=\ln(x+\sqrt{a^2+x^2})-\ln a+C_1$$

$$=\ln(x+\sqrt{a^2+x^2})+C\quad(C=C_1-\ln a).$$

例 24　求 $\displaystyle\int\frac{\mathrm{d}x}{\sqrt{x^2-a^2}}\ (a>0)$．

解　被积函数的定义域是 $x>a$ 或 $x<-a$ 两个区间，我们要在这两个区间内求不定积分．当 $x>a$ 时，设 $x=a\sec t\left(0<t<\dfrac{\pi}{2}\right)$，则

$$\mathrm{d}x=a\sec t\tan t\mathrm{d}t,\quad \sqrt{x^2-a^2}=\sqrt{a^2\sec^2 t-a^2}=a\tan t .$$

所以

$$\int\frac{\mathrm{d}x}{\sqrt{x^2-a^2}}=\int\frac{a\sec t\tan t}{a\tan t}\mathrm{d}t=\int\sec t\mathrm{d}t=\ln(\sec t+\tan t)+C_1 .$$

而 $\sec t=\dfrac{x}{a}$，$\tan t=\dfrac{\sqrt{x^2-a^2}}{a}$，见图 4-5．故

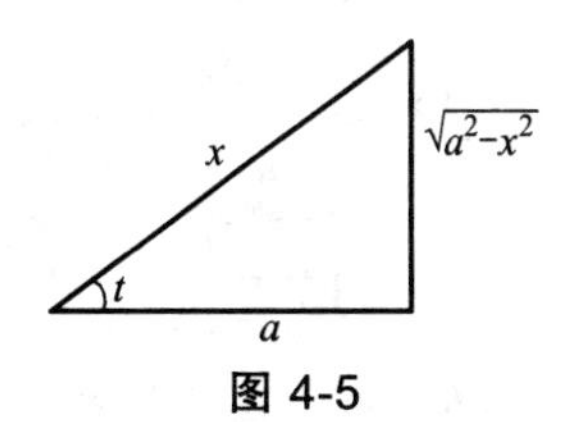

图 4-5

$$\int\frac{\mathrm{d}x}{\sqrt{x^2-a^2}}=\ln\left(\frac{x}{a}+\frac{\sqrt{x^2-a^2}}{a}\right)+C_1$$

$$=\ln(x+\sqrt{x^2-a^2})-\ln a+C_1$$

$$=\ln(x+\sqrt{x^2-a^2})+C_1'\quad(C_1'=C_1-\ln a).$$

当 $x<-a$ 时，设 $x=-u$，那么 $u>a$，由上段结果，有

$$\int\frac{\mathrm{d}x}{\sqrt{x^2-a^2}}=-\int\frac{\mathrm{d}u}{\sqrt{u^2-a^2}}=-\ln(u+\sqrt{u^2-a^2})+C_2$$

$$=-\ln(-x+\sqrt{x^2-a^2})+C_2=-\ln\frac{a^2}{-x-\sqrt{x^2-a^2}}+C_2$$

$$=\ln(-x-\sqrt{x^2-a^2})-\ln a^2+C_2$$

$$=\ln(-x-\sqrt{x^2-a^2})+C_2'\quad(C_2'=C_2-\ln a^2).$$

将 $x>a$ 及 $x<-a$ 时的结果合起来，得

$$\int\frac{\mathrm{d}x}{\sqrt{x^2-a^2}}=\ln|x+\sqrt{x^2-a^2}|+C .$$

从上面的三个例子可以看出，通过三角函数代换，利用三角函数的平方关系可以化去被积函数中有形如$\sqrt{a^2 \pm x^2}$及$\sqrt{x^2-a^2}$关系的根式，这是常用的一种重要方法.

下面通过例子再介绍一种所谓的倒代换，即设$x=\frac{1}{t}$或$t=\frac{1}{x}$. 这种代换常用在被积函数分母中的积分变量的幂次较高而难于进行的积分中，通过倒代换使之利于积分运算.

例 25 求$\int \frac{\mathrm{d}x}{x\sqrt{x^{2n}-1}}$ ($x>1, n \in \mathbf{N}^+$).

解 设$x=\frac{1}{t}$，则$\mathrm{d}x=-\frac{1}{t^2}\mathrm{d}t$. 所以

$$\int \frac{\mathrm{d}x}{x\sqrt{x^{2n}-1}} = \int \frac{-\frac{1}{t^2}\mathrm{d}t}{\frac{1}{t}\sqrt{\frac{1}{t^{2n}}-1}} = -\int \frac{t^{n-1}}{\sqrt{1-t^{2n}}}\mathrm{d}t = -\frac{1}{n}\int \frac{\mathrm{d}(t^n)}{\sqrt{1-(t^n)^2}}$$

$$= -\frac{1}{n}\arcsin t^n + C = -\frac{1}{n}\arcsin \frac{1}{x^n} + C.$$

在本节的例题中，有几个积分是以后经常遇到的，所以它们通常也被当作公式使用. 这样常用的积分公式，除了基本积分表中的以外，再添加下面几个（其中常数$a>0$）:

（14）$\int \tan x\mathrm{d}x = -\ln|\cos x| + C$；

（15）$\int \cot x\mathrm{d}x = \ln|\sin x| + C$；

（16）$\int \sec x\mathrm{d}x = \ln|\sec x + \tan x| + C$；

（17）$\int \csc x\mathrm{d}x = \ln|\csc x - \cot x| + C$；

（18）$\int \frac{\mathrm{d}x}{a^2+x^2} = \frac{1}{a}\arctan\frac{x}{a} + C$；

（19）$\int \frac{\mathrm{d}x}{x^2-a^2} = \frac{1}{2a}\ln\left|\frac{x-a}{x+a}\right| + C$；

（20）$\int \frac{\mathrm{d}x}{\sqrt{a^2-x^2}} = \arcsin\frac{x}{a} + C$；

（21）$\int \frac{\mathrm{d}x}{\sqrt{x^2+a^2}} = \ln(x+\sqrt{x^2+a^2}) + C$；

（22）$\int \frac{\mathrm{d}x}{\sqrt{x^2-a^2}} = \ln|x+\sqrt{x^2-a^2}| + C$.

必须熟记这些基本积分公式，这是提高不定积分运算速度和技巧的基础，因为无论用什么积分方法求不定积分，最终都必须利用这些基本积分公式解决.

例 26 求$\int \frac{\mathrm{d}x}{9+4x^2}$.

解 因为

$$\int \frac{\mathrm{d}x}{9+4x^2} = \frac{1}{2}\int \frac{\mathrm{d}(2x)}{3^2+(2x)^2},$$

利用公式（18），便得

$$\int \frac{\mathrm{d}x}{9+4x^2} = \frac{1}{2}\cdot\frac{1}{3}\arctan\frac{2x}{3} + C = \frac{1}{6}\arctan\frac{2x}{3} + C.$$

例 27 求$\int \frac{\mathrm{d}x}{x^2+4x+14}$.

解 因为

$$\int\frac{\mathrm{d}x}{x^2+4x+14}=\int\frac{\mathrm{d}(x+2)}{(x+2)^2+(\sqrt{10})^2},$$

利用公式（18），便得

$$\int\frac{\mathrm{d}x}{x^2+4x+14}=\frac{1}{\sqrt{10}}\arctan\frac{x+2}{\sqrt{10}}+C.$$

例 28　求$\int\frac{\mathrm{d}x}{\sqrt{9+4x^2}}$.

解　因为

$$\int\frac{\mathrm{d}x}{\sqrt{9+4x^2}}=\int\frac{\mathrm{d}x}{\sqrt{3^2+(2x)^2}}=\frac{1}{2}\int\frac{\mathrm{d}(2x)}{\sqrt{3^2+(2x)^2}},$$

利用公式（21），便得

$$\int\frac{\mathrm{d}x}{\sqrt{9+4x^2}}=\frac{1}{2}\ln(2x+\sqrt{4x^2+9})+C.$$

例 29　求$\int\frac{\mathrm{d}x}{\sqrt{1+x-x^2}}$.

解

$$\int\frac{\mathrm{d}x}{\sqrt{1+x-x^2}}=\int\frac{\mathrm{d}x}{\sqrt{1-\left[x^2-x+\left(\frac{1}{2}\right)^2-\left(\frac{1}{2}\right)^2\right]}}=\int\frac{\mathrm{d}\left(x-\frac{1}{2}\right)}{\sqrt{\left(\frac{\sqrt{5}}{2}\right)^2-\left(x-\frac{1}{2}\right)^2}}$$

利用公式（20）便得

$$\int\frac{\mathrm{d}x}{\sqrt{1+x-x^2}}=\arcsin\frac{x-\frac{1}{2}}{\frac{\sqrt{5}}{2}}+C=\arcsin\frac{2x-1}{\sqrt{5}}+C.$$

第三节　分部积分法

上一节，我们在复合函数求导法则的基础上研究了换元积分法，这一节我们利用两个函数乘积的求导法则，来研究求积分的另一个基本方法，即所谓的分部积分法.

设函数 $u=u(x)$及 $v=v(x)$具有连续导数，那么这两个函数乘积的导数公式为

$$(uv)'=u'v+uv',$$

或

$$uv'=(uv)'-u'v.$$

对两边求不定积分，得

$$\int uv'\mathrm{d}x = uv - \int u'v\mathrm{d}x. \qquad (1)$$

这个公式叫做**分部积分公式**. 当积分$\int uv'\mathrm{d}x$不易计算，而积分$\int u'v\mathrm{d}x$比较容易计算时，就可以应用这个公式.

为方便应用，将公式（1）写成下面的形式：

$$\int u\mathrm{d}v = uv - \int v\mathrm{d}u. \qquad (2)$$

何时选用分部积分方法呢？一般的应用原则是：当被积函数为两个不同类型的函数相乘时，可考虑应用分部积分法.

例 1 求$\int x\cos x\mathrm{d}x$.

解 由于被积函数是两个不同类型的乘积，当选定一个函数为u时，余下部分就是$\mathrm{d}v$. 令$u = x, \mathrm{d}v = \cos x\mathrm{d}x$，则$\mathrm{d}u = \mathrm{d}x, v = \sin x$，于是应用分部积分公式得

$$\int x\cos x\mathrm{d}x = x\sin x - \int \sin x\mathrm{d}x = x\sin x + \cos x + C.$$

求这个积分时，若令$u = \cos x, \mathrm{d}v = x\mathrm{d}x$，则$\mathrm{d}u = -\sin x\mathrm{d}x, v = \frac{1}{2}x^2$，于是

$$\int x\cos x\mathrm{d}x = \frac{1}{2}x^2\cos x + \int \frac{1}{2}x^2\sin x\mathrm{d}x.$$

上式右边的积分比原积分更难求出.

例 2 求$\int x\mathrm{e}^x\mathrm{d}x$.

解 令$u = x$，$\mathrm{d}v = \mathrm{e}^x\mathrm{d}x$，则$\mathrm{d}u = \mathrm{d}x$，$v = \mathrm{e}^x$，于是应用分部积分公式得

$$\int x\mathrm{e}^x\mathrm{d}x = x\mathrm{e}^x - \int \mathrm{e}^x\mathrm{d}x = x\mathrm{e}^x - \mathrm{e}^x + C = (x-1)\mathrm{e}^x + C.$$

对本例，若令$u = \mathrm{e}^x, \mathrm{d}v = x\mathrm{d}x$，则$\mathrm{d}u = \mathrm{e}^x\mathrm{d}x, v = \frac{1}{2}x^2$，于是

$$\int x\mathrm{e}^x\mathrm{d}x = \frac{1}{2}x^2\mathrm{e}^x - \int \frac{1}{2}x^2\mathrm{e}^x\mathrm{d}x.$$

上式右边的积分比原积分更为复杂.

由上面两例可见，恰当的选取u和$\mathrm{d}v$确实是关键，有两点值得注意：

（1）v要容易求得；

（2）$\int v\mathrm{d}u$要比$\int u\mathrm{d}v$容易积出.

人们在实践中，对一些要用分部积分解决的常见类型，对u和$\mathrm{d}v$的选取有一些经验. 当不定积分具有下列类型时，一般可用分部积分法解决，并有u和$\mathrm{d}v$的选取方法：

（1）$\int p_n(x)\mathrm{e}^{ax}\mathrm{d}x$. 取$u = p_n(x)$，$\mathrm{d}v = \mathrm{e}^{ax}\mathrm{d}x$.

（2）$\int p_n(x)\sin ax\mathrm{d}x$. 取$u = p_n(x)$，$\mathrm{d}v = \sin ax\mathrm{d}x$.

（3）$\int p_n(x)\cos ax\mathrm{d}x$. 取$u = p_n(x)$，$\mathrm{d}v = \cos ax\mathrm{d}x$.

（4）$\int p_n(x)\ln(ax+b)\mathrm{d}x$. 取 $u=\ln(ax+b)$， $\mathrm{d}v=p_n(x)\mathrm{d}x$.

（5）$\int p_n(x)\arcsin x\mathrm{d}x$. 取 $u=\arcsin x$， $\mathrm{d}v=p_n(x)\mathrm{d}x$.

（6）$\int p_n(x)\arccos x\mathrm{d}x$. 取 $u=\arccos x$， $\mathrm{d}v=p_n(x)\mathrm{d}x$.

（7）$\int p_n(x)\arctan x\mathrm{d}x$. 取 $u=\arctan x$， $\mathrm{d}v=p_n(x)\mathrm{d}x$.

（8）$\int p_n(x)\mathrm{arc}\cot x\mathrm{d}x$. 取 $u=\mathrm{arc}\cot x$， $\mathrm{d}v=p_n(x)\mathrm{d}x$.

（9）$\int \mathrm{e}^{ax}\sin bx\mathrm{d}x$. u 可以任取两个函数之一.

（10）$\int \mathrm{e}^{ax}\cos bx\mathrm{d}x$. u 可以任取两个函数之一.

其中 $p_n(x)$ 是 x 的 n 次多项式.

例 3 求 $\int x^2\ln x\mathrm{d}x$.

解 令 $u=\ln x$， $\mathrm{d}v=x^2\mathrm{d}x$，则 $\mathrm{d}u=\frac{1}{x}\mathrm{d}x$， $v=\frac{1}{3}x^3$，于是应用部分积分公式得

$$\int x^2\ln x\mathrm{d}x = \frac{1}{3}x^3\ln x-\int\frac{1}{3}x^3\cdot\frac{1}{x}\mathrm{d}x = \frac{1}{3}x^3\ln x-\frac{1}{3}\int x^2\mathrm{d}x = \frac{1}{3}x^3\ln x-\frac{1}{9}x^3+C.$$

在分部积分法应用比较熟练后，分部积分法的替换过程就不必写出.

例 4 $\int x\arctan x\mathrm{d}x$.

解
$$\begin{aligned}\int x\arctan x\mathrm{d}x &= \frac{1}{2}\int\arctan x\mathrm{d}(x^2) = \frac{1}{2}x^2\arctan x-\frac{1}{2}\int x^2\cdot\frac{1}{1+x^2}\mathrm{d}x\\ &= \frac{1}{2}x^2\arctan x-\frac{1}{2}\int\frac{1+x^2-1}{1+x^2}\mathrm{d}x = \frac{1}{2}x^2\arctan x-\frac{1}{2}\int\left(1-\frac{1}{1+x^2}\right)\mathrm{d}x\\ &= \frac{1}{2}x^2\arctan x-\frac{1}{2}(x-\arctan x)+C = \frac{1}{2}(x^2+1)\arctan x-\frac{1}{2}x+C.\end{aligned}$$

例 5 求 $\int\arcsin x\mathrm{d}x$.

解 对这类积分，对照分部积分公式，我们把 $\arcsin x$ 当作 u，而把 $\mathrm{d}x$ 看成 $\mathrm{d}v$，公式中的 v 便是这里的 x，这样便有

$$\begin{aligned}\int\arcsin x\mathrm{d}x &= x\arcsin x-\int x\mathrm{d}(\arcsin x) = x\arcsin x-\int\frac{x}{\sqrt{1-x^2}}\mathrm{d}x\\ &= x\arcsin x+\frac{1}{2}\int(1-x^2)^{-\frac{1}{2}}\mathrm{d}(1-x^2) = x\arcsin x+\sqrt{1-x^2}+C.\end{aligned}$$

例 6 求 $\int\mathrm{e}^x\sin x\mathrm{d}x$.

解
$$\begin{aligned}\int\mathrm{e}^x\sin x\mathrm{d}x &= \int\sin x\mathrm{d}\mathrm{e}^x = \mathrm{e}^x\sin x-\int\mathrm{e}^x\mathrm{d}(\sin x) = \mathrm{e}^x\sin x-\int\cos x\mathrm{d}\mathrm{e}^x\\ &= \mathrm{e}^x\sin x-[\mathrm{e}^x\cos x-\int\mathrm{e}^x\mathrm{d}(\cos x)] = \mathrm{e}^x\sin x-(\mathrm{e}^x\cos x+\int\mathrm{e}^x\sin x\mathrm{d}x)\\ &= \mathrm{e}^x\sin x-\mathrm{e}^x\cos x-\int\mathrm{e}^x\sin x\mathrm{d}x.\end{aligned}$$

将上式整理再添上任意常数，得

$$\int e^x \sin x dx = \frac{1}{2}(\sin x - \cos x)e^x + C .$$

在例 6 中，两次用到分部积分法. 值得注意的是，在重复应用分部积分时，当第一次选取某种类型的函数为 u 时，那么在第二次应用分部积分时仍然应选取同类型函数为 u，否则将得不出结果.

另外，像例 6 这种类型的积分（$\int e^x \cos x dx$ 等），往往会出现循环，我们一般都按上述方法处理.

例 7 求 $\int x^2 e^x dx$.

解 $\int x^2 e^x dx = \int x^2 de^x = x^2 e^x - \int e^x d(x^2) = x^2 e^x - 2\int x e^x dx$

$$= x^2 e^x - 2\int x de^x = x^2 e^x - 2(xe^x - \int e^x dx)$$

$$= x^2 e^x - 2(xe^x - e^x) + C = (x^2 - 2x + 2)e^x + C .$$

例 8 求 $\int \sec^3 x dx$.

解 $\int \sec^3 x dx = \int \sec x \cdot \sec^2 x dx = \int \sec x d(\tan x) = \sec x \cdot \tan x - \int \tan x d(\sec x)$

$$= \sec x \cdot \tan x - \int \tan x \cdot \tan x \sec x dx = \sec x \cdot \tan x - \int (\sec^2 x - 1)\sec x dx$$

$$= \sec t \cdot \tan x - \int \sec^3 x dx + \int \sec x dx$$

$$= \sec x \cdot \tan x - \int \sec^3 x dx + \ln|\sec x + \tan x| .$$

所以 $$\int \sec^3 x dx = \frac{1}{2}\sec x \cdot \tan x + \frac{1}{2}\ln|\sec x + \tan x| + C .$$

还有一些积分（如下面的例子），往往需要同时用到换元积分法和分部积分法才能解决.

例 9 求 $\int \cos\sqrt{x} dx$.

解 令 $\sqrt{x} = t$，则 $x = t^2$，$dx = 2tdt$. 所以

$$\int \cos\sqrt{x} dx = \int \cos t \cdot 2tdt = 2\int td(\sin t) = 2[t\sin t - \int \sin tdt]$$

$$= 2t\sin t + 2\cos t + C = 2\sqrt{x}\sin\sqrt{x} + 2\cos\sqrt{x} + C .$$

例 10 求 $I_n = \int x^n \sin x dx$ 的递推公式（n 为自然数，$n \geqslant 0$），并由此求出 $\int x^5 \sin x dx$.

解 $I_n = \int x^n d(-\cos x) = -x^n \cos x + \int \cos x d(x^n)$

$$= -x^n \cos x + n\int x^{n-1} \cos x dx = -x^n \cos x + n\int x^{n-1} d(\sin x)$$

$$= -x^n \cos x + n[x^{n-1} \sin x - \int \sin x d(x^{n-1})]$$

$$= -x^n \cos x + nx^{n-1} \sin x - n(n-1)\int x^{n-2} \sin x dx .$$

于是得递推公式

$$I_n = -x^n \cos x + nx^{n-1} \sin x - n(n-1)I_{n-2} .$$

运用上述递推公式得

$$\begin{aligned}\int x^5\sin x\mathrm{d}x &= -x^5\cos x+5x^4\sin x-20I_3\\ &= -x^5\cos x+5x^4\sin x-20(-x^3\cos x+3x^2\sin x-6I_1)\\ &= -x^5\cos x+5x^4\sin x+20x^3\cos x-60x^2\sin x+120(-x\cos x+\sin x)+C\\ &= -(x^5-20x^3+120x)\cos x+(5x^4-60x^2+120)\sin x+C.\end{aligned}$$

第四节　几种特殊类型函数的积分、实例

一、有理函数的积分

有理函数是指由两个多项式的商所表示的函数，即具有以下形式的函数：

$$\frac{P(x)}{Q(x)}=\frac{a_0x^n+a_1x^{n-1}+a_2x^{n-2}+\cdots+a_{n-1}x+a_n}{b_0x^m+b_1x^{m-1}+b_2x^{m-2}+\cdots+b_{m-1}x+b_m},\tag{1}$$

其中 m 和 n 为非负整数，$a_0,a_1,a_2,\cdots,a_n$ 及 $b_0,b_1,b_2,\cdots,b_m$ 都是实数，且 $a_0\neq 0,\ b_0\neq 0$. 我们知道，对既约有理真分式总能分解成下列四类最简分式，即

$$\frac{A}{x-a},\quad \frac{A}{(x-a)^n},\quad \frac{Mx+N}{x^2+px+q},\quad \frac{Mx+N}{(x^2+px+q)^n},$$

其中 A,M,N,a,p,q 都是实数，n 为正整数，且 $p^2-4q<0$. 所谓有理函数积分是指下列四类积分，即

$$\int\frac{A}{x-a}\mathrm{d}x,\quad \int\frac{A}{(x-a)^n}\mathrm{d}x,\quad \int\frac{Mx+N}{x^2+px+q}\mathrm{d}x,\quad \int\frac{Mx+N}{(x^2+px+q)^n}\mathrm{d}x.$$

例 1　求 $\displaystyle\int\frac{x^2-x+2}{x(x-3)(x+2)}\mathrm{d}x$.

解　由于

$$\frac{x^2-x+2}{x(x-3)(x+2)}=-\frac{1}{3}\frac{1}{x}+\frac{8}{15}\frac{1}{x-3}+\frac{4}{5}\frac{1}{x+2},$$

故

$$\begin{aligned}\int\frac{x^2-x+2}{x(x-3)(x+2)}\mathrm{d}x &= \int\left(-\frac{1}{3}\frac{1}{x}+\frac{8}{15}\frac{1}{x-3}+\frac{4}{5}\frac{1}{x+2}\right)\mathrm{d}x\\ &= -\frac{1}{3}\int\frac{\mathrm{d}x}{x}+\frac{8}{15}\int\frac{\mathrm{d}x}{x-3}+\frac{4}{5}\int\frac{\mathrm{d}x}{x+2}\\ &= -\frac{1}{3}\ln|x|+\frac{8}{15}\ln|x-3|+\frac{4}{5}\ln|x+2|+C.\end{aligned}$$

例 2　求 $\displaystyle\int\frac{\mathrm{d}x}{(1+2x)(1+x^2)}$.

解　由于

$$\frac{1}{(1+2x)(1+x^2)}=\frac{4}{5}\frac{1}{1+2x}-\frac{1}{5}\frac{2x-1}{1+x^2},$$

故
$$\int\frac{\mathrm{d}x}{(1+2x)(1+x^2)}=\int\left(\frac{4}{5}\frac{1}{1+2x}-\frac{1}{5}\frac{2x-1}{1+x^2}\right)\mathrm{d}x=\frac{4}{5}\int\frac{\mathrm{d}x}{1+2x}-\frac{1}{5}\int\frac{2x-1}{1+x^2}\mathrm{d}x$$
$$=\frac{2}{5}\int\frac{\mathrm{d}(1+2x)}{1+2x}-\frac{1}{5}\int\frac{\mathrm{d}(1+x^2)}{1+x^2}+\frac{1}{5}\int\frac{\mathrm{d}x}{1+x^2}$$
$$=\frac{2}{5}\ln|1+2x|-\frac{1}{5}\ln(1+x^2)+\frac{1}{5}\arctan x+C.$$

例 3 求 $\int\frac{x-2}{x^2+2x+3}\mathrm{d}x$.

解
$$\int\frac{x-2}{x^2+2x+3}\mathrm{d}x=\int\frac{x-2}{(x+1)^2+2}\mathrm{d}x\xlongequal{x+1=t}\int\frac{(t-1)-2}{t^2+2}\mathrm{d}t=\int\frac{t-3}{t^2+2}\mathrm{d}t$$
$$=\int\frac{t}{t^2+2}\mathrm{d}t-3\int\frac{\mathrm{d}t}{t^2+2}=\frac{1}{2}\int\frac{\mathrm{d}(t^2+2)}{t^2+2}-3\int\frac{\mathrm{d}t}{t^2+(\sqrt{2})^2}$$
$$=\frac{1}{2}\ln(t^2+2)-\frac{3}{\sqrt{2}}\arctan\frac{t}{\sqrt{2}}+C$$
$$=\frac{1}{2}\ln(x^2+2x+3)-\frac{3}{\sqrt{2}}\arctan\frac{x+1}{\sqrt{2}}+C.$$

二、三角函数有理式的积分

三角函数有理式的积分是指形如 $\int R(\cos x,\sin x)\mathrm{d}x$ 的积分，只要作一个变换，便可使之有理化．事实上，令 $u=\tan\frac{x}{2}$，则 $x=2\arctan u$，$\mathrm{d}x=\frac{2}{1+u^2}\mathrm{d}u$．故

$$\sin x=2\sin\frac{x}{2}\cos\frac{x}{2}=\frac{2\sin\frac{x}{2}\cos\frac{x}{2}}{\sin^2\frac{x}{2}+\cos^2\frac{x}{2}}=\frac{2\tan\frac{x}{2}}{1+\tan^2\frac{x}{2}}=\frac{2u}{1+u^2}.$$

$$\cos x=\cos^2\frac{x}{2}-\sin^2\frac{x}{2}=\frac{\cos^2\frac{x}{2}-\sin^2\frac{x}{2}}{\cos^2\frac{x}{2}+\sin^2\frac{x}{2}}=\frac{1-\tan^2\frac{x}{2}}{1+\tan^2\frac{x}{2}}=\frac{1-u^2}{1+u^2}.$$

于是
$$\int R(\cos x,\sin x)\mathrm{d}x=\int R\left(\frac{2u}{1+u^2},\frac{1-u^2}{1+u^2}\right)\frac{2}{1+u^2}\mathrm{d}u.$$

上式右边是关于 u 的有理函数的积分.

例 4 求 $\int\frac{\mathrm{d}x}{2+\cos x}$.

解 令 $u=\tan\frac{x}{2}$，则 $\mathrm{d}x=\frac{2}{1+u^2}\mathrm{d}u$，$\cos x=\frac{1-u^2}{1+u^2}$，故

$$\int\frac{\mathrm{d}x}{2+\cos x}=\int\frac{1}{2+\frac{1-u^2}{1+u^2}}\cdot\frac{2}{1+u^2}\mathrm{d}u=\int\frac{2}{3+u^2}\mathrm{d}u$$

$$=\frac{2}{\sqrt{3}}\arctan\frac{u}{\sqrt{3}}+C=\frac{2}{\sqrt{3}}\arctan\frac{\tan\frac{x}{2}}{\sqrt{3}}+C.$$

例 5　求$\int\frac{1+\sin x}{\sin x(1+\cos x)}\mathrm{d}x$.

解　令$u=\tan\frac{x}{2}$，则$\mathrm{d}x=\frac{2}{1+u^2}\mathrm{d}u$, $\sin x=\frac{2u}{1+u^2}$，$\cos x=\frac{1-u^2}{1+u^2}$．故

$$\int\frac{1+\sin x}{\sin x(1+\cos x)}\mathrm{d}x=\int\frac{1+\frac{2u}{1+u^2}}{\frac{2u}{1+u^2}\left(1+\frac{1-u^2}{1+u^2}\right)}\frac{2}{1+u^2}\mathrm{d}u=\frac{1}{2}\int\frac{1+u^2+2u}{u}\mathrm{d}u$$

$$=\frac{1}{2}\int\left(\frac{1}{u}+u+2\right)\mathrm{d}u=\frac{1}{2}\left(\ln|u|+\frac{1}{2}u^2+2u\right)+C$$

$$=\frac{1}{2}\left(\ln\left|\tan\frac{x}{2}\right|+\frac{1}{2}\tan^2\frac{x}{2}+2\tan\frac{x}{2}\right)+C.$$

三、简单无理函数的积分

下面介绍两种简单无理函数的积分，对这类积分，我们只需作一个变量代换，就可化为有理函数的积分.

1. 形如$\int R(x,\sqrt[n]{ax+b})\mathrm{d}x$的积分

这里，令$u=\sqrt[n]{ax+b}$，则$x=\frac{1}{a}(u^n-b)$, $\mathrm{d}x=\frac{nu^{n-1}}{a}\mathrm{d}u$，于是

$$\int R(x,\sqrt[n]{ax+b})\mathrm{d}x=\int R\left(\frac{u^n-b}{a},u\right)\cdot\frac{nu^{n-1}}{a}\mathrm{d}u.$$

等式右边是关于变量u的有理函数积分.

例 6　求$\int\frac{\mathrm{d}x}{1+\sqrt[3]{x+2}}$.

解　令$u=\sqrt[3]{x+2}$，则$x=u^3-2$，$\mathrm{d}x=3u^2\mathrm{d}u$，于是

$$\int\frac{\mathrm{d}x}{1+\sqrt[3]{x+2}}=\int\frac{3u^2}{1+u}\mathrm{d}u=3\int\frac{u^2-1+1}{u+1}\mathrm{d}u=3\int\left(u-1+\frac{1}{u+1}\right)\mathrm{d}u$$

$$=3\left(\frac{1}{2}u^2-u+\ln|u+1|\right)+C$$

$$=3\left[\frac{1}{2}(\sqrt[3]{x+2})^2-\sqrt[3]{x+2}+\ln|\sqrt[3]{x+2}+1|\right]+C$$

$$= \frac{3}{2}(\sqrt[3]{x+2})^2 - 3\sqrt[3]{x+2} + 3\ln|\sqrt[3]{x+2}+1| + C.$$

2. 形如$\int R\left(x,\sqrt[n]{\frac{ax+b}{cx+d}}\right)\mathrm{d}x$的积分

这里，令$u=\sqrt[n]{\frac{ax+b}{cx+d}}$，则$x=\frac{du^n-b}{a-cu^n}$， $\mathrm{d}x=\frac{nu^{n-1}(ad-bc)}{(a-cu^n)^2}\mathrm{d}u$，于是

$$\int R\left(x,\sqrt[n]{\frac{ax+b}{cx+d}}\right)\mathrm{d}x = \int R\left(\frac{du^n-b}{a-cu^n},u\right)\frac{nu^{n-1}(ad-bc)}{(a-cu^n)^2}\mathrm{d}u.$$

等式右边是关于变量u的有理函数积分.

例 7 求$\int\frac{1}{x}\sqrt{\frac{1+x}{x}}\mathrm{d}x$.

解 令$u=\sqrt{\frac{1+x}{x}}$，则$x=\frac{1}{u^2-1}$， $\mathrm{d}x=-\frac{2u\mathrm{d}u}{(u^2-1)^2}$. 故

$$\begin{aligned}\int\frac{1}{x}\sqrt{\frac{1+x}{x}}\mathrm{d}x &= \int(u^2-1)u\cdot\frac{-2u}{(u^2-1)^2}\mathrm{d}u = -2\int\frac{u^2}{u^2-1}\mathrm{d}u = -2\int\frac{u^2-1+1}{u^2-1}\mathrm{d}u\\ &= -2\int\left(1+\frac{1}{u^2-1}\right)\mathrm{d}u = -2u-2\int\frac{\mathrm{d}u}{(u+1)(u-1)} = -2u+\int\left(\frac{1}{u+1}-\frac{1}{u-1}\right)\mathrm{d}u\\ &= -2u+\ln\left|\frac{u+1}{u-1}\right|+C = -2\sqrt{\frac{x+1}{x}}+\ln\left|\frac{\sqrt{1+x}+\sqrt{x}}{\sqrt{1+x}-\sqrt{x}}\right|+C\\ &= -2\sqrt{\frac{x+1}{x}}+2\ln(\sqrt{1+x}+\sqrt{x})+C.\end{aligned}$$

例 8 求$\int\frac{\mathrm{d}x}{\sqrt{x}+\sqrt[3]{x}}$.

解 令$\sqrt[6]{x}=u$，则$x=u^6, \mathrm{d}x=6u^5\,\mathrm{d}u$，于是

$$\begin{aligned}\int\frac{\mathrm{d}x}{\sqrt{x}+\sqrt[3]{x}} &= \int\frac{6u^5}{u^3+u^2}\mathrm{d}u = 6\int\frac{u^3}{u+1}\mathrm{d}u = 6\int\frac{u^3+1-1}{u+1}\mathrm{d}u\\ &= 6\int\left[(u^2-u+1)-\frac{1}{u+1}\right]\mathrm{d}u = 6\left[\frac{1}{3}u^3-\frac{1}{2}u^2+u-\ln(u+1)\right]+C\\ &= 2\sqrt{x}-3\sqrt[3]{x}+6\sqrt[6]{x}-6\ln(\sqrt[6]{x}+1)+C.\end{aligned}$$

最后我们指出：对初等函数来说，在它的定义区间上一定存在原函数，但有些原函数却不能用初等函数来表示，这时，我们就说$\int f(x)\mathrm{d}x$不能表示为有限形式，通俗地说，就是积分$\int f(x)\mathrm{d}x$积不出来. 如$\int \mathrm{e}^{-x^2}\mathrm{d}x, \int\frac{1}{\ln x}\mathrm{d}x, \int\frac{\sin x}{x}\mathrm{d}x$等就积不出来.

习 题 四

（A）

1. 下列等式成立的是（　　）.

A. $\int f'(x)\mathrm{d}x = f(x)$　　B. $\frac{\mathrm{d}}{\mathrm{d}x}\int f'(x)\mathrm{d}x = f'(x)\mathrm{d}x$

C. $\mathrm{d}\int f'(x)\mathrm{d}x = f'(x)\mathrm{d}x$　　D. $\mathrm{d}\int f'(x)\mathrm{d}x = f'(x)\mathrm{d}x + C$

2. 下列函数对中是同一函数的原函数的是（　　）.

A. $\ln x^2$ 与 $\ln 2x$　　B. $\sin^2 x$ 与 $\sin 2x$

C. $2\cos^2 x$ 与 $\cos 2x$　　D. $\arcsin x$ 与 $\arccos x$

6. 已知 $f'(\cos x) = \sin x$，则 $f(\cos x) =$（　　）.

A. $-\cos x + C$　　B. $\cos x + C$

C. $\frac{1}{2}(\sin x\cos x - x) + C$　　D. $\frac{1}{2}(x - \sin x\cos x) + C$

7. 设 $f'(x^2) = \frac{1}{x}(x > 0)$，则 $f(x) =$（　　）.

A. $2x + C$　　B. $\ln x + C$　　C. $2\sqrt{x} + C$　　D. $\frac{1}{\sqrt{x}} + C$

8. 若 $f(x) = \mathrm{e}^{-x}$，则 $\int \frac{f'(\ln x)}{x}\mathrm{d}x =$（　　）.

A. $\frac{1}{x} + C$　　B. $-\frac{1}{x} + C$　　C. $\ln x + C$　　D. $-\ln x + C$

9. 若 $\frac{\ln x}{x}$ 为 $f(x)$ 的一个原函数，则 $\int xf'(x)\mathrm{d}x =$（　　）.

A. $\frac{\ln x}{x} + C$　　B. $\frac{1 + \ln x}{x^2} + C$　　C. $\frac{1}{x} + C$　　D. $\frac{1}{x} - \frac{2\ln x}{x} + C$

11. $\mathrm{d}\int f(x)\mathrm{d}x =$ ___________ .

12. 已知 $\int f(x)\mathrm{d}x = \sin^2 x + C$，则 $f(x) =$ ___________ .

13. 已知 $(\int f(x)\,\mathrm{d}x)' = \ln x$，则 $f(x) =$ ___________ .

14. $\int f'(2x)\mathrm{d}x =$ ___________ .

15. 若 $\int f(x)\mathrm{d}x = \cos x + C$，则 $\int xf(x^2)\mathrm{d}x =$ ___________ .

16. 若 $f(x) = \frac{1}{2}x^2$，则 $\int f'(x^2)\mathrm{d}x =$ ___________ .

17. 已知 $f(x)$ 的一个原函数为 $\frac{\sin x}{x}$，则 $\int xf'(x)\mathrm{d}x =$ ___________ .

18. 已知 $(\ln f(x))' = \cos x$，则 $f(x) =$ ___________ .

19. 若 $f'(\mathrm{e}^x)=1+\mathrm{e}^{2x}$，且 $f(0)=1$，则 $f(x)=$__________.

20. 设 $f'(\ln x)=(x+1)\ln x$，则 $f(x)=$__________.

21. 设 $\int f'(\sqrt{x})\mathrm{d}x=x(\mathrm{e}^{\sqrt{x}}+1)+C$，则 $f(x)=$__________.

22. 设 $\int\frac{\sin x}{f(x)}\mathrm{d}x=\arctan(\cos x)+C$，则 $\int f(x)\mathrm{d}x=$__________.

（B）

1. 求下列不定积分.

（1）$\int(1-3x^2)\mathrm{d}x$；（2）$\int(2^x+x^2)\mathrm{d}x$；（3）$\int x^2\cdot\sqrt[3]{x}\mathrm{d}x$；

（4）$\int\sqrt{x}(x-3)\mathrm{d}x$；（5）$\int(\sqrt{x}+1)(\sqrt{x^3}-1)\mathrm{d}x$；（6）$\int\frac{(1-x)^2}{\sqrt{x}}\mathrm{d}x$；

（7）$\int\frac{1-x^2}{x\sqrt{x}}\mathrm{d}x$；（8）$\int\frac{3x^4+3x^2+1}{x^2+1}\mathrm{d}x$；（9）$\int\frac{1+2x^2}{x^2(x^2+1)}\mathrm{d}x$；

（10）$\int\left(\frac{3}{1+x^2}-\frac{2}{\sqrt{1-x^2}}\right)\mathrm{d}x$；（11）$\int\left(2\mathrm{e}^x+\frac{3}{x}\right)\mathrm{d}x$；（12）$\int\mathrm{e}^x\left(1-\frac{\mathrm{e}^{-x}}{\sqrt{x}}\right)\mathrm{d}x$；

（13）$\int\frac{x^2-2\sqrt{2}x+2}{x-\sqrt{2}}\mathrm{d}x$；（14）$\int\frac{2\sin^3x-1}{\sin^2x}\mathrm{d}x$；（15）$\int6^x\mathrm{e}^x\mathrm{d}x$；

（16）$\int\sec x(\sec x-\tan x)\mathrm{d}x$；（17）$\int\frac{2\cdot3^x-5\cdot2^x}{3^x}\mathrm{d}x$；（18）$\int\sin^2\frac{x}{2}\mathrm{d}x$；

（19）$\int\frac{1}{1+\cos2x}\mathrm{d}x$；（20）$\int\frac{\cos2x}{\cos x+\sin x}\mathrm{d}x$；（21）$\int\frac{\cos^3x}{\sin^2x}\mathrm{d}x$；

（22）$\int\frac{\cos2x}{\sin^2x\cos^2x}\mathrm{d}x$；（23）$\int\frac{1+\cos^2x}{1+\cos2x}\mathrm{d}x$；（24）$\int\left(1-\frac{1}{x^2}\right)\sqrt{x\sqrt{x}}\mathrm{d}x$.

2. 解下列问题.

（1）一曲线通过点 $(\mathrm{e}^2,3)$，且在任一点处的切线的斜率等于该点横坐标的倒数，求该曲线的方程.

（2）已知质点在时刻 t 的加速度为 t^2+1，且当 $t=0$ 时，速度 $v=1$，距离 $s=0$，求此质点的运动方程.

（3）已知某产品产量的变化律是时间 t 的函数 $f(t)=at+b$（a,b 是常数），设此产品 t 时的产量函数为 $p(t)$，已知 $p(0)=0$，求 $p(t)$.

3. 求下列定积分.

（1）$\int\mathrm{e}^{5x}\mathrm{d}x$；（2）$\int(3-2x)^3\mathrm{d}x$；（3）$\int\frac{\mathrm{d}x}{3-2x}$；

（4）$\int\frac{dx}{(2x-3)^2}$；（5）$\int\frac{dx}{\sqrt[3]{2-3x}}$；（6）$\int\frac{\sin\sqrt{x}}{\sqrt{x}}dx$；

（7）$\int u\sqrt{u^2-5}du$；（8）$\int x\sin x^2dx$；（9）$\int\frac{e^{\frac{1}{x}}}{x^2}dx$；

（10）$\int\frac{x^2}{\sqrt[3]{(x^3-5)^2}}dx$；（11）$\int\frac{3x^3}{1-x^4}dx$；（12）$\int\frac{(\ln x)^2}{x}dx$；

（13）$\int\frac{\sin x}{\cos^5 x}dx$；（14）$\int\cos^3 xdx$；（15）$\int\frac{2x-1}{x^2-x+3}dx$；

（16）$\int\frac{dx}{x(\ln x)\ln(\ln x)}$；（17）$\int\frac{x-1}{x^2+1}dx$；（18）$\int\frac{x^3}{9+x^2}dx$；

（19）$\int\cos x\cdot\cos\frac{x}{2}dx$；（20）$\int\tan^3 x\cdot\sec xdx$；（21）$\int\sin 2x\cdot\cos 3xdx$；

（22）$\int\frac{\arctan\sqrt{x}}{\sqrt{x}(1+x)}dx$；（23）$\int\frac{\sin x+\cos x}{\sqrt[3]{\sin x-\cos x}}dx$；（24）$\int\frac{10^{2\arccos x}}{\sqrt{1-x^2}}dx$；

（25）$\int\frac{dx}{(\arcsin x)^2\sqrt{1-x^2}}$；（26）$\int\frac{1+\ln x}{(x\ln x)^2}dx$；（27）$\int\frac{dx}{1-\cos x}$；

（28）$\int\frac{dx}{1+e^x}$；（29）$\int\frac{dx}{x(x^8+7)}$；（30）$\int\frac{dx}{\sin^2 x+3\cos^2 x}$；

（31）$\int\frac{\ln\tan x}{\cos x\cdot\sin x}dx$；（32）$\int\frac{\sqrt{x-1}}{x}dx$.

4. 求下列不定积分.

（1）$\int x\sin xdx$；（2）$\int\ln xdx$；（3）$\int\arcsin xdx$；

（4）$\int xe^{-x}dx$；（5）$\int\frac{\ln x}{x^2}dx$；（6）$\int x^n\ln xdx(n\neq-1)$；

（7）$\int x\cos\frac{x}{3}dx$；（8）$\int x^2\arctan xdx$；（9）$\int x\tan^2 xdx$；

（10）$\int x^2\cos xdx$；（11）$\int x\sin x\cos xdx$；（12）$\int\frac{\ln\ln x}{x}dx$；

（13）$\int(x^2-1)\sin 2xdx$；（14）$\int(\arcsin x)^2dx$；（15）$\int e^x\cos xdx$；

（16）$\int e^x\sin^2 xdx$；（17）$\int x\ln(x+1)dx$；（18）$\int\frac{\ln^3 x}{x^2}dx$.

5. 求$I_n=\int(\tan x)^n dx$的递推公式($n\geqslant2$).

6. 求下列不定积分.

（1）$\int\frac{x^3}{x+3}dx$；（2）$\int\frac{2x+3}{x^2+3x-10}dx$；（3）$\int\frac{x^5+x^4-8}{x^3-x}dx$；

（4）$\int\frac{3}{x^3+1}dx$；（5）$\int\frac{xdx}{(x+1)(x+2)(x+3)}$；（6）$\int\frac{x^2+1}{(x+1)^2(x-1)}dx$；

（7）$\int\frac{3x-1}{x^2-x+1}\mathrm{d}x$；（8）$\int\frac{\mathrm{d}x}{x(x^2+1)}$；（9）$\int\frac{\sqrt{x-1}}{x}\mathrm{d}x$；

（10）$\int\frac{\mathrm{d}x}{\sqrt{x}(1+\sqrt[3]{x})}$；（11）$\int\frac{\sqrt{1+x}-1}{\sqrt{1+x}+1}\mathrm{d}x$；（12）$\int\sqrt{\frac{1-x}{1+x}}\cdot\frac{\mathrm{d}x}{x}$；

（13）$\int\frac{(\sqrt{x})^3+1}{\sqrt{x}+1}\mathrm{d}x$；（14）$\int\frac{\mathrm{d}x}{\sqrt[3]{(x+1)^2(x-1)^4}}$.

附录四　历史注记：积分概念与方法的发展

一、古代的面积与体积计算

积分思想源于复杂图形的面积、体积计算．公元前 5 世纪，希腊数学家在研究化圆为方问题时发明了割圆术（参见第二章历史注记）；公元前 4 世纪，欧多克索斯（Eudoxus，公元前 400—公元前 347）将上述过程发展为处理面积、体积等问题的一般方法，称为穷竭法，它的理论基础是欧多克索斯原理（欧几里得《原本》第 10 篇命题 1）：对于两个不相等的量，若从较大的盘减去一个大于其半的量，再从所余量减去一个大于其半的量，并重复执行这一步骤，就能使所余的一个量小于原来那个较小的量，于是，最初那个较大的量最终将被“穷竭”．

根据上述原理并使用“双归谬法”，欧多克索斯严格地证明了关于面积和体积的一些基本结果．例如：圆与圆之比等于其直径平方之比；等高三棱锥的体积之比等于其底之比；任一正圆锥是与其同底等高圆柱的三分之一；球的比等于它们直径的三次比，它们后来被欧几里得收入《原本》第 12 篇．

公元前 3 世纪，阿基米德（Archimedes，公元前 287—公元前 212）运用穷竭法、无穷分割、级数求和、不等式运算等一系列方法，计算了圆面积、椭圆面积、抛物线弓形面积、阿基米德螺线扇形面积以及螺线任意两圈所夹的面积，计算了锥体和台体体积、球体积和圆锥曲线旋转体的体积，计算了半圆、抛物线弓形、球或抛物体被平面所截部分的重心．如果用今天的眼光来看，这些工作还缺乏严格思想的全部基础，特别是缺少函数与极限的明确概念，但它们预示了积分学的原理，在概念上相当接近后来的定积分，在方法上类似于今天的微元法，在思想上成为中世纪后期至近代早期不可分量理论的先导．

中国古代数学家对面积、体积问题进行过大量研究，其中一些工作可以被看作积分思想的萌芽．成书于春秋末年的《庄子·天卜》中有“无厚不可积也，其大千里”的命题，是说积线不能成面，积面不能成体．《墨经》中也有类似的命题．

公元 263 年，魏晋年间杰出数学家刘徽为《九章算术》作注，在关于面积、体积的多处注文中体现了初步的积分思想．为推求圆面积，他创立了“割圆术”，求得圆周率 $\pi = 157/50 = 3.14$ 和 $\pi = 3927/1250 = 3.1416$ 两个近似值；在推求圆型立体体积时，他分别作圆柱、圆锥、圆台的外切方柱、方锥、方台，由横截面积之比为π：4断言其体积之比也为π：4，从而由方型立体推得圆型立体的体积公式．为了推求球体积公式，他在正方体上作相互垂直的两圆柱，称两圆柱的公共部分为“牟合方盖”，指出牟合方盖与其内切球体的体积之比为4：π，在算法理论和数学思想上都给后人以极大的启发．实际上，两百多年后，祖冲之的儿子祖暅正是沿着刘徽的思路完成了球体积公式的推导，并概括出“刘祖原理”：“缘幂势既同，则积不容异．”即：由于横截面积之间的关系已经处处相同，体积之间的关系也不能不是这样．这与17世纪意大利数学家卡瓦列里（B. Cavalieri, 1598—1647）所给出的原理是一致的，时间上却要早1000多年．中国古代数学家称由长方体（或正方体）沿其一对对棱分割而得的两个直角三棱柱为壍堵，沿着壍堵的一个顶点及其一条对棱将其分割，得到一个底为长方形、一侧棱与底垂直的四棱锥，称为阳马；同时得到一个侧面都是直角三角形的四面体，称为鳖臑．壍堵体积为其三度乘积的二分之一为推求阳马、鳖臑体积，刘徽利用无限分割取极限的方法证明了“刘徽原理”：在壍堵中，阳马体积：鳖臑体积＝2：1，从而由壍堵体积即可推得阳马与鳖臑体积，这些工作虽不如希腊数学的同类成果丰富，但在思想深度上是毫不逊色的．

15世纪阿拉伯数学家阿尔·卡西（al- Kashi，？—1429）在《圆周论》(1424）中运用割圆术求得了π的17位准确数字，成为中世纪数学史上的杰出成就．

二、从形态幅度研究到不可分量算法

1. 欧洲中世纪后期的形态幅度研究

14世纪20年代至40年代，牛津大学默顿学院（Merton College）的一批逻辑学家和自然哲学家在研究所谓“形态幅度”时得到一个重要结果：如果一个物体在给定的一段时间内进行匀加速运动，那么它经过的总的距离s等于它在这一段时间内以初速度v_0和末速度v_t的平均速度（即在这一段时间的中点的瞬时速度）进行匀速运动所经过的距离．14世纪中叶，法国学者奥尔斯姆（N. Oresme，约1323—1382）应用他的均匀变化率概念和图解表示法给出了上述命题的几何证明，他的证明虽然在近代意义下不太严格，但其基本思想与后来的定积分相当接近．在《论质量与运动的构型》一书中，他隐含地引入了一些具有重要意义的思想，其中包括作为时间-速度图下的面积来计算距离的“积分”法或连续求和法，尽管他只是在匀加速运动的情况下才完成了这种计算的作图方法．

2. 不可分量方法

17世纪上半叶，欧洲一些数学家继承并发展了历史上的“不可分量”方法以处理面积、体积问题，成为积分方法的直接先导．首先作出重要贡献的是德国科学家开普勒（J. Kepler, 1571—1630），他在《测定酒桶体积的新方法》(1615）一书中把给定的立体划分为无穷多个无穷小部分，即立体的“不可分量”，其大小和形状都便于求解给定的问题．其基本思想是把曲边形看作边数无限增大时的直线形，由此采用了一种虽不严格但却有启发性的、把曲线转化为直线的方法．用无限个同维的无穷小元素之和来确定曲边形的面积与曲面体的体积，这是开普勒求积术的核心，也是他的后继者们从他那里汲取的精华．他的一些求和法对后来的积分运算具有显著的先驱作用. 尽管从数学严格性的观点看，这样的方法是不合乎要求的，但是它们以很简单的方式得出正确的结果，实际上就是今天仍在使用的“微元法”.

法国数学家罗伯瓦尔(G. P. de Roberval, 1602—1675)的工作可能受到开普勒的影响. 在写于 1634 年的《不可分量论》中，他把面和体分别看作由细小的面和细小的体组成. 在把一个图形分割为许多微小部分后，他让它们的大小不断减小，而在这样做的过程中，主要用的是算术方法，其结果由无穷级数的和给出. 他用这种方法求得了多种曲线之下的面积，例如抛物线、高次抛物线、双曲线、摆线和正弦曲线；还求得与这些曲线有关的各种体积和重心. 在他的工作中可以找出许多积分法的萌芽，其中有几个等价于代数函数和三角函数的定积分求法.

意大利数学家卡瓦列里的《用新的方法推进连续体的不可分最几何学》(1635)标志着求积方法的一个重要进展. 在这部著作中，卡瓦列里提出了一个较为一般的求积方法，其中应用了开普勒的无穷小元. 所不同的是：① 开普勒想象给定的几何图形被分成无穷多个无穷小的图形，他用某种特定的方法把这些图形的面积或体积加起来，便得到给定图形的面积或体积；卡瓦列里则首先建立起两个给定几何图形的不可分微元之间的一一对应关系. 如果两个给定图形的对应的不可分量具有某种（不变的）比例，他便断定这两个图形的面积或体积也具有同样的比例，特别是，当一个图形的面积或体积事先已经知道时，另一个图形的面积或体积也可以得知. 他的这种观点被后人称为卡瓦列里原理，它与中国古代的刘（徽）祖（暅）原理完全一致. ② 开普勒认为，几何图形是由同样维数的不可分量(即无穷小的面积或体积)组成的，这从对几何图形连续分割最终得到不可分单元的过程便可以想象出来；而卡瓦列里一般认为，几何图形是由无穷多个维数较低的不可分量组成的，因此，他把面积看成由平行的、等距离的线段组成的，把体积看成由平行的、等距离的平面截面组成的，而通常不考虑这些不可分单元是否具有宽度或厚度. 由于卡瓦列里方法的着眼点是两个图形对应的不可分量之间的关系，而不是每个面积或体积中的不可分量的全体，因此也就避免了回答组成面积或体积的不可分量是有限还是无限的问题，当然也就避免了直接使用极限概念. 另一方面，求积（积分）过程实质上是无限过程，但在卡瓦列里的方法中却竭力回避极限概念，这必然会产生更深刻的矛盾. 实际上，他本人及其同时代的人已经发现了几个著名的不可分量悖论.

大约在 1637 年，法国数学家费马（P. de Fermat，1601—1665）完成了一篇手稿《求最大值与最小值的方法》. 在积分概念与方法的早期发展中，这一工作占有极为重要的地位. 费马不仅成功地克服了卡瓦列里不可分量方法的致命弱点，而且几乎采用了近代定积分的全部过程，即：① 用统一的矩形条来分割曲线形；② 用矩形序列的面积之和来近似地代替曲线形面积；③ 利用曲线的方程求出各窄长矩形的面积，进而通过有限项级数之和求得曲线形面积的近似值；④ 用相当于现在所谓和式极限的方法获得精确结果. 除了一些细节需要改进，费马实际上已经使用了近代意义上的定积分，所差的是尚未抽象出积分这个概念. 也就是说，他没有认识到所进行的运算本身的重要意义. 对他来说，这个运算正如所有他的前人已经做过的一样，只是求面积的问题，亦即回答一个具体的几何问题. 另一方面，为建立真正的微积分学，需要建立计算积分的一般而强有力的方法，实际上是在认识到积分是微分的逆运算之后，利用反微分（不定积分）来计算积分（定积分），即微积分基本定理. 费马虽然在计算曲线长度时接触到了微分与积分的互逆关系，但却未充分注意，更未加以深入研究，从而建立有关的运算法则. 托利拆利（E. Torricelli, 1608—1647）是卡瓦列里的朋友，他充分理解不可分量方法的优点与缺点. 1646 年，他在《关于双曲线的无限性》一书中对不可分量概念做出了实质性的改变，他说："把不可分量看成相等的，即把点与点在长度上、线与线在宽度 L、面与面在厚度上看作相等的说法纯属空话，它既难以证明又毫无直观基础."他的方法是结合开普勒与卡瓦列里方法各自优点的产物，他用开普勒的同维无限小量去代替卡瓦列里的低维不可分量，从而消除了前述悖论，但仍然保留了卡瓦列里不可分量方法在求积上的有效性.

沃利斯（J. Wallis , 1616—1703）是在牛顿（I. Newton, 1643—1727）、莱布尼茨（G. W. Leibniz, 1646—1716）之前对微积分方法贡献最多的人之一（另一个是费马），也是牛顿在英国的直接前辈之一（另一个是巴罗），是当时最富有创造力的数学家之一. 他在求积法方面的主要著作是《无穷算术》(1655)，在这部著作中，他把由卡瓦列里开创，并由费马发展的不可分量方法，翻译成了数的语言，从而把几何方法算术化，使得以往出现在几何中的极限方法转移到了数的世界中，并且被解析化. 其结果不仅使无限的概念以解析的形式出现在数学中，而且把有限的算术变成无限的算术，为微积分的确立扫除了思想障碍. 此外，法国数学家帕斯卡（B. Pascal，1623—1662）在论文《论四分之一圆的正弦》(1658）中、英国数学家巴罗（I. Barrow, l630—1677）在《几何学讲义》(1670 年出版）中都在一定程度上接触到了积分的思想与方法，前者对莱布尼茨、后者对牛顿的微积分工作产生了至关重要的影响.

三、积分概念的确立

1666 年 10 月，牛顿完成了他在微积分学方面的开创性论文《流数短论》. 有关积分的基本问题是："已知表示线段 x 和运动速度 p, q 之比 p/q 的关系方程，求另一线段 y". 当给定的方程具有简单的形式 $y/x=\varphi(x)$ 时，就是我们所说的反微分问题，而在一般情况下，$g(x, y/x)=0$ 是一个微分方程. 在这篇短文中，牛顿不仅讨论了如何借助于反微分来解决积分问题，即微积分基本定理，而且明确指出反微分"总能做出可以解决的一切问题".

从前各种无穷小方法的根据基本上都是把面积定义为和的极限（或者更粗略地说，定义为无穷小的即不可分的面积元素之和），而牛顿却完全是从考虑变化率出发来解决面积和体积问题的. 事实上，用和来得到面积、体积或者重心，在他的著作中是少见的. 牛顿称流数的逆为流量，他的积分是不定积分，是要由给定的流数来确定流量；他把面积问题和体积问题解释为变化率问题的反问题，从而解决了这些问题. 另一方面，对于我们所说的定积分，牛顿也是清楚的，正如虽然莱布尼茨的积分以定积分为主，但同时也熟悉不定积分一样. 牛顿引入的法则是：首先确定所求面积（对于 x）的变化率，然后通过反微分计算面积. 把计算面积的流数法同变化率联系起来，这就第一次清楚地说明了切线问题和面积问题之间的互逆关系，也说明了这两种类型的计算不过是以独特的、通用的算法为特征的同一数学问题的两个不同侧面.

与牛顿的积分概念不同，莱布尼茨的积分是曲线下面积的分割求和或者说是微分的无穷和，也就是今天所说的定积分，当然，他们两人最终都是通过反微分的方法来计算他们的积分；在计算上利用求积问题和切线问题之间的互逆关系（牛顿-莱布尼茨公式）是他们共同的基本贡献. 在 1677 年的一篇修改稿中，莱布尼茨明确地将积分 $\int y\mathrm{d}x$ 等同于高为 y、宽为 $\mathrm{d}x$ 的一些无穷小矩形之和："我把一个图形的面积表示为由纵坐标和横坐标之差构成的所有矩形之和，即 $B_1D_1+B_2D_2+B_3D_3+\cdots$. 因为狭窄的三角形 $C_1D_1C_2$, $C_2D_2C_3$ 等等，与这些矩形相比为无穷小，可以忽略不计；所以，在我的积分中，图形的面积用 $\int y\mathrm{d}x$，即由每一个 y 和相应的 $\mathrm{d}x$ 构成的这些矩形来表示." 接着他就引入了微积分基本定理，并将求积问题化为反切线问题. 从希腊时代直到 17 世纪中叶，人们通过种种办法已经知道面积等于微元之和. 这些方法如果用极限概念恰当地加以解释的话，就相当于现在称之为定积分的方法. 巴罗、牛顿和莱布尼茨的工作，取得了一个重要的成就，即求面积的问题无非就是求曲线的切线的逆问题. 既然那些方便的算法——流数法和微分法——随着后一类型的问题已经相应地发展起来，只要经过一个逆转的步骤，求面积的方法就能系统化了. 这种观念在很大程度上决定了 17 世纪的积分概念. 另一方面，积分的思想是受面积概念的启发而产生的，但是在 19 世纪末以前，面积概念本身还完全是直观的，而没有建立在精确的定义基础上.

我不知道，世上人会怎样看我；不过，我自己觉得，我只像一个在海滨玩耍的孩子，一会捡起块比较光滑的卵石，一会儿找到个美丽的贝壳；而在我前面，真理的大海还完全没有发现.

——牛　顿

第五章　定积分

不定积分是微分法逆运算的一个侧面，本章要介绍的定积分则是它的另一个侧面. 定积分起源于求图形的面积和体积等实际问题. 古希腊的阿基米德用“穷竭法”，我国的刘徽用“割圆术”，都曾计算过一些几何体的面积和体积，这些均为定积分的雏形. 直到 17 世纪中叶，牛顿和莱布尼茨先后提出了定积分的概念，并发现了积分与微分之间的内在联系，给出了计算定积分的一般方法，从而使定积分成为解决有关实际问题的有力工具，并使各自独立的微分学与积分学联系在一起，构成完整的理论体系——微积分学.

本章先从几何问题与力学问题引入定积分的定义，然后讨论定积分的性质、计算方法以及定积分在几何与经济学中的应用.

第一节　定积分的概念

一、定积分问题举例

1. 曲边梯形的面积计算

曲边梯形，由曲边即在区间$[a,b]$上非负的连续曲线$y=f(x)$及直线$x=a,x=b,y=0$所围成，见图 5-1.

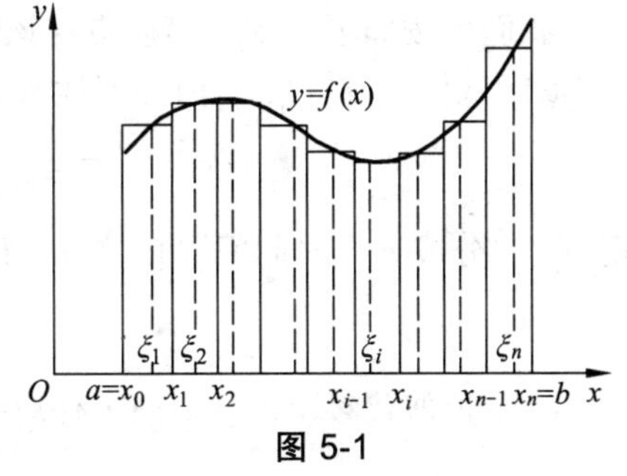

图 5-1

曲边梯形的面积计算不同于矩形，其在底边上各点处的高$f(x)$在$[a,b]$上是随 x 的变化而变化的，不能用矩形的面积公式来计算. 但其高$y=f(x)$在$[a,b]$上是连续变化的，即自变量 x 在很微小的小区间内变化时，$f(x)$的变化也很微小，近似于不变，因此，如果把$[a,b]$划分为很多的小区间，在每一个小区间上用其中某一点处的函数值来近似代替这个小区间上的小曲边梯形的变高，那么，每个小曲边梯形的面积就近似等于这个小区间上的小矩形的面积，从而，所有这些小矩形的面积之和就可以作为原曲边梯形面积的近似值. 而且，若将$[a,b]$无限细分下去，使得每个小区间的长度都趋于零时，

所有小矩形面积之和的极限就可以定义为曲边梯形的面积. 具体可分为如下几个步骤:

(1)划分:在$[a,b]$中插入$n-1$个分点:

$$a=x_0<x_1<x_2<\cdots<x_{n-1}<x_n=b,$$

把$[a,b]$分成n个小区间:

$$[x_0,x_1],\ [x_1,x_2],\ \cdots,\ [x_{n-1},x_n],$$

其长度依次记为:

$$\Delta x_1=x_1-x_0,\ \Delta x_2=x_2-x_1,\cdots,\ \Delta x_n=x_n-x_{n-1},$$

经过每一个分点$x_i\,(i=1,2,\cdots,n-1)$作垂直于x轴的直线段,把曲边梯形划分成n个小曲边梯形.

(2)近似代替:在每个小曲边梯形底边$[x_{i-1},x_i]$上任取一点$\xi_i(x_{i-1}\leqslant\xi_i\leqslant x_i)$,以$[x_{i-1},x_i]$为底边,$f(\xi_i)$为高的小矩形的面积$f(\xi_i)\Delta x_i$近似代替相对应的小曲边梯形的面积$\Delta A_i$,即

$$\Delta A_i\approx f(\xi_i)\Delta x_i\quad(i=1,2,\cdots,n).$$

(3)求和:把(2)得到的n个小矩形面积之和作为所求曲边梯形的面积A的近似值,即

$$A\approx f(\xi_1)\Delta x_1+f(\xi_2)\Delta x_2+\cdots+f(\xi_n)\Delta x_n=\sum_{i=1}^{n}f(\xi_i)\Delta x_i.$$

(4)取极限:为了保证所有的小区间的区间长度随小区间的个数n的无限增加而无限缩小,记$\lambda=\max\limits_{1\leqslant i\leqslant n}\{\Delta x_i\}$,要求$\lambda\to 0$(这时$n\to\infty$),取上述和式的极限,便可得到曲边梯形的面积的精确值A,即

$$A=\lim_{\lambda\to 0}\sum_{i=1}^{n}f(\xi_i)\Delta x_i.$$

2. 变速直线运动的路程解

设有一质点作变速直线运动,在时刻t的速度$v=v(t)$是一已知的连续函数,求质点从时刻T_1到时刻T_2所通过的路程.

我们可按如下步骤求出质点在该时间内通过的路程:

(1)划分:在$[T_1,T_2]$内任意插入$n-1$个分点:

$$T_1=t_0<t_1<t_2<\cdots<t_{n-1}<t_n=T_2,$$

把$[T_1,T_2]$分成n个时间间隔$[t_{i-1},t_i]$,每段时间间隔的长为

$$\Delta t_i=t_i-t_{i-1}\quad(i=1,2,\cdots,n).$$

(2)近似代替:在$[t_{i-1},t_i]$内任取一点τ_i,作乘积

$$\Delta S_i=v(\tau_i)\Delta t_i\quad(i=1,2,\cdots,n),$$

此积为$[t_{i-1},t_i]$内的路程的近似值.

(3)求和:把每段时间通过的路程相加:

$$S \approx \sum_{i=1}^{n} v(\tau_i)\Delta t_i .$$

（4）取极限：令 $\lambda = \max\limits_{1\leqslant i\leqslant n}\{\Delta t_i\}$，有

$$S = \lim_{\lambda\to 0}\sum_{i=1}^{n} v(\tau_i)\Delta t_i ,$$

即变速直线运动的路程.

3. 总成本解

设边际成本 $C'(x)$ 为产量 x 的连续函数，求产量 x 从 α 变到 β 时的总成本.

我们按如下步骤进行：

（1）划分：在 $[\alpha,\beta]$ 内任意插入 $n-1$ 个分点：

$$\alpha = x_0 < x_1 < x_2 < \cdots < x_{n-1} < x_n = \beta ,$$

把 $[\alpha,\beta]$ 划分成 n 个小产量段 $[x_{i-1},x_i]$，并记每个小产量段的产量为

$$\Delta x_i = x_i - x_{i-1} \quad (i = 1,2,\cdots,n).$$

（2）近似代替：在每个小产量段 $[x_{i-1},x_i]$ 中任意取一点 ξ_i，把 $C'(\xi_i)$ 作为该段的近似平均成本，有：

$$\Delta C_i \approx C'(\xi_i)\Delta x_i \quad (i = 1,2,\cdots,n).$$

（3）求和：把每个小产量段 $[x_{i-1},x_i]$ 的成本相加，得总成本的近似值：

$$C = \sum_{i=1}^{n} C'(\xi_i)\Delta x_i \quad (i = 1,2,\cdots,n).$$

（4）取极限：令 $\lambda = \max\limits_{1\leqslant i\leqslant n}\{\Delta x_i\}$，有：

$$C = \lim_{\lambda\to 0}\sum_{i=1}^{n} C'(\xi_i)\Delta x_i .$$

即所求的总成本.

二、定积分的定义

上述几个具体的面积、路程及总成本问题，虽然实际意义不同，但其解决问题的途径一致，均为求一个乘积和式的极限. 类似的问题还有很多，弄清它们在数量关系上共同的本质与特性，加以抽象与概括，就是定积分的定义.

定义 1　设函数 $f(x)$ 在 $[a,b]$ 上有界.

（1）划分：在 $[a,b]$ 中任意插入 $n-1$ 个分点：

$$a = x_0 < x_1 < x_2 < \cdots < x_{n-1} < x_n = b ,$$

把 $[a,b]$ 分成 n 个小区间 $[x_{i-1},x_i]$，并记每个小区间的长度为

$$\Delta x_i = x_i - x_{i-1} \quad (i = 1, 2, \cdots, n);$$

（2）近似代替：在每个小区间$[x_{i-1}, x_i]$上任取一点ξ_i，作乘积

$$f(\xi_i)\Delta x_i \quad (i = 1, 2, \cdots, n);$$

（3）求和：$\sum_{i=1}^{n} f(\xi_i)\Delta x_i$；

（4）取极限：记$\lambda = \max_{1 \leqslant i \leqslant n}\{\Delta x_i\}$，求极限：

$$\lim_{\lambda \to 0} \sum_{i=1}^{n} f(\xi_i)\Delta x_i. \tag{1}$$

如果对$[a,b]$任意划分，在$[x_{i-1}, x_i]$任取ξ_i，只要当$\lambda \to 0$时，极限（1）总趋于同一个定数I. 这时，我们称$f(x)$在$[a,b]$上**可积**，并称这个极限值I为$f(x)$在$[a,b]$上的**定积分**，记作$\int_a^b f(x)\mathrm{d}x$，即

$$\int_a^b f(x)\mathrm{d}x = \lim_{\lambda \to 0} \sum_{i=1}^{n} f(\xi_i)\Delta x_i,$$

其中$f(x)$称为被积函数，$f(x)\mathrm{d}x$称为被积表达式，x称为积分变量，a称为积分下限，b称为积分上限，$[a,b]$称为积分区间.

根据定积分的定义，前面所举的例子可以用定积分表述如下：

（1）曲线$y = f(x)$ $(f(x) \geqslant 0)$，$x = a, x = b, y = 0$所围图形的面积：

$$A = \int_a^b f(x)\mathrm{d}x.$$

（2）质点以速度$v = v(t)$作直线运动，从时刻T_1到时刻T_2所通过的路程：

$$S = \int_{T_1}^{T_2} v(t)\mathrm{d}t.$$

（3）边际成本为$C'(x)$在产量x从α变到β时的总成本：

$$C = \int_\alpha^\beta C'(x)\mathrm{d}x.$$

关于定积分，还要强调说明如下几点：

（1）定积分与不定积分是两个截然不同的概念. 定积分是一个数值，定积分存在时，其值只与被积函数$f(x)$及积分区间$[a,b]$有关，与积分变量的记法无关，即

$$\int_a^b f(x)\mathrm{d}x = \int_a^b f(t)\mathrm{d}t.$$

（2）关于函数$f(x)$的可积性问题：

定理 1　闭区间$[a,b]$上的连续函数必在$[a,b]$上可积.

定理 2　闭区间$[a,b]$上的只有有限个间断点的有界函数必在$[a,b]$上可积.

这里不给出证明，但有界函数不一定可积.

（3）当$a = b$时，规定：$\int_a^b f(x)\mathrm{d}x = 0$.

（4）规定：$\int_a^b f(x)\mathrm{d}x = -\int_b^a f(x)\mathrm{d}x$.

（5）定积分的几何意义：在$[a,b]$上如果$f(x)\geqslant 0$，$\int_a^b f(x)\mathrm{d}x$表示由曲线$y=f(x)$，直线$x=a,\ x=b,\ y=0$所围成的图形的面积；如果$f(x)\leqslant 0$，则$\int_a^b f(x)\mathrm{d}x$表示由曲线$y=f(x)$，直线$x=a,\ x=b,\ y=0$所围成的图形的面积的负值；如果$f(x)$既取得正值又取得负值时，$\int_a^b f(x)\mathrm{d}x$表示介于x轴，函数$f(x)$的图像及直线$x=a,x=b$之间的各部分图形的面积的代数和，其中在x轴上方的部分图形的面积规定为正，下方的面积规定为负，见图 5-2.

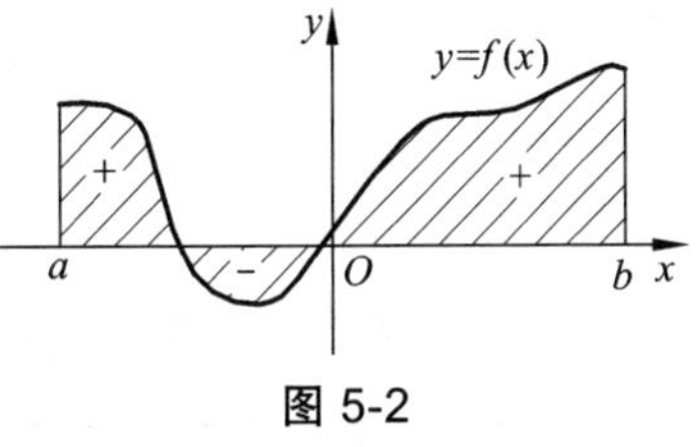

图 5-2

例 1　利用定积分定义计算定积分$\int_0^1 x^2\mathrm{d}x$.

解　因为被积函数x^2在[0, 1]上连续，所以可积. 因此积分值与[0,1]的分法及ξ_i的取法无关，故有：

（1）将[0, 1]分成n等份，取$x_i=\dfrac{i}{n}$，每个小区间$[x_{i-1},x_i]$的长度$\Delta x_i=\dfrac{1}{n}\ (i=1,2,\cdots,n)$；

（2）近似代替：取$\xi_i=x_i=\dfrac{i}{n}$，作$\Delta A_i\approx f(\xi_i)\Delta x_i=\left(\dfrac{i}{n}\right)^2\cdot\dfrac{1}{n}\ (i=1,2,\cdots,n)$；

（3）求和：

$$S\approx\sum_{i=1}^{n}f(\xi_i)\Delta x_i=\frac{1}{n^3}\sum_{i=1}^{n}i^2=\frac{1}{6}\left(1+\frac{1}{n}\right)\left(2+\frac{1}{n}\right);$$

（4）取极限：令$\lambda=\max\limits_{1\leqslant i\leqslant n}\{\Delta x_i\}$，当$\lambda\to 0$时$(n\to\infty)$，

$$\int_0^1 x^2\mathrm{d}x=\lim_{\lambda\to 0}\sum_{i=1}^{n}\xi_i^2\Delta x_i=\lim_{n\to\infty}\frac{1}{6}\left(1+\frac{1}{n}\right)\left(2+\frac{1}{n}\right)=\frac{1}{3}.$$

例 2　用定积分的几何意义求$\int_0^{2\pi}\sin x\mathrm{d}x$.

解　画出被积函数$y=\sin x$在$[0,2\pi]$上的图形，见图 5-3. 因x轴上方与x轴下方图形面积相同，用定积分表示时上方的用$+S$，下方的用$-S$，所以

$$\int_0^{2\pi}\sin x\mathrm{d}x=(+S)+(-S)=0.$$

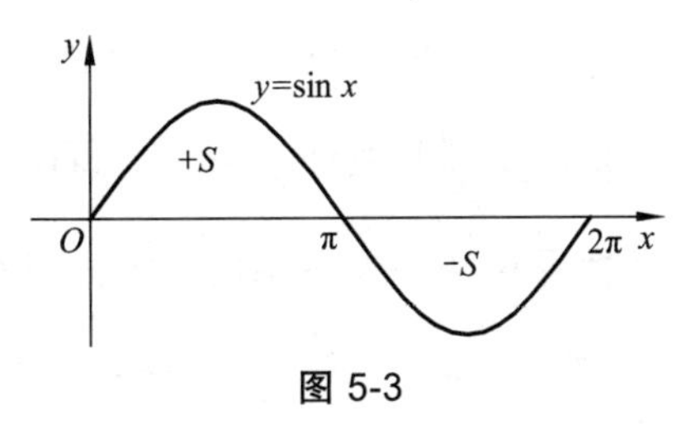

图 5-3

第二节　定积分的性质

在以下所列的性质中，均认定函数$f(x)$，$g(x)$在指定区间上可积.

性质 1　两个函数的代数和的积分等于两函数积分的代数和，即

$$\int_a^b [f(x)\pm g(x)]\,dx = \int_a^b f(x)dx \pm \int_a^b g(x)dx .$$

证明 由定积分的定义有

$$\int_a^b [f(x)\pm g(x)]dx = \lim_{\lambda\to 0}\sum_{i=1}^{n}[f(\xi_i)\pm g(\xi_i)]\,\Delta x_i = \lim_{\lambda\to 0}\sum_{i=1}^{n} f(\xi_i)\Delta x_i \pm \lim_{\lambda\to 0}\sum_{i=1}^{n} g(\xi_i)\Delta x_i$$

$$= \int_a^b f(x)dx \pm \int_a^b g(x)dx .$$

对于任意有限个函数的代数和，该性质都成立.

性质 2 被积函数的常数因子可以提到积分号外面，即

$$\int_a^b kf(x)dx = k\int_a^b f(x)dx \quad (k\text{ 为常数}).$$

性质 3（定积分的积分区间可加性） 如果将积分区间 $[a,b]$ 分成两个小区间 $[a,c]$ 和 $[c,b]$，则在整个区间上的定积分等于这两个小区间上的定积分之和，即若 $a<c<b$，则

$$\int_a^b f(x)dx = \int_a^c f(x)dx + \int_c^b f(x)dx .$$

当 c 不介于 a,b 之间时，上式仍然成立. 例如，$a<b<c$，则

$$\int_a^c f(x)dx = \int_a^b f(x)dx + \int_b^c f(x)dx .$$

于是
$$\int_a^b f(x)dx = \int_a^c f(x)dx - \int_b^c f(x)dx = \int_a^c f(x)dx + \int_c^b f(x)dx .$$

性质 4 如果在 $[a,b]$ 上，$f(x)\equiv 1$，则 $\int_a^b 1dx = \int_a^b dx = b-a$.

性质 5 如果在 $[a,b]$ 上，$f(x)\leqslant g(x)$，则 $\int_a^b f(x)dx \leqslant \int_a^b g(x)dx$.

推论 1 如果在 $[a,b]$ 上，$f(x)\geqslant 0$，则 $\int_a^b f(x)dx \geqslant 0$.

推论 2 $\left|\int_a^b f(x)dx\right| \leqslant \int_a^b |f(x)|dx$.

性质 6（定积分的估值定理） 设 M 及 m 分别是函数 $f(x)$ 在 $[a,b]$ 上的最大值及最小值，则

$$m(b-a) \leqslant \int_a^b f(x)dx \leqslant M(b-a) \quad (a<b).$$

以上这些性质或推论的证明均可类似性质 1 用定积分的定义或利用性质 5 来完成. 请读者自行证明.

性质 7（定积分中值定理） 如果函数 $f(x)$ 在 $[a,b]$ 上连续，则在 $[a,b]$ 上至少存在一点，使

$$\int_a^b f(x)dx = f(\xi)(b-a) \quad (a\leqslant \xi \leqslant b).$$

证明 根据定积分估值定理，有

$$m \leqslant \frac{1}{b-a}\int_a^b f(x)\mathrm{d}x \leqslant M ,$$

即确定的数值 $\frac{1}{b-a}\int_a^b f(x)\mathrm{d}x$ 介于函数 $f(x)$ 的最小值 m 及最大值 M 之间. 根据闭区间上连续函数的介值定理，在 $[a,b]$ 上至少存在一点 ξ，使得函数 $f(x)$ 在 ξ 处的值与这个确定的数值相等，即

$$\frac{1}{b-a}\int_a^b f(x)\mathrm{d}x = f(\xi) \quad (a \leqslant \xi \leqslant b),$$

即

$$\int_a^b f(x)\mathrm{d}x = f(\xi)(b-a) \quad (a \leqslant \xi \leqslant b).$$

上述各条性质均可进行几何解释，仅以性质 7 为例. 在区间 $[a,b]$ 上至少存在一点 ξ，使得以 $[a,b]$ 为底边，以曲线 $y = f(x)$ 为曲边的曲边梯形的面积等于同一底边、而高为 $f(\xi)$ 的一个矩形的面积（见图 5-4），图中的正负符号是 $f(x)$ 相对于长方形凸出和凹进的部分，并称 $\frac{1}{b-a}\int_a^b f(x)\mathrm{d}x$ 为函数 $f(x)$ 在区间 $[a,b]$ 上的平均值.

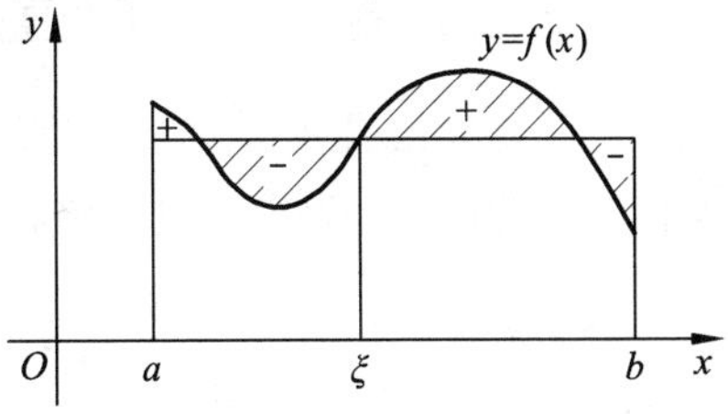

图 5-4

例 1 估计积分值 $\int_{\frac{1}{2}}^1 x^4\mathrm{d}x$ 的大小.

解 令 $f(x) = x^4$，因 $x \in \left[\frac{1}{2},1\right]$，则

$$f'(x) = 4x^3 > 0,$$

所以 $f(x)$ 在 $\left[\frac{1}{2},1\right]$ 上单调增加. $f(x)$ 在 $\left[\frac{1}{2},1\right]$ 上的最小值 $m = f\left(\frac{1}{2}\right) = \frac{1}{16}$，最大值 $M = f(1) = 1$. 所以有

$$\frac{1}{16}\left(1-\frac{1}{2}\right) \leqslant \int_{\frac{1}{2}}^1 x^4\mathrm{d}x \leqslant 1\left(1-\frac{1}{2}\right),$$

即

$$\frac{1}{32} \leqslant \int_{\frac{1}{2}}^1 x^4\mathrm{d}x \leqslant \frac{1}{2}.$$

例 2 比较 $\int_0^1 \mathrm{e}^x\mathrm{d}x$ 与 $\int_0^1 (1+x)\mathrm{d}x$ 的大小.

解 令 $f(x) = \mathrm{e}^x - (1+x)$，因 $x \in [0,1]$，则

$$f'(x) = \mathrm{e}^x - 1 \geqslant 0 \text{（仅当 } x = 0 \text{ 时等号成立）},$$

所以 $f(x)$ 在 $[0,1]$ 上单调递增，即 $x > 0$ 时，$f(x) > f(0) = 0$，即在(0, 1)内

$$\mathrm{e}^x > 1 + x .$$

所以

$$\int_0^1 \mathrm{e}^x\mathrm{d}x > \int_0^1 (1+x)\mathrm{d}x .$$

第三节 微积分基本公式

积分学中要解决两个问题：第一个问题是原函数的求法问题，我们在第四章中已经对它做了讨论；第二个问题就是定积分的计算问题. 如果要按定积分的定义来计算定积分，那将是十分困难的，因此寻求一种计算定积分的有效方法便成为积分学发展的关键. 我们知道,不定积分作为原函数的概念与定积分作为积分和的极限的概念是完全不相干的两个概念,但是,牛顿和莱布尼茨不仅发现而且还找到了这两个概念之间存在着的深刻的内在联系，即所谓的“微积分基本定理”，并由此巧妙地开辟了求定积分的新途径——牛顿-莱布尼茨公式，从而使积分学与微分学一起构成变量数学的基础学科——微积分学. 牛顿和莱布尼茨也因此作为微积分学的奠基人而载入史册.

一、变速直线运动中位置函数与速度函数之间的联系

设一物体沿直线作变速运动，在 t 时刻物体所在位置为 $S(t)$，速度为 $v(t)\,(v(t)\geqslant 0)$，则物体在时间间隔 $[T_1,T_2]$ 内经过的路程可用速度函数表示为

$$\int_{T_1}^{T_2} v(t)\mathrm{d}t .$$

另一方面，这段路程还可以通过位置函数 $S(t)$在 $[T_1,T_2]$ 上的增量 $S(T_2)-S(T_1)$ 来表达，因此

$$\int_{T_1}^{T_2} v(t)\mathrm{d}t = S(T_2)-S(T_1)\text{，且}\quad S'(t)=v(t) .$$

那么对于一般函数 $f(x)$，设 $F'(x)=f(x)$，是否也有

$$\int_a^b f(x)\mathrm{d}x = F(b)-F(a) .$$

若上式成立,我们就找到了用 $f(x)$ 的原函数的数值差 $F(b)-F(a)$ 来计算 $f(x)$ 在 $[a,b]$ 上的定积分的方法.

二、积分上限的函数及其导数

设函数 $f(x)$ 在 $[a,b]$ 上连续，任取 $x\in[a,b]$，则 $f(x)$ 在 $[a,x]$ 上也连续，从而确定了唯一一个数值

$$\int_a^x f(x)\mathrm{d}x = \int_a^x f(t)\mathrm{d}t .$$

如果上限 x 在 $[a,b]$ 上任意取值，总有唯一确定的数值 $\int_a^x f(t)\mathrm{d}t$ 与之对应，这样就定义了一个区间 $[a,b]$ 上的函数，记作 $\varPhi(x)$，即

$$\varPhi(x) = \int_a^x f(t)\mathrm{d}t \quad (a\leqslant x\leqslant b).$$

$\Phi(x)$称为积分上限函数．积分上限函数具有下述重要性质．

定理 1　如果函数 $f(x)$ 在 $[a,b]$上连续，则积分上限函数

$$\Phi(x)=\int_a^x f(t)\mathrm{d}t$$

在 $[a,b]$上可导，并且其导数为

$$\Phi'(x)=\frac{\mathrm{d}}{\mathrm{d}x}\int_a^x f(t)\mathrm{d}t=f(x)\quad(a\leqslant x\leqslant b).$$

证明　任取 x 及 Δx，使 $x, x+\Delta x\in(a,b)$（见图 5-5），则

$$\begin{aligned}\Delta\Phi(x)&=\Phi(x+\Delta x)-\Phi(x)\\&=\int_a^{x+\Delta x} f(t)\mathrm{d}t-\int_a^x f(t)\mathrm{d}t\\&=\int_a^x f(t)\mathrm{d}t+\int_x^{x+\Delta x} f(t)\mathrm{d}t-\int_a^x f(t)\mathrm{d}t\\&=\int_x^{x+\Delta x} f(t)\mathrm{d}t=f(\xi)\Delta x\quad(x\leqslant\xi\leqslant x+\Delta x).\end{aligned}$$

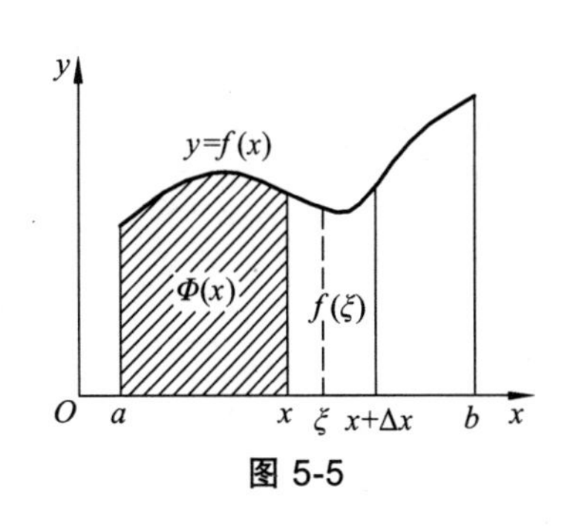

图 5-5

从而

$$\frac{\Delta\Phi(x)}{\Delta x}=f(\xi)\quad(x\leqslant\xi\leqslant x+\Delta x).$$

由于 $f(x)$ 在 $[a,b]$上连续，当 $\Delta x\to0$ 时，$\xi\to x$，故在上式两端同时取极限，有

$$\Phi'(x)=\lim_{\Delta x\to0}f(\xi)=f(x).$$

若 $x=a$，取 $\Delta x>0$，同理可证 $\Phi'_+(a)=f(a)$；若 $x=b$，取 $\Delta x<0$，则 $\Phi'_-(b)=f(b)$．所以

$$\Phi'(x)=\frac{\mathrm{d}}{\mathrm{d}x}\int_a^x f(t)\mathrm{d}t=f(x)\quad(a\leqslant x\leqslant b).$$

推论　设 $f(x)$ 在 $[a,b]$上连续，$\varphi(x)$ 在 $[a,b]$上可导，则

$$\frac{\mathrm{d}}{\mathrm{d}x}\int_a^{\varphi(x)} f(t)\mathrm{d}t=f[\varphi(x)]\cdot\varphi'(x).$$

定理 2　如果函数 $f(x)$ 在 $[a,b]$上连续，则函数

$$\Phi(x)=\int_a^x f(t)\mathrm{d}t$$

为 $f(x)$ 在 $[a,b]$上的一个原函数．

这个定理肯定了连续函数一定存在原函数，而且，初步揭示了定积分与原函数之间的联系，因此利用原函数来计算定积分就变得有可能了．

三、微积分基本公式

定理 3　如果函数 $F(x)$ 是 $[a,b]$上的连续函数 $f(x)$ 的任意一个原函数，则

$$\int_a^b f(x)\mathrm{d}x = F(b) - F(a).$$

证明 因为$\Phi(x)=\int_a^x f(t)\mathrm{d}t$与$F(x)$都是$f(x)$的原函数，故

$$F(x)-\Phi(x)=C\ \ (a \leqslant x \leqslant b),$$

其中C为某一常数.

令$x=a$，得

$$F(a)-\Phi(a)=C\text{，且}\quad \Phi(a)=\int_a^a f(t)\mathrm{d}t=0,$$

即有$C=F(a)$，故

$$F(x)=\Phi(x)+F(a),$$

即

$$\Phi(x)=F(x)-F(a)=\int_a^x f(t)\,\mathrm{d}t.$$

令$x=b$，有

$$\int_a^b f(x)\mathrm{d}x = F(b) - F(a).$$

为了方便起见，还常用$F(x)\big|_a^b$表示$F(b)-F(a)$，即

$$\int_a^b f(x)\mathrm{d}x = F(x)\Big|_a^b = F(b) - F(a).$$

该式称为微积分基本公式或牛顿-莱布尼茨公式. 它指出了求连续函数定积分的一般方法，把求定积分的问题转化成求原函数的问题，是联系微分学与积分学的桥梁.

例 1 计算$\int_0^1 x^2\mathrm{d}x$.

解 由于$\frac{1}{3}x^3$是x^2的一个原函数，所以根据牛顿-莱布尼茨公式有

$$\int_0^1 x^2\mathrm{d}x=\frac{1}{3}x^3\Big|_0^1=\frac{1}{3}\cdot 1^3-\frac{1}{3}\cdot 0^3=\frac{1}{3}.$$

例 2 计算$\int_0^1 \frac{\mathrm{d}x}{\sqrt{4-x^2}}$.

解 由于$\frac{1}{\sqrt{4-x^2}}$的一个原函数为$\arcsin\frac{x}{2}$，故

$$\int_0^1 \frac{\mathrm{d}x}{\sqrt{4-x^2}}=\arcsin\frac{x}{2}\Bigg|_0^1=\arcsin\frac{1}{2}-\arcsin 0=\frac{\pi}{6}.$$

例 3 计算$\int_1^{\mathrm{e}} \frac{\ln x}{x}\mathrm{d}x$.

解 $\int_1^{\mathrm{e}} \frac{\ln x}{x}\mathrm{d}x=\int_1^{\mathrm{e}} \ln x\mathrm{d}(\ln x)=\frac{1}{2}(\ln x)^2\Big|_1^{\mathrm{e}}=\frac{1}{2}.$

例 4　计算 $\int_{-1}^{1}|2x+1|\mathrm{d}x$.

解　因为

$$|2x+1|=\begin{cases}2x+1, & x\geqslant -\dfrac{1}{2},\\ -(2x+1), & x<-\dfrac{1}{2},\end{cases}$$

故 $$\int_{-1}^{1}|2x+1|\mathrm{d}x=-\int_{-1}^{-\frac{1}{2}}(2x+1)\mathrm{d}x+\int_{-\frac{1}{2}}^{1}(2x+1)\mathrm{d}x=(-x^2-x)\Big|_{-1}^{-\frac{1}{2}}+(x^2+x)\Big|_{-\frac{1}{2}}^{1}=\frac{5}{2}.$$

例 5　计算正弦曲线 $y=\sin x$ 在 $[0,\pi]$ 上与 x 轴所围成的图形（见图 5-6）的面积.

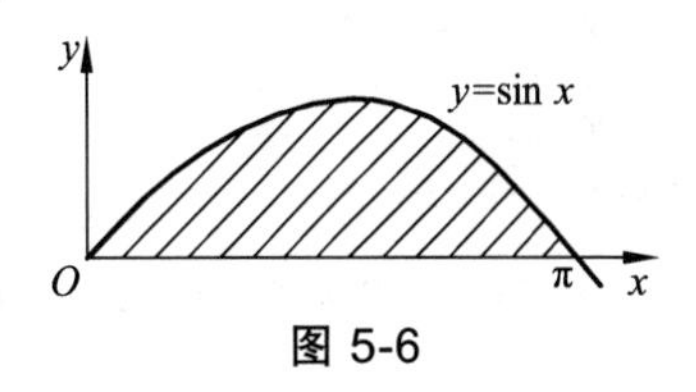

图 5-6

解　由于 $y=\sin x$ 在 $[0,\pi]$ 上非负连续，所以它围成的面积

$$A=\int_{0}^{\pi}\sin x\mathrm{d}x=-\cos x\Big|_{0}^{\pi}=-(\cos\pi)+(\cos 0)=2.$$

例 6　已知某产品的边际费用为

$$f(x)=0.6x-9\text{（单位：元）},$$

若这种产品的售价为 21 元，试求总利润，并求当产出量为多少时，可获得最大利润？（假设产出量为零时的费用为零）

解　因为产出量为零时的费用也为零，所以总费用为

$$F(x)=\int_{0}^{x}f(t)\mathrm{d}t=\int_{0}^{x}(0.6t-9)\mathrm{d}t=0.3x^2-9x.$$

又因为该产品售价为 21 元，所以总收益为

$$R(x)=21x.$$

故总利润函数为

$$L(x)=R(x)-F(x)=30x-0.3x^2.$$

令 $$L'(x)=30-0.6x=0,$$

得 $x_0=50$，且 $L''(x_0)=-0.6<0$，故当产出量 $x=50$ 时，可获得最大利润，且此时最大利润为

$$L(50)=(30x-0.3x^2)\big|_{x=50}=750\text{（元）}.$$

例 7　计算 $\lim\limits_{x\to 0}\dfrac{1}{x}\int_{0}^{\sin x}\mathrm{e}^{-t^2}\mathrm{d}t$.

解　这是一个“$\dfrac{0}{0}$”型的未定式，运用洛必达法则及本节中的推论来计算这个极限.

$$\frac{\mathrm{d}}{\mathrm{d}x}\int_{0}^{\sin x}\mathrm{e}^{-t^2}\mathrm{d}t=\mathrm{e}^{-\sin^2 x}\cdot\cos x.$$

所以 $$\lim_{x\to 0}\frac{1}{x}\int_{0}^{\sin x}\mathrm{e}^{-t^2}\mathrm{d}t=\lim_{x\to 0}\frac{\int_{0}^{\sin x}\mathrm{e}^{-t^2}\mathrm{d}t}{x}=\lim_{x\to 0}\frac{\mathrm{e}^{-\sin^2 x}\cdot\cos x}{1}=1.$$

例 8 设 $f(x)$ 是 $(0,+\infty)$ 上的连续函数，$F(x)=\dfrac{1}{x}\int_0^x f(t)\mathrm{d}t$，若 $f(x)$ 是单调增函数，证明：$F(x)$ 也为单调增函数.

证明 由 $F(x)=\dfrac{1}{x}\int_0^x f(t)\mathrm{d}t$，有

$$F'(x)=\frac{xf(x)-\int_0^x f(t)\mathrm{d}t}{x^2}.$$

由积分中值定理，有

$$\int_0^x f(t)\mathrm{d}t=xf(\xi)\quad(0<\xi<x).$$

所以
$$F'(x)=\frac{xf(x)-\int_0^x f(t)\mathrm{d}t}{x^2}=\frac{f(x)-f(\xi)}{x}.$$

由于 $f(x)$ 是单调增函数，有 $f(x)-f(\xi)>0$，故 $F'(x)>0$，即 $F(x)$ 为单调增函数.

第四节 定积分的换元积分法

计算定积分 $\int_a^b f(x)\mathrm{d}x$ 的简便方法是求出一个原函数后，再用牛顿-莱布尼茨公式计算. 而在不定积分中，我们知道，用换元积分法可以求出一些函数的原函数，因此，在一定条件下，可以用换元积分法来计算定积分. 下面通过定理来介绍这个方法.

定理 1 设 $f(x)$ 在 $[a,b]$ 上连续，函数 $x=\varphi(t)$ 在闭区间 $[\alpha,\beta]$ 上有连续导数 $\varphi'(t)$，当 t 从 α 变到 β 时，$\varphi(t)$ 从 $\varphi(\alpha)=a$ 单调变到 $\varphi(\beta)=b$，则

$$\int_a^b f(x)\mathrm{d}x=\int_\alpha^\beta f[\varphi(t)]\varphi'(t)\mathrm{d}t.$$

该公式称为定积分的换元公式. 与不定积分的换元公式不同的是：只要计算在新的积分变量下新的被积函数在新的积分区间内的积分值，就可以避免不定积分中积分后的新变量要代回到原变量的麻烦.

证明 按定理条件，等式两边的积分都是存在的，设 $F(x)$ 是 $f(x)$ 的一个原函数，由复合函数的求导法则可知，$F[\varphi(t)]$ 是 $f[\varphi(t)]\varphi'(t)$ 的一个原函数. 于是，由牛顿-莱布尼茨公式，有

$$\int_a^b f(x)\mathrm{d}x=F(b)-F(a)=F[\varphi(\beta)]-F[\varphi(\alpha)]=\int_\alpha^\beta f[\varphi(t)]\varphi'(t)\mathrm{d}t.$$

注：换元公式对 $a>b$ 的情形也成立.

例 1 计算 $\int_0^a\sqrt{a^2-x^2}\mathrm{d}x\ (a>0)$.

解 令 $x=a\sin t$，则 $\mathrm{d}x=a\cos t\mathrm{d}t$. 当 x 从 0 变到 a 时，相应地 t 从 0 变到 $\dfrac{\pi}{2}$，于是

$$\int_0^a\sqrt{a^2-x^2}\mathrm{d}x=a^2\int_0^{\frac{\pi}{2}}\cos^2 t\mathrm{d}t=\frac{a^2}{2}\left(t+\frac{1}{2}\sin 2t\right)\Big|_0^{\frac{\pi}{2}}=\frac{\pi}{4}a^2.$$

例 2　计算 $\int_{\frac{3}{4}}^{1} \frac{\mathrm{d}x}{\sqrt{1-x}-1}$.

解　令 $\sqrt{1-x}=t$，则 $x=1-t^2$，$\mathrm{d}x=-2t\mathrm{d}t$. 当 x 从 $\frac{3}{4}$ 变到 1 时，相应地 t 从 $\frac{1}{2}$ 变到 0，于是

$$\int_{\frac{3}{4}}^{1} \frac{\mathrm{d}x}{\sqrt{1-x}-1} = \int_{\frac{1}{2}}^{0} \frac{-2t}{t-1}\mathrm{d}t = 2\left[t+\ln|t-1|\right]_0^{\frac{1}{2}} = 1-2\ln 2.$$

在定积分的计算过程中，如果运用凑微分法，且未写出中间变量，则无需改变积分限，可采用下述书写方法.

例 3　计算 $\int_{1}^{\mathrm{e}^2} \frac{\mathrm{d}x}{x\sqrt{1+\ln x}}$.

解　$\int_{1}^{\mathrm{e}^2} \frac{\mathrm{d}x}{x\sqrt{1+\ln x}} = \int_{1}^{\mathrm{e}^2} \frac{\mathrm{d}(\ln x)}{\sqrt{1+\ln x}} = \int_{1}^{\mathrm{e}^2} \frac{\mathrm{d}(1+\ln x)}{\sqrt{1+\ln x}} = 2\sqrt{1+\ln x}\Big|_1^{\mathrm{e}^2} = 2(\sqrt{3}-1)$.

例 4　计算 $\int_0^{\pi} \sqrt{\sin^3 x - \sin^5 x}\,\mathrm{d}x$.

解　由于

$$\sqrt{\sin^3 x - \sin^5 x} = \sin^{\frac{3}{2}} x \cdot |\cos x|,$$

该定积分要分区间分别进行计算，即

$$\begin{aligned}
\int_0^{\pi} \sqrt{\sin^3 x - \sin^5 x}\mathrm{d}x &= \int_0^{\pi} \sin^{\frac{3}{2}} x\,|\cos x|\,\mathrm{d}x \\
&= \int_0^{\frac{\pi}{2}} \sin^{\frac{3}{2}} x\cos x\mathrm{d}x + \int_{\frac{\pi}{2}}^{\pi} \sin^{\frac{3}{2}} x(-\cos x)\mathrm{d}x \\
&= \int_0^{\frac{\pi}{2}} \sin^{\frac{3}{2}} x\mathrm{d}(\sin x) - \int_{\frac{\pi}{2}}^{\pi} \sin^{\frac{3}{2}} x\mathrm{d}(\sin x) \\
&= \frac{2}{5}\sin^{\frac{5}{2}} x\Big|_0^{\frac{\pi}{2}} - \frac{2}{5}\sin^{\frac{5}{2}} x\Big|_{\frac{\pi}{2}}^{\pi} = \frac{4}{5}.
\end{aligned}$$

例 5　试证：若 $f(x)$ 在 $[-a,a]$ 上连续，则：

（1）$\int_{-a}^{a} f(x)\mathrm{d}x = \int_0^{a} [f(-x)+f(x)]\mathrm{d}x$；

（2）当 $f(x)$ 为奇函数时，$\int_{-a}^{a} f(x)\mathrm{d}x = 0$；

（3）当 $f(x)$ 为偶函数时，$\int_{-a}^{a} f(x)\mathrm{d}x = 2\int_0^{a} f(x)\mathrm{d}x$.

证明　（1）因为

$$\int_{-a}^{a} f(x)\mathrm{d}x = \int_{-a}^{0} f(x)\mathrm{d}x + \int_0^{a} f(x)\mathrm{d}x,$$

对积分式 $\int_{-a}^{0} f(x)\mathrm{d}x$ 作变换 $x=-t$，则有

$$\int_{-a}^{0} f(x)\mathrm{d}x = -\int_{a}^{0} f(-t)\mathrm{d}t = \int_0^{a} f(-x)\mathrm{d}x.$$

从而
$$\int_{-a}^{a} f(x)\mathrm{d}x = \int_0^a [f(-x)+f(x)]\mathrm{d}x .$$

（2）若 $f(x)$ 为奇函数，即 $f(-x) = -f(x)$，由（1）有
$$\int_{-a}^{a} f(x)\mathrm{d}x = \int_0^a [-f(x)+f(x)]\mathrm{d}x = 0.$$

（3）若 $f(x)$ 为偶函数，即 $f(-x) = f(x)$，由（1）有
$$\int_{-a}^{a} f(x)\mathrm{d}x = \int_0^a [f(x)+f(x)]\mathrm{d}x = 2\int_0^a f(x)\mathrm{d}x .$$

例 6 计算 $\int_0^{\pi}\frac{x\sin x}{1+\cos^2 x}\mathrm{d}x$.

解
$$\int_0^{\pi}\frac{x\sin x}{1+\cos^2 x}\mathrm{d}x = \int_0^{\frac{\pi}{2}}\frac{x\sin x}{1+\cos^2 x}\mathrm{d}x+\int_{\frac{\pi}{2}}^{\pi}\frac{x\sin x}{1+\cos^2 x}\mathrm{d}x .$$
在后一积分式中作变换 $x=\pi-t$，有
$$\int_{\frac{\pi}{2}}^{\pi}\frac{x\sin x}{1+\cos^2 x}\mathrm{d}x = -\int_{\frac{\pi}{2}}^{0}\frac{(\pi-t)\sin t}{1+\cos^2 t}\mathrm{d}t = \int_0^{\frac{\pi}{2}}\frac{(\pi-x)\sin x}{1+\cos^2 x}\mathrm{d}x .$$
于是
$$\int_0^{\pi}\frac{x\sin x}{1+\cos^2 x}\mathrm{d}x = \pi\int_0^{\frac{\pi}{2}}\frac{\sin x}{1+\cos^2 x}\mathrm{d}x = -\pi\arctan(\cos x)\Big|_0^{\frac{\pi}{2}} = \frac{\pi^2}{4}.$$

例 7 设 $f(x) = \begin{cases}1+x^2, x\leqslant 0\\ \mathrm{e}^{-x}, \quad x>0\end{cases}$，求 $\int_1^3 f(x-2)\mathrm{d}x$.

解 令 $x-2=t$，当 x 从 1 变到 3 时，相应地 t 从-1 变到 1，于是
$$\int_1^3 f(x-2)\mathrm{d}x = \int_{-1}^{1} f(t)\mathrm{d}t = \int_{-1}^{0}(1+t^2)\mathrm{d}t + \int_0^1 \mathrm{e}^{-t}\mathrm{d}t = \left[t+\frac{1}{3}t^3\right]_{-1}^{0} - \mathrm{e}^{-t}\Big|_0^1 = \frac{7}{3}-\frac{1}{\mathrm{e}}.$$

第五节 定积分的分部积分法

设函数 $u=u(x)$, $v=v(x)$ 在 $[a,b]$ 上有连续导数，则有定积分的分部积分公式：
$$\int_a^b u(x)v'(x)\mathrm{d}x = u(x)v(x)\Big|_a^b - \int_a^b u'(x)v(x)\mathrm{d}x ,$$
或
$$\int_a^b u(x)\mathrm{d}v(x) = u(x)v(x)\Big|_a^b - \int_a^b v(x)\mathrm{d}u(x) .$$

事实上，由函数乘积的求导公式
$$[u(x)v(x)]' = u'(x)v(x)+u(x)v'(x) ,$$
得出
$$u(x)v'(x) = [u(x)v(x)]' - u'(x)v(x) .$$
两边同时对 x 在 $[a,b]$ 上积分即有
$$\int_a^b u(x)v'(x)\mathrm{d}x = u(x)v(x)\Big|_a^b - \int_a^b u'(x)v(x)\mathrm{d}x .$$

例 1 计算$\int_0^{\frac{1}{2}}\arcsin x\mathrm{d}x$.

解 令$u=\arcsin x,\ v'=1$，则$u'=\dfrac{1}{\sqrt{1-x^2}},\ v=x$. 所以

$$\int_0^{\frac{1}{2}}\arcsin x\mathrm{d}x=x\arcsin x\Big|_0^{\frac{1}{2}}-\int_0^{\frac{1}{2}}\frac{x}{\sqrt{1-x^2}}\mathrm{d}x=\frac{\pi}{12}+\sqrt{1-x^2}\Big|_0^{\frac{1}{2}}=\frac{\pi}{12}+\frac{\sqrt{3}}{2}-1.$$

例 2 计算$\int_1^4\dfrac{\ln x}{\sqrt{x}}\mathrm{d}x$.

解 先用换元法，令$\sqrt{x}=t$，则$x=t^2,\ \mathrm{d}x=2t\mathrm{d}t$，且当$x$从 1 变到 4 时，$t$从 1 变到 2，于是

$$\int_1^4\frac{\ln x}{\sqrt{x}}\mathrm{d}x=4\int_1^2\ln t\mathrm{d}t=4t\ln t\Big|_1^2-4\int_1^2 t\cdot\frac{1}{t}\mathrm{d}t=8\ln 2-4t\Big|_1^2=4\ln 4-4.$$

例 3 证明定积分公式：

$$I_n=\int_0^{\frac{\pi}{2}}\sin^n x\mathrm{d}x=\begin{cases}\dfrac{n-1}{n}\cdot\dfrac{n-3}{n-2}\cdot\cdots\cdot\dfrac{3}{4}\cdot\dfrac{1}{2}\cdot\dfrac{\pi}{2}, & n\text{为正偶数},\\ \dfrac{n-1}{n}\cdot\dfrac{n-3}{n-2}\cdot\cdots\cdot\dfrac{4}{5}\cdot\dfrac{2}{3}, & n\text{为大于1的正奇数}.\end{cases}$$

证明 $I_n=\int_0^{\frac{\pi}{2}}\sin^{n-1}x\mathrm{d}(-\cos x)=-\cos x\sin^{n-1}x\Big|_0^{\frac{\pi}{2}}+\int_0^{\frac{\pi}{2}}\cos x\mathrm{d}(\sin^{n-1}x)$

$$=(n-1)\int_0^{\frac{\pi}{2}}\cos^2 x\sin^{n-2}x\mathrm{d}x=(n-1)\int_0^{\frac{\pi}{2}}(1-\sin^2 x)\sin^{n-2}x\mathrm{d}x$$

$$=(n-1)\int_0^{\frac{\pi}{2}}\sin^{n-2}x\mathrm{d}x-(n-1)\int_0^{\frac{\pi}{2}}\sin^n x\mathrm{d}x=(n-1)I_{n-2}-(n-1)I_n,$$

故
$$I_n=\frac{n-1}{n}I_{n-2}.$$

这个等式为积分I_n关于下标n的递推公式，如果把n换成$n-2$，有

$$I_{n-2}=\frac{n-3}{n-2}I_{n-4}.$$

同样依次进行下去，直到I_n的下标递减到 0 或 1 为止. 于是有

$$I_{2m}=\frac{2m-1}{2m}\cdot\frac{2m-3}{2m-2}\cdot\cdots\cdot\frac{3}{4}\cdot\frac{1}{2}\cdot I_0;$$

$$I_{2m+1}=\frac{2m}{2m+1}\cdot\frac{2m-2}{2m-1}\cdot\cdots\cdot\frac{4}{5}\cdot\frac{2}{3}\cdot I_1\quad(m=1,2,\cdots).$$

而
$$I_0=\int_0^{\frac{\pi}{2}}\sin^0 x\mathrm{d}x=\frac{\pi}{2},\quad I_1=\int_0^{\frac{\pi}{2}}\sin x\mathrm{d}x=1.$$

从而
$$I_n=\begin{cases}\dfrac{n-1}{n}\cdot\dfrac{n-3}{n-2}\cdot\cdots\cdot\dfrac{3}{4}\cdot\dfrac{1}{2}\cdot\dfrac{\pi}{2}, & n\text{为正偶数},\\ \dfrac{n-1}{n}\cdot\dfrac{n-3}{n-2}\cdot\cdots\cdot\dfrac{4}{5}\cdot\dfrac{2}{3}, & n\text{为大于1的正奇数}.\end{cases}$$

第六节　定积分的近似计算

在实际应用中，要计算定积分 $\int_a^b f(x)\mathrm{d}x$ 的数值，常常会遇到如下的情形：

（1）$f(x)$ 的原函数根本不能用初等函数表示，如 $\int_0^1 \mathrm{e}^{-t^2}\mathrm{d}t$, $\int_0^1 \frac{\sin x}{x}\mathrm{d}x$ 等.

（2）$f(x)$ 是由列表法给出的被积函数.

（3）$f(x)$ 的原函数虽然可以求出，但计算过程很复杂.

以上情形均不能或不宜用牛顿-莱布尼茨公式计算定积分的值. 由于计算机日益普及，定积分的近似计算已经成为应用定积分解决实际问题的重要方法之一. 其基本出发点是定积分的几何意义，定积分的近似计算就是求面积的近似值.

一、矩形法

矩形法是把定积分所表示的曲边梯形划分成若干个小的曲边梯形，再用小的矩形面积作为小的曲边梯形面积的近似值，从而求得定积分的近似值的一种近似计算法.

用分点 $a = x_0, x_1, x_2, \cdots, x_n = b$ 将区间 $[a,b]$ 分成 n 等份，每个小区间的长度均为 $\Delta x = \frac{b-a}{n}$，并记每个分点的函数值为 $y_i = f(x_i), i = 0,1,2,\cdots,n$.

如图 5-7 所示，如果取小区间左端点的函数值作为小矩形的高，则有矩形法公式：

$$\int_a^b f(x)\mathrm{d}x \approx y_0\Delta x + y_1\Delta x + \cdots + y_{n-1}\Delta x = \frac{b-a}{n}(y_0 + y_1 + \cdots + y_{n-1}).$$

如果取小区间的右端点的函数值作为小矩形的高，则有矩形法公式：

$$\int_a^b f(x)\mathrm{d}x \approx y_1\Delta x + y_2\Delta x + \cdots + y_n\Delta x = \frac{b-a}{n}(y_1 + y_2 + \cdots + y_n).$$

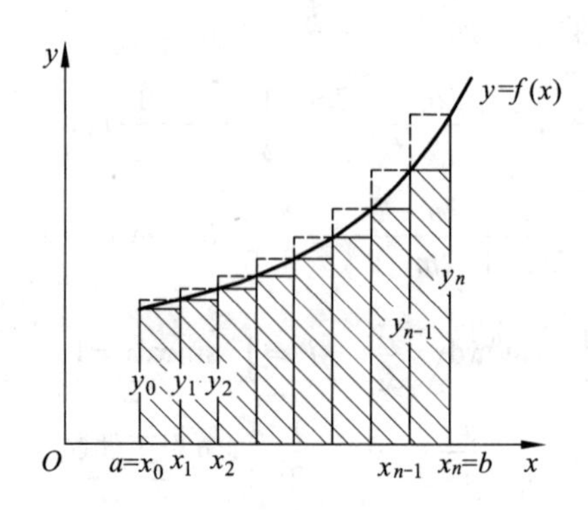

图 5-7

二、梯形法

梯形法是把曲边梯形划分成若干个小曲边梯形后，用小的直边梯形面积作为小的曲边梯形面积的近似值，从而求定积分的近似值的一种近似算法（见图 5-8）. 有梯形法公式：

$$\int_a^b f(x)\mathrm{d}x \approx \frac{1}{2}(y_0+y_1)\Delta x_1+\frac{1}{2}(y_1+y_2)\Delta x_2+\cdots+\frac{1}{2}(y_{n-1}+y_n)\Delta x_n$$

$$=\frac{b-a}{n}\left[\frac{1}{2}(y_0+y_n)+y_1+\cdots+y_{n-1}\right].$$

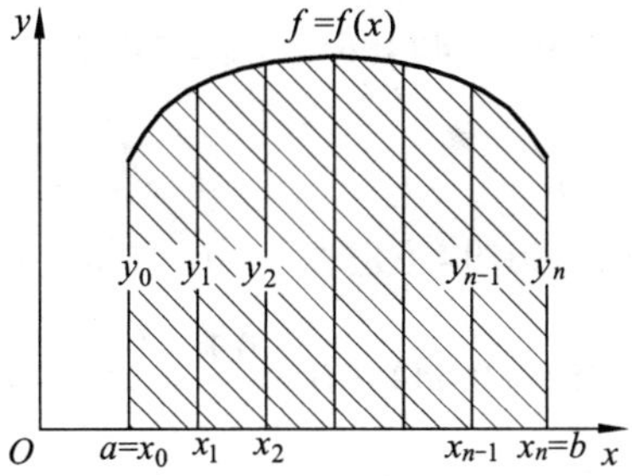

图 5-8

三、抛物线法

抛物线法是把曲边梯形划分成若干个小曲边梯形后，用以抛物线为曲边的小曲边梯形的面积作为以 $y=f(x)$ 为曲边的小曲边梯形的面积的近似值，从而计算定积分的近似值的一种近似方法（见图 5 -9）. 有抛物线法公式，也称辛普森公式：

$$\int_a^b f(x)\mathrm{d}x \approx \frac{b-a}{3n}[(y_0+y_n)+2(y_2+y_4+\cdots+y_{n-2})+4(y_1+y_3+\cdots+y_{n-1})],$$

其中 n 为偶数，即把 $[a,b]$ 分成偶数个小区间.

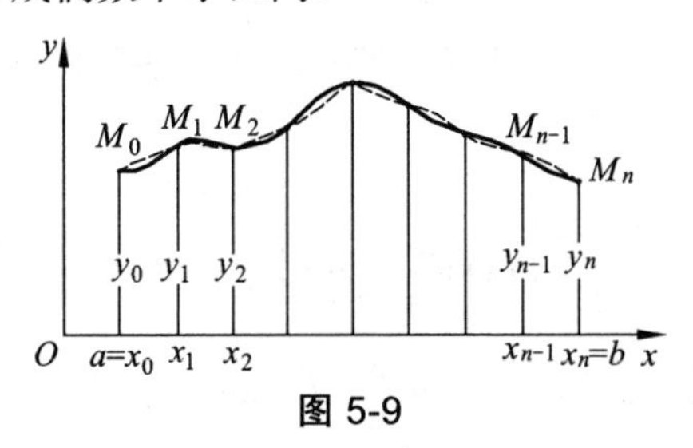

图 5-9

例 1　试分别用上述三种方法近似计算定积分 $\int_0^1 \mathrm{e}^{-x^2}\mathrm{d}x$.

解　把[0, 1]分成 10 等份，其分点 x_i $(i=0,1,2,\cdots,10)$ 的具体数据列表 5-1 如下：

表 5-1

i	0	1	2	3	4	5	6	7	8	9	10
x_i	0	0.1	0.2	0.3	0.4	0.5	0.6	0.7	0.8	0.9	1
y_i	1.00000	0.99005	0.96079	0.91393	0.85214	0.77880	0.69768	0.61263	0.52729	0.44486	0.36788

利用矩形法公式，得

$$\int_0^1 e^{-x^2}dx \approx (0.99005+0.96079+0.91393+0.85214+0.77880+0.69768+0.61263+0.52729+0.44486+0.36788)\times 0.1 = 7.14605\times 0.1 = 0.714605.$$

利用梯形法公式，得

$$\int_0^1 e^{-x^2}dx \approx [\frac{1}{2}(1+0.36788)+0.99005+0.96079+0.91393+0.85214+0.77880+0.69768+0.61263+0.52729+0.44486]\times 0.1 = 7.4621\times 0.1 = 0.74621.$$

利用抛物线法公式，得

$$\int_0^1 e^{-x^2}dx \approx [(1+0.36788)+2(0.96079+0.85214+0.69768+0.52729)+4(0.99005+0.91393+0.77880+0.61263+0.44486)]\times \frac{0.1}{3} = 22.40476\times \frac{0.1}{3} = 0.74683.$$

第七节 广义积分与Γ函数

定积分存在有两个必要条件，即积分区间有限与被积函数有界，但在实际问题中，经常遇到积分区间无限或被积函数无界等情形的积分，这是定积分的两种推广形式，即广义积分.

一、无限区间上的广义积分

定义 1 设函数 $f(x)$ 在 $[a,+\infty)$ 上连续，取 $t>a$，称 $\lim\limits_{t\to+\infty}\int_a^t f(x)dx$ 为 $f(x)$ 在 $[a,+\infty)$ 上的广义积分，记

$$\int_a^{+\infty} f(x)dx = \lim_{t\to+\infty}\int_a^t f(x)dx .$$

若 $\lim\limits_{t\to+\infty}\int_a^t f(x)dx$ 存在且等于 A，则称广义积分 $\int_a^{+\infty} f(x)dx$ 存在或收敛，也称广义积分 $\int_a^{+\infty} f(x)dx$ 收敛于 A；若 $\lim\limits_{t\to+\infty}\int_a^t f(x)dx$ 不存在，则称广义积分 $\int_a^{+\infty} f(x)dx$ 不存在或发散.

类似地，可以定义无穷区间 $(-\infty,b]$ 上的广义积分和 $(-\infty,+\infty)$ 上的广义积分.

$$\int_{-\infty}^{b} f(x)dx = \lim_{t\to-\infty}\int_t^b f(x)dx ,$$

$$\int_{-\infty}^{+\infty} f(x)dx = \int_{-\infty}^{c} f(x)dx + \int_c^{+\infty} f(x)dx ,$$

其中 c 为任意实数，此时 $\int_{-\infty}^{c} f(x)dx$ 与 $\int_c^{+\infty} f(x)dx$ 都收敛是 $\int_{-\infty}^{+\infty} f(x)dx$ 收敛的充分必要条件.

由牛顿-莱布尼茨公式，若 $F(x)$ 是 $f(x)$ 在 $[a,+\infty)$ 上的一个原函数，且 $\lim\limits_{x\to+\infty}F(x)$ 存在，则广义积分

$$\int_a^{+\infty}f(x)\mathrm{d}x=\lim_{x\to+\infty}F(x)-F(a).$$

为了书写方便，当 $\lim\limits_{x\to+\infty}F(x)$ 存在时，常记 $F(+\infty)=\lim\limits_{x\to+\infty}F(x)$，即

$$\int_a^{+\infty}f(x)\mathrm{d}x=F(x)\Big|_a^{+\infty}=F(+\infty)-F(a).$$

另外两种类型在收敛时也可类似地记为

$$\int_{-\infty}^{b}f(x)\mathrm{d}x=F(x)\Big|_{-\infty}^{b}=F(b)-F(-\infty),$$

$$\int_{-\infty}^{+\infty}f(x)\mathrm{d}x=F(x)\Big|_{-\infty}^{+\infty}=F(+\infty)-F(-\infty).$$

注意：$F(+\infty),F(-\infty)$ 有一个不存在时，广义积分 $\int_{-\infty}^{+\infty}f(x)\mathrm{d}x$ 发散.

例 1 计算 $\int_0^{+\infty}x\mathrm{e}^{-x}\mathrm{d}x$.

解 $$\int_0^{+\infty}x\mathrm{e}^{-x}\mathrm{d}x=\lim_{t\to+\infty}\int_0^{t}x\mathrm{e}^{-x}\mathrm{d}x=\lim_{t\to+\infty}\left[-x\mathrm{e}^{-x}\Big|_0^t+\int_0^t\mathrm{e}^{-x}\mathrm{d}x\right]$$

$$=\lim_{t\to+\infty}(1-\mathrm{e}^{-t}-t\mathrm{e}^{-t})=1-\lim_{t\to+\infty}\frac{1+t}{\mathrm{e}^t}=1.$$

例 2 计算 $\int_{-\infty}^{+\infty}\dfrac{\mathrm{d}x}{x^2+2x+2}$.

解 $$\int_{-\infty}^{+\infty}\frac{\mathrm{d}x}{x^2+2x+2}=\int_{-\infty}^{+\infty}\frac{\mathrm{d}x}{(x+1)^2+1}=\arctan(x+1)\Big|_{-\infty}^{+\infty}$$

$$=\lim_{x\to+\infty}\arctan(x+1)-\lim_{x\to-\infty}\arctan(x+1)=\frac{\pi}{2}-\left(-\frac{\pi}{2}\right)=\pi.$$

例 3 证明：$\int_a^{+\infty}\dfrac{1}{x^p}\mathrm{d}x$（$a>0$）在 $p>1$ 时收敛，在 $p\leqslant1$ 时发散.

证明 当 $p=1$ 时，

$$\int_a^{+\infty}\frac{1}{x^p}\mathrm{d}x=\int_a^{+\infty}\frac{1}{x}\mathrm{d}x=\ln x\Big|_a^{+\infty}=+\infty;$$

当 $p\neq1$ 时，

$$\int_a^{+\infty}\frac{1}{x^p}\mathrm{d}x=\frac{1}{1-p}x^{1-p}\Big|_a^{+\infty}=\frac{1}{1-p}\lim_{t\to+\infty}t^{1-p}-\frac{a^{1-p}}{1-p}=\begin{cases}+\infty, & p<1,\\ \dfrac{a^{1-p}}{p-1}, & p>1.\end{cases}$$

所以，当 $p\leqslant1$ 时，该广义积分发散；当 $p>1$ 时，该广义积分收敛于 $\dfrac{a^{1-p}}{p-1}$.

例 4 设 $f(x)=\begin{cases}\dfrac{1}{\pi\sqrt{1-x^2}}, & |x|<\dfrac{1}{2},\\ 0, & 其他,\end{cases}$ 求 $F(x)=\int_{-\infty}^{x}f(t)\mathrm{d}t$.

解 当 $x<-\dfrac{1}{2}$ 时，

$$F(x)=\int_{-\infty}^{x}f(t)\mathrm{d}t=\int_{-\infty}^{x}0\mathrm{d}t=0;$$

当 $-\dfrac{1}{2}\leqslant x<\dfrac{1}{2}$ 时，

$$F(x)=\int_{-\infty}^{x}f(t)\mathrm{d}t=\int_{-\infty}^{-\frac{1}{2}}0\mathrm{d}t+\int_{-\frac{1}{2}}^{x}\frac{\mathrm{d}t}{\pi\sqrt{1-t^2}}=\frac{1}{6}+\frac{1}{\pi}\arcsin x;$$

当 $x\geqslant\dfrac{1}{2}$ 时，

$$F(x)=\int_{-\infty}^{x}f(t)\mathrm{d}t=\int_{-\infty}^{-\frac{1}{2}}0\mathrm{d}t+\int_{-\frac{1}{2}}^{\frac{1}{2}}\frac{\mathrm{d}t}{\pi\sqrt{1-t^2}}+\int_{\frac{1}{2}}^{x}0\mathrm{d}t=\frac{1}{3};$$

故

$$F(x)=\begin{cases}0, & x<-\dfrac{1}{2},\\ \dfrac{1}{6}+\dfrac{1}{\pi}\arcsin x, & -\dfrac{1}{2}\leqslant x<\dfrac{1}{2},\\ \dfrac{1}{3}, & x\geqslant\dfrac{1}{2}.\end{cases}$$

二、无界函数的广义积分

定义 2 设函数 $f(x)$ 在 $(a,b]$ 上连续，且 $\lim\limits_{x\to a^+}f(x)=\infty$，则称 $\lim\limits_{\varepsilon\to 0^+}\int_{a+\varepsilon}^{b}f(x)\mathrm{d}x$ 为 $f(x)$ 在 $(a,b]$ 上的广义积分，仍记为 $\int_a^b f(x)\mathrm{d}x$，即

$$\int_a^b f(x)\mathrm{d}x=\lim_{\varepsilon\to 0^+}\int_{a+\varepsilon}^{b}f(x)\mathrm{d}x.$$

若 $\lim\limits_{\varepsilon\to 0^+}\int_{a+\varepsilon}^{b}f(x)\mathrm{d}x$ 存在且等于 A，则称广义积分 $\int_a^b f(x)\mathrm{d}x$ 存在或收敛，也称广义积分 $\int_a^b f(x)\mathrm{d}x$ 收敛于 A；若 $\lim\limits_{\varepsilon\to 0^+}\int_{a+\varepsilon}^{b}f(x)\mathrm{d}x$ 不存在，则称广义积分 $\int_a^b f(x)\mathrm{d}x$ 不存在或发散.

类似地，可定义 $f(x)$ 在 $[a,b)$ 上连续，且 $\lim\limits_{x\to b^-}f(x)=\infty$ 时的广义积分的收敛与发散：

$$\int_a^b f(x)\mathrm{d}x=\lim_{\varepsilon\to 0^+}\int_a^{b-\varepsilon}f(x)\mathrm{d}x,$$

以及 $f(x)$ 在 $[a,b]$ 上除 c 点（$a<c<b$）外连续，且 $\lim\limits_{x\to c}f(x)=\infty$ 时的广义积分的收敛与发散：

$$\int_a^b f(x)\mathrm{d}x=\int_a^c f(x)\mathrm{d}x+\int_c^b f(x)\mathrm{d}x=\lim_{\varepsilon\to 0^+}\int_a^{c-\varepsilon}f(x)\mathrm{d}x+\lim_{\varepsilon\to 0^+}\int_{c+\varepsilon}^{b}f(x)\mathrm{d}x.$$

此时，$\int_a^c f(x)\mathrm{d}x$ 与 $\int_c^b f(x)\mathrm{d}x$ 至少有一个为无界函数的广义积分，且两者均收敛是 $\int_a^b f(x)\mathrm{d}x$ 收敛的充要条件.

例 5　计算广义积分 $\int_a^{2a}\frac{\mathrm{d}x}{\sqrt{x^2-a^2}}\,(a>0)$.

解　因为 $\lim\limits_{x\to a^+}\frac{1}{\sqrt{x^2-a^2}}=+\infty$，所以

$$\int_a^{2a}\frac{\mathrm{d}x}{\sqrt{x^2-a^2}}=\lim_{\varepsilon\to 0^+}\int_{a+\varepsilon}^{2a}\frac{\mathrm{d}x}{\sqrt{x^2-a^2}}=\lim_{\varepsilon\to 0^+}\ln(x+\sqrt{x^2-a^2})\Big|_{a+\varepsilon}^{2a}$$

$$=\lim_{\varepsilon\to 0^+}[\ln(2+\sqrt{3})a-\ln(a+\varepsilon+\sqrt{(a+\varepsilon)^2-a^2})]=\ln(2+\sqrt{3}).$$

例 6　计算广义积分 $\int_0^2\frac{\mathrm{d}x}{(x-1)^2}$.

解　因为 $\lim\limits_{x\to 1}\frac{1}{(x-1)^2}=+\infty$，所以

$$\int_0^2\frac{\mathrm{d}x}{(x-1)^2}=\int_0^1\frac{\mathrm{d}x}{(x-1)^2}+\int_1^2\frac{\mathrm{d}x}{(x-1)^2}=\lim_{\varepsilon\to 0^+}\int_0^{1-\varepsilon}\frac{\mathrm{d}x}{(x-1)^2}+\lim_{\varepsilon\to 0^+}\int_{1+\varepsilon}^2\frac{\mathrm{d}x}{(x-1)^2},$$

而

$$\lim_{\varepsilon\to 0^+}\int_0^{1-\varepsilon}\frac{\mathrm{d}x}{(x-1)^2}=\lim_{\varepsilon\to 0^+}\frac{1}{1-x}\Big|_0^{1-\varepsilon}=\lim_{\varepsilon\to 0^+}\left(\frac{1}{\varepsilon}-1\right)=+\infty.$$

所以 $\int_0^1\frac{\mathrm{d}x}{(x-1)^2}$ 发散，从而广义积分 $\int_0^2\frac{\mathrm{d}x}{(x-1)^2}$ 也发散.

注意：如果疏忽了 $x=1$ 是 $\frac{1}{(x-1)^2}$ 的无穷间断点或将两个极限的和（其中至少有一个不存在）理解为和的极限，均将导致错误的结论：

$$\int_0^2\frac{\mathrm{d}x}{(x-1)^2}=\frac{1}{1-x}\Big|_0^2=-2,$$

或

$$\int_0^2\frac{\mathrm{d}x}{(x-1)^2}=\lim_{\varepsilon\to 0^+}\left[\int_0^{1-\varepsilon}\frac{\mathrm{d}x}{(x-1)^2}+\int_{1+\varepsilon}^2\frac{\mathrm{d}x}{(x-1)^2}\right]=\lim_{\varepsilon\to 0^+}\left(\frac{1}{\varepsilon}-1-1-\frac{1}{\varepsilon}\right)=-2.$$

例 7　证明：$\int_a^b\frac{\mathrm{d}x}{(b-x)^q}$ 在 $q\geqslant 1$ 时发散，在 $q<1$ 时收敛.

证明　因为 $q>0$，有

$$\lim_{x\to b^-}\frac{1}{(b-x)^q}=+\infty,$$

即 $x=b$ 是被积函数 $\frac{1}{(b-x)^q}$ 的无穷间断点. 所以有：

当 $q=1$ 时，

$$\int_a^b \frac{\mathrm{d}x}{(b-x)^q} = \int_a^b \frac{\mathrm{d}x}{b-x} = \lim_{\varepsilon\to 0^+}[-\ln(b-x)]\Big|_a^{b-\varepsilon} = \lim_{\varepsilon\to 0^+}\ln\frac{b-a}{\varepsilon} = +\infty\text{;}$$

当 $q\neq 1$ 时，

$$\int_a^b \frac{\mathrm{d}x}{(b-x)^q} = \lim_{\varepsilon\to 0^+}\frac{-(b-x)^{1-q}}{1-q}\Bigg|_a^{b-\varepsilon} = \lim_{\varepsilon\to 0^+}\frac{-1}{1-q}[\varepsilon^{1-q}-(b-a)^{1-q}] = \begin{cases} +\infty, & q>1, \\ \dfrac{(b-a)^{1-q}}{1-q}, & q<1. \end{cases}$$

所以，$q\geqslant 1$ 时该广义积分发散；$q<1$ 时该广义积分收敛于 $\dfrac{(b-a)^{1-q}}{1-q}$.

三、Γ-函数

定义 3 含参变量 $s(s>0)$ 的广义积分

$$\Gamma(s)=\int_0^{+\infty} x^{s-1}\mathrm{e}^{-x}\mathrm{d}x \quad (s>0)$$

称为Γ-函数.

可以证明它是收敛的. 这里我们探讨Γ-函数的几个重要性质：

性质 1 递推公式 $\Gamma(s+1)=s\Gamma(s)\ (s>0)$.

证明
$$\begin{aligned}\Gamma(s+1)&=\int_0^{+\infty} x^s\mathrm{e}^{-x}\mathrm{d}x=\lim_{\varepsilon\to 0^+}\lim_{b\to+\infty}\int_\varepsilon^b x^s\mathrm{e}^{-x}\mathrm{d}x\\ &=\lim_{\varepsilon\to 0^+}\lim_{b\to+\infty}\left[(-x^s\mathrm{e}^{-x})\Big|_\varepsilon^b+s\int_\varepsilon^b x^{s-1}\mathrm{e}^{-x}\mathrm{d}x\right]\\ &=s\int_0^{+\infty}x^{s-1}\mathrm{e}^{-x}\mathrm{d}x=s\Gamma(s).\end{aligned}$$

特别地，当 $s=n$ 为自然数时，有

$$\Gamma(n+1)=n\Gamma(n)=n(n-1)\Gamma(n-1)=\cdots=n!\Gamma(1).$$

而 $\Gamma(1)=\int_0^{+\infty}\mathrm{e}^{-x}\mathrm{d}x=1$，所以

$$\Gamma(n+1)=n!.$$

可见Γ-函数是阶乘的推广.

性质 2 当 $s\to 0^+$ 时，$\Gamma(s)\to+\infty$.

这是因为 $\Gamma(s)=\dfrac{\Gamma(s+1)}{s}$，$\lim\limits_{s\to 0^+}\dfrac{\Gamma(s+1)}{s}=+\infty$.

性质 3 $\Gamma(s)\Gamma(1-s)=\dfrac{\pi}{\sin\pi s}\ (0<s<1)$.

这个公式称为余元公式，且有$\Gamma\left(\frac{1}{2}\right)=\sqrt{\pi}$.

例 8 利用Γ-函数证明$\int_0^{+\infty}e^{-x^2}dx=\frac{\sqrt{\pi}}{2}$.

证明 $\int_0^{+\infty}e^{-x^2}dx \xlongequal[x=\sqrt{t}]{t=x^2} \int_0^{+\infty}e^{-t}\cdot\frac{1}{2}t^{-\frac{1}{2}}dt=\frac{1}{2}\int_0^{+\infty}t^{-\frac{1}{2}}e^{-t}dt=\frac{1}{2}\Gamma\left(\frac{1}{2}\right)=\frac{\sqrt{\pi}}{2}$.

该积分是在概率论中常用的一个积分.

习 题 五

(A)

1. 积分区间相同，被积函数也相同的两个定积分的值一定（　　）.

A. 相等　　B. 不相等

C. 相差一个无穷小量　　D. 相差一个任意常数

2. 函数$f(x)$在$[a,b]$上连续是它在该区间上可积的（　　）.

A. 必要条件　B. 充分条件　C. 充要条件　D. 无关条件

3. 设$a=\int_1^2\ln x dx, b=\int_1^2|\ln x|dx$，则（　　）.

A. $a-b=0$　B. $a-b>0$　C. $a-b<0$　D. $a-b$不定

4. 设函数$f(x)$在$[a,b]$上可积，下列各式中不正确的是（　　）.

A. $\int_a^b f(x)dx=\int_a^b f(t)dt$　　B. $\int_a^b f(x)dx=-\int_a^b f(t)dt$

C. $\int_a^b f(x)dx=-\int_b^a f(x)dx$　　D. 若$x\in[a,b]>0$，$x\in[a,b]$，则$\int_a^b f(x)dx\neq 0$

5. 设$f(u)$在$[a,b]$上连续，且x与t无关，则（　　）.

A. $\int_a^b xf(x)dx=x\int_a^b f(x)dx$　　B. $\int_a^b tf(x)dx=t\int_a^b f(x)dx$

C. $\int_a^b tf(x)dt=t\int_a^b f(x)dt$　　D. $\int_a^b xf(t)dx=x\int_a^b f(t)dx$

6. 已知$\int_x^a f(t)dt=\sin(a-x)^2$，则$f(x)=$（　　）.

A. $\sin(a-x)^2$　　B. $-\sin(a-x)^2$

C. $2(a-x)\cos(a-x)^2$　　D. $-2(a-x)\cos(a-x)^2$

7. 函数$f(x)=\int_0^x t^2(t-1)dt$的极小值点x_0是（　　）.

A. 0　B. 1　C. 2　D. 不存在

8. 函数 $f(x)$ 是连续函数，则定积分 $\int_0^1 f(e^x)dx =$（　　）.

A. $\int_0^1 tf(t)dt$　　B. $\int_1^e tf(t)dt$　　C. $\int_0^1 \frac{1}{t}f(t)dt$　　D. $\int_1^e \frac{1}{t}f(t)dt$

9. 如果 $f(x)$ 在 $[a,b]$ 上连续，且 $g'(x)=f(x)$，则 $\int_a^b 2f(x)g(x)\,dx =$（　　）.

A. $2f(b)-2f(a)$　　B. $2g(b)-2g(a)$

C. $f^2(b)-f^2(a)$　　D. $g^2(b)-g^2(a)$

10. 设 $f(x)$ 为连续函数，$a \neq 0$，且已知 $\int_0^1 f(ax+b)dx = \int_b^2 f(x)dx$ 成立，则（　　）.

A. $a=1,b=1$　　B. $a=1,b=-1$　　C. $a=-1,b=1$　　D. $a=-1,b=-1$

11. 广义积分 $\int_a^b \frac{dx}{\sqrt{b-x}}$（$b>a$）有（　　）.

A. 发散　　B. 收敛于 $\frac{1}{2}(b-a)^2$

C. 收敛于 $2\sqrt{b-a}$　　D. 以上都不对

12. 设 $f(x)>0$，且 $\int_0^{+\infty} f(x)dx$ 收敛，则 $\int_0^{+\infty} e^{-x} f(x)dx =$（　　）.

A. 可能收敛　　B. 可能发散

C. 一定收敛　　D. 一定发散

13. 若以 $c(x)$ 表示成本，则 $\int_0^x c'(x)dx + c_0$（$x>0$）表示________. 其中常数 c_0 是__________，积分 $\int_0^x c'(x)dx$ 是__________，定积分 $\int_a^b c'(x)dx$ 表示___________.

14. 由定积分的几何意义有 $\int_{-a}^a \sqrt{a^2-x^2}\,dx =$ ________.

15. $\int_{-a}^a (1+\sin^3 x)dx =$ _________（$a>0$）.

16. 比较定积分 $\int_{-1}^2 x dx$ 与 $\int_{-1}^2 |x|\,dx$ 的大小关系有不等式__________<________.

17. 比较定积分 $\int_0^1 x\sin x dx$ 与 $\int_0^1 x^3 \sin^2 x dx$ 的大小关系有不等式________<_________.

18. 设函数 $f(x)$ 在 $[a,b]$ 上连续，则 $\lim\limits_{b\to a}\int_a^b f(x)dx =$ ______，$\lim\limits_{b\to a}\frac{1}{b-a}\int_a^b f(x)dx =$ ______.

19. 设函数 $f(x)$ 在 $[a,b]$ 上连续，又设 $F(x)=x\int_a^x f(t)dt$，则 $F'(x)=$ ______，$F'(a)=$ ____.

20. 设 $f(x)=\int_0^x t(t-2)dt$，则 $f(x)$ 在________内单调增加，在________内单调减少，极大值为________，极小值为________，曲线 $y=f(x)$ 在_________内上凸，在______内下凸，其拐点为__________.

21. 设 $f(x)$ 在 $[a,b]$ 上连续，且 $f(x)>0$，则方程 $\int_a^x f(t)dt + \int_b^x \frac{1}{f(t)}dt = 0$ 在 (a,b) 内的根的个数为________.

22. 设 $f'(x)=\phi(x)$，则 $\int_a^{2a}\phi(x+a)\mathrm{d}x=$________，$\int_0^a x\phi(x)\mathrm{d}x=$__________.

23. 若 $b>0$，且 $\int_1^b \ln x\mathrm{d}x=1$，则 $b=$__________.

24. 设 $\int_{-\infty}^{+\infty}\mathrm{e}^{k|x|}\mathrm{d}x=1$，则 $k=$__________.

（B）

1. 设 $f(x)=\begin{cases} x, & 0\leqslant x\leqslant 1, \\ x-1, & 1<x\leqslant 2, \end{cases}$ 问 $f(x)$ 在[0, 2]是否可积，若可积则按定积分的几何意义，求 $\int_0^2 f(x)\mathrm{d}x$ 的值，若不可积，说明理由.

2. 估计下列积分的值：

（1）$\int_{\frac{1}{\sqrt{3}}}^{\sqrt{3}} x\arctan x\mathrm{d}x$；　（2）$\int_0^2 \mathrm{e}^{x^2-x}\mathrm{d}x$.

3. 求下列极限：

（1）$\lim\limits_{n\to+\infty}\int_0^a \frac{x^n}{1+x}\mathrm{d}x\ \ (0<a<1)$；　（2）$\lim\limits_{n\to+\infty}\int_n^{n+b}\mathrm{e}^{\frac{x^2}{n}}\mathrm{d}x\ \ (b>0)$.

4. 设 $f(x)$ 为 $[a,b]$ 上的连续函数，证明：

（1）若在 $[a,b]$ 上 $f(x)\geqslant 0$，且 $\int_a^b f(x)\mathrm{d}x=0$，则在 $[a,b]$ 上 $f(x)\equiv 0$.

（2）若 $f(x)$ 在 (a,b) 内可导，且 $\frac{1}{b-a}\int_a^b f(x)\mathrm{d}x=f(b)$，则在 (a,b) 内存在一点 ξ 使得 $f'(\xi)=0$.

5. 求下列导数或微分.

（1）$\frac{\mathrm{d}}{\mathrm{d}y}\int_0^{y^2}\sqrt{1+t^2}\mathrm{d}t$；　（2）$\mathrm{d}\left(\int_{x^2}^{x^3}\frac{\mathrm{d}y}{\sqrt{1+y^4}}\right)$.

6. 求下列极限.

（1）$\lim\limits_{x\to 0}\frac{\int_{\cos x}^1 \mathrm{e}^{-t^2}\mathrm{d}t}{x^2}$；　（2）$\lim\limits_{x\to 0}\frac{\left(\int_0^x \mathrm{e}^{t^2}\mathrm{d}t\right)^2}{\int_0^x t\mathrm{e}^{2t^2}\mathrm{d}t}$；　（3）$\lim\limits_{n\to\infty}\frac{1^p+2^p+\cdots+n^p}{n^{p+1}}\ (p>0)$.

7. 计算定积分.

（1）$\int_1^2(\sqrt{x}+1)\sqrt{x}\mathrm{d}x$；　（2）$\int_0^{\sqrt{3}a}\frac{\mathrm{d}x}{a^2+x^2}$；　（3）$\int_0^1\frac{\mathrm{d}x}{\sqrt{4-x^2}}$；

（4）$\int_{-1}^0\frac{3x^4+3x^2+1}{x^2+1}\mathrm{d}x$；　（5）$\int_0^{\frac{\pi}{4}}\tan^2\theta\mathrm{d}\theta$；　（6）$\int_{-\mathrm{e}-1}^{-2}\frac{\mathrm{d}x}{1+x}$；

（7）$\int_0^{\frac{\pi}{2}}|\sin x-\cos x|\mathrm{d}x$；　（8）$\int_0^2 f(x)\mathrm{d}x$，其中 $f(x)=\begin{cases} x+1, & x\leqslant 1, \\ \frac{1}{2}x^2, & x>1. \end{cases}$

8. 设 $f(x)=\begin{cases}\dfrac{1}{2}\sin x, 0\leqslant x\leqslant \pi \\ 0, \quad 其他\end{cases}$，求 $F(x)=\int_0^x f(t)\mathrm{d}t$ 在 $(-\infty,+\infty)$ 内的表达式.

9. 计算定积分.

（1）$\int_{-1}^{1}\dfrac{x}{\sqrt{5-4x}}\mathrm{d}x$；（2）$\int_0^1\dfrac{\mathrm{d}x}{1+\sqrt{1-x^2}}$；（3）$\int_0^1 t\mathrm{e}^{-\frac{1}{2}t^2}\mathrm{d}x$；

（4）$\int_1^{\mathrm{e}^2}\dfrac{\mathrm{d}x}{x\sqrt{1+\ln x}}$；（5）$\int_{-\frac{\pi}{2}}^{\frac{2\pi}{2}}\sqrt{\cos x-\cos^3 x}\mathrm{d}x$；（6）$\int_0^{\pi}\sqrt{1+\cos 2x}\mathrm{d}x$；

（7）$\int_{-\pi}^{\pi}x^4\sin x\mathrm{d}x$；（8）$\int_{-\frac{1}{2}}^{\frac{1}{2}}\dfrac{(\arcsin x)^2}{\sqrt{1-x^2}}\mathrm{d}x$.

10. 求 $\int_1^3 f(t-2)\mathrm{d}t$，其中 $f(x)=\begin{cases}1+x^2, x\leqslant 0,\\ \mathrm{e}^{-x}, x>0.\end{cases}$

11. 证明：$\int_x^1\dfrac{\mathrm{d}x}{1+x^2}=\int_1^{\frac{1}{x}}\dfrac{\mathrm{d}x}{1+x^2}$(其中 $x>0$).

12. 如果 $f(x)$ 是以 l 为周期的连续函数，证明：$\int_a^{a+l}f(x)\mathrm{d}x$ 的值与 a 无关.

13. 计算定积分.

（1）$\int_0^{\frac{\pi}{2}}(x+x\sin x)\,\mathrm{d}x$；（2）$\int_0^1 x\mathrm{e}^{-x}\mathrm{d}x$；（3）$\int_1^4\dfrac{\ln x}{\sqrt{x}}\mathrm{d}x$；

（4）$\int_{\frac{1}{\mathrm{e}}}^{\mathrm{e}}|\ln x|\mathrm{d}x$；（5）$\int_0^1\dfrac{\ln(1+x)}{(2-x)^2}\mathrm{d}x$；（6）$\int_1^{\mathrm{e}}\sin(\ln x)\mathrm{d}x$.

14. 如果 $f(x)$ 在 $[0,1]$ 上连续，求证：$\int_0^1\left[\int_0^x f(t)\mathrm{d}t\right]\mathrm{d}x=\int_0^1(1-x)f(x)\mathrm{d}x$.

15. 用三种积分近似计算法计算 $\int_1^2\dfrac{\mathrm{d}x}{x}$ 以求 $\ln 2$ 的近似值（取 $n=10$，被积函数值取四位小数）.

16. 判定下列广义积分的敛散性，若收敛，则计算广义积分的值.

（1）$\int_{-\infty}^{+\infty}\dfrac{\mathrm{d}x}{x^2+2x+2}$；（2）$\int_{-\infty}^{+\infty}(|x|+x)\,\mathrm{e}^{-|x|}\mathrm{d}x$；（3）$\int_1^{+\infty}\dfrac{\mathrm{d}x}{\sqrt{x}}$；

（4）$\int_1^2\dfrac{\mathrm{d}x}{x\ln x}$；（5）$\int_1^2\dfrac{x\mathrm{d}x}{\sqrt{x-1}}$；（6）$\int_1^{\mathrm{e}}\dfrac{\mathrm{d}x}{x\sqrt{1-(\ln x)^2}}$.

17. 推导并利用递推公式计算广义积分：$I_n=\int_0^{+\infty}x^n\mathrm{e}^{-x}\mathrm{d}x$.

18. 用 $\Gamma-$函数表示下列积分，并指出它的收敛范围.

（1）$\int_0^{+\infty}\mathrm{e}^{-x^n}\mathrm{d}x\,(n>0)$　（2）$\int_0^1\left(\ln\dfrac{1}{x}\right)^p\mathrm{d}x$.

19. 证明下列各式：

（1）$2\cdot 4\cdot 6\cdot\cdots\cdot(2n)=2^n\Gamma(n+1)$；（2）$1\cdot 3\cdot 5\cdot\cdots\cdot(2n-1)=\dfrac{\Gamma(2n)}{2^{n-1}\Gamma(n)}$.

附录五　历史注记：一元微积分

一、隐函数导数

今天所有的微积分教科书都是先介绍显函数的求导，然后借助其结果确定隐函数的导数，然而在徽积分的创始人那里却没有这样的区别. 1666 年 10 月，牛顿在他的第一篇微积分文献《流数短论》中考虑的第一个问题就是：当给定 x 和 y 之间的关系 $f(x,y)=0$ 时，求流数 $\overline{x}$ 和 $\overline{y}$ 之间的关系. 也就是说，在牛顿那里，求导方法对于显函数与隐函数是统一地给出的.

二、中值定理

1691 年，法国数学家罗尔（Michel Rolle , 1652—1719）在他的《任意次方程的一个解法的证明》中断言：在多项式方程

$$f(x)=0 \tag{1}$$

的两个相邻的实根之间，方程

$$f'(x)=0 \tag{2}$$

至少有一个根. 在这里，罗尔并没有使用导数的概念和符号，但他给出的第二个多项式实际上就是第一个多项式的导数. 这个结果本来与微积分并无直接联系，而且罗尔也没有给出它的证明. 1846 年，尤斯托 · 伯拉维提斯（Giusto Bellavitis）给出了推广了的定理，并将其命名为罗尔定理：如果函数 $f(x)$ 在区间 $[a,b]$ 上连续，且在这个区间内部 $f'(x)$ 存在，$f(a)=f(b)$，则在 $[a,b]$ 内至少有一点 c，使

$$f'(c)=0 .$$

1797 年，法国数学家拉格朗日（J. L. Lagrange, 1736—1813）在他的《解析函数论》中研究泰勒级数时未加证明地给出了后人所说的拉格朗日中值定理：

$$f(b)-f(a)=f'(c)(b-a) \quad (a<c<b)$$

然后他利用这个定理推导出带有“拉格朗日余项”的泰勒定理.

1823 年，法国数学家柯西（A. L. Cauchy, 1789—1857）在他的《无穷小分析教程概论》中定义导数时利用了拉格朗日的上述结果，称之为平均值定理. 1829 年，柯西在他的《微分计算教程》中通过考察导数正负号的意义研究中值定理. 由于

$$y'=\frac{\mathrm{d}y}{\mathrm{d}x}=\lim_{\Delta x\to 0}\frac{\Delta y}{\Delta x}$$

他注意到：如果在点 x_0 处 $y'>0$，则当 Δx 足够小时，Δy 和 Δx 必定同号（如果 $y'<0$，则反号）. 因此，当 x 增加而通过 x_0 时，$y=f(x)$ 增加. 所以他说，如果我们使 x 从 $x=x_0$ 到 $x=X$ 增加一个“可以察觉的量”，则函数 $f(x)$ 当其导数为正时总是增加的，当其导数为负时总是减小的. 特别是，如果在 $[x_0,X]$ 上 $f'(x)>0$，则

$$f(X)>f(x_0).$$

在此基础上，柯西叙述并证明了他的“广义中值定理”.

三、洛必达法则

法国数学家洛必达（G. F. A. de L′ Hospital, 1661—1704）是一位贵族，拥有圣梅特侯爵昂特尔芒伯爵的称号. 1696 年，他出版了《用于理解曲线的无穷小分析》一书，这是世界上第一部系统的微积分教程，其中给出了求分子分母同趋于零的分式极限的法则，后人称之为“洛必达法则”. 但实际上这一结果是约翰·伯努利（Johann Bemoulli）在 1694 年 7 月 22 日的信中告诉洛必达的. 约翰·伯努利在 1691—1692 年写了两篇关于微积分的短文，但未发表. 不久之后，他开始为洛必达讲授微积分，定期领取薪金. 作为交换，他把自己的数学发现传授给洛必达并允许他随时利用，因而洛必达的著作中的许多内容都取材于约翰·伯努利的早期著作.

四、函数的极值

极值问题是 16 ~ 17 世纪导致微积分产生的几类基本问题之一，它们最初都是从当时的科学技术发展过程中提出的. 例如，由于火炮的使用，需要研究火炮的最大射程与大炮倾角的关系；17 世纪初，德国天文学家、数学家开普勒（J. Kepler, 1571—1630）得到了著名的行星运动三大定律. 第一定律：所有行星的运动轨道都是椭圆，太阳位于椭圆的一个焦点. 第二定律：行星的向径（太阳中心到行星中心的连线）在相等的时间内扫过的面积相等. 根据这两条定律，行星在围绕太阳公转时，其运行速度随时都在改变，并且在近日点达到最大，在远日点达到最小.

对于求函数最大值和最小值问题的近代研究是由开普勒的观察开始的，他在酒桶体积的测量中提出了一个确定最佳比例的问题，这启发他考虑很多有关的极大极小问题. 他的方法是通过列表，从观察中得出结果. 他发现：当体积接近极大值时，由于尺寸的变化所产生的体积变化将越来越小，这正是在极值点导数为零这一命题的原始形式.

费马（Fermat）在（求极大值与极小值的方法）（写于 1636 年以前）中把求切线与求极值的方法统一了起来，这对后来牛顿、莱布尼茨创立统一的基本方法——微分法有很大启发.

1671 年，牛顿在《流数法与无穷级数》（发表于 1736 年）中将极大值和极小值问题作为一个基本问题加以叙述和处理：“当一个量取极大值或极小值时，它的流数既不增加也不减少，因为如果增加，就说明它的流数还是较小的，并且即将变大；反之，如果减少，则情况恰好相反，所以，用以前叙述的方法求出它的流数，并且令这个流数等于零.”

1684 年，莱布尼茨发表了《一种求极大、极小值与切线的新方法》，是数学史上第一篇公开发表的微积分学论文. 文中指出，当纵坐标 v 随 x 增加而增加时，dv 是正的；当 v 随 x 增加而减少时，dv 是负的. 此外，因为“当 v 既不增加也不减少时，就不会出现这两种情况，这时 v 是平稳的”，所以极大值或极小值的必要条件是 $dv = 0$，相当于水平切线. 同样，他还说明了拐点的必要条件是 $d(dv) = 0$.

一门科学，只有当它成功地运用数学时，
才能达到真正完善的地步.

——马克思

第六章　定积分的应用

定积分是求某种总量的数学模型，它在几何学、物理学、经济学等方面都有着广泛的应用，显示了巨大魅力. 也正是这些广泛的应用，推动着积分学的不断发展和完善. 因此，在学习的过程中，我们不仅要掌握计算某些实际问题的公式，更重要的还在于深刻领会用定积分解决实际问题的基本思想和方法——**微元法**，不断积累和提高数学的应用能力.

第一节　平面图形的面积

一、微元法

实际问题中，哪些量可用定积分表达？如何建立这些量的定积分表达式？本节我们将回答这两个问题. 下面先回顾一下第五章中讨论过的曲边梯形的面积问题.

设 $f(x)$ 在区间 $[a,b]$ 上连续且 $f(x)\geqslant 0$，求以曲线 $y=f(x)$ 为曲边、底为 $[a,b]$ 的曲边梯形的面积 A. 把这个面积 A 表示为定积分

$$A=\int_a^b f(x)\mathrm{d}x$$

的步骤是：

（1）用任意一组分点把区间 $[a,b]$ 分成长度为 $\Delta x_i(i=1,2,\cdots,n)$ 的 n 个小区间，相应地把曲边梯形分成 n 个窄曲边梯形，第 i 个窄曲边梯形的面积设为 ΔA_i，于是有：

$$A=\sum_{i=1}^{n}\Delta A_i .$$

（2）计算 ΔA_i 的近似值：

$$\Delta A_i\approx f(\xi_i)\Delta x_i\quad (x_{i-1}\leqslant \xi_i\leqslant x_i).$$

（3）求和，得 A 的近似值：

$$A\approx\sum_{i=1}^{n}f(\xi_i)\Delta x_i .$$

（4）求极限，得

$$A=\lim_{\lambda\to 0}\sum_{i=1}^{n}f(\xi_i)\Delta x_i=\int_a^b f(x)\mathrm{d}x .$$

在上述问题中我们注意到，所求量（即面积 A）与区间 $[a,b]$ 有关，如果把区间 $[a,b]$ 分成许多部分区间，则所求量相应地分成许多部分量（即 ΔA_i），而所求量等于所有部分量之和（即 $A=\sum\limits_{i=1}^{n}\Delta A_i$），这一性质称为所求量对于区间 $[a,b]$ 具有可加性. 我们还要指出，以 $f(\xi_i)\Delta x_i$ 近似代替部分量 ΔA_i 时，它们只相差一个比 Δx_i 高阶的无穷小，因此和式 $\sum\limits_{i=1}^{n}f(\xi_i)\Delta x_i$ 的极限是 A 的精确值，而 A 可以表示为定积分

$$A=\int_a^b f(x)\mathrm{d}x .$$

在引出 A 的积分表达式的四个步骤中，主要的是第二步，这一步是要确定 ΔA_i 的近似值 $f(\xi_i)\Delta x_i$，使得

$$A=\lim_{\lambda\to 0}\sum_{i=1}^{n}f(\xi_i)\Delta x_i=\int_a^b f(x)\mathrm{d}x .$$

在实用上，为了简便起见，省略下标 i，用 ΔA 表示任一小区间 $[x,x+\mathrm{d}x]$ 上的窄曲边梯形的面积，这样

$$A=\sum\Delta A .$$

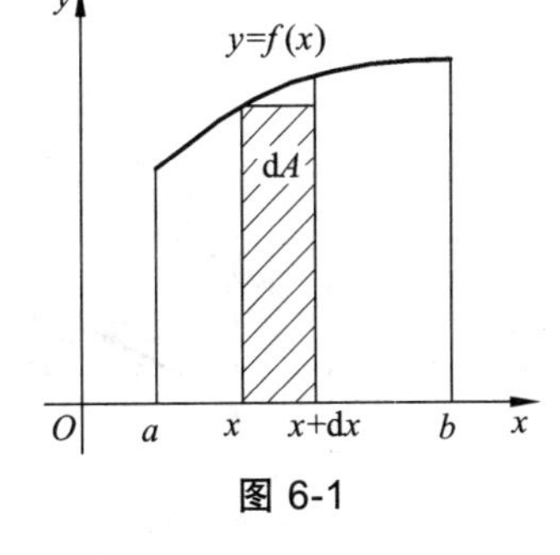

图 6-1

取 $[x,x+\mathrm{d}x]$ 的左端点 x 为 ξ，以点 x 处的函数值 $f(x)$ 为高、$\mathrm{d}x$ 为底的矩形的面积 $f(x)\mathrm{d}x$ 为 ΔA 的近似值（见图 6-1 阴影部分），即

$$\Delta A\approx f(x)\mathrm{d}x ,$$

上式右端 $f(x)\mathrm{d}x$ 叫做面积微元，记为 $\mathrm{d}A=f(x)\mathrm{d}x$. 于是

$$A\approx\sum f(x)\mathrm{d}x .$$

则
$$A=\lim_{\lambda\to 0}\sum f(x)\mathrm{d}x=\int_a^b f(x)\mathrm{d}x .$$

一般地，如果某一实际问题中的所求量 U 符合下列条件：

（1）U 是与一个变量 x 的变化区间 $[a,b]$ 有关的量.

（2）U 对于区间 $[a,b]$ 具有可加性，就是说，如果把区间 $[a,b]$ 分成许多部分区间，则 U 相应地分成许多部分量，而 U 等于所有部分量之和.

（3）部分量 ΔU_i 的近似值可表示为 $f(\xi_i)\Delta x_i$，则可考虑用定积分来表达这个量 U. 通常写出这个量 U 的积分表达式的步骤是：

① 根据问题的具体情况，选取一个变量，例如 x 为积分变量，并确定它的变化区间 $[a,b]$；

② 设想把区间 $[a,b]$ 分成 n 个小区间，取其中任一小区间并记作 $[x,x+\mathrm{d}x]$，求出相应于这个小区间的部分量 ΔU 的近似值. 如果 ΔU 能近似地表示为 $[a,b]$ 上的一个连续函数在 x 处的值 $f(x)$ 与 $\mathrm{d}x$ 的乘积，就把 $f(x)\mathrm{d}x$ 称为量 U 的元素且记作 $\mathrm{d}U$，即

$$dU = f(x)dx .$$

③ 以所求量U的元素$f(x)dx$为被积表达式，在区间$[a, b]$上作定积分，得

$$U = \int_a^b f(x)dx .$$

这就是所求量U的积分表达式.

这个方法通常叫做微元法. 下面几节中我们将应用这个方法来讨论几何、经济中的一些问题.

二、平面图形的面积

若平面区域D由$x = a$，$x = b$（$a < b$）及曲线$y = \varphi_1(x)$与曲线$y = \varphi_2(x)$所围成(其中$\varphi_1(x) \leqslant \varphi_2(x)$)，见图 6-2.

在区间$[a,b]$上任取一点x，过此点作铅直线交区域D的下边界曲线$y = \varphi_1(x)$于点S_x，上边界曲线$y = \varphi_2(x)$于点T_x，给自变量x以增量 dx，图 6-2 中阴影部分可看成以S_xT_x为高、dx为宽的小矩形，其面积

$$dA = [\varphi_2(x) - \varphi_1(x)]dx ,$$

故

$$A = \int_a^b [\varphi_2(x) - \varphi_1(x)]dx .$$

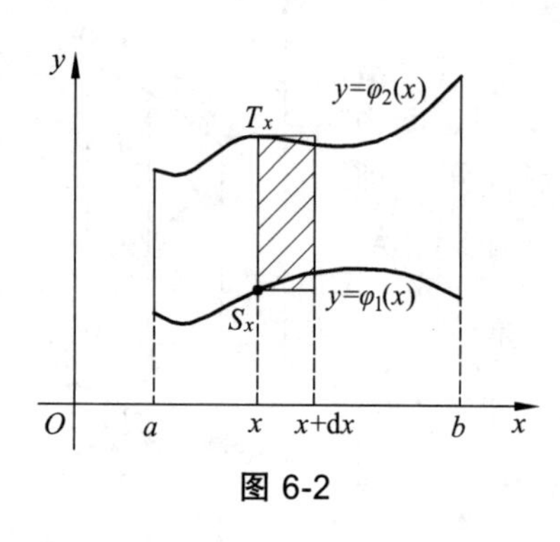

图 6-2

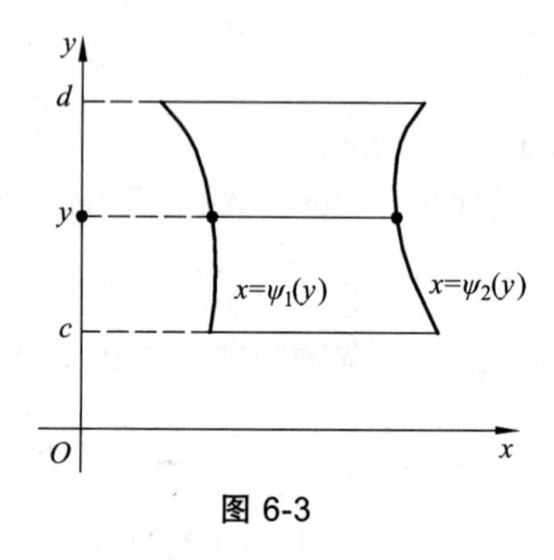

图 6-3

若平面区域D由$y = c$，$y = d$（$c < d$）及曲线$x = \psi_1(y)$与曲线$x = \psi_2(y)$所围成（其中$\psi_1(y) \leqslant \psi_2(y)$），见图 6-3，则区域的面积为

$$A = \int_c^d [\psi_2(y) - \psi_1(y)]dy .$$

例 1 求抛物线$y = x^2$与直线$y = x$围成图形D的面积A.

解 求解方程组

$$\begin{cases} y = x, \\ y = x^2, \end{cases}$$

得直线与抛物线的交点$\begin{cases} x = 0, \\ y = 0, \end{cases}$ $\begin{cases} x = 1, \\ y = 1, \end{cases}$ 见图 6-4. 所以该图形在

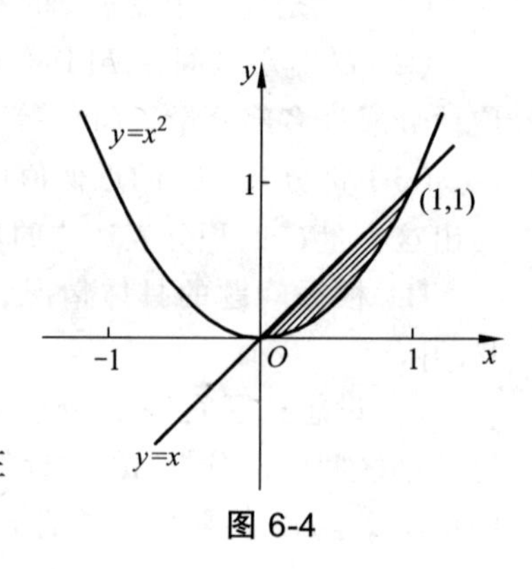

图 6-4

铅直线 $x=0$ 与 $x=1$ 之间，$y=x^2$ 为图形的下边界，$y=x$ 为图形的上边界，故

$$A=\int_0^1(x-x^2)\mathrm{d}x=\left[\frac{1}{2}x^2\right]_0^1-\left[\frac{x^3}{3}\right]_0^1=\frac{1}{6}.$$

例 2　计算由抛物线 $y^2=2x$ 与直线 $y=x-4$ 围成的图形 D 的面积 A.

解　求解方程组

$$\begin{cases}y^2=2x\\y=x-4\end{cases}$$

得抛物线与直线的交点 $(2,-2)$ 和 $(8,4)$，如图 6-5 所示，下面分两种方法求解.

（方法 1）图形 D 夹在水平线 $y=-2$ 与 $y=4$ 之间，其左边界 $x=\dfrac{y^2}{2}$，右边界 $x=y+4$，故

$$A=\int_{-2}^4\left[(y+4)-\frac{y^2}{2}\right]\mathrm{d}y=\left[\frac{y^2}{2}+4y-\frac{y^3}{6}\right]_{-2}^4=18.$$

（方法 2）图形 D 夹在铅直线 $x=0$ 与 $x=8$ 之间，上边界为 $y=\sqrt{2x}$，而下边界是由两条曲线 $y=-\sqrt{2x}$ 与 $y=x-4$ 分段构成的，所以需要将图形 D 分成两个小区域 D_1,D_2，故

$$\begin{aligned}A&=\int_0^2[\sqrt{2x}-(-\sqrt{2x})]\mathrm{d}x+\int_2^8[\sqrt{2x}-(x-4)]\mathrm{d}x\\&=2\sqrt{2}\cdot\frac{2}{3}x^{\frac{3}{2}}\Big|_0^2+\left[\sqrt{2}\cdot\frac{2}{3}x^{\frac{3}{2}}-\frac{x^2}{2}+4x\right]_2^8=18.\end{aligned}$$

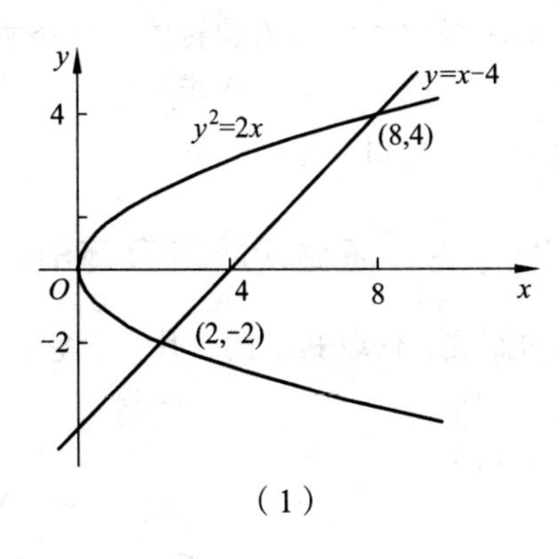

（1）

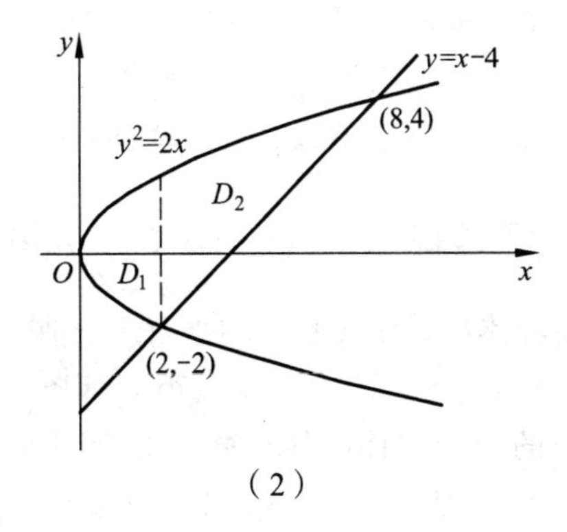

（2）

图 6-5

例 3　如图 6-6. 求椭圆 $\begin{cases}x=a\cos t\\y=b\sin t\end{cases}$ 围成的面积 A.

解　设 A_1 为椭圆在第一象限的部分与两坐标轴围成的面积，由对称性

$$A=4A_1=4\int_0^a y\mathrm{d}x.$$

利用换元积分法，令 $x=a\cos t$ ，则 $y=b\sin t$. 当 $x=0$ 时 $t=\dfrac{\pi}{2}$，当 $x=a$ 时 $t=0$ ，所以

$$A=4\int_{\frac{\pi}{2}}^{0}b\sin t\mathrm{d}(a\cos t)=-4ab\int_{\frac{\pi}{2}}^{0}\sin^2 t\mathrm{d}t=4ab\int_{0}^{\frac{\pi}{2}}\frac{1-\cos 2t}{2}\mathrm{d}t=\pi ab\ .$$

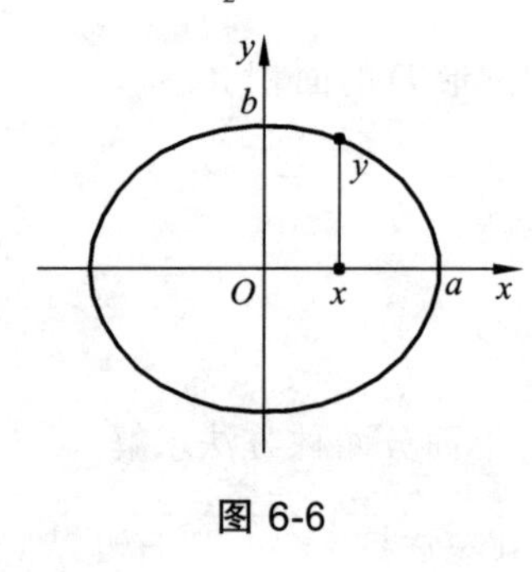

图 6-6

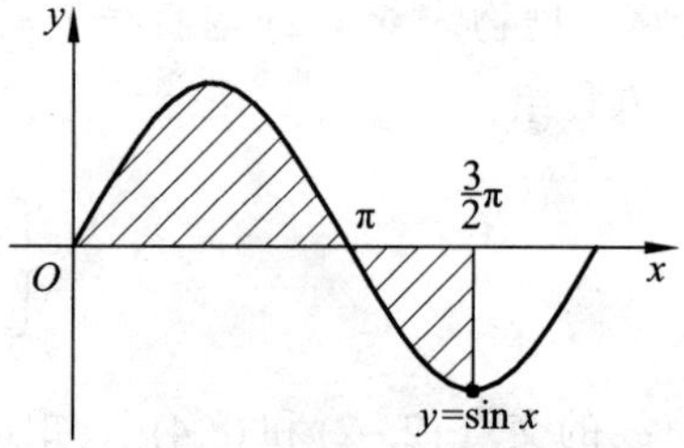

图 6-7

例 4 如图 6-7 所示，求由 $y=\sin x$， $y=0$， $x=\dfrac{3}{2}\pi$ 围成的面积.

解 $A=\int_0^{\pi}(\sin x-0)\mathrm{d}x+\int_{\pi}^{\frac{3\pi}{2}}(0-\sin x)\mathrm{d}x=-\cos x\Big|_0^{\pi}+\cos x\Big|_{\pi}^{\frac{3\pi}{2}}=3$.

注 若由定积分的几何意义认为 $A=\int_0^{\frac{3}{2}\pi}\sin x\mathrm{d}x$ ，则是错误的. 因为此处 $y=\sin x$ 不总是大于 0，而定积分的几何意义是面积的代数和.

第二节 体 积

将一个平面图形绕此平面内的一条直线旋转一周所得的立体称为旋转体，这条直线称为旋转轴. 常见的旋转体有圆柱、圆锥、球体、圆台等，它们分别可看作矩形绕其一条边、直角三角形绕其一条直角边、半圆绕其直径、直角梯形绕其直角腰旋转一周所得.

一、曲边梯形 $D\{(x,y)|a\leqslant x\leqslant b,\ 0\leqslant y\leqslant f(x)\}$ 绕 x 轴旋转所得立体的体积

此旋转体可看作无数多的垂直于 x 轴的圆片叠加而成，任取其中的一片，设它位于 x 处，则它的半径为 $y=f(x)$ ，厚度为 $\mathrm{d}x$ ，如图 6-8 所示，从而此片对应的扁圆柱体的体积微元等于圆片的面积与其厚度 $\mathrm{d}x$ 的乘积，即 $\mathrm{d}V=\pi[f(x)]^2\mathrm{d}x$ ，所以

$$V=\pi\int_a^b f^2(x)\mathrm{d}x\ .$$

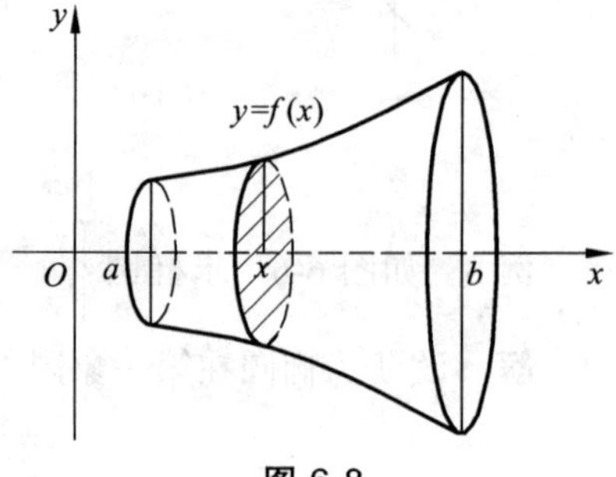

图 6-8

例 1 将椭圆 $\dfrac{x^2}{a^2}+\dfrac{y^2}{b^2}=1$ 围成的区域绕 x 轴旋转一周，所得的立体称为旋转椭球，计算其体积.

解　上半椭圆的表达式为 $y=\dfrac{b}{a}\sqrt{a^2-x^2}$，故

$$V=\pi\int_{-a}^{a}f^2(x)\mathrm{d}x=\pi\int_{-a}^{a}\frac{b^2}{a^2}(a^2-x^2)\mathrm{d}x=\frac{\pi b^2}{a^2}\left(2a^3-\frac{2}{3}a^3\right)=\frac{4\pi}{3}ab^2.$$

由此得到半径为 R 的球的体积为 $\dfrac{4\pi R^3}{3}$.

二、曲边梯形 $D\{(x,y)|c\leqslant y\leqslant d,\ 0\leqslant x\leqslant g(y)\}$ 绕 y 轴旋转所得立体的体积

类似于绕 x 轴旋转的情形，可将此立体看作由无数个垂直于 y 轴的圆片叠加而成，见图 6-9 所示，所以其体积等于每个圆片的体积（微元）之和，即

$$V=\pi\int_c^d g^2(y)\mathrm{d}y.$$

图 6-9

例 2　D 由 $y=x$，$y=2-x$，$y=0$ 围成，如图 6-10 所示，求 D 绕 y 轴旋转所得立体的体积 V.

解　D 可看作两个曲边梯形之差，即

$$D_2=\{(x,y)\,|\,0\leqslant y\leqslant 1,0\leqslant x\leqslant 2-y\}$$

与

$$D_1=\{(x,y)\,|\,0\leqslant y\leqslant 1,0\leqslant x\leqslant y\}$$

之差，所以体积 V 等于两个旋转体积之差.

$$V=\pi\int_0^1(2-y)^2\mathrm{d}y-\pi\int_0^1 y^2\mathrm{d}y=-\frac{\pi}{3}(2-y)^3\Big|_0^1-\frac{\pi}{3}y^3\Big|_0^1=2\pi.$$

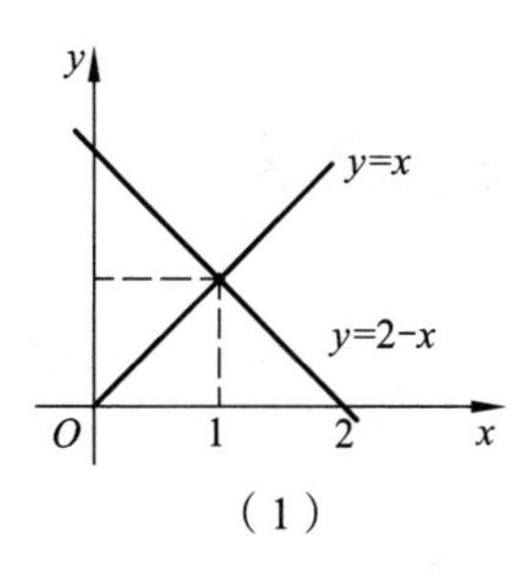

（1）

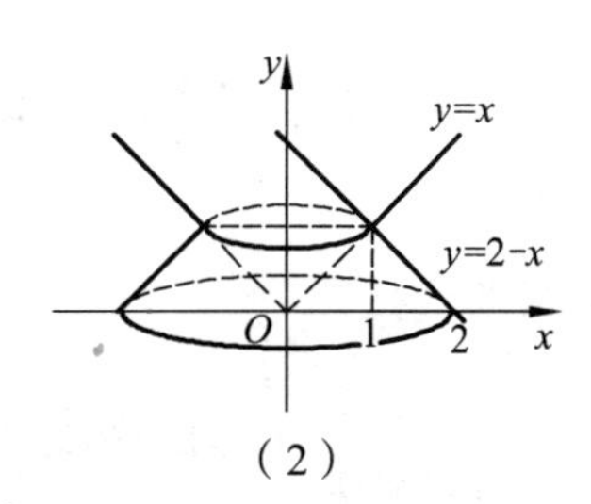

（2）

图 6-10

三、平行截面面积已知的立体的体积

旋转体的体积之所以能计算，主要是因为垂直于旋转轴的每个截面都为圆，从而可顺利地计算其面积，进而可得到它所对应的体积微元. 如果一个立体，虽然它不是旋转体，但它垂直于某固定直线的截面面积是已知的，此时也能得到体积微元. 事实上，取此直线为 x 轴，

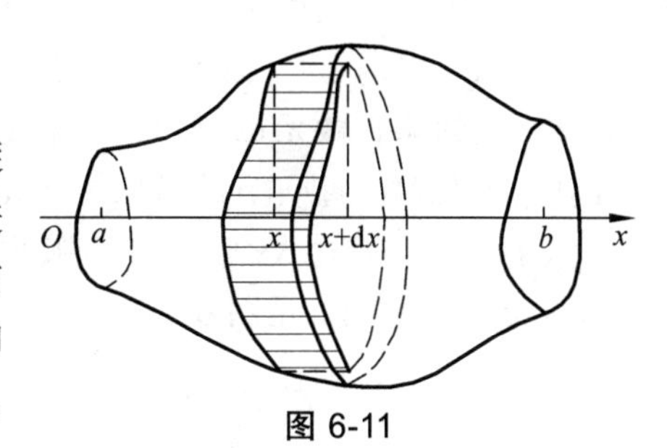

图 6-11

设该立体位于过点 $x=a$, $x=b$ 且垂直于 x 轴的两个平面之间，见图 6-11，则过每个点 x 且垂直于 x 轴的截面面积都是已知的，设其为 $A(x)$ ，则此薄片对应的体积微元 $\mathrm{d}V=A(x)\mathrm{d}x$ ，故立体的体积

$$V=\int_a^b A(x)\mathrm{d}x\,.$$

例 3 一平面经过半径为 R 的圆柱体的底圆中心，并与底面交成角 α . 计算这平面截圆柱体所得立体的体积 V .

解 取该平面与圆柱体的底面的交线为 x 轴，底面上过圆中心、且垂直于 x 轴的直线为 y 轴，见图 6-12. 这样，底圆的方程为 $x^2+y^2=R^2$. 立体中过点 x 且垂直于 x 轴的截面是一个直角三角形. 它的两条直角边的长分别为 y 及 $y\tan\alpha$ ，即 $\sqrt{R^2-x^2}$ 及 $\sqrt{R^2-x^2}\tan\alpha$. 因而截面积为

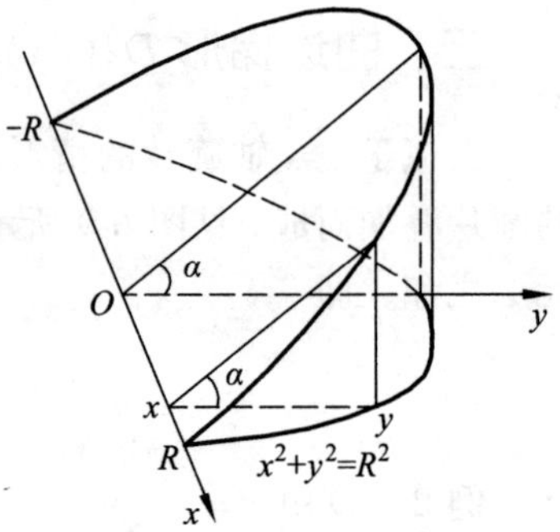

$$A(x)=\frac{1}{2}(R^2-x^2)\tan\alpha\,,$$

图 6-12

于是，所求的体积

$$V=\int_{-R}^{R}\frac{1}{2}(R^2-x^2)\tan\alpha\mathrm{d}x=\frac{1}{2}\tan\alpha\left[R^2x-\frac{1}{3}x^3\right]_{-R}^{R}=\frac{2}{3}R^3\tan\alpha\,.$$

如果两个立体的高相等，且垂直于高的任何平面截这两个立体所得的截面积都相等，由上面的积分公式，立即得到它们有相等的体积. 这个结果是我国古代数学家祖暅发现的. 祖暅是我国南北朝著名科学家祖冲之（429—500）的儿子. 在现代数学界，把这个结果叫做卡哇列原理（Cavalier principle）.

第三节 平面曲线的弧长

设平面中有光滑曲线弧

$$L:\ \begin{cases}x=x(t),\\ y=y(t),\end{cases}\quad (t\in[\alpha,\beta]),$$

其中光滑指的是 $x(t),y(t)$ 均有连续的导数.

我们仍用微元法来讨论弧长的计算. 事实上，总的弧长等于每一点的弧长（微元）之和，因此，我们只需要找出每一点的弧长微元 $\mathrm{d}s$ 即可. 对任意 $t\in[\alpha,\beta]$ ，为了求它所对应的点 $M(x(t),y(t))$ 的弧长（微元），给 t 一个增量 $\mathrm{d}t$ ，将弧上的点 M 放大成一个小弧段 MN ，其中 N 为点 $(x(t+\mathrm{d}t),y(t+\mathrm{d}t))$ ，见图 6-13. MN 的弧长 Δs 可用 MN 的弦长 $\sqrt{(\Delta x)^2+(\Delta y)^2}$ 来近似，由于

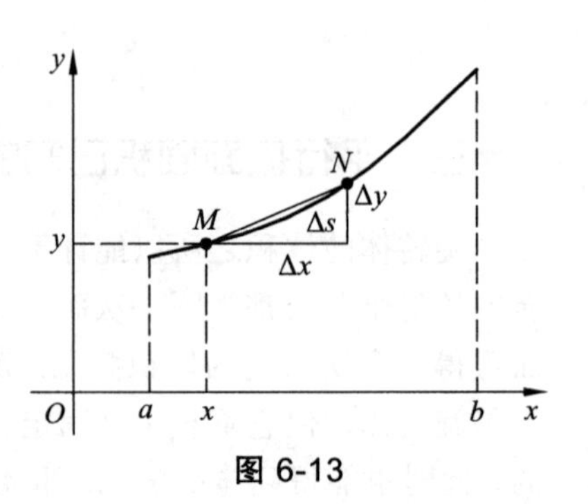

图 6-13

$$\Delta x \approx \mathrm{d}x = x'(t)\mathrm{d}t\ ,\quad \Delta y \approx \mathrm{d}y = y'(t)\mathrm{d}t\ ,$$

所以
$$\Delta s \approx \sqrt{[x'(t)\mathrm{d}t]^2+[y'(t)\mathrm{d}t]^2} = \sqrt{(x'(t))^2+(y'(t))^2}\,\mathrm{d}t\ .$$

因此
$$\mathrm{d}s = \sqrt{(x'(t))^2+(y'(t))^2}\,\mathrm{d}t = \sqrt{x'^2+y'^2}\,\mathrm{d}t$$

从而
$$s=\int_\alpha^\beta \sqrt{x'^2+y'^2}\mathrm{d}t\ .$$

当曲线弧是函数 $y=f(x)$（$x\in[a,b]$）的图像时，选择 x 为参数，则参数方程为

$$\begin{cases} x=x\ , \\ y=f(x), \end{cases} \quad (\ x\in[a,b]\ ),$$

弧长为
$$s=\int_a^b \sqrt{1+f'^2(x)}\mathrm{d}x\ .$$

例 1　计算曲线 $y=\dfrac{2}{3}x^{\frac{3}{2}}$ 上相应于 x 从 0 到 3 的一段弧的长度.

解　由 $y'=\sqrt{x}$，所以

$$s=\int_0^3\sqrt{1+(\sqrt{x})^2}\,\mathrm{d}x=\int_0^3\sqrt{1+x}\mathrm{d}x=\left[\frac{2}{3}(1+x)^{\frac{3}{2}}\right]_0^3=\frac{14}{3}\ .$$

例 2　计算半径为 R 的圆的周长 s.

解　设圆的方程为 $x^2+y^2=R^2$，其参数方程为

$$\begin{cases} x=R\cos t, \\ y=R\sin t, \end{cases} \quad (\ 0\leqslant t\leqslant 2\pi\ ).$$

又 $x'=-R\sin t$，$y'=R\cos t$，故

$$s=\int_0^{2\pi}\sqrt{(-R\sin t)^2+(R\cos t)^2}\,\mathrm{d}t=\int_0^{2\pi}\sqrt{2}R\mathrm{d}t=2\sqrt{2}\pi R\ .$$

例 3　求曲线 $y=f(x)$（$a\leqslant x\leqslant b$）绕 x 轴旋转一周得到的旋转曲面的面积，并求出半径为 R 的球的表面积.

解　以 x 为积分变量，选取一小段 $[x,x+\mathrm{d}x]$，如图 6-14，它对应的小曲线弧的弧长微元 $\mathrm{d}s=\sqrt{1+f'^2(x)}\,\mathrm{d}x$，此弧段绕 x 轴旋转的面积微元

$$\mathrm{d}A=2\pi y\mathrm{d}s=2\pi f(x)\sqrt{1+f'^2(x)}\,\mathrm{d}x\ .$$

所以
$$A=2\pi\int_a^b f(x)\sqrt{1+f'^2(x)}\mathrm{d}x\ .$$

半径为 R 的球面可看作由圆 $y=\sqrt{R^2-x^2}$（$-R\leqslant x\leqslant R$）绕 x 轴旋转而得，由于

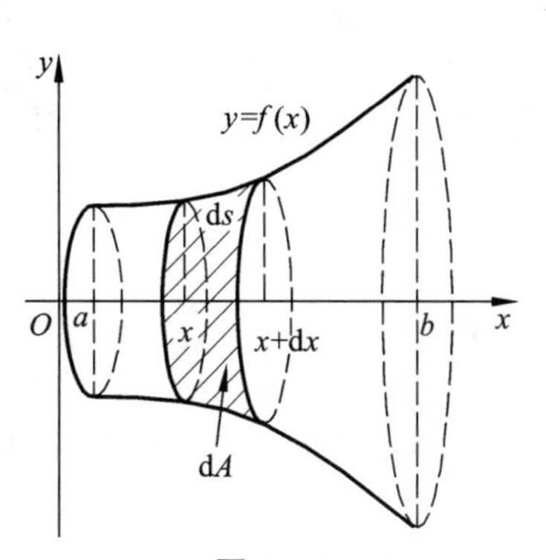

图 6-14

$$y' = \frac{-2x}{2\sqrt{R^2 - x^2}} = \frac{-x}{\sqrt{R^2 - x^2}},$$

所以球的表面积

$$A = 2\pi\int_{-R}^{R}\sqrt{R^2 - x^2}\sqrt{1 + \left(\frac{-x}{\sqrt{R^2 - x^2}}\right)^2}\,\mathrm{d}x = 2\pi\int_{-R}^{R}R\mathrm{d}x = 4\pi R^2.$$

第四节　定积分在物理学中的应用

一、变力做功

由物理学可知，若一个大小和方向都不变的恒力 F 作用于一物体，使其沿力的方向作直线运动，移动了一段距离 s，则 F 所做的功为 $W=F\cdot s$.

下面用微分元素法来讨论变力做功问题. 设有大小随物体位置改变而连续变化的力 $F = F(x)$作用于一物体上，使其沿 x 轴作直线运动，力 F 的方向与物体运动的方向一致，从 $x = a$ 移至 $x = b > a$（见图 6-15）. 在$[a, b]$上任一点 x 处取一微小位移 $\mathrm{d}x$，当物体从 x 移到 $x + \mathrm{d}x$ 时，$F(x)$所做的功近似等于 $F(x)\mathrm{d}x$，即功元素 $\mathrm{d}W = F(x)\mathrm{d}x$，于是

$$W = \int_a^b F(x)\mathrm{d}x. \tag{1}$$

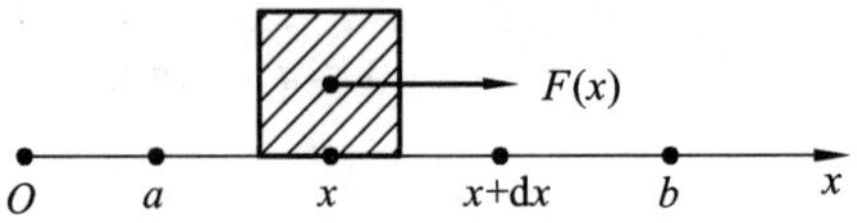

图 6-15

例 1　一汽缸如图 6-16 所示，直径为 0.20 m，长为 1.00 m，其中充满了气体，压强为 9.8 × 105 Pa. 若温度保持不变，求推动活塞前进 0.5 m 使气体压缩所做的功.

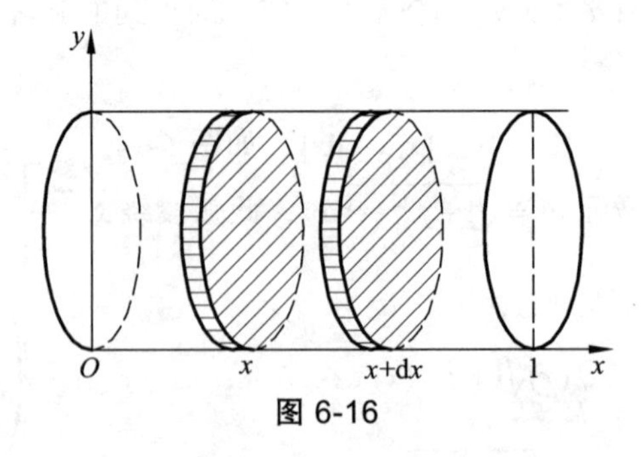

图 6-16

解　根据波义耳（Boyle）定律，在恒温条件下，气体压强 p 与体积 V 的乘积是常数，即

$$pV = k.$$

由于压缩前气体压强为 9.8×10^5 Pa，所以 $k=9.8\times10^5\cdot\pi\cdot1^2=980000\pi$. 建立坐标系如图 6-16 所示，活塞位置用 x 表示，当活塞处于 x 处时汽缸中气体体积

$$V=(1-x)\pi(0.1)^2,$$

于是压强为

$$p(x)=\frac{k}{(1-x)\pi(0.1)^2}.$$

从而活塞上的压力为

$$F(x)=ps=\frac{k}{1-x}.$$

故推动活塞所做的功为

$$W=\int_0^{0.5}\frac{980000\pi}{1-x}\mathrm{d}x=-980000\pi\ln(1-x)\Big|_0^{0.5}=980000\pi\ln2\approx2.13\times10^6(\mathrm{J}).$$

例 2　从地面垂直向上发射一质量为 m 的火箭，求将火箭发射至离地面高 H 处所做的功.

解　发射火箭需要克服地球引力做功. 设地球半径为 R，质量为 M，则由万有引力定律可知，地球对火箭的引力为

$$F=\frac{GMm}{r^2},$$

其中 R 为地心到火箭的距离，G 为引力常数.

当火箭在地面时，$r=R$，引力为 $\frac{GMm}{R^2}$. 另一方面，火箭在地面时，所受引力应为 mg，其中 g 为重力加速度，因此

$$\frac{GMm}{R^2}=mg.$$

故有

$$G=\frac{gR^2}{M}.$$

于是

$$F=\frac{mgR^2}{r^2}.$$

从而，将火箭从 $r=R$ 发射至 $r=R+H$ 处所做的功为

$$W=mgR^2\int_R^{R+H}\frac{1}{r^2}\mathrm{d}r=mgR^2\left(\frac{1}{R}-\frac{1}{R+H}\right).$$

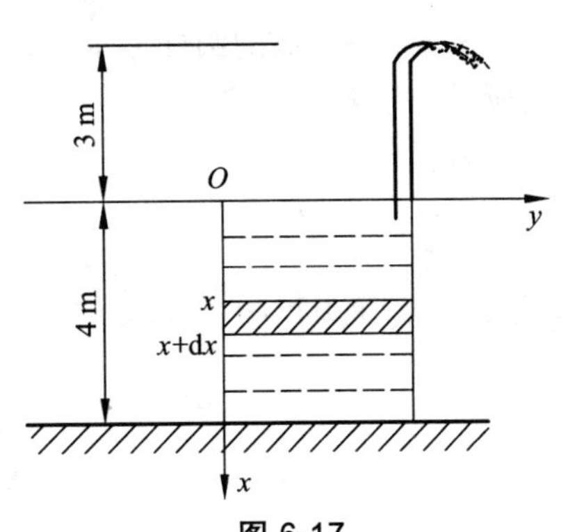

图 6-17

例 3　地面上有一截面面积为 $A=20\ \mathrm{m}^2$，深为 4 m 的长方体水池盛满水，用抽水泵把这池水全部抽到离池顶 3 m 高的地方去，问需做多少功？

解　建立坐标系如图 6-17 所示. 设想把池中的水

分成很多薄层,则把池中全部水抽出所做的功 W 等于把每一薄层水抽出所做的功的总和. 在$[0, 4]$上取小区间$[x, x+dx]$，相应于此小区间的那一薄层水的体积为 $20\,dx$，设水的密度 $\rho = 1$，故这层水重为 $20\,dx$，将它抽到距池顶 3m 高处克服重力所做的功为

$$dW = 20(x+3)dx.$$

从而将全部水抽到离池顶 3 m 高处所做的功为

$$W = \int_0^4 20(x+3)dx = 20\left(\frac{x^2}{2}+3x\right)\bigg|_0^4 = 3.92\times10^6(\text{J}).$$

二、水压力

由帕斯卡（Pascal）定律，在液面下深度为 h 的地方，液体重量产生的压强为

$$p = \rho gh,$$

其中 ρ 为液体密度, g 为重力加速度. 即液面下的物体受液体的压强与深度成正比, 同一深度处各方向上的压强相等. 面积为 A 的平板水平置于水深为 h 处，平板一侧的压力为

$$P = \rho ghA.$$

下面考虑一块与液面垂直没入液体内的平面薄板, 我们来求它的一面所受的压力. 设薄板为一曲边梯形，其曲边的方程为 $y = f(x)\,(a \leqslant x \leqslant b)$，建立坐标系如图 6-18 所示，$x$ 轴铅直向下，y 轴与液面相齐. 当薄板被设想分成许多水平的窄条时，相应于典型小区间$[x, x+dx]$的小窄条上深度变化不大，从而压强变化也不大，可近似地取为 ρgx，同时小窄条的面积用矩形面积来近似，为 $f(x)dx$，故小窄条一面所受的压力近似为

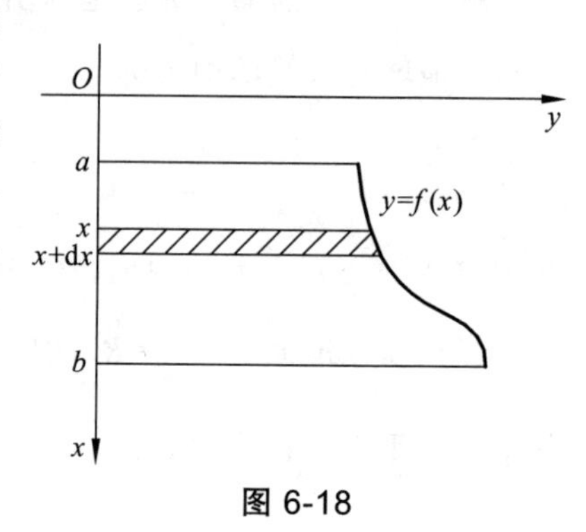

图 6-18

$$dP = \rho gx \cdot f(x)dx.$$

从而

$$P = \rho g\int_a^b xf(x)dx. \qquad (2)$$

例 4 一横放的圆柱形水桶，桶内盛有半桶水，桶端面半径为 0.6m，计算桶的一个端面上所受的压力.

解 建立坐标系如图 6-19 所示，桶的端面的圆的方程为

$$x^2 + y^2 = 0.36,$$

相应于$[x, x+dx]$的小窄条上的压力微元

$$dP = 2\rho gx\sqrt{0.36 - x^2}\,dx.$$

所以桶的一个端面上所受的压力为

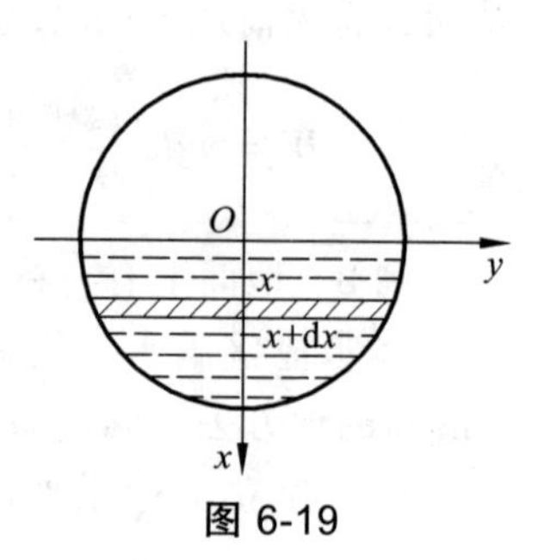

图 6-19

$$P = 2\rho g\int_0^{0.6} x\sqrt{0.36 - x^2}\,\mathrm{d}x = \frac{2}{3}\rho g(0.6)^3 \approx 1.41\times 10^3\,(\mathrm{N}),$$

其中 $\rho = 1\times 10^3\mathrm{kg}\cdot\mathrm{m}^{-3}$，$g = 9.8\ \mathrm{m}\cdot\mathrm{s}^2$

三、引　力

由物理学可知，质量分别为 m_1, m_2，相距为 r 的两质点间的引力的大小为

$$F = G\frac{m_1 m_2}{r^2},$$

其中 G 为引力系数，引力的方向沿着两质点的连线方向.

对于不能视为质点的两物体之间的引力，我们不能直接利用质点间的引力公式，而是采用微元法，下面举例说明.

例 5　一根长为 l 的均匀直棒，其线密度为 ρ，在它的一端垂线上距直棒 a 处有质量为 m 的质点，求棒对质点的引力.

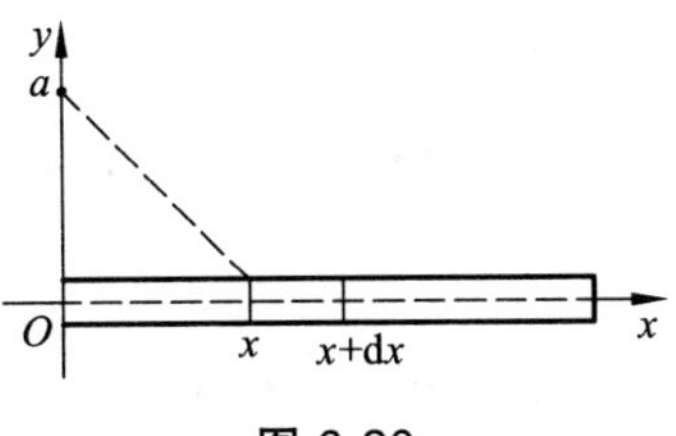

图 6-20

解　建立坐标系如图 6-20 所示，对任意的 $x\in[0,\ l\,]$，考虑直棒上相应于 $[x,\ x+\mathrm{d}x]$ 的一段对质点的引力，由于 $\mathrm{d}x$ 很小，故此一小段对质点的引力可视为两质点的引力，其大小为

$$\mathrm{d}F = \frac{Gm\rho\,\mathrm{d}x}{a^2 + x^2},$$

其方向是沿着两点 $(0, a)$ 与 $(x, 0)$ 的连线的. 当 x 在 $(0, l\,)$ 之间变化时，$\mathrm{d}F$ 的方向是不断变化的，故将引力微元 $\mathrm{d}F$ 在水平方向和铅直方向进行分解，分别记为 $\mathrm{d}F_x, \mathrm{d}F_y$，则

$$\mathrm{d}F_x = \frac{x}{\sqrt{x^2 + a^2}}\mathrm{d}F = \frac{Gm\rho x}{(x^2 + a^2)^{\frac{3}{2}}}\mathrm{d}x,$$

$$\mathrm{d}F_y = -\frac{a}{\sqrt{x^2 + a^2}}\mathrm{d}F = -\frac{Gm\rho a}{(x^2 + a^2)^{\frac{3}{2}}}\mathrm{d}x.$$

于是，直棒对质点的水平方向引力为

$$F_x = Gm\rho\int_0^l \frac{x}{(x^2 + a^2)^{\frac{3}{2}}}\mathrm{d}x = \frac{Gm\rho}{2}\int_0^l (a^2 + x^2)^{-\frac{3}{2}}\mathrm{d}(a^2 + x^2)$$

$$= -Gm\rho(a^2 + x^2)^{-\frac{1}{2}}\Big|_0^l = -Gm\rho\left(\frac{1}{a} + \frac{1}{\sqrt{a^2 + l^2}}\right).$$

铅直方向引力为

$$F_y = -Gm\rho a\int_0^l \frac{\mathrm{d}x}{(a^2+x^2)^{\frac{3}{2}}} = -Gm\rho a\left(\frac{x}{a^2\sqrt{a^2+x^2}}\right)^{-\frac{1}{2}}\Big|_0^l = -\frac{Gm\rho l}{a\sqrt{a^2+l^2}}.$$

注意 此例如果将直棒的线密度改为 $\rho=\rho(x)$，即直棒是非均匀的，当 $\rho(x)$为已知时，直棒对质点的引力仍可按上述方法求得.

第五节 定积分在经济学中的应用

一、最大利润问题

设利润函数

$$\pi(x) = R(x) - C(x),$$

其中 x 为产量，$R(x)$是收益函数，$C(x)$是成本函数，若 $\pi(x)$, $R(x)$, $C(x)$均可导，则使 $\pi(x)$取得最大值的产量 x 应满足

$$\pi'(x) = R'(x) - C'(x) = 0,$$

即

$$R'(x) = C'(x).$$

因此总利润的最大值在边际收入等于边际成本时取得.

例 1 设某公司产品生产的边际成本 $C'(x) = x^2 - 18x + 100$，边际收益为 $R'(x) = 200 - 3x$，试求公司的最大利润.

解 由于

$$\pi'(x) = \frac{\mathrm{d}\pi(x)}{\mathrm{d}x} = R'(x) - C'(x) = (200 - 3x) - (x^2 - 18x + 100) = 15x - x^2 + 100,$$

故利润微分元素为

$$\mathrm{d}\pi(x) = (15x - x^2 + 100)\mathrm{d}x.$$

产量为 x_0 时，利润为 $\pi(x_0) = \int_0^{x_0}(15x - x^2 + 100)\mathrm{d}x$.

另一方面，令 $\pi'(x) = 0$，得 $x = \frac{15 \pm \sqrt{625}}{2} = \frac{15 \pm 25}{2}$（负值舍去）.

又当 $x = 20$ 时，$\pi''(x)=15 - 2x < 0$，故 $x = 20$ 时，利润取得最大值，最大利润为

$$\pi(20) = \int_0^{20}(15x - x^2 + 100)\mathrm{d}x = \left(\frac{15}{2}x^2 - \frac{x^3}{3} + 100x\right)\Bigg|_0^{20} \approx 533.3.$$

二、资金流的现值与终值

1. 连续复利概念

设有一笔数量为 A_0 元的资金存入银行，若年利率为 r，按复利方式每年计息一次，则该笔资金 t 年后的本利和为

$$A_t = A_0(1+r)^t \quad (t=1,2,\cdots).$$

如果每年分 n 次计息，每期利率为 $\frac{r}{n}$，则 t 年后的本利和为

$$A_t^* = A_0\left(1+\frac{r}{n}\right)^{nt} \quad (t=1,2,\cdots).$$

当 n 无限增大时，由于 $\lim\limits_{n\to\infty}\left(1+\frac{r}{n}\right)^n = \mathrm{e}^r$，故

$$\lim_{n\to\infty} A_t^* = \lim_{n\to\infty} A_0\left(1+\frac{r}{n}\right)^{nt} = A_0\mathrm{e}^{rt}.$$

称公式

$$A_t = A_0\mathrm{e}^{rt} \tag{1}$$

为 A_0 元的现值（即现在价值）在连续复利方式下折算为 t 年后的终值（将来价值）的计算公式.

公式（1）可变形为

$$A_0 = A_t\mathrm{e}^{-rt} \tag{2}$$

称（2）式为 t 年末的 A_t 元的资金在连续复利方式下折算为现值的计算公式.

建立资金的现值和终值概念，是为了对不同时点的资金进行比较，以便进行投资决策.

2. 资金流的现值与终值.

将流出企业的资金（如成本、投资等）视为随时间连续变化，称之为**支出流**. 类似地，将流入企业的资金（如收益等）视为随时间连续变化，称之为**收入流**. 资金的净流量为收入流与支出流之差. 企业单位时间内，资金的净流量称为**收益率**.

设某企业在时段$[0, T]$内的 t 时刻的收益率为连续函数 $f(x)$，下面按连续复利（年利率为 r）方式来求该时段内的收益总现值和总终值.

在$[0, T]$上取典型小区间$[t, t+\mathrm{d}t]$，该时段内收益近似为 $f(x)\mathrm{d}t$，其 t 时刻现值为

$$f(t)\mathrm{e}^{-rt}\mathrm{d}t.$$

这就是收益总现值的微分元素，故收益总现值为

$$P = \int_0^T f(t)\mathrm{e}^{-rt}\mathrm{d}t. \tag{3}$$

又由于$[t, t+\mathrm{d}t]$时段内收益 $f(x)\mathrm{d}t$ 折算为 $t=T$ 时刻的终值为

$$f(t)\mathrm{e}^{(T-t)r}\mathrm{d}t,$$

故收益总终值为

$$F=\int_0^T f(t)\mathrm{e}^{(T-t)r}\mathrm{d}t. \quad (4)$$

当收益率 $f(x)=k$（常数）时，该资金流称为稳定资金流或均匀流.

例 2 某公司投资 100 万元建成 1 条生产线，并于 1 年后取得经济效益，年收入为 30 万元，设银行年利率为 10%，问公司多少年后收回投资？

解 设 T 年后可收回投资，投资回收期应是总收入的现值等于总投资的现值的时间长度，因此有

$$\int_0^T 30\mathrm{e}^{-0.1t}\mathrm{d}t=100,$$

即

$$300(1-\mathrm{e}^{-0.1T})=100.$$

解得 $T=4.055$，即在投资后的 4.055 年内可收回投资.

习题六

1. 求由下列各曲线所围图形的面积.

（1）$y=x^2$，$y=x$；

（2）$y=\mathrm{e}^x$，$x=0$，$y=\mathrm{e}$；

（3）$y=\dfrac{1}{x}$，$y=x$，$x=2$；

（4）$y=\sin x$，$y=x-\pi$，$x=0$，$x=2\pi$；

（5）$y=x^2-1$，$y=2x+2$；

（6）$x=g(y)$，$x=g(y)+1$，$y=0$，$y=2$，其中 $g(y)$ 是连续函数.

2. 求曲线 $\begin{cases} x=a\cos^3 t \\ y=b\sin^3 t \end{cases}$ $(0\leqslant t\leqslant 2\pi)$围成的面积.

3. 求下列各曲线围成的图形绕指定轴旋转所得的旋转体的体积.

（1）$y=\sin x$，$y=0$，$0\leqslant x\leqslant \pi$，绕 x 轴；

（2）$y=2-x$，$y=x^2$，$x=0$，绕 y 轴；

（3）$y=x^2$，$x=y^2$，绕 x 轴；

（4）$(x-b)^2+y^2=a^2$，$0<a<b$，绕 y 轴.

4. 证明：由平面图形 $0\leqslant a\leqslant x\leqslant b$，$0\leqslant y\leqslant f(x)$ 绕 y 轴旋转所得的旋转体的体积为 $V=2\pi\int_a^b xf(x)\mathrm{d}x$，并计算 $0\leqslant y\leqslant \sin x$，$0\leqslant x\leqslant \pi$ 绕 y 轴旋转所得的体积.

5. 在过 x 轴的原点且垂直于 x 轴的平面上有一个有界区域 D，其面积为 A. 在 x 轴的 $h>0$ 处有点 H，过点 H 连接 D 的边界上的每个点形成的曲面称为锥面，求此锥面与 D 围成的立体的体积 V.

6. 计算摆线 $\begin{cases} x = a(\theta - \sin\theta) \\ y = a(1 - \cos\theta) \end{cases}$ 的一拱 $(0 \leqslant \theta \leqslant 2\pi)$ 的长度.

7. 计算 $y = \ln x$ 相应于 $\sqrt{3} \leqslant x \leqslant \sqrt{8}$ 的一段弧的长度.

8. 计算抛物线 $y = 2\sqrt{x}$ 相应于 $0 \leqslant x \leqslant b$ 的一段弧绕 x 轴旋转所得曲面的面积.

附录六　历史注记：一元积分学

一、换元积分法与分部积分法

1666 年 10 月，牛顿在他的第一篇微积分文献《流数短论》中采用的一个基本方法就是代换法. 对于微分而言，这等价于链式法则，而对于积分（牛顿称之为反微分），它等价于换元积分法. 在完成于 1671 年的《流数法与无穷级数》中，牛顿正式引入了换元积分法. 作为微积分学的另一位创始人，莱布尼茨在 1673 年末或 1674 年初发明了一般的变换法，包括链式法则、换元积分法和分部积分法.

二、微元法

微元法的实质在于将积分视为（同维或低维）无穷小的和. 具体来说就是：面积被看作面积微元的和，体积被看作体积微元的和，等等. 这种观点在今天看来并不十分严格，但在定积分的实际计算中往往非常有效. 从历史上看，这种思想与方法的起源可以追溯到古希腊时代，并且在 16 ~ 17 世纪的不可分量理论中占有主导地位，近代的积分概念与思想在很大程度上正是由此发展而来的.

阿基米德（Archimedes，公元前 287—前 212，希腊）是历史上最伟大的数学家之一. 他曾在他的重要著作《方法》中披露了一种方法，并称之为“力学方法”. 他曾用这种方法在有关面积和体积的问题上得出了许多结果. 其中最突出的是，他求出了圆锥体被平面所截部分和圆柱劈锥的体积，以及半圆、抛物线弓形、球或抛物体被平面所截部分的重心.

此书原已失传，然而 1906 年在土耳其君士坦丁堡（1923 年改名为伊斯坦布尔）的一份羊皮纸文书上重新发现. 在序言中，阿基米德写道：“某些事实最初我是靠一种力学方法发现的，虽然还必须用几何方法进一步证明，但是，利用力学方法对于问题的结论事先已经有所了解，然后再补充证明，这比在一无所知的情况下来寻找证明方法当然要容易得多……我相信，这种方法对于数学将大有帮助；因为我知道有些人（不论是我的同时代人还是我的继承者）一旦认识到这一点，他就会用这种方法来发现我还不知道的其他新的定理.”

力学方法的根据是杠杆定律，即：在支点一侧的、与支点距离分别为 $d_1, d_2, \cdots, d_p$ 的有限的质点系 $m_1, m_2, \cdots, m_p$，同在支点另一侧的、与支点距离分别为 $d_1', d_2', \cdots, d_q'$ 的另一质点系 $m_1', m_2', \cdots, m_q'$ 处于平衡状态，其充分必要条件是

$$\sum_{i=1}^{p} m_i d_i = \sum_{j=1}^{q} m'_j d'_j .$$

在《方法》的命题 2 中，阿基米德对他本人最得意的结果——球的体积公式，借助力学方法进行了推导. 把他的几何构思用解析几何的语言表述出来，就是如下过程：

考虑与正 x 轴交于点 $P(r,0)$的圆（图 6-21）

$$x^2 + y^2 = r^2 .$$

设 $KLMN$ 是中心在原点 O、底为 $d = 2r$ 、高为 $2d$ 的矩形，并考虑三角形 KNP.

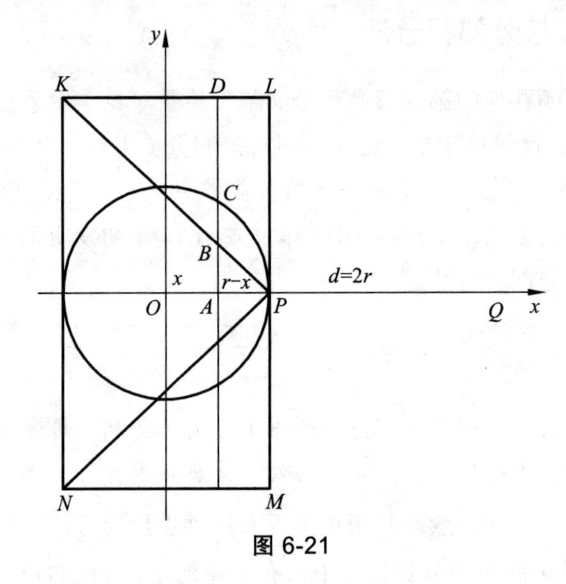

图 6-21

把这三个图形绕 x 轴旋转，便得到球 S、圆锥 C 和圆柱 Z. 我们把这三个立体图形看作由垂直于 x 轴的极薄的圆盘所组成.

例如，过点 $A(x,0)$ 的、垂直于 x 轴的平面，截球 S，得到圆盘 S_x，其半径为

$$AC = y = \sqrt{r^2 - x^2} ;$$

截圆锥 C，得到圆盘 C_x，其半径为

$$AB = r - x ;$$

截圆柱 Z，得到圆盘 Z_x，其半径为

$$AD = d ;$$

分别记这三个圆盘的面积为 $a(S_x)$，$a(C_x)$，$a(Z_x)$，考虑它们之间的关系：

$$d \cdot [a(S_x) + a(C_x)] = \pi d[y^2 + (r-x)^2] = \pi d[(r^2 - x^2) + (r^2 - 2rx + x^2)]$$

$$= \pi d[2r^2 - 2rx] = \pi d^2 (r-x) = (r-x)a(Z_x) .$$

这意味着：如果把圆盘 S_x 和 C_x 平移到点 P 的右边与点 P 距离为 d 的点 $Q(3r,0)$，并且把 x 轴看成杠杆，支点为 P，则这两个圆盘一起与处于原来位置的圆盘 Z 平衡.

由此可知，如果平行移动球 S 和圆锥 C，使它们的形心与点 Q 重合，则它们一起将与处于原来位置的圆柱 Z 平衡.

由于对称性，Z 的形心在原点 O，所以由杠杆定律得到：

$$2r[V(S)+V(C)]=rV(Z).$$

把已知的体积 $V(C)=\frac{1}{3}\pi d^3$，$V(Z)=\pi d^3$ 代入上式，得到

$$V(S)=\frac{1}{6}\pi d^3=\frac{4}{3}\pi r^3.$$

阿基米德指出，最初他就是这样推导出球的体积公式的，由此他又得出了球的表面积公式. 1615 年，德国天文学家开普勒出版了《测定酒桶体积的新方法》一书，其中考虑并确定了 90 多种旋转体的精确和近似的体积. 他的方法是：把给定的立体划分为无穷多个无穷小部分，即立体的“不可分量”，其大小和形状都便于求解给定的问题. 其基本思想是把曲边形看作边数无限增大时的直线形，由此采用了一种虽不严格但却有启发性的、把曲线转化为直线的方法，能以很简单的方式得出正确的结果. 例如，他把圆看作边数无限的正多边形，因此，圆周上每一点可以看作顶点在圆心上而高等于半径的等腰三角形的底，于是圆面积就是这些无限多的三角形面积之和. 用无限个同维的无穷小元素之和来确定曲边形的面积与曲面体的体积，这是开普勒求积术的核心，是开普勒对积分学的最大贡献，也是他的后继者们从他那里汲取的精华. 他的一些求和法对后来的积分运算具有显著的先驱作用.

1634 年，法国数学家罗伯瓦尔（G. P. de Roberval, 1602—1675）在他的《不可分从论》中把面和体分别看作由细小的面和细小的体组成. 他在把一个图形分割为许多微小部分后，让它们的大小不断减小，而在这样做的过程中，主要用的是算术方法，其结果由无穷级数的和给出.

1635—1647 年，意大利数学家卡瓦列利（B. Cavalicri，1598—1647）在一系列论著中发展了他的“不可分量几何学”，提出并应用了著名的“卡瓦列利原理”：

（1）如果两个平面片处于两条平行线之间，并且平行于这两条平行线的任何直线与这两个平面片相交，所截二线段长度相等，则这两个平面片的面积相等；

（2）如果两个立体处于两个平行平面之间，并且平行于这两个平面的任何平面与这两个立体相交，所得二截面面积相等，则这两个立体的体积相等.

它与中国古代的“刘祖原理”在本质上完全一致，卡瓦列利的工作标志着求积方法的一个重要进展. 在这部著作中，卡瓦列利提出了一个较为一般的求积方法——不可分量方法，其中应用了开普勒的无穷小元，所不同的是：

（1）开普勒想象给定的几何图形被分成无穷多个无穷小的图形，他用某种特定的方法把这些图形的面积或体积加起来，便得到给定图形的面积或体积；卡瓦列利则首先建立起两个给定几何图形的不可分微元之间的一一对应关系. 如果两个给定图形的对应的不可分量具有某种（不变的）比例，他便断定这两个图形的面积或体积也具有同样的比例，特别是，当一个图形的面积或体积事先已经知道时，另一个图形的面积或体积也可以得知.

（2）开普勒认为几何图形是由同样维数的不可分量（即无穷小的面积或体积）组成的，

这从对几何图形连续分割最终得到不可分单元的过程便可以想象出来；而卡瓦列利认为几何图形是由无穷多个维数较低的不可分量组成的．因此，他把面积看成由平行的、等距离的线段组成的，把体积看成由平行的、等距离的平面截面组成的，而不考虑这些不可分单元是否具有宽度或厚度．通常它们似乎被看作没有宽度或厚度的，但是至少有一次他认为它们具有宽度或厚度，因为他说过这些不可分量类似于一块棉布中平行的棉纱，或者组成一本书的书页．

卡瓦列利方法的特点在于，通过对图形间的不可分量的比较来确定图形的面积或体积之间的关系，因此，卡瓦列利所得出的结论常常是图形的面积或体积之间的关系的一般叙述．

同一时期，费马（P. de Fermat , 1601—1665，法国），托利拆利（E.Torricelli , 1608—1647，意大利），帕斯卡（B. Pascal, 1623—1662，法国），沃利斯（J. Wallis,1616—1703，英国）都采用类似的观点与方法研究了各种面积、体积的计算问题．

三、反常积分

1823 年，法国数学家柯西（A. L. Cauchy, 1789—1857）在他的《无穷小分析教程概论》中论述了在积分区间的某些值处函数变为无穷（瑕积分）或积分区间趋于无穷时（无穷积分）的反常积分．

我决心放弃那个仅仅是抽象的几何. 这就是说，不再去考虑那些仅仅是用来练思想的问题. 我这样做，是为了研究另一种几何，即目的在于解释自然现象的几何."

——笛卡儿

第七章　空间解析几何与向量代数

空间解析几何是多元微积分的基础知识. 本章首先建立空间直角坐标系，然后引进有广泛应用的向量代数，以它为工具，讨论空间的平面和直线，最后介绍空间曲面和空间曲线的部分内容.

第一节　空间直角坐标系

平面解析几何是我们已经熟悉的. 所谓解析几何就是用解析的，或者说是代数的方法来研究几何问题. 坐标法把代数与几何结合起来. 代数运算的基本对象是数，几何图形的基本元素是点. 正如我们在平面解析几何中所见到的那样，通过建立平面直角坐标系使几何中的点与代数的有序数之间建立一一对应关系. 在此基础上，引入运动的观点，使平面曲线和方程对应，从而使我们能够运用代数方法去研究几何问题. 同样，要运用代数的方法去研究空间的图形——曲面和空间曲线，就必须建立空间内点与数组之间的对应关系.

一、空间直角坐标系

空间直角坐标系是平面直角坐标系的推广. 过空间一定点 O，作三条两两互相垂直的数轴，它们都以 O 为原点，这三条数轴分别叫做 x 轴（横轴）、y 轴（纵轴）、z 轴（竖轴），统称坐标轴. 它们的正方向按右手法则确定，即以右手握住 z 轴，右手的四个手指指向 x 轴的正向且以 $\frac{\pi}{2}$ 角度转向 y 轴的正向时，大拇指的指向就是 z 轴的正向（图 7-1），这样的三条坐标轴就组成了一空间直角坐标系 $Oxyz$，点 O 叫做坐标原点.

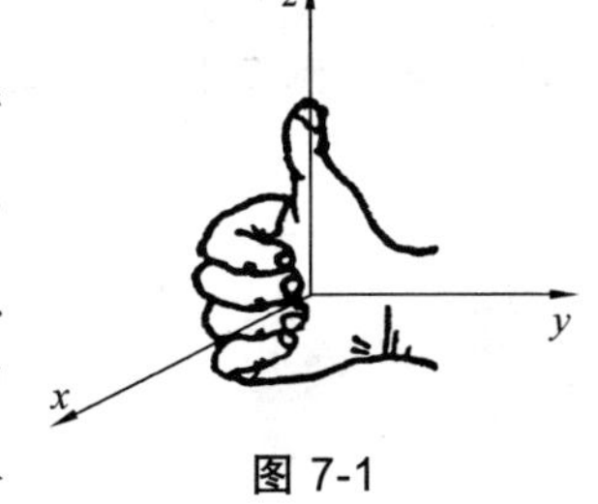

图 7-1

三条坐标轴两两分别确定一个平面，这样定出的三个相互垂直的平面：xOy，yOz，zOx，统称为坐标面. 三个坐标面把空间分成八个部分，称为八个卦限，其中上半空间（$z>0$）中，从含有 x 轴、y 轴、z 轴正半轴的那个卦限数起，按逆时针方向分别叫做 Ⅰ, Ⅱ, Ⅲ, Ⅳ卦限，下半空间（$z<0$）中，与 Ⅰ, Ⅱ, Ⅲ, Ⅳ四个卦限依次对应地叫做Ⅴ, Ⅵ, Ⅶ, Ⅷ卦限（图 7-2）.

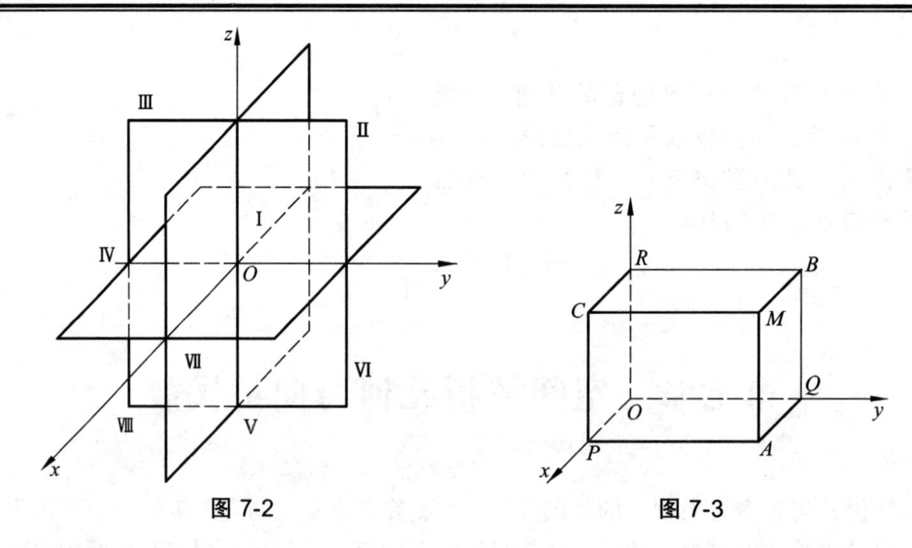

图 7-2　　图 7-3

确定了空间直角坐标系后，就可以建立起空间点与数组之间的对应关系.

设 M 为空间一点，过点 M 作三个平面分别垂直于三条坐标轴，它们与 x 轴、y 轴、z 轴的交点依次为 P, Q, R（图 7-3）. 这三点在 x 轴、y 轴、z 轴上的坐标依次为 x, y, z. 这样，空间的一点 M 就唯一地确定了一个有序数组(x, y, z)，它称为点 M 的**直角坐标**，并依次把 x, y 和 z 叫做点 M 的**横坐标**、**纵坐标**和**竖坐标**. 坐标为(x, y, z)的点 M 通常记为 $M(x, y, z)$.

反过来，给定了一有序数组(x, y, z)，我们可以在 x 轴上取坐标为 x 的点 P，在 y 轴上取坐标为 y 的点 Q，在 z 轴上取坐标为 z 的点 R，然后通过 P, Q 与 R 分别作 x 轴、y 轴与 z 轴的垂直平面，这三个平面的交点 M 就是具有坐标(x, y, z)的点（图 7-3). 从而点 O 的坐标为 $O(0, 0, 0)$.它们各具有一定的特征，应注意区分.

顺便指出，在图 7-3 的空间直角坐标系中，点 P, Q, R, A, B, C 的坐标分别是 $P(x, 0, 0)$, $Q(0, y, 0)$, $R(0, 0, z)$, $A(x, y, 0)$, $B(0, y, z)$, $C(x, 0, z)$.

二、空间两点间的距离

设 $M_1(x_1, y_1, z_1)$, $M_2(x_2, y_2, z_2)$ 为空间两点，为了用两点的坐标来表达它们间的距离 d，我们过 M_1, M_2 各作三个分别垂直于三条坐标轴的平面. 这六个平面围成一个以 M_1, M_2 为对角线的长方体（图 7-4）. 根据勾股定理，有

$$|M_1M_2|^2 = |M_1N|^2 + |NM_2|^2 = |M_1P|^2 + |M_1Q|^2 + |M_1R|^2 .$$

由于

$$|M_1P| = |P_1P_2| = |x_2 - x_1|,$$
$$|M_1Q| = |Q_1Q_2| = |y_2 - y_1|,$$
$$|M_1R| = |R_1R_2| = |z_2 - z_1|,$$

所以

$$d = |M_1M_2| = \sqrt{(x_2 - x_1)^2 + (y_2 - y_1)^2 + (z_2 - z_1)^2} .$$

这就是两点间的距离公式.

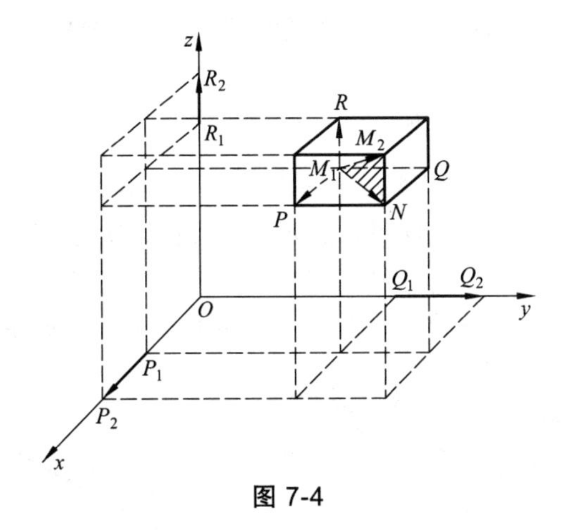

图 7-4

特别地，点 $M(x, y, z)$与坐标原点 $O(0, 0, 0)$的距离为

$$d = |OM| = \sqrt{x^2 + y^2 + z^2}\ .$$

第二节　向量代数

一、向量及其线性运算

1. 向量概念

我们曾经遇到的物理量有两种：一种是只有大小的量，叫做**数量**，如时间、温度、距离、质量等；另一种是不仅有大小而且还有方向的量，叫做**向量**或**矢量**，如速度、加速度、力等.

在数学上，往往用一条有向线段来表示向量，有向线段的长度表示向量的大小，有向线段的方向表示向量的方向. 如图 7-5 所示，以 M_1 为始点、M_2 为终点的有向线段所表示的向量，用记号 $\overrightarrow{M_1M_2}$ 表示. 有时也用一个黑体字母或上面加箭头的字母来表示向量. 例如，向量 $\boldsymbol{a}, \boldsymbol{b}, \boldsymbol{i}, \boldsymbol{u}$ 或 $\vec{a}, \vec{b}, \vec{i}, \vec{u}$ 等.

M_2

M_1

图 7-5

向量的大小叫做向量的**模**. 向量 $\overrightarrow{M_1M_2}$, $\boldsymbol{a}$ 的模分别记为 $|\overrightarrow{M_1M_2}|, |\boldsymbol{a}|$.

在研究向量的运算时，常会用到以下几个特殊向量：

单位向量：模等于 1 的向量称为**单位向量**.

逆向量（或负向量）：与向量 $\boldsymbol{a}$ 的模相等而方向相反的向量称为 $\boldsymbol{a}$ 的**逆向量**，记为 $-\boldsymbol{a}$.

零向量：模等于 0 的向量称为**零向量**，记作 $\boldsymbol{0}$. 零向量没有确定的方向，也可以说它的方向是任意的.

相等向量：两个向量 $\boldsymbol{a}$ 与 $\boldsymbol{b}$，如果它们平行、同向且模相等，就说这两个向量**相等**，记作 $\boldsymbol{a} = \boldsymbol{b}$.

自由向量：与始点位置无关的向量称为**自由向量**（即向量可以在空间平行移动，所得向量与原向量相等）.

我们研究的向量均为自由向量，今后，必要时可以把一个向量平行移动到空间任一位置.

2. 向量的线性运算

（1）向量的加（减）法.

仿照物理学中力的合成，可如下规定向量的加（减）法.

定义 1 设 $\boldsymbol{a}, \boldsymbol{b}$ 为两个（非零）向量，把 $\boldsymbol{a}, \boldsymbol{b}$ 平行移动使它们的始点重合于 M，并以 $\boldsymbol{a}, \boldsymbol{b}$ 为邻边作平行四边形，把以点 M 为一端的对角线向量 $\overrightarrow{MN}$ 定义为 $\boldsymbol{a}, \boldsymbol{b}$ 的**和**，记为 $\boldsymbol{a}+\boldsymbol{b}$（图 7-6）.这样用平行四边形的对角线来定义两个向量的和的方法叫做**平行四边形法则**.

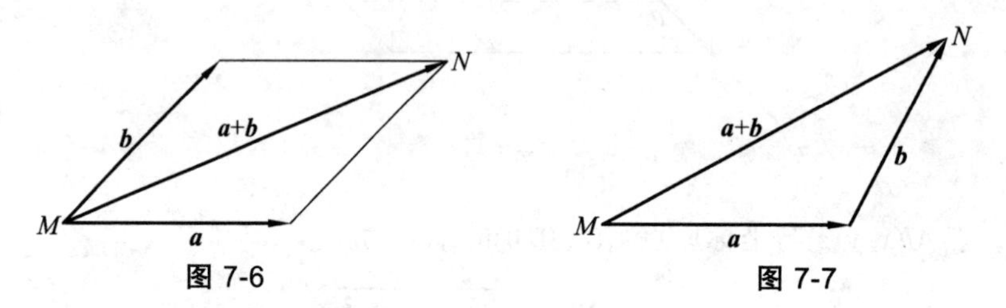

图 7-6　　　　图 7-7

由于平行四边形的对边平行且相等，所以从图 7-6 可以看出，$\boldsymbol{a}+\boldsymbol{b}$ 也可以按下列方法得出：把 $\boldsymbol{b}$ 平行移动，使它的始点与 $\boldsymbol{a}$ 的终点重合，这时，从 $\boldsymbol{a}$ 的始点到 $\boldsymbol{b}$ 的终点的有向线段 $\overrightarrow{MN}$ 就表示向量 $\boldsymbol{a}$ 与 $\boldsymbol{b}$ 的**和** $\boldsymbol{a}+\boldsymbol{b}$（图 7-7）. 这个方法叫做**三角形法则**.

定义 2 向量 $\boldsymbol{a}$ 与 $\boldsymbol{b}$ 的**差**规定为 $\boldsymbol{a}$ 与 $\boldsymbol{b}$ 的逆向量$(-\boldsymbol{b})$的和

$$\boldsymbol{a}-\boldsymbol{b}=\boldsymbol{a}+(-\boldsymbol{b}).$$

按定义容易用作图法得到向量 $\boldsymbol{a}$ 与 $\boldsymbol{b}$ 的差. 把向量 $\boldsymbol{a}$ 与 $\boldsymbol{b}$ 的始点放在一起，则由 $\boldsymbol{b}$ 的终点到 $\boldsymbol{a}$ 的终点的向量就是 $\boldsymbol{a}$ 与 $\boldsymbol{b}$ 的差 $\boldsymbol{a}-\boldsymbol{b}$（图 7-8）.

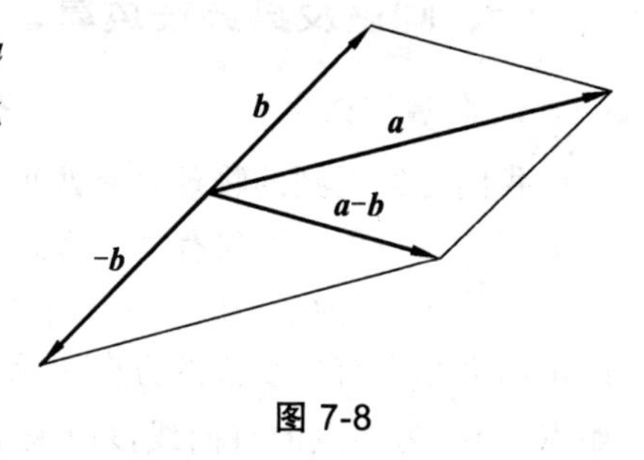

图 7-8

向量的加法满足下列性质：

交换律：$\boldsymbol{a}+\boldsymbol{b}=\boldsymbol{b}+\boldsymbol{a}$.

结合律：$(\boldsymbol{a}+\boldsymbol{b})+\boldsymbol{c}=\boldsymbol{a}+(\boldsymbol{b}+\boldsymbol{c})$.

$$\boldsymbol{a}+\boldsymbol{0}=\boldsymbol{a};$$

$$\boldsymbol{a}+(-\boldsymbol{a})=\boldsymbol{0}.$$

（2）向量与数量的乘法.

定义 3 设 λ 是一实数，向量 $\boldsymbol{a}$ 与 λ 的乘积 $\lambda\boldsymbol{a}$ 是一个这样的向量：

当 $\lambda>0$ 时，$\lambda\boldsymbol{a}$ 的方向与 $\boldsymbol{a}$ 的方向相同，它的模等于$|\boldsymbol{a}|$的 λ 倍，即$|\lambda\boldsymbol{a}|=\lambda|\boldsymbol{a}|$；

当 $\lambda<0$ 时，$\lambda\boldsymbol{a}$ 的方向与 $\boldsymbol{a}$ 的方向相反，它的模等于$|\boldsymbol{a}|$的$|\lambda|$倍，即$|\lambda\boldsymbol{a}|=|\lambda||\boldsymbol{a}|$.

当 $\lambda=0$ 时，$\lambda\boldsymbol{a}$ 是零向量，即 $\lambda\boldsymbol{a}=\boldsymbol{0}$.

向量与数量的乘法满足下列性质（λ, μ 为实数）：

结合律：$\lambda(\mu\boldsymbol{a})=(\lambda\mu)\boldsymbol{a}$；

分配律：$(\lambda+\mu)\boldsymbol{a}=\lambda\boldsymbol{a}+\mu\boldsymbol{a}$；

分配律：$\lambda(\boldsymbol{a}+\boldsymbol{b})=\lambda\boldsymbol{a}+\lambda\boldsymbol{b}$.

设 $\boldsymbol{e}_a$ 是方向与 $\boldsymbol{a}$ 相同的单位向量，则根据向量与数量乘法的定义，可以将 $\boldsymbol{a}$ 写成

$$\boldsymbol{a}=|\boldsymbol{a}|\boldsymbol{e}_a.$$

这样就把一个向量的大小和方向都明显地表示出来. 由此也有

$$\boldsymbol{e}_a=\frac{\boldsymbol{a}}{|\boldsymbol{a}|}.$$

就是说，把一个非零向量除以它的模就得到它的单位向量.

二、向量的坐标表示

1. 向量在轴上的投影

为了用分析方法来研究向量，需要引进向量在轴上的投影的概念.

（1）两向量的夹角.

设有两个非零向量 $\boldsymbol{a},\boldsymbol{b}$, 任取空间一点 O, 作 $\overrightarrow{OA}=\boldsymbol{a}$, $\overrightarrow{OB}=\boldsymbol{b}$, 则称这两向量正向间的夹角 θ 为两向量 $\boldsymbol{a}$ 与 $\boldsymbol{b}$ 的**夹角**（图 7-9），记作

$$\theta=(\widehat{\boldsymbol{a},\boldsymbol{b}})\ 或\ \theta=(\widehat{\boldsymbol{b},\boldsymbol{a}}),\ 0\leqslant\theta\leqslant\pi.$$

当 $\boldsymbol{a}$ 与 $\boldsymbol{b}$ 同向时，$\theta=0$；当 $\boldsymbol{a}$ 与 $\boldsymbol{b}$ 反向时，$\theta=\pi$.

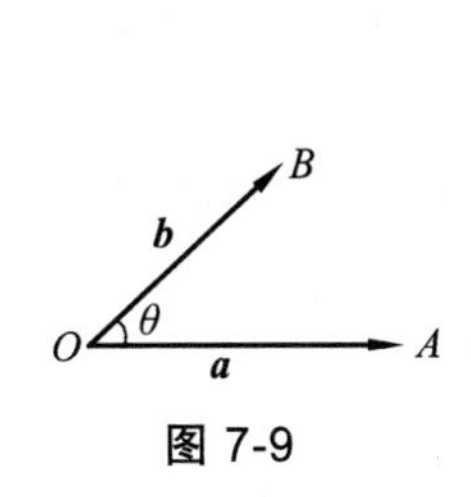

图 7-9

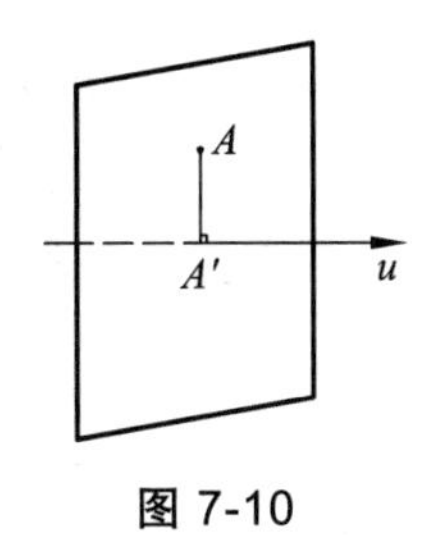

图 7-10

（2）点 A 在轴 u 上的投影.

过点 A 作与轴 u 垂直的平面，交轴 u 于点 A'，则点 A'称为点 A 在轴 u 上的投影（图 7-10）.

（3）向量 $\overrightarrow{AB}$ 在轴 u 上的投影.

首先引进轴上的有向线段的值的概念.

设有一轴 u, $\overrightarrow{AB}$ 是轴 u 上的有向线段. 如果数 λ 满足

$$|\lambda|=|\overrightarrow{AB}|,$$

且当 $\overrightarrow{AB}$ 与 u 轴同向时 λ 是正的，当 $\overrightarrow{AB}$ 与 u 轴反向时 λ 是负的，那么数 λ 叫做轴 u 上有向线段 $\overrightarrow{AB}$ 的**值**，记作 AB，即 $\lambda=AB$.

设 A,B 两点在轴 u 上的投影分别为 A',B'（图 7-11），则有向线段 $\overrightarrow{A'B'}$ 的值 $A'B'$称为向量 $\overrightarrow{AB}$ 在轴 u 上的**投影**，记作

$$\mathrm{Prj}_u\overrightarrow{AB}=A'B',$$

它是一个数量. 轴 u 叫做**投影轴**.

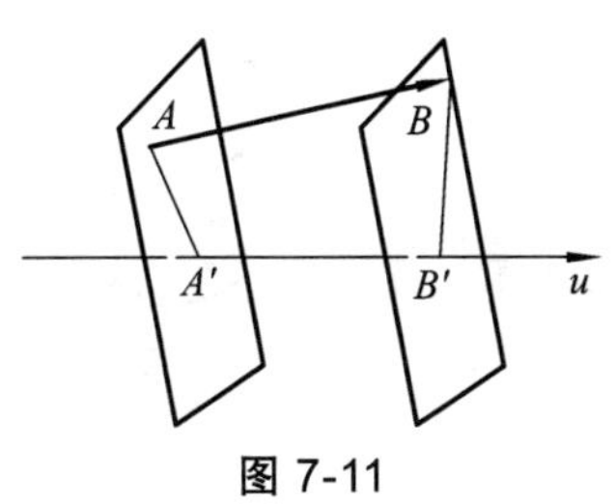

图 7-11

这里应特别指出的是：投影不是向量，也不是长度，而是数量，它可正，可负，也可以是零.

关于向量的投影有下面两个定理：

定理 1 向量$\overrightarrow{AB}$在轴 u 上的投影等于向量$\overrightarrow{AB}$的模乘以 u 与向量$\overrightarrow{AB}$的夹角 α 的余弦，即

$$\mathrm{Prj}_u \overrightarrow{AB} = |\overrightarrow{AB}|\cos\alpha.$$

证明 过 A 作与轴 u 平行且有相同正向的轴 u'，则轴 u 与向量$\overrightarrow{AB}$间的夹角 α 等于轴 u' 与向量$\overrightarrow{AB}$间的夹角（图 7-12）.从而有

$$\mathrm{Prj}_u \overrightarrow{AB} = \mathrm{Prj}_{u'} \overrightarrow{AB} = AB'' = |\overrightarrow{AB}|\cos\alpha.$$

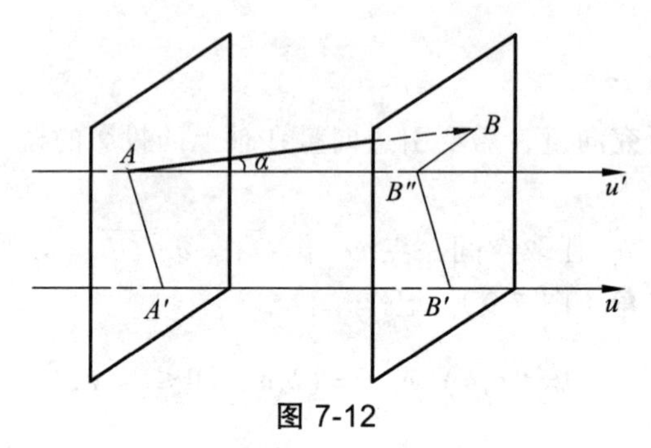

图 7-12

显然，当 α 是锐角时，投影为正值；当 α 是钝角时，投影为负值；当 α 是直角时，投影为 0.

定理 2 两个向量的和在某轴上的投影等于这两个向量在该轴上投影的和，即

$$\mathrm{Prj}_u(\boldsymbol{a}_1 + \boldsymbol{a}_2) = \mathrm{Prj}_u\boldsymbol{a}_1 + \mathrm{Prj}_u\boldsymbol{a}_2 .$$

证明 设有两个向量 $\boldsymbol{a}_1, \boldsymbol{a}_2$ 及某轴 u，由图 7-13 可以看到

$$\mathrm{Prj}_u(\boldsymbol{a}_1 + \boldsymbol{a}_2) = \mathrm{Prj}_u(\overrightarrow{AB} + \overrightarrow{BC}) = \mathrm{Prj}_u \overrightarrow{AC} = A'C',$$

而

$$\mathrm{Prj}_u\boldsymbol{a}_1 + \mathrm{Prj}_u\boldsymbol{a}_2 = \mathrm{Prj}_u \overrightarrow{AB} + \mathrm{Prj}_u \overrightarrow{BC} = A'B' + B'C' = A'C',$$

所以
$$\mathrm{Prj}_u(\boldsymbol{a}_1 + \boldsymbol{a}_2) = \mathrm{Prj}_u\boldsymbol{a}_1 + \mathrm{Prj}_u\boldsymbol{a}_2.$$

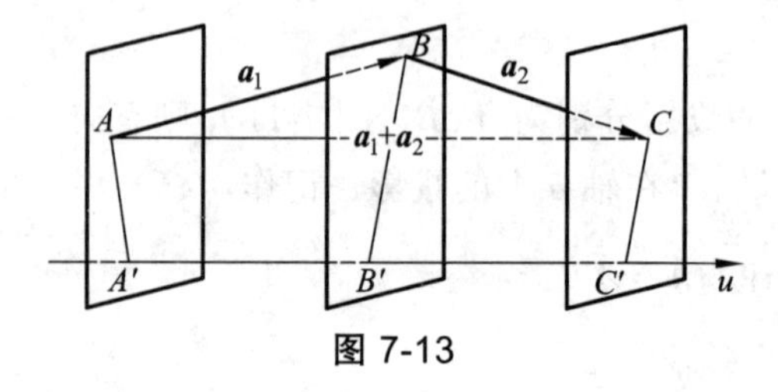

图 7-13

显然，定理 2 可推广到有限个向量的情形，即

$$\mathrm{Prj}_u(\boldsymbol{a}_1 + \boldsymbol{a}_2 + \cdots + \boldsymbol{a}_n) = \mathrm{Prj}_u\boldsymbol{a}_1 + \mathrm{Prj}_u\boldsymbol{a}_2 + \cdots + \mathrm{Prj}_u\boldsymbol{a}_n.$$

2. 向量的坐标表示

（1）向量的分解.

设空间直角坐标系 $Oxyz$，以 $\boldsymbol{i},\boldsymbol{j},\boldsymbol{k}$ 分别表示沿 x 轴、y 轴、z 轴正向的单位向量，并称它们为这一坐标系的基本单位向量. 始点固定在原点 O、终点为 M 的向量 $\boldsymbol{r}=\overrightarrow{OM}$ 称为点 M 的**向径**.

设向径 $\overrightarrow{OM}$ 的终点 M 的坐标为(x,y,z). 过点 M 分别作与三个坐标轴垂直的平面，依次交坐标轴于 P,Q,R（图 7-14），根据向量的加法，有

$$\boldsymbol{r}=\overrightarrow{OM}=\overrightarrow{OP}+\overrightarrow{PM'}+\overrightarrow{M'M}.$$

但 $\overrightarrow{PM'}=\overrightarrow{OR}$，$\overrightarrow{M'M}=\overrightarrow{OQ}$，所以

$$\boldsymbol{r}=\overrightarrow{OP}+\overrightarrow{OQ}+\overrightarrow{OR}.$$

向量 $\overrightarrow{OP},\overrightarrow{OQ},\overrightarrow{OR}$ 分别称为向量 $\boldsymbol{r}=\overrightarrow{OM}$ 在 x,y,z 轴上的分向量. 根据数与向量的乘法得

$$\overrightarrow{OP}=x\boldsymbol{i},\quad \overrightarrow{OQ}=y\boldsymbol{j},\quad \overrightarrow{OR}=z\boldsymbol{k}.$$

因此有

$$\overrightarrow{OM}=\boldsymbol{r}=x\boldsymbol{i}+y\boldsymbol{j}+z\boldsymbol{k}.$$

这就是向量 $\boldsymbol{r}$ 在坐标系中的分解式，其中 x,y,z 三个数是向量 $\boldsymbol{r}=\overrightarrow{OM}$ 在三个坐标轴上的投影.

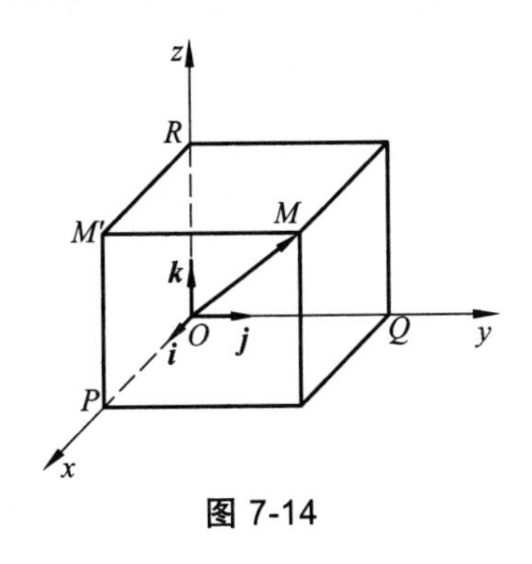

图 7-14

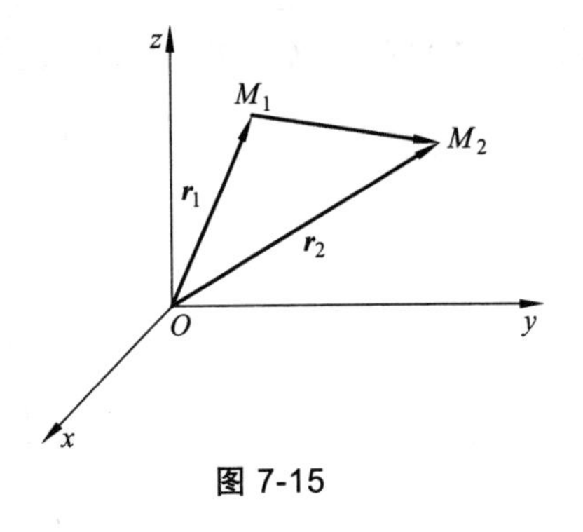

图 7-15

一般地，设向量 $\boldsymbol{a}=\overrightarrow{M_1M_2}$，$M_1,M_2$ 的坐标分别为 $M_1(x_1,y_1,z_1)$及 $M_2(x_2,y_2,z_2)$，如图 7-15 所示，由于

$$\overrightarrow{M_1M_2}=\overrightarrow{OM_2}-\overrightarrow{OM_1}=\boldsymbol{r}_2-\boldsymbol{r}_1,$$

而

$$\boldsymbol{r}_2=x_2\boldsymbol{i}+y_2\boldsymbol{j}+z_2\boldsymbol{k},\quad \boldsymbol{r}_1=x_1\boldsymbol{i}+y_1\boldsymbol{j}+z_1\boldsymbol{k},$$

所以

$$\begin{aligned}\boldsymbol{a}=\overrightarrow{M_1M_2}&=(x_2\boldsymbol{i}+y_2\boldsymbol{j}+z_2\boldsymbol{k})-(x_1\boldsymbol{i}+y_1\boldsymbol{j}+z_1\boldsymbol{k})\\&=(x_2-x_1)\boldsymbol{i}+(y_2-y_1)\boldsymbol{j}+(z_2-z_1)\boldsymbol{k}.\end{aligned}$$

这个式子称为向量 $\overrightarrow{M_1M_2}$ 按基本单位向量的分解式，其中三个数量 $a_x=x_2-x_1$，$a_y=y_2-y_1$，$a_z=z_2-z_1$ 是向量 $\boldsymbol{a}=\overrightarrow{M_1M_2}$ 在三个坐标轴上的投影. 我们也可以将向量 $\boldsymbol{a}$ 的分解式写成

$$\boldsymbol{a}=a_x\boldsymbol{i}+a_y\boldsymbol{j}+a_z\boldsymbol{k}.$$

（2）向量的坐标表示.

向量 $\boldsymbol{a}$ 在三个坐标轴上的投影 a_x, a_y, a_z 叫做向量 $\boldsymbol{a}$ 的坐标，并将 $\boldsymbol{a}$ 表示为

$$\boldsymbol{a}=(a_x, a_y, a_z),$$

上式叫做向量 $\boldsymbol{a}$ 的坐标表示式.

从而，基本单位向量的坐标表示式是

$$\boldsymbol{i}=(1,0,0),\ \boldsymbol{j}=(0,1,0),\ \boldsymbol{k}=(0,0,1).$$

零向量的坐标表示式为 $\boldsymbol{0}=(0,0,0)$.

起点为 $M_1(x_1, y_1, z_1)$、终点为 $M_2(x_2, y_2, z_2)$的向量的坐标表示式为

$$\overrightarrow{M_1M_2}=(x_2-x_1, y_2-y_1, z_2-z_1).$$

特别地，向径的坐标就是终点的坐标，即

$$\overrightarrow{OM}=(x, y, z).$$

（3）向量的模与方向余弦的坐标表示式.

向量可以用它的模和方向来表示，也可以用它的坐标来表示. 为了找出向量的坐标与向量的模、方向之间的联系，我们先介绍一种表达空间方向的方法.

与平面解析几何中用倾角表示直线对坐标轴的倾斜程度相类似，我们可以用向量 $\boldsymbol{a}=\overrightarrow{M_1M_2}$ 与三条坐标轴（正向）的夹角 α, β, γ 来表示此向量的方向，并规定 $0\leqslant\alpha\leqslant\pi, 0\leqslant\beta\leqslant\pi, 0\leqslant\gamma\leqslant\pi$（图 7-16），$\alpha, \beta, \gamma$ 叫做向量 $\boldsymbol{a}$ 的方向角.

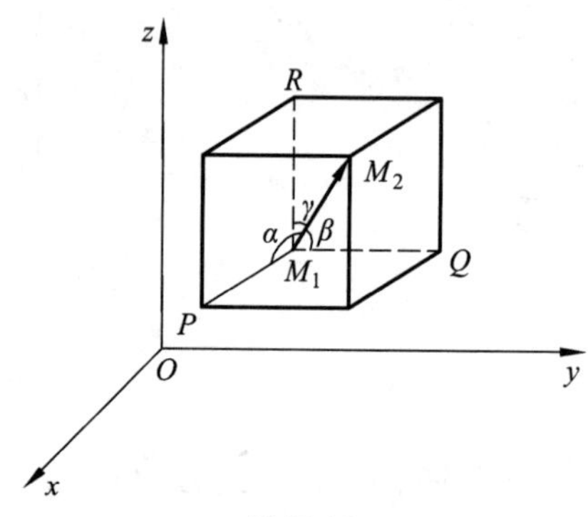

图 7-16

过点 M_1, M_2 各作垂直于三条坐标轴的平面，如图 7-16 所示，可以看出，由于 $\angle PM_1M_2=\alpha$，又 $M_2P\perp M_1P$，所以

$$a_x=M_1P=|\overrightarrow{M_1M_2}|\cos\alpha=|\boldsymbol{a}|\cos\alpha.$$

同理可得 a_y, a_z，即

$$\begin{cases}a_x=M_1P=|\overrightarrow{M_1M_2}|\cos\alpha=|\boldsymbol{a}|\cos\alpha,\\ a_y=M_1Q=|\overrightarrow{M_1M_2}|\cos\beta=|\boldsymbol{a}|\cos\beta,\\ a_z=M_1P=|\overrightarrow{M_1M_2}|\cos\gamma=|\boldsymbol{a}|\cos\gamma.\end{cases}\tag{1}$$

公式（1）中出现的不是方向角 α, β, γ 本身，而是它们的余弦，因而，通常也用数组 $\cos\alpha$,

$\cos\beta$, $\cos\gamma$ 来表示向量 $\boldsymbol{a}$ 的**方向**，叫做向量 $\boldsymbol{a}$ 的**方向余弦**.

把公式（1）代入向量的坐标表示式，就可以用向量的模及方向余弦来表示向量：

$$\boldsymbol{a}=|\boldsymbol{a}|(\cos\alpha\boldsymbol{i}+\cos\beta\boldsymbol{j}+\cos\gamma\boldsymbol{k}). \tag{2}$$

而向量 $\boldsymbol{a}$ 的模为

$$|\boldsymbol{a}|=|\overrightarrow{M_1M_2}|=\sqrt{|M_1P|^2+|M_1Q|^2+|M_1R|^2}.$$

由此得向量 $\boldsymbol{a}$ 的模的坐标表示式

$$|\boldsymbol{a}|=\sqrt{a_x^2+a_y^2+a_z^2}. \tag{3}$$

再把上式代入（1）式，可得向量 $\boldsymbol{a}$ 的方向余弦的坐标表示式：

$$\begin{cases}\cos\alpha=\dfrac{a_x}{\sqrt{a_x^2+a_y^2+a_z^2}},\\ \cos\beta=\dfrac{a_y}{\sqrt{a_x^2+a_y^2+a_z^2}},\\ \cos\gamma=\dfrac{a_z}{\sqrt{a_x^2+a_y^2+a_z^2}}.\end{cases} \tag{4}$$

把公式（4）的三个等式两边分别平方后相加，便得到

$$\cos^2\alpha+\cos^2\beta+\cos^2\gamma=1,$$

即任一向量的方向余弦的平方和等于 1. 由此可见，由任一向量 $\boldsymbol{a}$ 的方向余弦所组成的向量（$\cos\alpha, \cos\beta, \cos\gamma$）是单位向量，即

$$\boldsymbol{e_a}=\cos\alpha\boldsymbol{i}+\cos\beta\boldsymbol{j}+\cos\gamma\boldsymbol{k}.$$

例 1　已知两点 $P_1(2,-2,5)$及 $P_2(-1,6,7)$，试求：

① $\overrightarrow{P_1P_2}$ 在三个坐标轴上的投影及分解表达式；

② $\overrightarrow{P_1P_2}$ 的模；

③ $\overrightarrow{P_1P_2}$ 的方向余弦；

④ $\overrightarrow{P_1P_2}$ 上的单位向量 $\boldsymbol{e}_{P_1P_2}$.

解　①设 $\overrightarrow{P_1P_2}=(a_x, a_y, a_z)$，则 $\overrightarrow{P_1P_2}$ 在三个坐标轴上的投影分别为：

$$a_x=-1-2=-3,\quad a_y=6-(-2)=8,\quad a_z=7-5=2.$$

于是 $\overrightarrow{P_1P_2}$ 的分解表达式为

$$\overrightarrow{P_1P_2}=-3\boldsymbol{i}+8\boldsymbol{j}+2\boldsymbol{k}.$$

② $|\overrightarrow{P_1P_2}|=\sqrt{a_x^2+a_y^2+a_z^2}=\sqrt{(-3)^2+8^2+2^2}=\sqrt{77}$.

③ $\cos\alpha=\dfrac{a_x}{|\overrightarrow{P_1P_2}|}=\dfrac{-3}{\sqrt{77}}$, $\cos\beta=\dfrac{a_y}{|\overrightarrow{P_1P_2}|}=\dfrac{8}{\sqrt{77}}$, $\cos\gamma=\dfrac{a_z}{|\overrightarrow{P_1P_2}|}=\dfrac{2}{\sqrt{77}}$.

④ $e_{\overrightarrow{P_1P_2}} = \dfrac{1}{\sqrt{77}}(-3\boldsymbol{i}+8\boldsymbol{j}+2\boldsymbol{k})$.

（4）用坐标进行向量的线性运算.

利用向量的分解式，向量的线性运算可以化为代数运算.

设 λ 是一数量，$\boldsymbol{a}=a_x\boldsymbol{i}+a_y\boldsymbol{j}+a_z\boldsymbol{k}$，$\boldsymbol{b}=b_x\boldsymbol{i}+b_y\boldsymbol{j}+b_z\boldsymbol{k}$，则

$$\boldsymbol{a}\pm\boldsymbol{b}=(a_x\boldsymbol{i}+a_y\boldsymbol{j}+a_z\boldsymbol{k})\pm(b_x\boldsymbol{i}+b_y\boldsymbol{j}+b_z\boldsymbol{k})$$

$$=(a_x\pm b_x)\boldsymbol{i}+(a_y\pm b_y)\boldsymbol{j}+(a_z\pm b_z)\boldsymbol{k},$$

$$\lambda\boldsymbol{a}=\lambda(a_x\boldsymbol{i}+a_y\boldsymbol{j}+a_z\boldsymbol{k})=\lambda a_x\boldsymbol{i}+\lambda a_y\boldsymbol{j}+\lambda a_z\boldsymbol{k};$$

或

$$(a_x,a_y,a_z)\pm(b_x,b_y,b_z)=(a_x\pm b_x,a_y\pm b_y,a_z\pm b_z),$$

$$\lambda(a_x,a_y,a_z)=(\lambda a_x,\lambda a_y,\lambda a_z).$$

这就是说，两向量之和（差）的坐标等于两向量同名坐标之和（差）；数与向量之积等于此数乘上向量的每一个坐标.

例 2 从点 $A(2,-1,7)$沿向量 $\boldsymbol{a}=8\boldsymbol{i}+9\boldsymbol{j}-12\boldsymbol{k}$ 的方向取线段 AB，使 $|\overrightarrow{AB}|=34$，求点 B 的坐标.

解 设点 B 的坐标为(x,y,z)，则

$$\overrightarrow{AB}=(x-2)\boldsymbol{i}+(y+1)\boldsymbol{j}+(z-7)\boldsymbol{k}.$$

按题意可知，$\overrightarrow{AB}$ 上的单位向量与 $\boldsymbol{a}$ 上的单位向量相等，即

$$\boldsymbol{e}_{\overrightarrow{AB}}=\boldsymbol{e}_{\boldsymbol{a}}.$$

而 $|\overrightarrow{AB}|=34$，$|\boldsymbol{a}|=\sqrt{8^2+9^2+(-12)^2}=17$，所以

$$\boldsymbol{e}_{\overrightarrow{AB}}=\frac{\overrightarrow{AB}}{|\overrightarrow{AB}|}=\frac{x-2}{34}\boldsymbol{i}+\frac{y+1}{34}\boldsymbol{j}+\frac{z-7}{34}\boldsymbol{k},$$

$$\boldsymbol{e}_{\boldsymbol{a}}=\frac{\boldsymbol{a}}{|\boldsymbol{a}|}=\frac{8}{17}\boldsymbol{i}+\frac{9}{17}\boldsymbol{j}-\frac{12}{17}\boldsymbol{k}.$$

比较上面两式得

$$\begin{cases}\dfrac{x-2}{34}=\dfrac{8}{17},\\[2mm]\dfrac{y+1}{34}=\dfrac{9}{17},\\[2mm]\dfrac{z-7}{34}=-\dfrac{12}{17}.\end{cases}$$

解得 $x=18,y=17$，$z=-17$. 所以点 B 的坐标为$(18,17,-17)$.

例 3　已知 $\boldsymbol{a}=2\boldsymbol{i}-\boldsymbol{j}+2\boldsymbol{k}$，$\boldsymbol{b}=3\boldsymbol{i}+4\boldsymbol{j}-5\boldsymbol{k}$，求 $3\boldsymbol{a}-\boldsymbol{b}$ 方向的单位向量.

解　因为

$$\boldsymbol{c}=3\boldsymbol{a}-\boldsymbol{b}=3(2\boldsymbol{i}-\boldsymbol{j}+2\boldsymbol{k})-(3\boldsymbol{i}+4\boldsymbol{j}-5\boldsymbol{k})=3\boldsymbol{i}-7\boldsymbol{j}+11\boldsymbol{k},$$

于是

$$|\boldsymbol{c}|=\sqrt{3^2+(-7)^2+(11)^2}=\sqrt{179}.$$

所以

$$\boldsymbol{e}_c=\frac{\boldsymbol{c}}{|\boldsymbol{c}|}=\frac{3a-b}{|3a-b|}=\frac{1}{\sqrt{179}}(3\boldsymbol{i}-7\boldsymbol{j}+11\boldsymbol{k}).$$

三、向量的数量积与向量积

1. 两向量的数量积

在物理学中，我们知道当物体在力 $\boldsymbol{F}$ 的作用下（图 7-17），产生位移 $\boldsymbol{s}$ 时，力 $\boldsymbol{F}$ 所做的功

$$W=|\boldsymbol{F}|\cos(\widehat{\boldsymbol{F},\boldsymbol{s}})\cdot|\boldsymbol{s}|=|\boldsymbol{F}||\boldsymbol{s}|\cos(\widehat{\boldsymbol{F},\boldsymbol{s}}).$$

这样，由两个向量 $\boldsymbol{F}$ 和 $\boldsymbol{s}$ 决定了一个数量 $|\boldsymbol{F}||\boldsymbol{s}|\cos(\widehat{\boldsymbol{F},\boldsymbol{s}})$. 根据这一实际背景，我们把由两个向量 $\boldsymbol{F}$ 和 $\boldsymbol{s}$ 所确定的数量 $|\boldsymbol{F}||\boldsymbol{s}|\cos(\widehat{\boldsymbol{F},\boldsymbol{s}})$ 定义为两向量 $\boldsymbol{F}$ 与 $\boldsymbol{s}$ 的数量积.

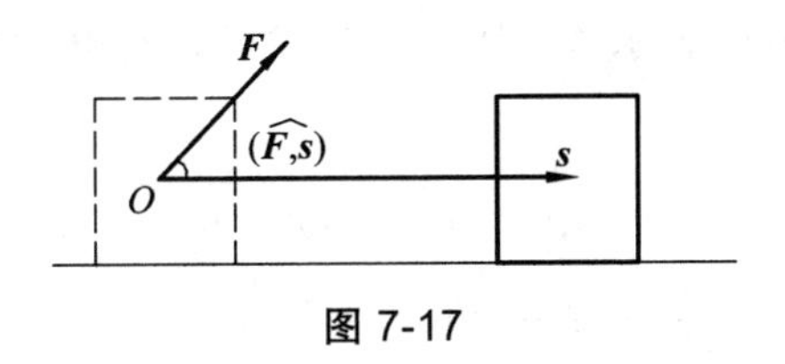

图 7-17

定义 4　两向量 $\boldsymbol{a}$ 与 $\boldsymbol{b}$ 的模与它们的夹角余弦的乘积，叫做 $\boldsymbol{a}$ 与 $\boldsymbol{b}$ 的**数量积**，记为 $\boldsymbol{a}\cdot\boldsymbol{b}$，即

$$\boldsymbol{a}\cdot\boldsymbol{b}=|\boldsymbol{a}||\boldsymbol{b}|\cos(\widehat{\boldsymbol{a},\boldsymbol{b}}).$$

因其中的 $|\boldsymbol{b}|\cos(\widehat{\boldsymbol{a},\boldsymbol{b}})$ 是向量 $\boldsymbol{b}$ 在向量 $\boldsymbol{a}$ 的方向上的投影，故数量积又可表示为

$$\boldsymbol{a}\cdot\boldsymbol{b}=|\boldsymbol{a}|\mathrm{Prj}_{\boldsymbol{a}}\boldsymbol{b}.$$

同样

$$\boldsymbol{a}\cdot\boldsymbol{b}=|\boldsymbol{b}|\mathrm{Prj}_{\boldsymbol{b}}\boldsymbol{a}.$$

数量积满足下列运算性质：

（1）交换律：$\boldsymbol{a}\cdot\boldsymbol{b}=\boldsymbol{b}\cdot\boldsymbol{a}$.

（2）分配律：$\boldsymbol{a}\cdot(\boldsymbol{b}+\boldsymbol{c})=\boldsymbol{a}\cdot\boldsymbol{b}+\boldsymbol{a}\cdot\boldsymbol{c}$;

（3）结合律：$(\lambda\boldsymbol{a})\cdot\boldsymbol{b}=\lambda(\boldsymbol{a}\cdot\boldsymbol{b})=\boldsymbol{a}(\lambda\boldsymbol{b})$.

由数量积的定义，容易得出下面的结论：

（1）$\boldsymbol{a}\cdot\boldsymbol{a}=|\boldsymbol{a}|^2$;

（2）两个非零向量 $\boldsymbol{a}$ 与 $\boldsymbol{b}$ 互相垂直的充要条件是 $\boldsymbol{a}\cdot\boldsymbol{b}=0$.

2. 数量积的坐标表示式

设 $\boldsymbol{a}=a_x\boldsymbol{i}+a_y\boldsymbol{j}+a_z\boldsymbol{k}$, $\boldsymbol{b}=b_x\boldsymbol{i}+b_y\boldsymbol{j}+b_z\boldsymbol{k}$，根据数量积的性质可得

$$\begin{aligned}\boldsymbol{a}\cdot\boldsymbol{b}&=(a_x\boldsymbol{i}+a_y\boldsymbol{j}+a_z\boldsymbol{k})\cdot(b_x\boldsymbol{i}+b_y\boldsymbol{j}+b_z\boldsymbol{k})\\&=a_xb_x\boldsymbol{i}\cdot\boldsymbol{i}+a_xb_y\boldsymbol{i}\cdot\boldsymbol{j}+a_xb_z\boldsymbol{i}\cdot\boldsymbol{k}+\\&\quad a_yb_x\boldsymbol{j}\cdot\boldsymbol{i}+a_yb_y\boldsymbol{j}\cdot\boldsymbol{j}+a_yb_z\boldsymbol{j}\cdot\boldsymbol{k}+\\&\quad a_zb_x\boldsymbol{k}\cdot\boldsymbol{i}+a_zb_y\boldsymbol{k}\cdot\boldsymbol{j}+a_zb_z\boldsymbol{k}\cdot\boldsymbol{k}.\end{aligned}$$

由于基本单位向量 $\boldsymbol{i},\boldsymbol{j},\boldsymbol{k}$ 两两互相垂直，从而

$$\boldsymbol{i}\cdot\boldsymbol{j}=\boldsymbol{j}\cdot\boldsymbol{k}=\boldsymbol{k}\cdot\boldsymbol{i}=\boldsymbol{j}\cdot\boldsymbol{i}=\boldsymbol{k}\cdot\boldsymbol{j}=\boldsymbol{i}\cdot\boldsymbol{k}=0.$$

又因为 $\boldsymbol{i},\boldsymbol{j},\boldsymbol{k}$ 的模都是 1，所以

$$\boldsymbol{i}\cdot\boldsymbol{i}=\boldsymbol{j}\cdot\boldsymbol{j}=\boldsymbol{k}\cdot\boldsymbol{k}=1.$$

因此
$$\boldsymbol{a}\cdot\boldsymbol{b}=a_xb_x+a_yb_y+a_zb_z,$$
即两向量的数量积等于它们同名坐标的乘积之和.

由于 $\boldsymbol{a}\cdot\boldsymbol{b}=|\boldsymbol{a}||\boldsymbol{b}|\cos(\widehat{\boldsymbol{a},\boldsymbol{b}})$，当 $\boldsymbol{a},\boldsymbol{b}$ 都是非零向量时，有

$$\cos(\widehat{\boldsymbol{a},\boldsymbol{b}})=\frac{\boldsymbol{a}\cdot\boldsymbol{b}}{|\boldsymbol{a}||\boldsymbol{b}|}=\frac{a_xb_x+a_yb_y+a_zb_z}{\sqrt{a_x^2+a_y^2+a_z^2}\sqrt{b_x^2+b_y^2+b_z^2}}.$$

这就是两向量夹角余弦的坐标表示式. 从这个公式可以看出，两非零向量互相垂直的充要条件为

$$a_xb_x+a_yb_y+a_zb_z=0.$$

例 4 求向量 $\boldsymbol{a}=(3,-2,2\sqrt{3})$和 $\boldsymbol{b}=(3,0,0)$的夹角.

解 因为

$$\boldsymbol{a}\cdot\boldsymbol{b}=3\cdot3+(-2)\cdot0+2\sqrt{3}\cdot0=9,$$

$$|\boldsymbol{a}|=\sqrt{3^2+(-2)^2+(2\sqrt{3})^2}=5,\quad|\boldsymbol{b}|=3,$$

所以
$$\cos(\widehat{\boldsymbol{a},\boldsymbol{b}})=\frac{\boldsymbol{a}\cdot\boldsymbol{b}}{|\boldsymbol{a}||\boldsymbol{b}|}=\frac{9}{5\times3}=\frac{3}{5}.$$

故其夹角$(\widehat{\boldsymbol{a},\boldsymbol{b}})=\arccos\frac{3}{5}\approx53°8'$.

例 5 求向量 $\boldsymbol{a}=(4,-1,2)$在 $\boldsymbol{b}=(3,1,0)$上的投影.

解 因为

$$\boldsymbol{a}\cdot\boldsymbol{b}=4\cdot3+(-1)\cdot1+2\cdot0=11,\quad|\boldsymbol{b}|=\sqrt{3^2+1^2+0^2}=\sqrt{10},$$

所以 $\mathrm{Prj}_{\boldsymbol{b}}\boldsymbol{a}=\dfrac{\boldsymbol{a}\cdot\boldsymbol{b}}{|\boldsymbol{b}|}=\dfrac{11}{\sqrt{10}}=\dfrac{11\sqrt{10}}{10}$.

例 6 在 xOy 平面上求一单位向量与 $\boldsymbol{p}=(-4,3,7)$垂直.

解 设所求向量为(a,b,c)，因为它在 xOy 平面上，所以 $c=0$. 又$(a,b,0)$与 $\boldsymbol{p}=(-4,3,7)$ 垂直，且是单位向量，故有

$$-4a+3b=0,\ a^2+b^2=1.$$

由此求得 $a=\pm\dfrac{3}{5}$，$b=\pm\dfrac{4}{5}$，因此所求向量为 $\left(\pm\dfrac{3}{5},\pm\dfrac{4}{5},0\right)$.

3. 两向量的向量积

在研究物体的转动问题时，不但要考虑此物体所受的力，还要分析这些力所产生的力矩. 下面举例说明表示力矩的方法.

设 O 为杠杆 L 的支点，有一个力 $\boldsymbol{F}$ 作用于这杠杆上的 P 点处，$\boldsymbol{F}$ 与 $\overrightarrow{OP}$ 的夹角为 θ（图 7-18）.由物理学知道，力 $\boldsymbol{F}$ 对支点 O 的力矩是一向量 $\boldsymbol{M}$，它的模

$$|\boldsymbol{M}|=|OQ||\boldsymbol{F}|=|\overrightarrow{OP}||\boldsymbol{F}|\sin\theta.$$

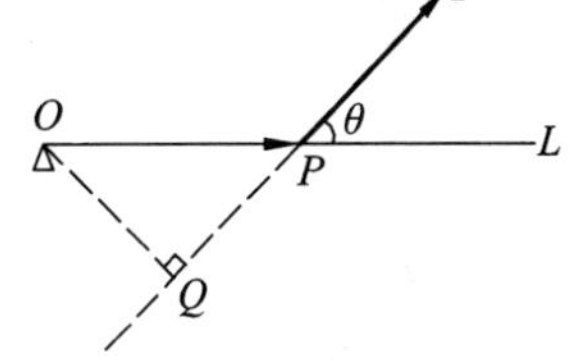

图 7-18

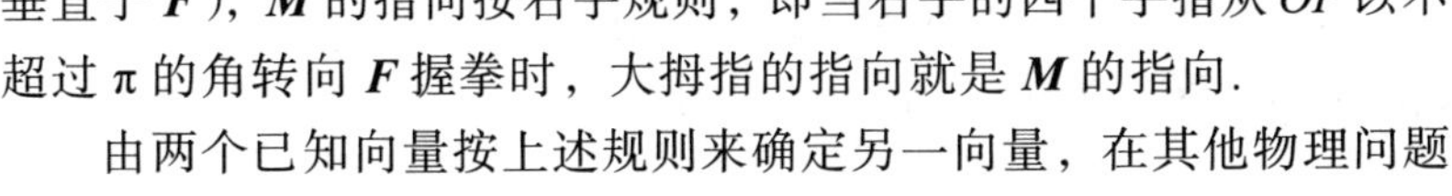
而 $\boldsymbol{M}$ 的方向垂直于 $\overrightarrow{OP}$ 与 $\boldsymbol{F}$ 所确定的平面（即 $\boldsymbol{M}$ 既垂直于 $\overrightarrow{OP}$，又垂直于 $\boldsymbol{F}$），$\boldsymbol{M}$ 的指向按右手规则，即当右手的四个手指从 $\overrightarrow{OP}$ 以不超过 π 的角转向 $\boldsymbol{F}$ 握拳时，大拇指的指向就是 $\boldsymbol{M}$ 的指向.

由两个已知向量按上述规则来确定另一向量，在其他物理问题中也会遇到，抽象出来，就是两个向量的向量积的概念.

定义 5　两向量 $\boldsymbol{a}$ 与 $\boldsymbol{b}$ 的向量积是一个向量 $\boldsymbol{c}$，记为 $\boldsymbol{c}=\boldsymbol{a}\times\boldsymbol{b}$，它的大小与方向规定如下：

（1）$|\boldsymbol{a}\times\boldsymbol{b}|=|\boldsymbol{a}||\boldsymbol{b}|\sin(\widehat{\boldsymbol{a},\boldsymbol{b}})$，即等于以 $\boldsymbol{a}, \boldsymbol{b}$ 为邻边的平行四边形的面积；

（2）$\boldsymbol{a}\times\boldsymbol{b}$ 垂直于 $\boldsymbol{a}, \boldsymbol{b}$ 所确定的平面，并且按顺序 $\boldsymbol{a}, \boldsymbol{b}, \boldsymbol{a}\times\boldsymbol{b}$ 符合右手法则（见图 7-19）.

向量积满足下列规律：

（1）$\boldsymbol{a}\times\boldsymbol{b}=-\boldsymbol{b}\times\boldsymbol{a}$（向量积不满足交换律）.

（2）$(\boldsymbol{a}+\boldsymbol{b})\times\boldsymbol{c}=\boldsymbol{a}\times\boldsymbol{c}+\boldsymbol{b}\times\boldsymbol{c}$.

（3）$(\lambda\boldsymbol{a})\times\boldsymbol{b}=\boldsymbol{a}\times(\lambda\boldsymbol{b})=\lambda(\boldsymbol{a}\times\boldsymbol{b})$.

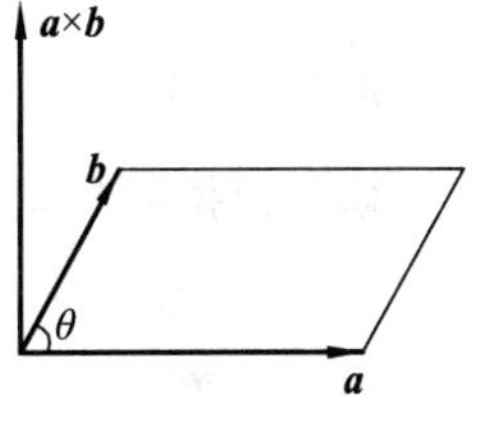

图 7-19

由向量积的定义，容易得出下面的结论：

（1）$\boldsymbol{a}\times\boldsymbol{a}=\boldsymbol{0}$.

（2）两个非零向量 $\boldsymbol{a}$ 与 $\boldsymbol{b}$ 互相平行的充要条件是 $\boldsymbol{a}\times\boldsymbol{b}=\boldsymbol{0}$.

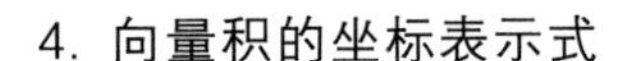
4. 向量积的坐标表示式

设 $\boldsymbol{a}=a_x\boldsymbol{i}+a_y\boldsymbol{j}+a_z\boldsymbol{k}$，$\boldsymbol{b}=b_x\boldsymbol{i}+b_y\boldsymbol{j}+b_z\boldsymbol{k}$，则

$$\begin{aligned}\boldsymbol{a}\times\boldsymbol{b}&=(a_x\boldsymbol{i}+a_y\boldsymbol{j}+a_z\boldsymbol{k})\times(b_x\boldsymbol{i}+b_y\boldsymbol{j}+b_z\boldsymbol{k})\\&=a_xb_x(\boldsymbol{i}\times\boldsymbol{i})+a_xb_y(\boldsymbol{i}\times\boldsymbol{j})+a_xb_z(\boldsymbol{i}\times\boldsymbol{k})+\\&\quad a_yb_x(\boldsymbol{j}\times\boldsymbol{i})+a_yb_y(\boldsymbol{j}\times\boldsymbol{j})+a_yb_z(\boldsymbol{j}\times\boldsymbol{k})+\\&\quad a_zb_x(\boldsymbol{k}\times\boldsymbol{i})+a_zb_y(\boldsymbol{k}\times\boldsymbol{j})+a_zb_z(\boldsymbol{k}\times\boldsymbol{k}).\end{aligned}$$

由于

$$\boldsymbol{i}\times\boldsymbol{i}=\boldsymbol{j}\times\boldsymbol{j}=\boldsymbol{k}\times\boldsymbol{k}=\boldsymbol{0},$$

$$\boldsymbol{i}\times\boldsymbol{j}=\boldsymbol{k},\quad \boldsymbol{j}\times\boldsymbol{k}=\boldsymbol{i},\quad \boldsymbol{k}\times\boldsymbol{i}=\boldsymbol{j},$$

$$\boldsymbol{j}\times\boldsymbol{i}=-\boldsymbol{k},\ \boldsymbol{k}\times\boldsymbol{j}=-\boldsymbol{i},\quad \boldsymbol{i}\times\boldsymbol{k}=-\boldsymbol{j}.$$

所以
$$a\times b=(a_yb_z-a_zb_y)i+(a_zb_x-a_xb_z)j+(a_xb_y-a_yb_x)k.$$

这就是向量积的坐标表示式. 这个公式可以用行列式（行列式的定义及简单运算见本书后附录）写成下列便于记忆的形式：

$$a\times b=\begin{vmatrix} i & j & k\\ a_x & a_y & a_z\\ b_x & b_y & b_z\end{vmatrix}.$$

从这个公式可以看出，两非零向量 a 和 b 互相平行的条件为

$$a_yb_z-a_zb_y=0,\quad a_zb_x-a_xb_z=0,\quad a_xb_y-a_yb_x=0,$$

或
$$\frac{a_x}{b_x}=\frac{a_y}{b_y}=\frac{a_z}{b_z}.$$

例 7 设 $a=2i+j-k$, $b=i-j+2k$，计算 $a\times b$.

解
$$a\times b=\begin{vmatrix} i & j & k\\ 2 & 1 & -1\\ 1 & -1 & 2\end{vmatrix}$$
$$=[1\cdot 2-(-1)^2]i+[(-1)\cdot 1-2\cdot 2]j+[2\cdot(-1)-1\cdot 1]k$$
$$=i-5j-3k.$$

例 8 求以 $A(1, 2, 3)$，$B(3, 4, 5)$，$C(2, 4, 7)$为顶点的三角形的面积 S.

解 根据向量积的定义，所求三角形的面积 S 等于 $\frac{1}{2}|\overrightarrow{AB}\times\overrightarrow{AC}|$. 因为

$$\overrightarrow{AB}=2i+2j+2k,\ \overrightarrow{AC}=i+2j+4k,$$

则
$$\overrightarrow{AB}\times\overrightarrow{AC}=\begin{vmatrix} i & j & k\\ 2 & 2 & 2\\ 1 & 2 & 4\end{vmatrix}=4i-6j+2k.$$

所以
$$S=\frac{1}{2}|\overrightarrow{AB}\times\overrightarrow{AC}|=\frac{1}{2}\sqrt{4^2+(-6)^2+2^2}=\sqrt{14}.$$

例 9 已知 $a=(2, 1, 1)$, $b=(1, -1, 1)$，求与 a 和 b 都垂直的单位向量.

解 设 $c=a\times b$, 则 c 同时垂直于 a 和 b，于是 c 上的单位向量是所求的单位向量. 因

$$c=a\times b=2i-j-3k,$$

所以
$$|c|=\sqrt{2^2+(-1)^2+(-3)^2}=\sqrt{14}.$$

则
$$e_c=\frac{c}{|c|}=\left(\frac{2}{\sqrt{14}},-\frac{1}{\sqrt{14}},-\frac{3}{\sqrt{14}}\right)\quad 及\quad -e_c=\left(-\frac{2}{\sqrt{14}},\frac{1}{\sqrt{14}},\frac{3}{\sqrt{14}}\right)$$

都是所求的单位向量.

第三节　平面与直线

本节将以向量为工具，在空间直角坐标系中讨论最简单的空间图形——平面和直线.

一、曲面方程的概念

平面解析几何把曲线看作动点的轨迹. 类似地，空间解析几何可把曲面当作一个动点或一条动曲线按一定规律而运动产生的轨迹.

一般地，如果曲面 S 与三元方程 $F(x, y, z)=0$ 之间存在如下关系：

（1）曲面 S 上任一点的坐标都满足方程 $F(x, y, z)=0$；

（2）不在曲面 S 上的点的坐标都不满足这个方程，满足方程的点都在曲面上，

那么 $F(x, y, z)=0$ 为曲面 S 的**方程**，而曲面 S 称为方程的**图形**.

二、平面及其方程

1. 平面的点法式方程

垂直于平面的非零向量叫做该平面的**法向量**. 容易看出，平面上的任一向量都与该平面的法向量垂直.

我们知道，过空间一点可以作而且只能作一平面垂直于一已知直线，所以当平面 Π 上的一点 $M_0(x_0, y_0, z_0)$和它的法向量 $\boldsymbol{n}=(A, B, C)$为已知时，平面 Π 的位置就完全确定了.

设 $M_0(x_0, y_0, z_0)$是平面 Π 上一已知点，$\boldsymbol{n}=(A, B, C)$是它的法向量（图 7-20），$M(x, y, z)$是平面 Π 上的任一点，那么向量 $\overrightarrow{M_0M}$ 必与平面 Π 的法向量 $\boldsymbol{n}$ 垂直，即它们的数量积等于零：

$$\boldsymbol{n}\cdot\overrightarrow{M_0M}=0.$$

由于 $\boldsymbol{n}=(A, B, C)$，$\overrightarrow{M_0M}=(x-x_0, y-y_0, z-z_0)$，所以有

$$A(x-x_0)+B(y-y_0)+C(z-z_0)=0. \qquad (1)$$

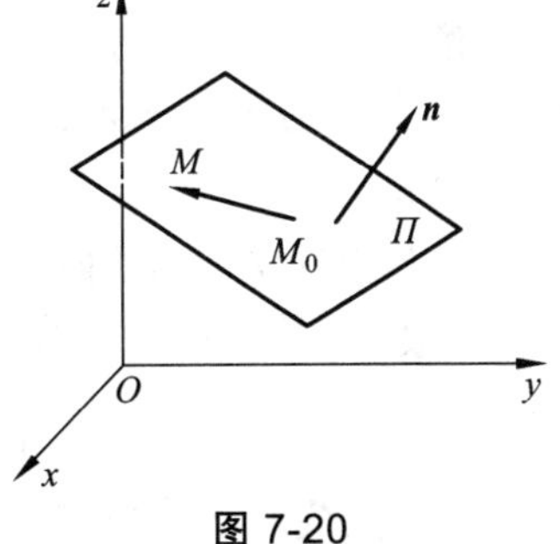

图 7-20

平面 Π 上任一点的坐标都满足方程（1），不在平面 Π 上的点的坐标都不满足方程（1）. 所以方程（1）就是所求平面的方程. 因为所给的条件是已知一定点 $M_0(x_0, y_0, z_0)$和一个法向量 $\boldsymbol{n}=(A, B, C)$，方程（1）叫做平面的**点法式方程**.

例 1　求过点$(2, -3,0)$及法向量 $\boldsymbol{n}=(1, -2,3)$的平面方程.

解　根据平面的点法式方程（1），得所求平面的方程为

$$(x-2)-2(y+3)+3z=0$$

或

$$x-2y+3z-8=0.$$

2. 平面的一般式方程

将方程（1）化简，得

$$Ax + By + Cz + D = 0,$$

其中 $D = -Ax_0 - By_0 - Cz_0$. 由于方程（1）是 x, y, z 的一次方程，所以任何平面都可以用三元一次方程来表示.

反过来，对于任给的一个三元一次方程

$$Ax + By + Cz + D = 0, \qquad (2)$$

我们取满足该方程的一组解 x_0, y_0, z_0，则

$$Ax_0 + By_0 + Cz_0 + D = 0. \qquad (3)$$

由方程（2）减去方程（3），得

$$A(x - x_0) + B(y - y_0) + C(z - z_0) = 0. \qquad (4)$$

把它与方程（1）相比较，便知方程（4）是通过点 $M_0(x_0, y_0, z_0)$且以 $\boldsymbol{n} = (A, B, C)$为法向量的平面方程. 因为方程（2）与（4）同解，所以任意一个三元一次方程（2）的图形是一个平面. 方程（2）称为平面的**一般式方程**. 其中 x, y, z 的系数就是该平面的法向量 $\boldsymbol{n}$ 的坐标，即 $\boldsymbol{n} = (A, B, C)$.

例 2 已知平面 Π 在三坐标轴上的截距分别为 a, b, c，求此平面的方程（设 $a \neq 0, b \neq 0, c \neq 0$）（图 7-21）.

解 因为 a, b, c 分别表示平面 Π 在 x 轴、y 轴、z 轴上的截距，所以平面 Π 通过三点 $A(a, 0, 0), B(0, b, 0), C(0, 0, c)$，且这三点不在一直线上.

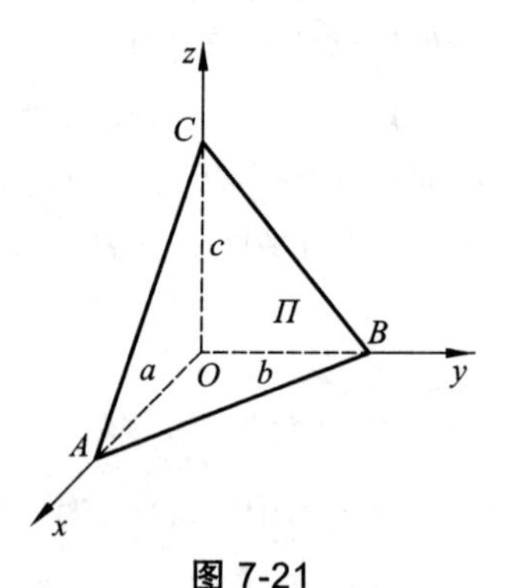

图 7-21

先找出这平面的法向量 $\boldsymbol{n}$. 由于法向量 $\boldsymbol{n}$ 与向量 $\overrightarrow{AB}$，$\overrightarrow{AC}$ 都垂直，可取 $\boldsymbol{n} = \overrightarrow{AB} \times \overrightarrow{AC}$. 而 $\overrightarrow{AB} = (-a, b, 0)$，$\overrightarrow{AC} = (-a, 0, c)$，所以

$$\boldsymbol{n} = \overrightarrow{AB} \times \overrightarrow{AC} = \begin{vmatrix} \boldsymbol{i} & \boldsymbol{j} & \boldsymbol{k} \\ -a & b & 0 \\ -a & 0 & c \end{vmatrix} = bc\boldsymbol{i} + ac\boldsymbol{j} + ab\boldsymbol{k}.$$

再根据平面的点法式方程（1），得此平面的方程

$$bc(x - a) + ac(y - 0) + ab(z - 0) = 0.$$

由于 $a \neq 0, b \neq 0, c \neq 0$，上式可改写成

$$\frac{x}{a} + \frac{y}{b} + \frac{z}{c} = 1. \qquad (5)$$

（5）式叫做平面的**截距式方程**.

3. 特殊位置的平面方程

（1）过原点的平面方程.

因为平面通过原点，所以将 $x=y=z=0$ 代入一般式方程（2），得 $D=0$. 故过原点的平面方程为

$$Ax+By+Cz=0. \tag{6}$$

其特点是常数项 $D=0$.

（2）平行于坐标轴的平面方程.

如果平面平行于 x 轴，则平面的法向量 $\boldsymbol{n}=(A, B, C)$与 x 轴的单位向量 $\boldsymbol{i}=(1,0,0)$垂直，故

$$\boldsymbol{n}\cdot\boldsymbol{i}=0,$$

即

$$A\cdot 1+B\cdot 0+C\cdot 0=0.$$

由此，有

$$A=0.$$

从而得到平行于 x 轴的平面方程为

$$By+Cz+D=0.$$

其方程中不含 x.

类似地，平行于 y 轴的平面方程为

$$Ax+Cz+D=0.$$

平行于 z 轴的平面方程为

$$Ax+By+D=0.$$

（3）过坐标轴的平面方程.

因为过坐标轴的平面必过原点，且与该坐标轴平行，根据上面讨论的结果，可得过 x 轴的平面方程为

$$By+Cz=0;$$

过 y 轴的平面方程为

$$Ax+Cz=0;$$

过 z 轴的平面方程为

$$Ax+By=0.$$

（4）垂直于坐标轴的平面方程.

如果平面垂直于 z 轴，则该平面的法向量 $\boldsymbol{n}$ 可取与 z 轴平行的任一非零向量$(0, 0, C)$，故平面方程为

$$Cz+D=0.$$

类似地，垂直于 x 轴的平面方程为

$$Ax + D = 0;$$

垂直于 y 轴的平面方程为

$$By + D = 0;$$

而 $z = 0$ 表示 xOy 坐标面；$x = 0$ 表示 yOz 坐标面；$y = 0$ 表示 zOx 坐标面.

例 3 指出下列平面位置的特点，并作出其图形：

（1）$x + y = 4$；（2）$z = 2$.

解（1）$x + y = 4$，由于方程中不含 z 的项，因此平面平行于 z 轴（图 7-22）.

（2）$z = 2$，表示过点$(0, 0, 2)$且垂直于 z 轴的平面（图 7-23）.

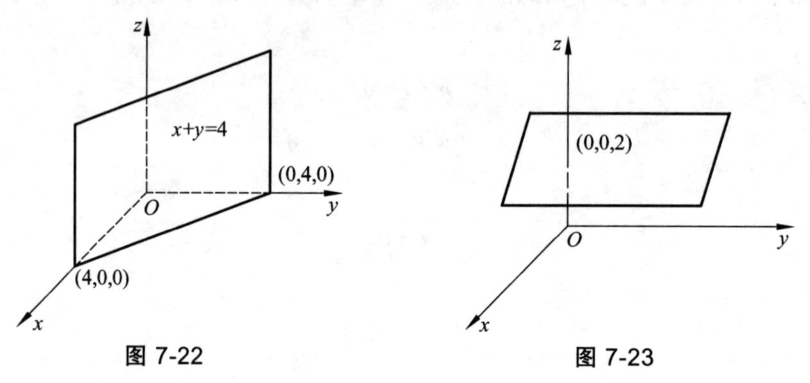

图 7-22　　图 7-23

4. 两平面的夹角及平行、垂直的条件

设平面 Π_1 与 Π_2 的方程分别为

$$A_1x + B_1y + C_1z + D_1 = 0 \quad 和 \quad A_2x + B_2y + C_2z + D_2 = 0,$$

它们的法向量分别为

$$\boldsymbol{n}_1 = (A_1, B_1, C_1) \quad 和 \quad \boldsymbol{n}_2 = (A_2, B_2, C_2).$$

如果这两个平面相交，它们之间有两个互补的二面角（见图 7-24），其中一个二面角与向量 $\boldsymbol{n}_1$ 与 $\boldsymbol{n}_2$ 的夹角相等. 所以我们把两平面的法向量的夹角中的锐角称为**两平面的夹角**. 根据两向量夹角余弦的公式，有

$$\cos\theta = |\cos(\widehat{\boldsymbol{n}_1, \boldsymbol{n}_2})| = \frac{|A_1A_2 + B_1B_2 + C_1C_2|}{\sqrt{A_1^2 + B_1^2 + C_1^2}\sqrt{A_2^2 + B_2^2 + C_2^2}}. \tag{7}$$

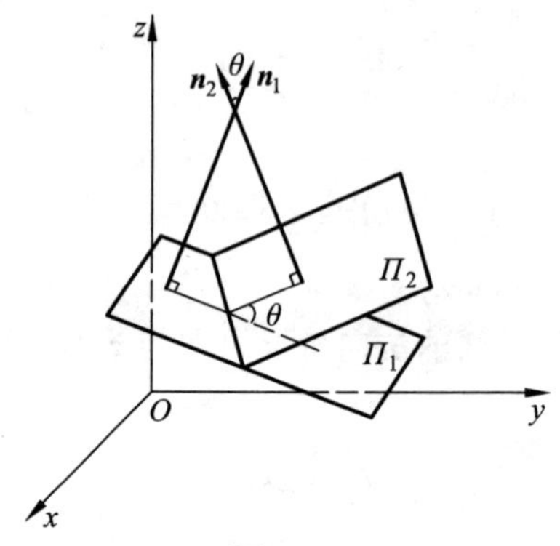

图 7-24

从两非零向量垂直、平行的条件立即推得两平面垂直、平行的条件.

两平面 Π_1, Π_2 互相垂直的充要条件是

$$A_1A_2 + B_1B_2 + C_1C_2 = 0;$$

两平面 Π_1, Π_2 互相平行的充要条件是

$$\frac{A_1}{A_2} = \frac{B_1}{B_2} = \frac{C_1}{C_2}.$$

例 4　设平面 Π_1 与 Π_2 的方程分别为 $x - y + 2z - 6 = 0$ 及 $2x + y + z - 5 = 0$，求它们的夹角.

解　根据公式（7）得

$$\cos\theta = \frac{|1\times 2+(-1)\times 1+2\times 1|}{\sqrt{1^2+(-1)^2+2^2}\cdot\sqrt{2^2+1^2+1^2}} = \frac{1}{2},$$

所以平面 Π_1 与 Π_2 的夹角为 $\theta = \frac{\pi}{3}$.

例 5　一平面通过点 $P_1(1, 1, 1)$和 $P_2(0, 1, -1)$，且垂直于平面 $x + y + z = 0$，求这平面的方程.

解　平面 $x + y + z = 0$ 的法向量为 $\boldsymbol{n}_1 = (1, 1, 1)$，又向量 $\overrightarrow{P_1P_2} = (-1,0,-2)$ 在所求平面上，设所求平面的法向量为 $\boldsymbol{n}$，则 $\boldsymbol{n}$ 同时垂直于向量 $\overrightarrow{P_1P_2}$ 及 $\boldsymbol{n}_1$，所以可取

$$\boldsymbol{n} = \boldsymbol{n}_1\times \overrightarrow{P_1P_2} = (1,1,1)\times(-1,0,-2) = (-2,1,1).$$

故所求平面方程为

$$-2(x - 1) + (y - 1) + (z - 1) = 0,$$

或

$$2x - y - z = 0.$$

三、直线及其方程

1. 一般式方程

空间直线 L 可以看作两个平面 Π_1 和 Π_2 的交线. 如果平面 Π_1 和 Π_2 的方程分别为

$$A_1x + B_1y + C_1z + D_1 = 0 \quad 和 \quad A_2x + B_2y + C_2z + D_2 = 0,$$

那么空间直线 L 上点的坐标应同时满足这两个平面方程，即应满足方程组

$$\begin{cases} A_1x+B_1y+C_1z+D_1=0 \\ A_2x+B_2y+C_2z+D_2=0 \end{cases} \tag{8}$$

反过来，如果点 M 不在直线 L 上，那么它不可能同时在平面 Π_1 和 Π_2 上，所以它的坐标不满足方程组（8）. 因此，直线 L 可以用方程组（8）来表示. 方程组（8）叫做**空间直线的一般方程**.

2. 标准式方程

为了建立直线的标准式方程，我们先引入直线的方向向量的概念.

直线的方向向量：与已知直线平行的非零向量称为该直线的方向向量.

显然，直线上任一向量都平行于该直线的方向向量.

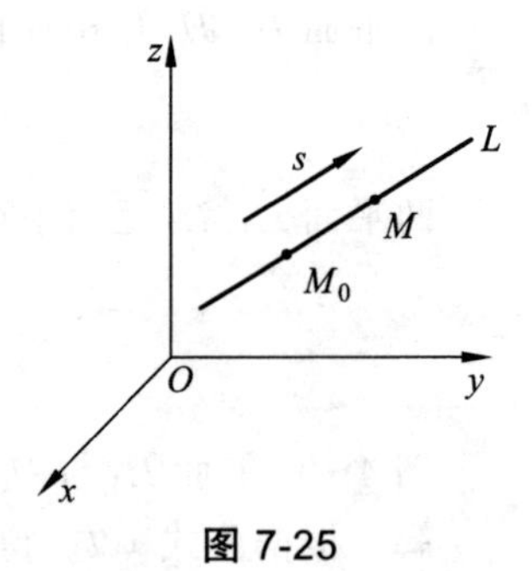

图 7-25

我们知道，过空间一点可作且只可作一条直线平行于一已知直线，所以当直线 L 上一点 $M_0(x_0, y_0, z_0)$和它的方向向量 $\boldsymbol{s} = (m, n, p)$ 为已知时，直线 L 的位置就完全确定了（图 7-25）.下面建立此直线的方程.

设点 $M(x, y, z)$是直线 L 上的任意一点，那么向量 $\overrightarrow{M_0M}$ 与 L 的方向向量 $\boldsymbol{s}$ 平行. 所以两向量的对应坐标成比例，由于

$$\overrightarrow{M_0M} = (x - x_0, y - y_0, z - z_0), \quad \boldsymbol{s} = (m, \boldsymbol{n}, p),$$

从而有

$$\frac{x - x_0}{m} = \frac{y - y_0}{n} = \frac{z - z_0}{p}. \tag{9}$$

当 m, n, p 中有一个为零时，例如 $m = 0$，方程组应理解为

$$\begin{cases} x - x_0 = 0, \\ \dfrac{y - y_0}{n} = \dfrac{z - z_0}{p}; \end{cases}$$

当 m, n, p 中有两个为零时，例如 $m = n = 0$，方程组应理解为

$$\begin{cases} x - x_0 = 0, \\ y - y_0 = 0. \end{cases}$$

反过来，如果点 M 不在直线 L 上，那么由于 $\overrightarrow{M_0M}$ 与 $\boldsymbol{s}$ 不平行，这两向量的对应坐标就不成比例.

因此，方程组（9）就是直线 L 的方程，叫做直线的**标准式方程**.

3. 参数式方程

直线 L 上点的坐标 x, y, z 还可以用另一变量 t（称为参数）的函数来表达. 如设

$$\frac{x - x_0}{m} = \frac{y - y_0}{n} = \frac{z - z_0}{p} = t,$$

那么

$$\begin{cases} x - x_0 = mt, \\ y - y_0 = nt, \\ z - z_0 = pt, \end{cases}$$

即

$$\begin{cases} x = x_0 + mt, \\ y = y_0 + nt, \\ z = z_0 + pt, \end{cases} \tag{10}$$

式（10）称为直线的**参数式方程**.

例 6　求过两点 $M_1(x_1, y_1, z_1)$，$M_2(x_2, y_2, z_2)$的直线方程.

解　可以取方向向量

$$s = \overrightarrow{M_1M_2} = (x_2 - x_1, y_2 - y_1, z_2 - z_1).$$

由直线的标准式方程可知，过两点 M_1, M_2 的直线方程为

$$\frac{x-x_1}{x_2-x_1} = \frac{y-y_1}{y_2-y_1} = \frac{z-z_1}{z_2-z_1}. \qquad (11)$$

（11）式称为直线的**两点式方程**.

例 7　用标准式方程及参数式方程表示直线

$$\begin{cases} x+y+z+1=0, \\ 2x+y+3z+4=0. \end{cases}$$

解　先找出此直线上的一点(x_0, y_0, z_0). 例如，可以取 $x_0 = 1$，代入题中的方程组，得

$$\begin{cases} y_0+z_0=-2, \\ y_0+3z_0=-6. \end{cases}$$

解此二元一次方程组，得

$$y_0 = 0, \qquad z_0 = -2.$$

即$(1, 0, -2)$是此直线上的一点.

为寻找这直线的方向向量 $\boldsymbol{s}$，注意到两平面的交线与这两平面的法向量 $\boldsymbol{n}_1 = (1,1,1)$，$\boldsymbol{n}_2 = (2, 1, 3)$都垂直，所以有

$$\boldsymbol{s} = \boldsymbol{n}_1 \times \boldsymbol{n}_2 = \begin{vmatrix} \boldsymbol{i} & \boldsymbol{j} & \boldsymbol{k} \\ 1 & 1 & 1 \\ 2 & 1 & 3 \end{vmatrix} = 2\boldsymbol{i} - \boldsymbol{j} - \boldsymbol{k},$$

即

$$\boldsymbol{s} = (2, -1, -1).$$

因此，所给直线的标准式方程为

$$\frac{x-1}{2} = \frac{y}{-1} = \frac{z+2}{-1}.$$

令比值等于 t，又可得所给直线的参数方程为

$$\begin{cases} x = 1+2t, \\ y = -t, \\ z = -2-t. \end{cases}$$

注意：本例提供了化直线的一般方程为标准方程和参数方程的方法.

4. 两直线的夹角及平行、垂直的条件

设两直线 L_1 和 L_2 的标准式方程分别为

$$\frac{x-x_1}{m_1}=\frac{y-y_1}{n_1}=\frac{z-z_1}{p_1} \quad 和 \quad \frac{x-x_2}{m_2}=\frac{y-y_2}{n_2}=\frac{z-z_2}{p_2},$$

两直线的方向向量 $\boldsymbol{s}_1=(m_1, n_1, p_1)$与 $\boldsymbol{s}_2=(m_2, n_2, p_2)$的夹角称为两直线的**夹角**，记为 θ，则

$$\cos\theta=\frac{|m_1m_2+n_1n_2+p_1p_2|}{\sqrt{m_1^2+n_1^2+p_1^2}\sqrt{m_2^2+n_2^2+p_2^2}}. \tag{12}$$

由此推出，两直线互相垂直的充要条件是

$$m_1m_2+n_1n_2+p_1p_2=0; \tag{13}$$

两直线互相平行的充要条件是

$$\frac{m_1}{m_2}=\frac{n_1}{n_2}=\frac{p_1}{p_2}. \tag{14}$$

例 8 求直线 L_1: $\frac{x-1}{1}=\frac{y}{-4}=\frac{z+3}{1}$ 和直线 L_2: $\frac{x}{2}=\frac{y+2}{-2}=\frac{z}{-1}$ 的夹角.

解 直线 L_1 的方向向量 $\boldsymbol{s}_1=(1,-4, 1)$，直线 L_2 的方向向量为 $\boldsymbol{s}_2=(2,-2,-1)$；故直线 L_1 与 L_2 的夹角 θ 的余弦为

$$\cos\theta=\frac{|1\times2+(-4)\times(-2)+1\times(-1)|}{\sqrt{1^2+(-4)^2+1^2}\sqrt{2^2+(-2)^2+(-1)^2}}=\frac{1}{\sqrt{2}}=\frac{\sqrt{2}}{2}.$$

所以 $\theta=\frac{\pi}{4}$.

例 9 求经过点(2, 0, -1)且与直线 $\begin{cases}2x-3y+z-6=0\\4x-2y+3z+9=0\end{cases}$ 平行的直线方程.

解 所求直线与已知直线平行，其方向向量可取为：

$$\boldsymbol{s}=\boldsymbol{n}_1\times\boldsymbol{n}_2=(2,-3,1)\times(4,-2,3)=(-7,-2,8).$$

根据直线的标准式方程，得所求直线的方程为

$$\frac{x-2}{-7}=\frac{y}{-2}=\frac{z+1}{8}.$$

例 10 求过点(2, 1, 3)且与直线 $\frac{x+1}{3}=\frac{y-1}{2}=\frac{z}{-1}$ 垂直相交的直线方程.

解 先作一平面过点(2, 1, 3)且垂直于已知直线，那么这平面的方程应为

$$3(x-2)+2(y-1)-(z-3)=0.$$

再求已知直线与这平面的交点. 把已知直线的参数方程

$$\begin{cases}x=-1+3t,\\y=1+2t,\\z=-t\end{cases}$$

代入平面方程，解之得 $t=\dfrac{3}{7}$，再将求得的 t 值代入直线参数方程中，即得

$$x=\frac{2}{7},\quad y=\frac{13}{7},\quad z=-\frac{3}{7}.$$

所以交点的坐标是 $\left(\dfrac{2}{7},\dfrac{13}{7},-\dfrac{3}{7}\right)$.

于是，向量 $\left(\dfrac{2}{7}-2,\dfrac{13}{7}-1,-\dfrac{3}{7}-3\right)$ 是所求直线的一个方向向量，故所求直线的方程为

$$\frac{x-2}{\frac{2}{7}-2}=\frac{y-1}{\frac{13}{7}-1}=\frac{z-3}{-\frac{3}{7}-3},$$

即

$$\frac{x-2}{2}=\frac{y-1}{-1}=\frac{z-3}{4}.$$

5. 直线与平面的夹角及平行、垂直的条件

直线 L 与它在平面 Π 上的投影所成的角称为直线 L 与平面 Π 的夹角. 一般取锐角（图 7-26）

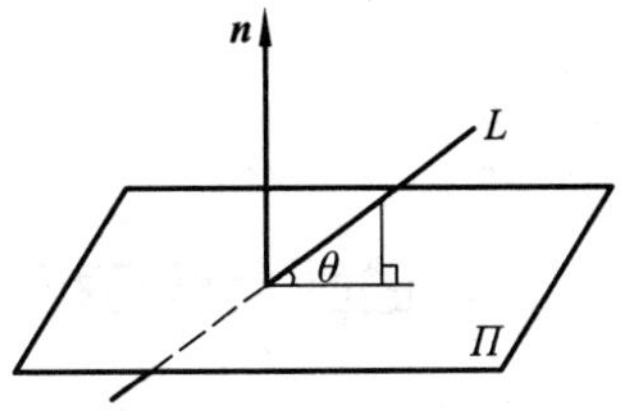

设直线 L 的方程为

$$\frac{x-x_0}{m}=\frac{y-y_0}{n}=\frac{z-z_0}{p},$$

其方向向量 $\boldsymbol{s}=(m,n,p)$；平面 Π 的方程为

$$Ax+By+Cz+D=0,$$

图 7-26

其法向量 $\boldsymbol{n}=(A,B,C)$，则

$$\cos\left(\frac{\pi}{2}-\theta\right)=\frac{|\boldsymbol{n}\cdot\boldsymbol{s}|}{|\boldsymbol{n}|\cdot|\boldsymbol{s}|},$$

即

$$\sin\theta=\frac{|Am+Bn+Cp|}{\sqrt{A^2+B^2+C^2}\sqrt{m^2+n^2+p^2}}. \tag{15}$$

从而得直线 L 与平面 Π 平行的充要条件是

$$Am+Bn+Cp=0; \tag{16}$$

直线 L 与平面 Π 垂直的充要条件是

$$\frac{A}{m}=\frac{B}{n}=\frac{C}{p}. \tag{17}$$

例 11 设平面 Π 的方程为 $Ax+By+Cz+D=0$, $M_1(x_1,y_1,z_1)$是平面外的一点，试求 M_1 到平面 Π 的距离.

解 在平面 Π 上取一点 $M_0(x_0,y_0,z_0)$（见图 7-27），则点 M_1 到平面 Π 的距离

$$d = |\mathbf{Prj}_{\boldsymbol{n}} \overrightarrow{M_0M_1}| = \frac{|\boldsymbol{n} \cdot \overrightarrow{M_0M_1}|}{|\boldsymbol{n}|}.$$

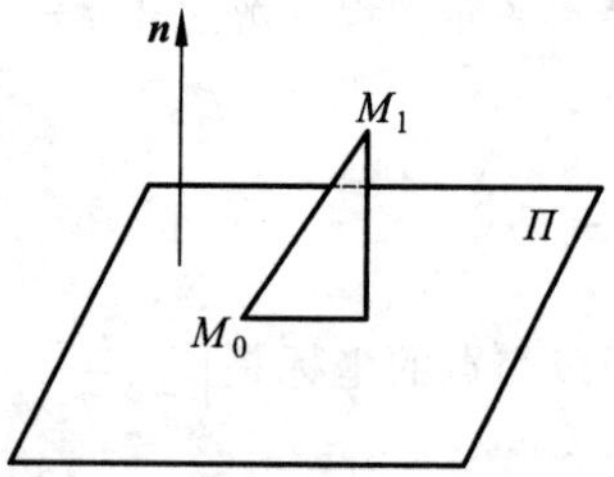

图 7-27

而

$$\begin{aligned} |n \cdot \overrightarrow{M_0M_1}| &= |A(x_1 - x_0) + B(y_1 - y_0) + C(z_1 - z_0)| \\ &= |Ax_1 + By_1 + Cz_1 - Ax_0 - By_0 - Cz_0|. \end{aligned}$$

由于点(x_0, y_0, z_0)在平面 Π 上，有

$$Ax_0 + By_0 + Cz_0 + D = 0,$$

即

$$Ax_0 + By_0 + Cz_0 = -D.$$

得

$$|n \cdot \overrightarrow{M_0M_1}| = |Ax_1 + By_1 + Cz_1 + D|.$$

所以

$$d = \frac{|Ax_1 + By_1 + Cz_1 + D|}{\sqrt{A^2 + B^2 + C^2}}. \tag{18}$$

公式（18）称为点到平面的距离公式.

第四节　曲面与空间曲线

一、曲面及其方程

上一节我们考察了最简单的曲面——平面，以及最简单的空间曲线——直线，建立了它们的一些常见形式的方程. 这一节，我们将介绍几种类型的常见曲面.

1. 球面方程

到空间一定点 M_0 之间的距离恒定的动点的轨迹为**球面**.

例 1　建立球心在点 $M_0(x_0, y_0, z_0)$，半径为 R 的球面的方程.

解　将球面看作空间中与定点等距离的点的轨迹. 设 $M(x, y, z)$是球面上任一点，则

$$|M_0M| = R.$$

由于$|M_0M| = \sqrt{(x-x_0)^2 + (y-y_0)^2 + (z-z_0)^2}$，所以

$$\sqrt{(x-x_0)^2 + (y-y_0)^2 + (z-z_0)^2} = R.$$

两边平方得

$$(x - x_0)^2 + (y - y_0)^2 + (z - z_0)^2 = R^2. \tag{1}$$

显然，球面上的点的坐标满足这个方程；而不在球面上的点的坐标不满足这个方程，所以方程（1）就是以 $M_0(x_0, y_0, z_0)$为球心，以 R 为半径的球面方程.

如果 M_0 为原点，即 $x_0=y_0=z_0=0$，这时球面方程为

$$x^2+y^2+z^2=R^2. \tag{2}$$

方程（1）也可以写为

$$x^2+y^2+z^2-2x_0x-2y_0y-2z_0z+x_0^2+y_0^2+z_0^2-R^2=0.$$

若记 $A=-2x_0, B=-2y_0, C=-2z_0$，$D=x_0^2+y_0^2+z_0^2-R^2$，则有

$$x^2+y^2+z^2+Ax+By+Cz+D=0. \tag{3}$$

（3）式称为球面的一般方程.

由（3）式可以看出，球面的方程是关于 x, y, z 的二次方程，它的 x^2, y^2, z^2 三项系数相等，并且方程中没有 xy, yz, zx 的项.

利用配方，方程（3）变成

$$\left(x+\frac{1}{2}A\right)^2+\left(y+\frac{1}{2}B\right)^2+\left(z+\frac{1}{2}C\right)^2=\frac{1}{4}(A^2+B^2+C^2-4D).$$

① 当 $A^2+B^2+C^2-4D>0$ 时，上式为一球面方程；

② 当 $A^2+B^2+C^2-4D=0$ 时，上式只表示一个点；

③ 当 $A^2+B^2+C^2-4D<0$ 时，上式表示一个虚球，或者说它不代表任何图形.

例 2　方程 $x^2+y^2+z^2-2x+4y=0$ 表示怎样的曲面?

解　通过配方，原方程可以改写为

$$(x-1)^2+(y+2)^2+z^2=5.$$

与（1）式比较，可知原方程表示球心在点 $M_0(1,-2,0)$、半径 $R=\sqrt{5}$ 的球面.

2. 柱　面

设给定一条曲线 C 及直线 l，则平行于直线 l 且沿曲线 C 移动的直线 l 所形成的曲面叫做**柱面**. 定曲线 C 叫做柱面的**准线**，动直线 l 叫做柱面的**母线**（见图 7-28）.

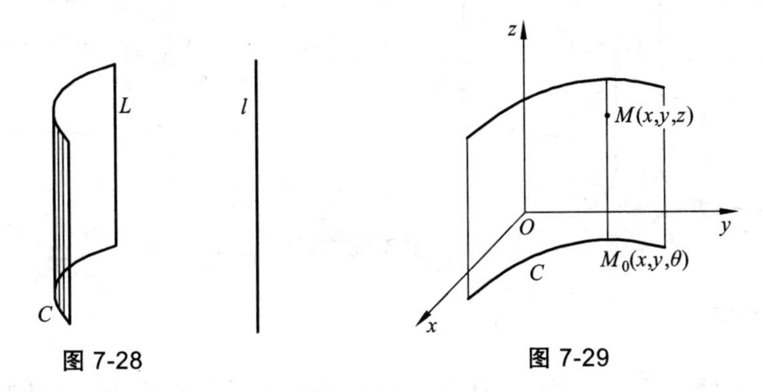

图 7-28　　　　图 7-29

如果柱面的准线是 xOy 面上的曲线 C，其方程为

$$F(x, y) = 0, \tag{4}$$

柱面的母线平行于 z 轴，则方程 $F(x, y) = 0$ 就是这**柱面的方程**（见图 7-29）.

因为在此柱面上任取一点 $M(x, y, z)$，过点 M 作直线平行于 z 轴，此直线与 xOy 面相交于点 $M_0(x, y, 0)$，点 M_0 就是点 M 在 xOy 面上的**投影**. 于是点 M_0 必落在准线上，它在 xOy 面上的坐标(x, y)必满足方程 $f(x, y) = 0$，这个方程不含 z 的项，所以点 M 的坐标(x, y, z)也满足方程 $f(x, y) = 0$.

因此，在空间直角坐标系中，方程 $f(x,y) = 0$ 所表示的图形就是母线平行于 z 轴的柱面.

同理可知，只含 y, z 而不含 x 的方程 $\varphi(y, z) = 0$ 和只含 x, z 而不含 y 的方程 $\psi(x, z) = 0$ 分别表示母线平行于 x 轴和 y 轴的柱面.

注意到在上述三个柱面方程中都缺少一个变量，缺少哪一个变量，该柱面的母线就平行于哪一个坐标轴.

例如，方程 $x^2 + y^2 = a^2$，$\dfrac{x^2}{a^2}+\dfrac{y^2}{b^2}=1$，$\dfrac{x^2}{a^2}-\dfrac{y^2}{b^2}=1$，$x^2 = 2py$ 分别表示母线平行于 z 轴的圆柱面、椭圆柱面、双曲柱面和抛物柱面（见图 7-30），因为它们的方程都是二次的，所以统称为二次柱面.

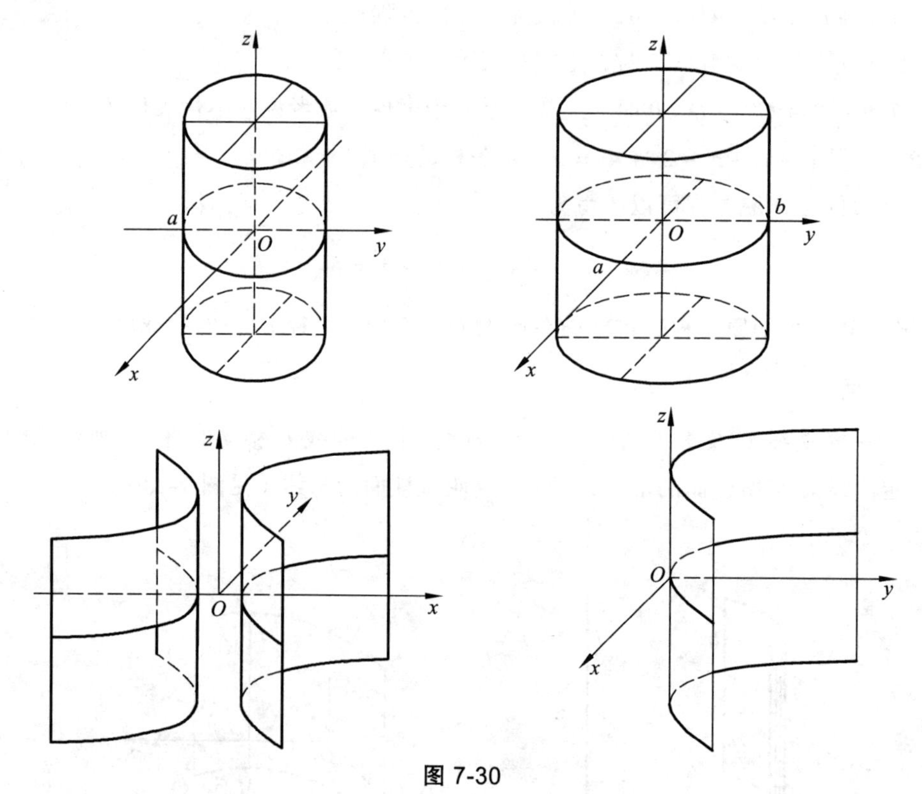

图 7-30

二、旋转曲面

一平面曲线 C 绕着该平面内一定直线 l 旋转一周所形成的曲面叫做**旋转曲面**. 曲线 C 叫

做旋转曲面的**母线**，直线 l 叫做旋转曲面的**轴**.

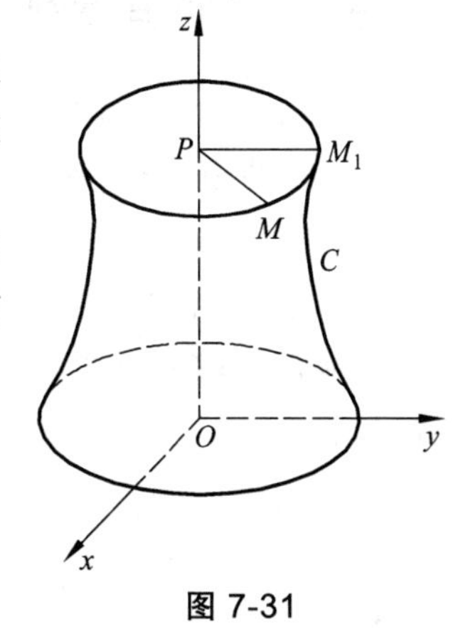

图 7-31

设在 yOz 面上有一已知曲线 C，它的方程为 $f(y, z) = 0$，将这曲线绕 z 轴旋转一周，就得到一个以 z 轴为轴的旋转曲面. 现在来求这个旋转曲面的方程（见图 7-31）.

在旋转曲面上任取一点 $M(x, y, z)$，设这点是母线 C 上的点 $M_1(0, y_1, z_1)$绕 z 轴旋转而得到的. 点 M 与 M_1 的 z 坐标相同，且它们到 z 轴的距离相等，所以

$$\begin{cases} z = z_1, \\ \sqrt{x^2 + y^2} = |y_1|. \end{cases}$$

因为点 M_1 在曲线 C 上，所以

$$f(y_1, z_1) = 0.$$

将上述关系式代入这个方程中，得

$$f(\pm\sqrt{x^2 + y^2}, z) = 0. \tag{5}$$

因此，旋转曲面上任何点 M 的坐标 x, y, z 都满足方程（5）. 如果点 $M(x, y, z)$不在旋转曲面上，它的坐标就不满足方程（5）. 所以方程（5）就是所求旋转曲面的方程.

在上述推导过程中可以发现：只要在曲线 C 的方程 $f(y,z)=0$ 中，将变量 y 换成$\pm\sqrt{x^2 + y^2}$，便可得曲线 $\boldsymbol{C}$ 绕 z 轴旋转而形成的旋转曲面方程

$$f(\pm\sqrt{x^2 + y^2}, z) = 0.$$

同理，如果曲线 C 绕 y 轴旋转一周，所得旋转曲面方程为

$$f(y, \pm\sqrt{x^2 + z^2}) = 0. \tag{6}$$

对于其他坐标面上的曲线，绕该坐标面内任一坐标轴旋转所得到的旋转曲面的方程可用类似的方法求得.

特别地，一直线绕与它相交的一条定直线旋转一周就得到圆锥面，动直线与定直线的交点叫做圆锥面的顶点（见图 7-32）.

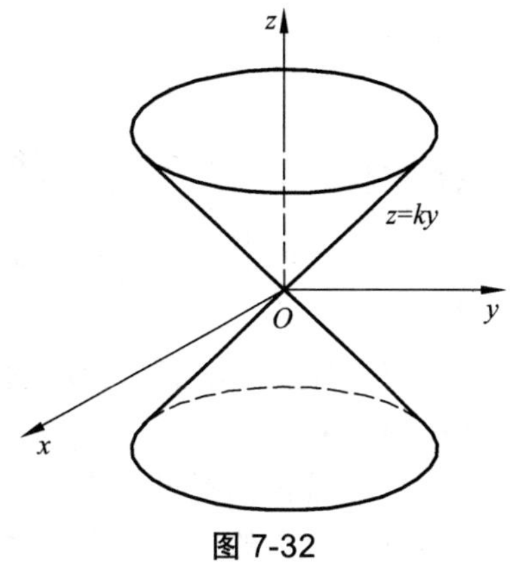

图 7-32

例 3　求 yOz 面上的直线 $z = ky$ 绕 z 轴旋转一周所形成的旋转曲面的方程.

解　因为旋转轴为 z 轴，所以只要将方程 $z = ky$ 中的 y 改成$\pm\sqrt{x^2 + y^2}$，便得到旋转曲面——圆锥面的方程.

$$z = \pm k\sqrt{x^2 + y^2}$$

或

$$z^2 = k^2(x^2 + y^2).$$

三、二次曲面举例

在空间直角坐标系中，方程 $F(x, y, z)=0$ 一般代表曲面. 若 $F(x, y, z)=0$ 为一次方程，则它代表**一次曲面**，即**平面**；若 $F(x, y, z)=0$ 为二次方程，则它所表示的曲面称为**二次曲面**.

如何通过方程去了解它所表示的曲面的形状？我们可以利用坐标面或平行于坐标面的平面与曲面相截，通过考察其交线（截痕），从不同的角度了解曲面的形状，然后加以综合，从而了解整个曲面的形状. 这种方法叫做**截痕法**. 下面用截痕法来研究几个二次曲面的形状.

1. 椭球面

方程
$$\frac{x^2}{a^2}+\frac{y^2}{b^2}+\frac{z^2}{c^2}=1 \tag{7}$$
所表示的曲面叫做**椭球面**.

由方程（7）可知：
$$\frac{x^2}{a^2}\leqslant 1,\ \frac{y^2}{b^2}\leqslant 1,\ \frac{z^2}{c^2}\leqslant 1,$$
即
$$|x|\leqslant a,\quad |y|\leqslant a,\ |z|\leqslant c.$$
这说明，椭球面（7）完全包含在 $x=\pm a, y=\pm b, z=\pm c$ 这 6 个平面所围成的长方体内. a, b, c 叫做椭球面的**半轴**.

用三个坐标面截这椭球面所得的截痕都是椭圆：
$$\begin{cases}\dfrac{x^2}{a^2}+\dfrac{y^2}{b^2}=1,\\ z=0;\end{cases}\qquad \begin{cases}\dfrac{y^2}{b^2}+\dfrac{z^2}{c^2}=1,\\ x=0;\end{cases}\qquad \begin{cases}\dfrac{x^2}{a^2}+\dfrac{z^2}{c^2}=1,\\ y=0.\end{cases}$$

用平行于 xOy 坐标面的平面 $z=h(|h|\leqslant c)$ 截这椭球面所得交线为椭圆：
$$\begin{cases}\dfrac{x^2}{a^2}+\dfrac{y^2}{b^2}=1-\dfrac{h^2}{c^2},\\ z=h.\end{cases}$$

这椭圆的半轴为 $\dfrac{a}{c}\sqrt{c^2-h^2}$ 与 $\dfrac{b}{c}\sqrt{c^2-h^2}$. 当 $|h|$ 由 0 逐渐增大到 c 时，椭圆由大变小，最后（当 $|h|=c$ 时）缩成一个点（即顶点：$(0, 0, c),(0, 0, -c)$）. 如果 $|h|>c$，平面 $z=h$ 不与椭球面相交.

用平行于 yOz 面或 zOx 面的平面去截椭球面，可得到类似的结果.

容易看出，椭球面关于各坐标面、各坐标轴和坐标原点都是对称的. 综合以上讨论可知，椭球面的图形如图 7-33 所示.

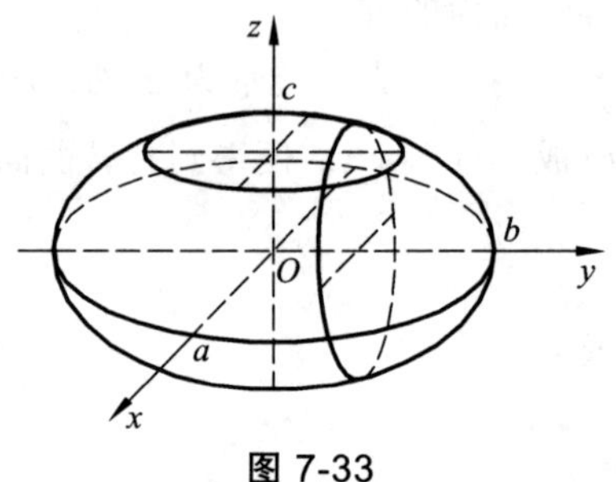

图 7-33

2. 双曲面

（1）单叶双曲面.

方程
$$\frac{x^2}{a^2}+\frac{y^2}{b^2}-\frac{z^2}{c^2}=1 \tag{8}$$
所表示的曲面叫做**单叶双曲面**.

下面讨论 $\frac{x^2}{a^2}+\frac{y^2}{b^2}-\frac{z^2}{c^2}=1$ 的形状：

用 xOy 坐标面（$z=0$）截此曲面，所得的截痕为中心在原点，两个半轴分别为 a,b 的椭圆：
$$\begin{cases}\frac{x^2}{a^2}+\frac{y^2}{b^2}=1,\\ z=0.\end{cases}$$

用平行于坐标面 xOy 的平面 $z=z_1$ 截此曲面，所得截痕是中心在 z 轴上的椭圆：
$$\begin{cases}\frac{x^2}{a^2}+\frac{y^2}{b^2}=1+\frac{z_1^2}{c^2},\\ z=z_1.\end{cases}$$
它的两个半轴分别为 $\frac{a}{c}\sqrt{c^2+z_1^2}$ 和 $\frac{b}{c}\sqrt{c^2+z_1^2}$. 当 $|z_1|$ 由 0 逐渐增大时，椭圆的两个半轴分别从 a,b 逐渐增大.

用 zOx 坐标面（$y=0$）截此曲面，所得的截痕为中心在原点的双曲线：
$$\begin{cases}\frac{x^2}{a^2}-\frac{z^2}{c^2}=1,\\ y=0.\end{cases}$$
它的实轴与 x 轴相合，虚轴与 z 轴相合.

用平行于坐标面 zOx 的平面 $y=y_1$ 截此曲面，所得的截痕是中心在 y 轴上的双曲线，即
$$\begin{cases}\frac{x^2}{a^2}-\frac{z^2}{c^2}=1-\frac{y_1^2}{b^2},\\ y=y_1.\end{cases}$$

当 $y_1^2<b^2$ 时，双曲线的实轴平行于 x 轴，虚轴平行于 z 轴；

当 $y_1^2>b^2$ 时，双曲线的实轴平行于 z 轴，虚轴平行于 x 轴；

当 $y_1^2=b^2$ 时，所得的截痕为两条相交的直线.

类似地，用 yOz 坐标面（$x=0$）和平行于 yOz 面的平面 $x=x_1$ 截此曲面，所得的截痕也是双曲线.

因此，单叶双曲面 $\frac{x^2}{a^2}+\frac{y^2}{b^2}-\frac{z^2}{c^2}=1$ 的形状如图 7-34 所示.

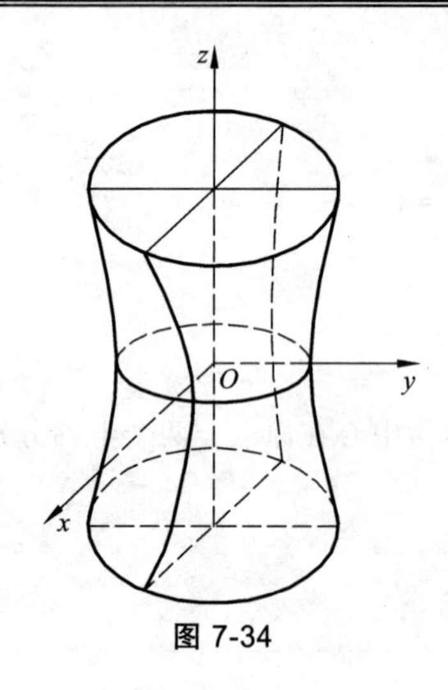

图 7-34

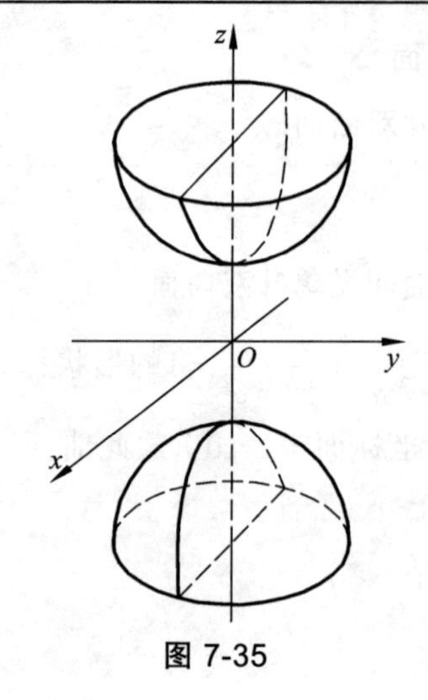

图 7-35

（2）双叶双曲面.

方程

$$\frac{x^2}{a^2}+\frac{y^2}{b^2}-\frac{z^2}{c^2}=-1 \tag{9}$$

所表示的曲面叫做**双叶双曲面**.

同样可用截痕法讨论得曲面形状如图 7-35 所示.

3. 抛物面

（1）椭圆抛物面.

方程

$$\frac{x^2}{p}+\frac{y^2}{q}=2z \tag{10}$$

所表示的曲面叫做**椭圆抛物面**（见图 7-36，其中 $p>0, q>0$）.

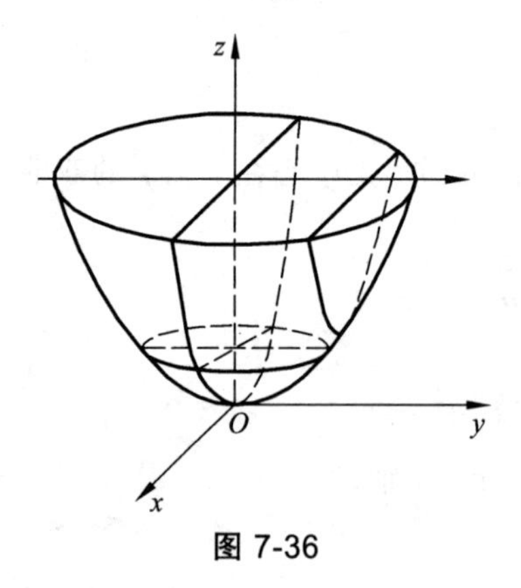

图 7-36

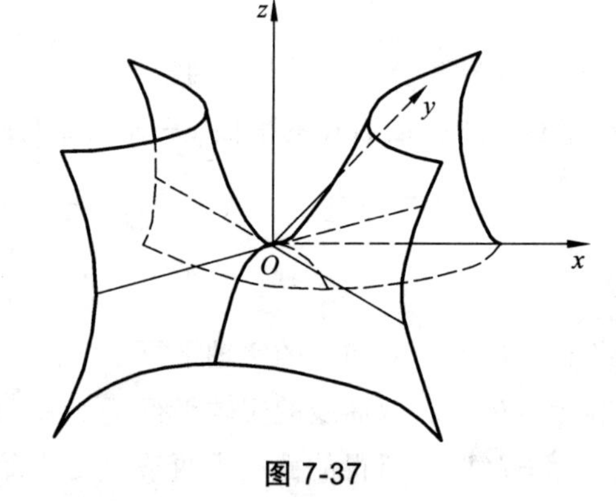

图 7-37

（2）双曲抛物面.

方程

$$\frac{x^2}{p}-\frac{y^2}{q}=2z \tag{11}$$

所表示的曲面叫做**双曲抛物面**或**鞍形曲面**（见图 7-37，其中 $p>0, q>0$）.

四、空间曲线

1. 空间曲线的一般方程

空间曲线可以看作两个曲面的交线. 设两曲面方程分别为

$$F_1(x, y, z) = 0 \text{ 和 } F_2(x, y, z) = 0,$$

则它们的交线 C 上的点同时在这两个曲面上，其坐标必同时满足这两个方程. 反之，坐标同时满足这两个方程的点也一定在这两曲面的交线 C 上. 因此，联立方程组

$$\begin{cases} F_1(x,y,z)=0, \\ F_2(x,y,z)=0, \end{cases} \tag{12}$$

即为空间曲线 C 的**方程**，称为空间曲线的**一般方程**.

例如，方程

$$\begin{cases} x^2+y^2+z^2=2 \\ z=1 \end{cases}$$

表示平面 $z=1$ 与以原点为球心、$\sqrt{2}$ 为半径的球面的交线.

如果将 $z=1$ 代入第一个方程中，得

$$x^2+y^2=1.$$

所以该曲线是平面 $z=1$ 上以(0, 0, 1)为圆心的单位圆（见图 7-38）.

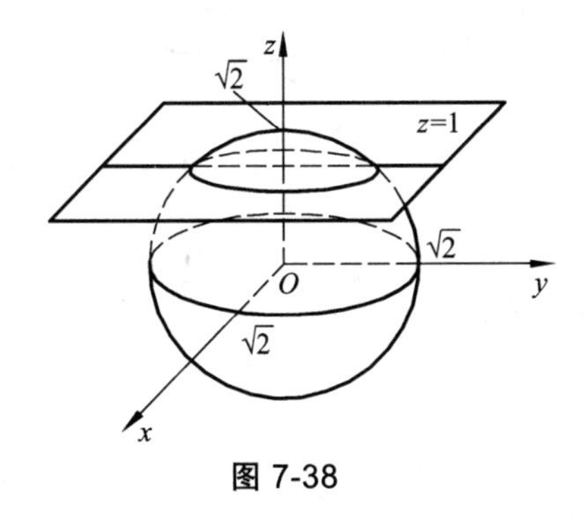

图 7-38

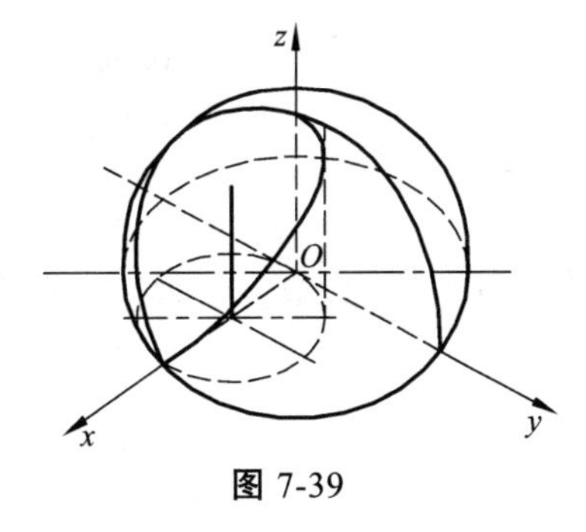

图 7-39

方程

$$\begin{cases} x^2+y^2-ax=0 \\ z=\sqrt{a^2-x^2-y^2} \end{cases} \quad (a>0)$$

表示球心为原点、半径为 a 的上半球面与圆柱面 $x^2+y^2-ax=0$，即 $\left(x-\frac{a}{2}\right)^2+y^2=\left(\frac{a}{2}\right)^2$ 的交线（图 7-39 画出了 $z\geqslant 0$ 的部分）.

2. 空间曲线的参数方程

在上一节，我们介绍了空间直线的参数式方程. 对于空间曲线，除了上面的一般式方程外，也可以用参数式方程表示，即将空间曲线 C 上的点的坐标 x, y, z 用同一参变量 t 的函数

$$\begin{cases} x = x(t), \\ y = y(t), \quad (t_1 \leqslant t \leqslant t_2) \\ z = z(t), \end{cases} \tag{13}$$

表示. 当给定 t 的一个值时，由（13）式得到曲线 C 上的一个点的坐标，当 t 在区间$[t_1, t_2]$上变动时，就可得到曲线 C 上的所有点. 方程组（13）叫做空间曲线的**参数方程**.

例 4 设空间一动点 M 在圆柱面 $x^2 + y^2 = a^2$ 上以角速度 ω 绕 z 轴旋转，同时又以线速度 v 沿平行于 z 轴的正方向上升（其中 ω, v 都是常数），则动点 M 的轨迹叫做**螺旋线**. 试求螺旋线的参数方程.

解 取时间 t 为参数，设运动开始时（$t = 0$）动点的位置在 $M_0(a, 0, 0)$，经过时间 t，动点的位置在 $M(x, y, z)$（见图 7-40），点 M 在 xOy 面上的投影为 $P(x, y, 0)$. 由于$\angle M_0OP = \omega t$，于是有

$$\begin{cases} x = a\cos\omega t, \\ y = a\sin\omega t. \end{cases}$$

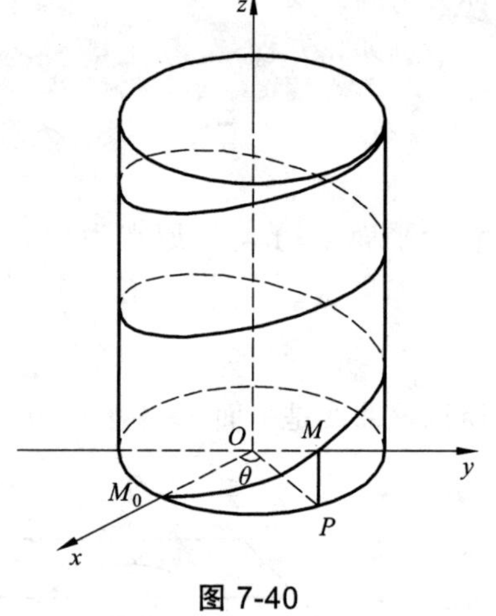

图 7-40

因动点同时以线速度 v 沿平行于 z 轴的正方向上升，有

$$z = PM = vt.$$

因此，螺旋线的参数方程为

$$\begin{cases} x = a\cos\omega t, \\ y = a\sin\omega t, \\ z = vt. \end{cases}$$

如果令 $\theta = \omega t$，以 θ 为参数，则螺旋线的参数方程为

$$\begin{cases} x = a\cos\theta, \\ y = a\sin\theta, \\ z = b\theta, \end{cases}$$

其中 $b = \dfrac{v}{\omega}$.

3. 空间曲线在坐标面上的投影

设空间曲线 C 的方程为

$$\begin{cases} F_1(x, y, z) = 0, \\ F_2(x, y, z) = 0, \end{cases} \tag{14}$$

现在要求它在 xOy 坐标面上的投影曲线方程.

作曲线 C 在 xOy 面上的投影时，要通过曲线 C 上每一点作 xOy 面上的垂线，这相当于

作一个母线平行于 z 轴且通过曲线 C 的柱面. 这柱面与 xOy 面的交线就是曲线 C 在 xOy 面上的投影曲线，所以关键在于求出这个柱面的方程.

从方程（14）中消去变量 z，得到

$$F(x, y) = 0. \tag{15}$$

方程（15）表示一个母线平行于 z 轴的柱面，此柱面必定包含曲线 C，所以它是一个以曲线 C 为准线、母线平行于 z 轴的柱面，叫做曲线 C 关于 xOy 面的**投影柱面**. 它与 xOy 面的交线就是空间曲线 C 在 xOy 面上的**投影曲线**，简称**投影**，曲线 C 在 xOy 面上的投影曲线方程为

$$\begin{cases} F(x,y)=0, \\ z=0, \end{cases} \tag{16}$$

其中 $F(x, y) = 0$ 可从方程（14）消去 z 而得到.

同理，分别从方程（14）消去 x 与 y 得到

$$G(y, z) = 0 \quad 和 \quad H(x, z) = 0,$$

则曲线 C 在 yOz 和 zOx 坐标面上的投影曲线方程分别为

$$\begin{cases} G(y,z)=0, \\ x=0 \end{cases} \tag{17}$$

和

$$\begin{cases} H(x,z)=0, \\ y=0. \end{cases} \tag{18}$$

例 5　已知两球面的方程为

$$x^2 + y^2 + z^2 = 1 \tag{19}$$

和

$$x^2 + (y-1)^2 + (z-1)^2 = 1, \tag{20}$$

求它们的交线在 xOy 面上的投影方程.

解　先求包含两球面的交线而母线平行于 z 轴的柱面方程. 要由方程（19）和（20）消去 z，为此可从方程（19）减去方程（20），并化简，得到

$$y + z = 1.$$

再以 $z = 1 - y$ 代入方程（19）或（20），即得所求的柱面方程

$$x^2 + 2y^2 - 2y = 0.$$

于是两球面的交线在 xOy 面上的投影方程是

$$\begin{cases} x^2+2y^2-2y=0, \\ z=0. \end{cases}$$

习 题 七

(A)

(一) 选择题

1. 点 $M(4,-1,5)$ 到 xOy 坐标面的距离为（ ）

A. 5　　B. 4　　C. 1　　D. $\sqrt{42}$

2. 点 $A(2,-1,3)$ 关于 yOz 坐标面的对称点坐标（ ）.

A. $(2,-1,-3)$　　B. $(-2,-1,3)$　　C. $(2,1,-3)$　　D. $(-2,1,-3)$

3. 已知向量 $\boldsymbol{a}=\{3,5,-1\}$，$\boldsymbol{b}=\{2,2,2\}$，$\boldsymbol{c}=\{4,-1,-3\}$，则 $2\boldsymbol{a}-3\boldsymbol{b}+4\boldsymbol{c}=$（ ）.

A. $\{20,0,16\}$　　B. $\{5,4,-20\}$　　C. $\{16,0,-20\}$　　D. $\{-20,0,16\}$

4. 设向量 $\boldsymbol{a}=4\boldsymbol{i}-2\boldsymbol{j}-4\boldsymbol{k}$，$\boldsymbol{b}=6\boldsymbol{i}-3\boldsymbol{j}+2\boldsymbol{k}$，则 $(3\boldsymbol{a}-2\boldsymbol{b})(\boldsymbol{a}+3\boldsymbol{b})=$（ ）.

A. 20　　B. -16　　C. 32　　D. -32

5. 已知 $A(1,2,3)$, $B(5,-1,7)$, $C(1,1,1)$, $D(3,3,2)$, 则 $\mathrm{Prj}_{\overrightarrow{CD}}\overrightarrow{AB}=$（ ）.

A. 4　　B. 1　　C. $\dfrac{1}{2}$　　D. 2

6. 设 $\boldsymbol{a}=2\boldsymbol{i}-\boldsymbol{j}+\boldsymbol{k}$, $\boldsymbol{b}=\boldsymbol{i}+2\boldsymbol{j}-\boldsymbol{k}$, 则 $(\boldsymbol{a}+\boldsymbol{b})\times(\boldsymbol{a}-\boldsymbol{b})=$（ ）.

A. $-\boldsymbol{i}+3\boldsymbol{j}+5\boldsymbol{k}$　　B. $-2\boldsymbol{i}+6\boldsymbol{j}+10\boldsymbol{k}$

C. $2\boldsymbol{i}-6\boldsymbol{j}-10\boldsymbol{k}$　　D. $3\boldsymbol{i}+4\boldsymbol{j}+5\boldsymbol{k}$

7. 设平面方程为 $x-y=0$，则其位置（ ）

A. 平行于 x 轴　　B. 平行于 y 轴

C. 平行于 z 轴　　D. 过 z 轴

8. 平面 $x-2y+7z+3=0$ 与平面 $3x+5y+z-1=0$ 的位置关系（ ）.

A. 平行　　B. 垂直　　C. 相交　　D. 重合

9. 直线 $\dfrac{x+3}{-2}=\dfrac{y+4}{-7}=\dfrac{z}{3}$ 与平面 $4x-2y-2z-3=0$ 的位置关系（ ）.

A. 平行　　B. 垂直　　C. 斜交　　D. 直线在平面内

10. 设 $A(-3,x,2)$ 与 $B(1,-2,4)$，两点间的距离为 $\sqrt{29}$，则 $x=$__________.

11. 设 $\boldsymbol{u}=-\boldsymbol{a}+3\boldsymbol{b}-2\boldsymbol{c}$，$\boldsymbol{v}=2\boldsymbol{a}-\boldsymbol{b}+\boldsymbol{c}$，则 $2\boldsymbol{u}-3\boldsymbol{v}=$__________.

12. 当 $m=$__________时，$2\boldsymbol{i}-3\boldsymbol{j}+5\boldsymbol{k}$ 与 $3\boldsymbol{i}+m\boldsymbol{j}-2\boldsymbol{k}$ 互相垂直.

13. 设 $\boldsymbol{a}=2\boldsymbol{i}+\boldsymbol{j}+\boldsymbol{k}$，$\boldsymbol{b}=\boldsymbol{i}-2\boldsymbol{j}+2\boldsymbol{k}$，$\boldsymbol{c}=3\boldsymbol{i}-4\boldsymbol{j}+2\boldsymbol{k}$，则 $\mathrm{Prj}_{\boldsymbol{c}}(\boldsymbol{a}+\boldsymbol{b})=$__________.

14. 设 $\boldsymbol{a}=2\boldsymbol{i}-\boldsymbol{j}+\boldsymbol{k}$，$\boldsymbol{b}=\boldsymbol{i}+2\boldsymbol{j}-3\boldsymbol{k}$，则 $|(2\boldsymbol{a}+\boldsymbol{b})\times(\boldsymbol{a}-2\boldsymbol{b})|=$__________.

15. 与 $A(3,2,-1)$ 和 $B(4,-3,0)$ 等距离的点的轨迹方程为__________.

16. 过点 $(5,1,7)$, $(4,0,-2)$ 且平行于 z 轴的平面方程__________.

17. 设平面：$x+y-z+1=0$, 与 $2x+2y-2z-3=0$ 平行，则它们之间的距离__________.

18. 过点 $(2,-8,3)$ 且垂直平面 $x+2y-3z-2=0$ 直线方程为__________.

19. 曲面方程为：$x^2+y^2+4z^2=4$，它是由曲线__________绕__________旋转而成的.

（B）

1. 在空间直角坐标系中，定出下列各点的位置：

$A(1, 2, 3)$；$B(-2, 3, 4)$；$C(2, -3, -4)$；$D(3, 4, 0)$；$E(0, 4, 3)$；$F(3, 0, 0)$.

2. xOy 坐标面上的点的坐标有什么特点？yOz 面上的呢？zOx 面上的呢？

3. x 轴上的点的坐标有什么特点？y 轴上的点呢？z 轴上的点呢？

4. 求下列各对点之间的距离：

（1）$(0, 0, 0)$，$(2, 3, 4)$；　（2）$(0, 0, 0)$，$(2, -3, -4)$；

（3）$(-2, 3, -4)$，$(1, 0, 3)$；　（4）$(4, -2, 3)$，$(-2, 1, 3)$.

5. 求点$(4, -3, 5)$到坐标原点和各坐标轴间的距离.

6. 在 z 轴上求与两点 $A(-4, 1, 7)$和 $B(3, 5, -2)$等距离的点.

7. 试证：以三点 $A(4, 1, 9)$，$B(10, -1, 6)$, $C(2, 4, 3)$为顶点的三角形是等腰直角三角形.

8. 验证$(\boldsymbol{a}+\boldsymbol{b})+\boldsymbol{c}=\boldsymbol{a}+(\boldsymbol{b}+\boldsymbol{c})$.

9. 设 $\boldsymbol{u}=\boldsymbol{a}-\boldsymbol{b}+2\boldsymbol{c}$, $\boldsymbol{v}=-\boldsymbol{a}+3\boldsymbol{b}-\boldsymbol{c}$，试用 $\boldsymbol{a}, \boldsymbol{b}, \boldsymbol{c}$ 表示 $2\boldsymbol{u}-3\boldsymbol{v}$.

10. 把$\triangle ABC$ 的 BC 边五等分，设分点依次为 D_1, D_2, D_3, D_4，再把各分点与 A 连接，试以 $\overrightarrow{AB}=\boldsymbol{c}$，$\overrightarrow{BC}=\boldsymbol{a}$ 表示向量 $\overrightarrow{D_1A}$，$\overrightarrow{D_2A}$，$\overrightarrow{D_3A}$ 和 $\overrightarrow{D_4A}$.

11. 设向量 $\overrightarrow{OM}$ 的模是 4，它与投影轴的夹角是 60°，求这向量在该轴上的投影.

12. 一向量的终点为点 $B(2, -1, 7)$，它在三坐标轴上的投影依次是 4，-4 和 7，求这向量的起点 A 的坐标.

13. 一向量的起点是 $P_1(4, 0, 5)$,终点是 $P_2(7, 1, 3)$，试求

（1）$\overrightarrow{P_1P_2}$ 在各坐标轴上的投影；　（2）$\overrightarrow{P_1P_2}$ 的模；

（3）$\overrightarrow{P_1P_2}$ 的方向余弦；　（4）$\overrightarrow{P_1P_2}$ 方向的单位向量.

14. 三个力 $\boldsymbol{F}_1=(1, 2, 3)$, $\boldsymbol{F}_2=(-2, 3, -4)$, $\boldsymbol{F}_3=(3, -4, 5)$同时作用于一点，求合力 $\boldsymbol{R}$ 的大小和方向余弦.

15. 求出向量 $\boldsymbol{a}=\boldsymbol{i}+\boldsymbol{j}+\boldsymbol{k}$, $\boldsymbol{b}=2\boldsymbol{i}-3\boldsymbol{j}+5\boldsymbol{k}$ 和 $\boldsymbol{c}=-2\boldsymbol{i}-\boldsymbol{j}+2\boldsymbol{k}$ 的模，并分别用单位向量 $\boldsymbol{e}_a$, $\boldsymbol{e}_b$, $\boldsymbol{e}_c$ 来表达向量 $\boldsymbol{a}, \boldsymbol{b}, \boldsymbol{c}$.

16. 设 $\boldsymbol{m}=3\boldsymbol{i}+5\boldsymbol{j}+8\boldsymbol{k}$, $\boldsymbol{n}=2\boldsymbol{i}-4\boldsymbol{j}-7\boldsymbol{k}$, $\boldsymbol{p}=5\boldsymbol{i}+\boldsymbol{j}-4\boldsymbol{k}$，求向量 $\boldsymbol{a}=4\boldsymbol{m}+3\boldsymbol{n}-\boldsymbol{p}$ 在 x 轴上的投影及在 y 轴上的分向量.

17. 向量 $\boldsymbol{r}$ 与三坐标轴交成相等的锐角，求这向量的单位向量 $\boldsymbol{e}_r$.

18. 已知两点 $M_1(2, 5, -3)$, $M_2(3, -2, 5)$，点 M 在线段 M_1M_2 上，且 $\overrightarrow{M_1M}=\overrightarrow{3MM_2}$，求向径 $\overrightarrow{OM}$ 的坐标.

19. 已知点 P 到点 $A(0, 0, 12)$的距离是 7，$\overrightarrow{OP}$ 的方向余弦是 $\frac{2}{7}, \frac{3}{7}, \frac{6}{7}$，求点 P 的坐标.

20. 已知 $\boldsymbol{a}, \boldsymbol{b}$ 的夹角 $\varphi=\frac{2\pi}{3}$，且 $|\boldsymbol{a}|=3$，$|\boldsymbol{b}|=4$，计算：

（1）$\boldsymbol{a}\cdot\boldsymbol{b}$；　（2）$(3\boldsymbol{a}-2\boldsymbol{b})\cdot(\boldsymbol{a}+2\boldsymbol{b})$.

21. 已知 $\boldsymbol{a}=(4, -2, 4)$，$\boldsymbol{b}=(6, -3, 2)$，计算：

（1）$\boldsymbol{a}\cdot\boldsymbol{b}$；　（2）$(2\boldsymbol{a}-3\boldsymbol{b})\cdot(\boldsymbol{a}+\boldsymbol{b})$；

（3）$|\boldsymbol{a}-\boldsymbol{b}|^2$.

22. 已知四点 $A(1, -2, 3)$, $B(4, -4, -3)$, $C(2, 4, 3)$和 $D(8,\ 6,\ 6)$，求向量 $\overrightarrow{AB}$ 在向量 $\overrightarrow{CD}$ 上的投影.

23. 设重量为 100 kg 的物体从点 $M_1(3, 1, 8)$沿直线移动到点 $M_2(1, 4, 2)$，计算重力所做的功（长度单位为米）.

24. 若向量 $\boldsymbol{a}+3\boldsymbol{b}$ 垂直于向量 $7\boldsymbol{a}-5\boldsymbol{b}$，向量 $\boldsymbol{a}-4\boldsymbol{b}$ 垂直于向量 $7\boldsymbol{a}-2\boldsymbol{b}$，求 $\boldsymbol{a}$ 和 $\boldsymbol{b}$ 的夹角.

25. 一动点与 $M_0(1, 1, 1)$连成的向量与向量 $\boldsymbol{n}=(2, 3, -4)$垂直，求动点的轨迹方程.

26. 设 $\boldsymbol{a}=(-2, 7, 6)$，$\boldsymbol{b}=(4, -3, -8)$，证明以 $\boldsymbol{a}$ 与 $\boldsymbol{b}$ 为邻边的平行四边形的两条对角线互相垂直.

27. 已知 $\boldsymbol{a}=3\boldsymbol{i}+2\boldsymbol{j}-\boldsymbol{k}$, $\boldsymbol{b}=\boldsymbol{i}-\boldsymbol{j}+2\boldsymbol{k}$, 求:

（1）$\boldsymbol{a}\times\boldsymbol{b}$; （2）$2\boldsymbol{a}\times 7\boldsymbol{b}$; （3）$7\boldsymbol{b}\times 2\boldsymbol{a}$; （4）$\boldsymbol{a}\times\boldsymbol{a}$.

28. 已知向量 $\boldsymbol{a}$ 和 $\boldsymbol{b}$ 互相垂直，且 $|\boldsymbol{a}|=3$，$|\boldsymbol{b}|=4$，计算：

（1）$|(\boldsymbol{a}+\boldsymbol{b})\times(\boldsymbol{a}-\boldsymbol{b})|$； （2）$|(3\boldsymbol{a}+\boldsymbol{b})\times(\boldsymbol{a}-2\boldsymbol{b})|$.

29. 求垂直于向量 $3\boldsymbol{i}-4\boldsymbol{j}-\boldsymbol{k}$ 和 $2\boldsymbol{i}-\boldsymbol{j}+\boldsymbol{k}$ 的单位向量，并求上述二向量夹角的正弦.

30. 一平行四边形以向量 $\boldsymbol{a}=(2,1,-1)$和 $\boldsymbol{b}=(1,-2,1)$为邻边，求其对角线夹角的正弦.

31. 已知三点 $A(2, -1, 5)$, $B(0, 3, -2)$, $C(-2, 3, 1)$, 点 M, N, P 分别是 AB, BC, CA 的中点，证明 $\overrightarrow{MN}\times\overrightarrow{MP}=\frac{1}{4}(\overrightarrow{AC}\times\overrightarrow{BC})$.

32. 求同时垂直于向量 $\boldsymbol{a}=(2, 3, 4)$和横轴的单位向量.

33. 四面体的顶点在$(1, 1, 1)$，$(1, 2, 3)$，$(1, 1, 2)$和$(3, -1, 2)$，求四面体的表面积.

34. 已知三点 $A(2, 4, 1)$，$B(3, 7, 5)$，$C(4, 10, 9)$，证此三点共线.

35. 求过点$(4, 1, -2)$且与平面 $3x-2y+6z=11$ 平行的平面方程.

36. 求过点 $M_0(1, 7, -3)$且与连接坐标原点到点 M_0 的线段 OM_0 垂直的平面方程.

37. 设平面过点$(1, 2, -1)$，而在 x 轴和 z 轴上的截距都等于在 y 轴上的截距的两倍，求此平面方程.

38. 求过$(1, 1, -1)$, $(-2, -2, 2)$和$(1, -1, 2)$三点的平面方程.

39. 指出下列各平面的特殊位置，并画出其图形：

（1）$y=0$ （2）$3x-1=0$;

（3）$2x-3y-6=0$; （4）$x-y=0$;

（5）$2x-3y+4z=0$.

40. 通过两点$(1, 1, 1)$和$(2, 2, 2)$作垂直于平面 $x+y-z=0$ 的平面.

41. 决定参数 k 的值，使平面 $x+ky-2z=9$ 适合下列条件：

（1）经过点$(5, -4, 6)$; （2）与平面 $2x-3y+z=0$ 成 $\frac{\pi}{4}$ 的角.

42. 确定下列方程中的 l 和 m：

（1）平面 $2x+ly+3z-5=0$ 和平面 $mx-6y-z+2=0$ 平行；

（2）平面 $3x-5y+lz-3=0$ 和平面 $x+3y+2z+5=0$ 垂直.

43. 通过点$(1, -1, 1)$作垂直于两平面 $x-y+z-1=0$ 和 $2x+y+z+1=0$ 的平面.

44. 求平行于平面 $3x-y+7z=5$ 且垂直于向量 $\boldsymbol{i}-\boldsymbol{j}+2\boldsymbol{k}$ 的单位向量.

45. 求通过下列两已知点的直线方程：

（1）$(1,-2,1)$，$(3,1,-1)$；　　（2）$(3,-1,0)$，$(1,0,-3)$.

46. 求直线 $\begin{cases} 2x+3x-z-4=0 \\ 3x-5y+2z+1=0 \end{cases}$ 的标准式方程和参数式方程.

47. 求下列直线与平面的交点.

（1）$\dfrac{x-1}{1}=\dfrac{y+1}{-2}=\dfrac{z}{6}$，$2x+3y+z-1=0$；

（2）$\dfrac{x+2}{2}=\dfrac{y-1}{3}=\dfrac{z-3}{2}$，$x+2y-2z+6=0$.

48. 求下列直线的夹角.

（1）$\begin{cases} 5x-3y+3z-9=0 \\ 3x-2y+z-1=0 \end{cases}$ 和 $\begin{cases} 2x+2y-z+23=0, \\ 3x+8y+z-18=0; \end{cases}$

（2）$\dfrac{x-2}{4}=\dfrac{y-3}{-12}=\dfrac{z-1}{3}$ 和 $\begin{cases} \dfrac{y-3}{-1}=\dfrac{z-8}{-2}, \\ x=1. \end{cases}$

49. 求满足下列各组条件的直线方程.

（1）经过点$(2,-3,4)$且与平面 $3x-y+2z-4=0$ 垂直；

（2）过点$(0,2,4)$，且与两平面 $x+2z=1$ 和 $y-3z=2$ 平行；

（3）过点$(-1,2,1)$且与直线 $\dfrac{x}{2}=\dfrac{y-3}{-1}=\dfrac{z-1}{3}$ 平行.

50. 试定出下列各题中直线与平面间的关系.

（1）$\dfrac{x+3}{-2}=\dfrac{y+4}{-7}=\dfrac{z}{3}$ 和 $4x-2y-2z=3$；

（2）$\dfrac{x}{3}=\dfrac{y}{-2}=\dfrac{z}{7}$ 和 $3x-2y+7z=8$；

（3）$\dfrac{x-2}{3}=\dfrac{y+2}{1}=\dfrac{z-3}{-4}$ 和 $x+y+z=3$.

51. 求过点$(1,-2,1)$且垂直于直线 $\begin{cases} x-2y+z-3=0 \\ x+y-z+2=0 \end{cases}$ 的平面方程.

52. 求过点 $M(1,-2,3)$和两平面 $2x-3y+z=3$，$x+3y+2z+1=0$ 的交线的平面方程.

53. 求点$(-1,2,0)$在平面 $x+2y-z+1=0$ 上的投影.

54. 求点$(1,2,1)$到平面 $x+2y+2z-10=0$ 的距离.

55. 求点$(3,-1,2)$到直线 $\begin{cases} x+y-z+1=0 \\ 2x-y+z-4=0 \end{cases}$ 的距离.

56. 建立以点$(1,3,-2)$为中心且通过坐标原点的球面方程.

57. 一动点离点$(2,0,-3)$的距离与离点$(4,-6,6)$的距离之比为 3，求此动点的轨迹方程.

58. 指出下列方程所表示的是什么曲面，并画出其图形.

（1）$\left(x-\dfrac{a}{2}\right)^2+y=\left(\dfrac{a}{2}\right)^2$；　　（2）$-\dfrac{x^2}{4}+\dfrac{y^2}{9}=1$；

（3）$\dfrac{x^2}{9}+\dfrac{z^2}{4}=1$；　　（4）$y^2-z=0$；

（5）$x^2-y^2=0$；　　（6）$x^2+y^2=0$.

59. 指出下列方程表示怎样的曲面，并作出图形.

（1）$x^2+\dfrac{y^2}{4}+\dfrac{z^2}{9}=1$；　　（2）$36x^2+9y^2-4z=36$；

（3）$x^2-\dfrac{y^2}{4}-\dfrac{z^2}{9}=1$；　　（4）$x^2+\dfrac{y^2}{4}-\dfrac{z^2}{9}=11$；

（5）$x^2-y^2+2z^2=0$；　　（6）$x^2+y^2-\dfrac{z^2}{9}=0$.

60. 作出下列曲面所围成的立体的图形.

（1）$x^2+y^2+z^2=a^2$ 与 $z=0, z=\dfrac{a}{2}(a>0)$；

（2）$x+y+z=4$，$x=0, x=1, y=0, y=2$ 及 $z=0$；

（3）$z=4-x^2, x=0, y=0, z=0$ 及 $2x+y=4$；

（4）$z=6-(x^2+y^2), x=0, y=0, z=0$ 及 $x+y=1$.

61. 求下列曲面和直线的交点：

（1）$\dfrac{x^2}{81}+\dfrac{y^2}{36}+\dfrac{z^2}{9}=1$ 与 $\dfrac{x-3}{3}=\dfrac{y-4}{-6}=\dfrac{z+2}{4}$；

（2）$\dfrac{x^2}{16}+\dfrac{y^2}{9}-\dfrac{z^2}{4}=1$ 与 $\dfrac{x}{4}=\dfrac{y}{-3}=\dfrac{z+2}{4}$.

62. 设有一圆，它的中心在 z 轴上、半径为 3，且位于距离 xOy 平面 5 个单位的平面上，试建立这个圆的方程.

63. 建立曲线 $x^2+y^2=z, z=x+1$ 在 xOy 平面上的投影方程.

64. 求曲线 $x^2+y^2+z^2=a^2, x^2+y^2=z^2$ 在 xOy 面上的投影曲线.

65. 试考察曲面 $\dfrac{x^2}{9}-\dfrac{y^2}{25}+\dfrac{z^2}{4}=1$ 在下列各平面上的截痕的形状，并写出其方程.

（1）平面 $x=2$;　　（2）平面 $y=0$;

（3）平面 $y=5$;　　（4）平面 $z=2$.

66. 求单叶双曲面 $\dfrac{x^2}{16}+\dfrac{y^2}{4}-\dfrac{z^2}{5}=1$ 与平面 $x-2z+3=0$ 的交线在 xOy 平面、yOz 平面及 xOz 平面上的投影曲线.

附录七　历史注记: 解析几何产生的历史

一、实际背景和数学条件

解析几何与射影几何几乎同时在文艺复兴时期的法国产生，然而它们虽然产生于同一个时代，但实际背景和数学条件却很不一样.

解析几何的实际背景更多的是来自对变量数学的需求. 文艺复兴后的欧洲进入了一个生产迅速发展、思想普遍活跃的时代，机械的广泛使用，促使人们对机械性能进行研究，这需要运动学知识和相应的数学理论；建筑的兴盛、河道和堤坝的修建又提出了有关固体力学和流体力学的问题，这些问题的合理解决需要正确的数学计算；航海事业的发展向天文学，实际上也是向数学提出了如何精确测定经纬度、计算各种不同形状船体的面积与体积以及确定重心的方法；望远镜与显微镜的发明，提出了研究凹凸透镜的曲面形状问题，在数学上就需要研究求曲线的切线问题. 所有这些都难以仅用初等几何或仅用初等代数在常量数学的范围内解决，于是，人们就试图创设变量数学. 作为代数与几何相结合的产物——解析几何，也就在这种背景下问世了.

解析几何的核心思想是通过坐标把几何问题表示成代数形式，然后通过代数方程来表示和研究曲线. 要做到这一点，需要有数学自身的条件：一是几何学已出现解决问题的乏力状态；二是代数已成熟到能足以有效地解决几何问题的程度.

几何学形成得很早，公元前 3 世纪就产生了具有完整体系的欧几里得《原本》. 半个世纪后，古希腊另一位数学家阿波罗尼斯又著《圆锥曲线论》. 如果说《原本》的伟大功绩在于首次建立起几何学的完整演绎体系的话，那么阿波罗尼斯的 8 卷《圆锥曲线论》以其几乎将圆锥曲线的全部性质网罗殆尽而永垂史册. 可以这样说，在解析几何之前的所有研究圆锥曲线的著作中，没有一本达到像《圆锥曲线论》那样对圆锥曲线研究得如此详尽的程度.

但是，像古希腊所有的几何学一样，阿波罗尼斯的几何是一种静态几何，它既不把曲线看作一种动点的轨迹，更没有给它以一般的表示方法. 这种局限性在 16 世纪前，并没有引起注意，因为实践没有向几何学提出可能引起麻烦的课题. 16 世纪以后的情况就不同了. 哥白尼（Copernicus，1473—1543）提出日心说，伽利略（Galileo，1564—1642）由物体运动的研究，得出惯性定律和自由落体定律，这些都向几何学提出了用运动的观点来认识和处理圆锥曲线及其他几何曲线的课题. 地球绕太阳运转的轨道是椭圆、物体斜抛运动的轨道是抛物线，这些远不是靠建立在用平面截圆锥而得到的椭圆和抛物线的概念所能把握的. 几何学要能反映这类运动的轨道的性质，就必须从观点到方法进行一场变革，创立一种建立在运动观点上的几何学.

16 世纪代数的发展恰好为解析几何的诞生创造了条件. 我们知道，解析几何的方法是在引进坐标的基础上，把由曲线所决定的两个坐标之间的关系用方程表示出来，通过对方程的研究来反映图形的性质. 如果代数尚未符号化，那么即使煞费苦心地引进坐标概念，也不可能建立一般的曲线方程，进而发挥其具有普遍性的方法的作用. 1591 年，法国数学家韦达第一个在代数中有意识地系统地使用了字母，他不仅用字母表示未知数（这在他之前早有人做了），而且用以表示已知数，包括方程中的系数和常数. 这样，代数就从一门以分别解决各种特殊问题的侧重于计算的数学分支，成为一门以研究一般类型的形式和方程的学问. 这也为对几何曲线建立代数方程铺平了道路. 当然，符号代数的形成不只出于韦达一人之手，他之前，斯台文等人曾为建立幂指数概念和符号的使用做过努力，而像今天这样用 $a, b, c, \cdots$ 表示已知数，用 $x, y, z\cdots$ 表示未知数却是笛卡儿创立的. 总之，17 世纪的社会背景和数学自身条件都为解析几何的创建做好了准备，它将等待创立者去完成.

二、费尔玛的贡献

解析几何是由费尔玛和笛卡儿分别创立的. 1601 年 8 月 20 日费尔玛（Fermat，1601－1665）生于法国图卢兹附近的一个皮革商家庭，大学时专攻法律，毕业后以当律师谋生，曾担任图卢兹地方议会议员和顾问三十余年. 费尔玛虽是一位业余数学家，而且认真研究数学还是在他 30 岁之后，但他却在 17 世纪数学史上独占鳌头. 在牛顿、莱布尼兹大体完成微积分之前，他是为创立微积分做出贡献最多的人. 事实上，如果要在牛顿、莱布尼兹之后再添上一位创立者名字的话，那么写上费尔玛是十分恰当的；他又与惠更斯、帕斯卡一起被誉为概率论的创始人；17 世纪的数论更几乎是费尔玛的世界，著名的费尔玛大定理至今仍吸引着一批追求者.

从费尔玛与帕斯卡等人的通信中可知，早在笛卡儿的《几何》发表以前，费尔玛已经用解析几何的方法对阿波罗尼斯某些失传的关于轨迹的证明做出补充. 1630 年，他把这一工作写成《平面与立体轨迹引论》一本小册子，其中费尔玛通过引进坐标，以一种统一的方式把几何问题翻译为代数的语言——方程，从而通过对方程的研究来揭示图形的几何性质.

费尔玛所用的坐标系与现在常用的直角坐标系不同，它是斜坐标，而且也没有 y 轴. 如考虑一条曲线和它上面的任一点 P，选定一条以 O 为原点的射线，那么 P 就用线段 OQ 和 PQ 表示出来，它相当于我们现在所说的 x 与 y.

如果仅就研究的对象而言，费尔玛与阿波罗尼斯并没有什么不同，不同的只是研究方法. 费尔玛的成功之处就在于他把阿波罗尼斯所发现的圆锥曲线的性质通过引进坐标译成了代数的语言，这不仅使得圆锥曲线从圆锥的附属地位解放出来，而且使各种不同的曲线有了代数方程这种一般的表示方法和统一的研究手段. 虽然坐标不是费尔玛发明的，将代数用于几何研究他也不是第一人，但是，除了费尔玛和笛卡儿以外，谁都没有把这两者结合起来，达到用代数方程来表示和研究几何曲线的程度.

三、笛卡儿的贡献

笛卡儿（Descartes，1596—1650）生于法国杜朗（Touraine）一个小镇的名门之家. 笛卡儿从小多病，加上母亲去世早，更受父亲的溺爱. 父亲答应他早睡晚起，这就养成了他在晨睡中进行思考的习惯. 一则趣话说，他的坐标思想最早就是在朝寝中，躺在床上观察小虫从床顶爬向天花板时发现可以用天花板的框架作基准来确定运动中的小虫位置的.

当时法国的习俗，名门出身的人常以在军界和教会里任职为荣，笛卡儿也于 1617 年在荷兰奥兰治（Orange）的利斯公爵的军队里当了一名骑兵士官．在此期间，有一次笛卡儿上街看到一张用荷兰文写的招贴，引起了他的好奇．正值这时走来了一个荷兰人，笛卡儿便向他询问了招贴里的意思．这个人是荷兰多儿德雷赫特（Dordrecht）大学的校长伊萨克·皮克曼（Isaac Beeckman），校长告诉了笛卡儿招贴上所写的内容，同时也试探一下笛卡儿的数学水平．原来这是一张征解数学难题的广告，带有竞赛的味道，没想到笛卡儿却以不多的时间解答了这些问题，为此深受皮克曼的赞赏．从此也极大地增强了笛卡儿学习数学的自信心，并与皮克曼保持了长久的友谊．

1619 年正值欧洲“三十年战争”，笛卡儿随军来到德国多瑙河畔的诺伊堡（Neuberg）军营，这时他老是在想着他的哲学和数学问题．1619 年 11 月 10 日他一连三次做梦构思着他的新哲学和坐标几何学，据说这个梦成了他人生的一个转折点，他决定离开军队去进行哲学和数学研究．1621 年笛卡儿辞去了军职，开始从事数学研究和光学仪器的制造．这期间他听取了几何学家笛沙格和米多尔奇（Mydorge，1585—1647）的讲课，受到很大的启发，同时还与旧友数学家梅儿生（Mersenne，1558—1648）重新建立了联系，接受帮助．

1629 年，笛卡儿为避开在巴黎生活中的烦恼，移居到了荷兰．在这以后的 20 年间，他潜心进行了哲学和数学研究．前四年，他撰写了《宇宙》一书，这本以阐述宇宙物理学为主要内容的著作，也像以往论宇宙的著作一样，遭到了教会的反对和攻击．为了免受哥白尼等人那样的灾祸，笛卡儿只得将书稿搁置下来，直到 1664 年才发表．1633—1637 年，笛卡儿主要从事《方法论》一书，包括它的三篇附录《折光》、《气象》、《几何》的创作，于 1637 年 6 月 8 日在莱顿发表．书中，笛卡儿论述了正确思想方法的重要性．他认为数学是其他一切科学最可靠的思想方法，只有借助于数学而得出的结论才是可信的．笛卡儿的这一认识与培根宣扬的以实验为基础的归纳法，以两个不同的侧面成为促进早期资本主义时代科学技术发展的主要方法．

1641 年与 1644 年，笛卡儿又先后发表了哲学名著《形而上学的沉思》和《哲学原理》．

笛卡儿的巨大成就使他的名望与日俱增，1647 年他享受了直接接受法兰西皇帝供薪的荣誉．1649 年他又受瑞典女皇克利斯蒂娜（Christina，1626—1689）的邀请，为女皇讲授数学．不幸在瑞典仅几个月，笛卡儿就得了肺炎而去世了．

笛卡儿的解析几何是作为《方法论》一书的附录《几何》出现的，这部分共三卷．第一卷题名为“关于只用圆和直线的作图可能问题”，它的前半部分介绍了用代数方法解解析几何问题的几个例子，尚未使用坐标，因此还不是真正的解析几何；后半部分通过解“帕普斯问题”的具体过程，介绍了解析几何方法，所谓笛卡儿解析几何主要就体现在这一部分中．第二卷题为“曲线的性质”，这里，笛卡儿在批判地吸收古希腊数学家的曲线分类思想的基础上，叙述了对曲线按方程的次数进行系统分类的方法．第三卷题为“关于立体和超立体的作图”，介绍了利用圆锥曲线在代数方法下解立体问题的方法，其中包括笛卡儿在代数学上的两个著名结果："代数学基本定理"以及"笛卡儿符号法则".

笛卡儿的《几何》虽然不像现在的解析几何那样，给读者展现出一个从建立坐标系和方程到研究方程的循序过程，但是他通过具体的实例，确切地表达了他的新思想和新方法. 这种思想和方法尽管在形式上没有现在的解析几何那样完整,但在本质上却是地道的解析几何.

就这样，笛卡儿把以往对立着的两个研究对象"数"与"形"统一起来了，并在数学中引入了变量的思想，从而完成了数学史上一项划时代的变革. 这一工作不仅使整个古典几何领域处于代数学的支配之下，而且从此开拓了一个变量数学领域，从而加速了微积分的诞生.

恩格斯高度评价了笛卡儿的革新思想. 他说："数学中的转折点是笛卡儿的变数. 有了变数，运动进入了数学，有了变数，辩证法进入了数学，有了变数，微分和积分也就立刻成为必要的了，而它们也就立刻产生了……".

参 考 答 案

习 题 一

(A)

1. B.　2. A.　3. C.　4. B.　5. C.　6. A.　7. B.　8. D.　9. C.

10. A.　11. A.　12. A.　13. B.　14. B.　15. D.　16. C.　17. B.　18. C.

19. A.　20. C.　21. D.　22. D.　23. $\{x|x>25\}$.　24. $\{x|-|a|\leqslant x\leqslant|a|\}$.

25. $y=\frac{1}{2}(\log_3^x-5)$.　26. π.　27. $f(x)=x(x+1)$.

(B)

1. $a=1, b=2$.

2. (1) $\{x|-4\leqslant x\leqslant 4\}$;　(2) $\{x|-5<x<-1\}$;　(3) $\{x|a-\varepsilon<x<a+\varepsilon\}$;

(4) $\{x|x<-2或x>2\}$;　(5) $\{x|x\leqslant -4或x\geqslant 2\}$;　(6) $\{x|-1<x<5\}$.

3. (1) $\{x|x\leqslant -1或x\geqslant 1\}$;　(2) $\{x|x<2,\ x\neq 0\}$; (3) $\left\{x\middle|1-\frac{\pi}{2}\leqslant x\leqslant 1+\frac{\pi}{2}\right\}$;　(4) $\{x|x>\mathrm{e}\}$.

4. $f\left(\frac{1}{x}\right)=\frac{1}{x^2}-\frac{3}{x}+2$, $f(x+1)=x^2-x$.

5. $f(x-1)=\begin{cases}1, x<1,\\ 0, x=1,\\ -1, x>1.\end{cases}$ 图略.

6. (1) $y=\sqrt{u},\ u=3x-1$;　(2) $y=u^2,\ u=1+\ln x$;　(3) $y=\sqrt{u},\ u=\ln v,\ v=\sqrt{x}$;

(4) $y=u^2,\ u=\lg v,\ v=\arccos z,\ z=x^3$.

7. 总成本 $b+ma$，平均成本 $(b+ma)/m$，设 y 为利润，x 为出售的台数，有

$$y=xp-ma-b,\quad x=\frac{ma+b}{p}\text{为分歧点.}$$

8. $y=\begin{cases}10x, x\leqslant 20\\ 200+7(x-20), 20<x\leqslant 200\\ 1460+5(x-200), x>200\end{cases}$.

10. (1) 0.4;　(2) 2;　(3) 1;　(4) 0;　(5)3;　(6)1;　(7)2.

11. (1) 0;　(2) 0;　(3) ∞.

14. $|a|>1$,极限为0, $|a|=1$, 极限为$\frac{1}{2}$, $|a|<1$,极限为∞.

16. (1) $\frac{3}{5}$; (2) -2; (3) $\frac{1}{2}$; (4) 0; (5) ∞; (6) $\frac{1}{5}$; (7) $a=1$, $b=-\frac{3}{2}$.

17. (1) $\frac{1}{2}$; (2)2; (3) 0; (4)$\frac{2}{3}$; (5) 2; (6) -2; (7) $\frac{2}{3\sqrt[6]{5}}$; (8) $\frac{3}{4}$; (9)$\frac{1}{1-x}$;

(10)$\frac{1}{n!}$; (11) -1; (12)1; (13) $\frac{1}{\ln a}$; (14) $\ln a$; (15) e^{6}; (16)0.

18. (1) $\frac{m}{n}$; (2) 1; (3) 2; (4)$-\frac{1}{6}$; (5) 3; (6) x; (7) -2; (8) 2; (9) $\frac{1}{2}$;

(10) $\frac{1}{2}(\beta^2-\alpha^2)$; (11) -1; (12) 4; (13) $\frac{a^2}{b^2}$; (14) 1.

19. (1) $e^{-\frac{1}{2}}$; (2) e^{10}; (3) e^{3}; (4) e^{-6}; (5) 2; (6) -1.

20. 不存在.

21. (1) $x=-1$,去穷间断点; (2) $x=0$,跳跃间断点; (3) $x=0$, $x=\pm 1$;

(4) $x=1$; (5) $x=1$; (6) $x=1$.

22. (1) $a=\frac{3}{4}$; (2) $a=1$.

习 题 二

(A)

1. A. 2. A. 3. D. 4. B. 5. C. 6. D. 7. A. 8. A. 9. B.

10. B. 11. D. 12. D. 13. C. 14. D.

(B)

1. (1) $y'=-4x$; (2) $y'=-\frac{2}{x^3}$; (3) $y'=-\frac{2}{3\sqrt[3]{x}}$.

2. $f'(x)=2ax+b$, $f'(0)=b$; $f'\left(\frac{1}{2}\right)=a+b$, $f'\left(-\frac{b}{2a}\right)=0$.

3. $v=27m/s$. 4. $y=6x-9$. 5. $x=\frac{2}{3}, x=0$.

6. (1)连续，不可导； (2)连续，可导； (3)连续，可导.

9. (1) $y'=6x-1$; (2) $y'=(a+b)x^{a+b-1}$; (3) $y'=\frac{1}{\sqrt{x}}+\frac{1}{x^2}$;

(4) $y'=x-\frac{4}{x^3}$; (5) $y'=-3x\sqrt{x}-\left(1-x^3\right)\frac{1}{x\sqrt{x}}$; (6) $y'=6x^2-2x$;

(7) $y'=-\frac{\sqrt{x}}{x}-\frac{1-x}{2x\sqrt{x}}$;　(8) $y'=\sqrt{2x}+\frac{x+1}{\sqrt{2x}}$;　(9) $y'=\frac{a}{a+b}$;

(10) $y'=2x-(a+b)$;　(11) $y'=ab(x^{a-1}+x^{b-1}+(a+b)x^{a+b-1})$.

10. (1) $y'=3x^2+12x+11$;　(2) $y'=1+\ln x$;　(3) $y'=nx^{n-1}\ln x+x^{n-1}$;

(4) $y'=\frac{1}{2\sqrt{x}}$;　(5) $y'=-\frac{2}{(x-1)^2}$;　(6) $y'=\frac{5(1-x^2)}{(1+x^2)^2}$;

(7) $y'=3-\frac{4}{(2-x)^2}$;　(8) $y'=-\frac{acnx^{n-1}}{(b+cx^n)^2}$;　(9) $y'=-\frac{2}{x(1+\ln x)^2}$;

(10) $y'=\frac{2x^2-4}{(1-x+x^2)^2}$.

11. (1) $y'=x\cos x$;　(2) $y'=\frac{1-\cos x-x\sin x}{(1-\cos x)^2}$;　(3) $y'=\sec^2 x-\tan x-x\sec^2 x$;

(4) $y'=\frac{5}{1+\cos x}$;　(5) $y'=\frac{x\cos x-\sin x}{x^2}+\frac{\sin x-x\cos x}{\sin^2 x}$;

(6) $y'=\sin x\ln x+x\cos x\ln x+\sin x$.

12. $y=-x+\pi$.　13. $(0,1)$.

14. $y=0, y=\frac{27}{2}x-24$，不存在.　15. $a=\frac{1}{2\mathrm{e}}$.

16. (1) $y'=(x^2+1)^2+4x(x^2+1)(x+1)$;　(2) $y'=4x-3$;

(3) $y'=9(3x+5)^2(5x+4)^5+25(3x+5)^3(5x+4)^4$;　(4) $y'=6x\sqrt{5x^2+1}+\frac{5x(3x^2+2)}{\sqrt{5x^2+1}}$;

(5) $y'=\frac{2x+8}{x+3}-\frac{(x+4)^2}{(x+3)^2}$;　(6) $y'=\frac{x}{\sqrt{x^2-a^2}}$;　(7) $y'=\frac{x^2}{(1-x^2)^{\frac{3}{2}}}+\frac{1}{\sqrt{1-x^2}}$;

(8) $y'=\frac{2x}{\ln a(1+x^2)}$;　(9) $y'=-\frac{2x}{a^2-x^2}$;　(10) $y'=\frac{1}{2x\sqrt{\ln x}}+\frac{1}{2x}$;

(11) $y'=\frac{1}{\sqrt{x}(1-x)}$;　(12) $y'=n\cos(nx)$;　(13) $y'=n\cos(nx)\cos x\sin^{n-1}x$;

(14) $y'=nx^{n-1}\cos x^n$;　(15) $y'=n\cos(nx)\cos x\sin^{n-1}x-n\sin(nx)\sin^n x$;

(16) $y'=-\frac{3}{2}\cos^2\frac{x}{2}\sin\frac{x}{2}$;　(17) $y'=\frac{1}{2}\tan^2\frac{x}{2}$;　(18) $y'=\frac{1}{2}\left(\tan\frac{x}{2}+\cot\frac{x}{2}\right)$;

(19) $y'=2x\sin\frac{1}{x}-\cos\frac{1}{x}$;　(20) $y'=\frac{1}{x\ln x}$;　(21) $y'=\frac{1}{\sqrt{x^2-a^2}}$;

(22) $y'=\frac{n\sin x}{\cos^{n+1}x}$;　(23) $y'=\frac{1}{(\cos x+x\sin x)^2}\left(\frac{x\sin x}{\cos x+x\sin x}-x\cos x(\sin x-x\cos x)\right)$;

(24) $y'=\frac{2\sin\frac{x}{a}}{a\cos^3\frac{x}{a}}-\frac{2\cos\frac{x}{a}}{a\sin^3\frac{x}{a}}$.

17. (1) $y'=\dfrac{2}{\sqrt{4-x^2}}$; (2) $y'=\dfrac{1}{x^2}\csc\dfrac{1}{x}$; (3) $y'=\dfrac{2+2x^2}{2x+(1-x^2)^2}$;

(4) $y'=-\dfrac{1}{1-x^2}-\dfrac{x\arccos x}{(1-x^2)\sqrt{1-x^2}}$; (5) $y'=\dfrac{4}{\sqrt{4-x^2}}\arcsin\dfrac{x}{2}$;

(6) $y'=2\sqrt{1-x^2}$; (7) 0.

18. (1) $y'=\dfrac{y-2x}{2y-x}$; (2) $y'=\dfrac{2ay}{2y-2ax}$;

(3) $y'=\dfrac{1}{1-\dfrac{1}{2}\cos y}$; (4) $y'=\dfrac{e^y}{1-xe^y}$.

19. (1) $y'=(2x+5)^3$; (2) $y'=-6xe^{-3x^2}$;

(3) $y'=\dfrac{2x}{1+x^2}$; (4) $y'=\dfrac{1}{x^2}e^{-\frac{1}{x}}$;

(5) $y'=-\dfrac{1}{\cos x}-\sin x$; (6) $y'=\dfrac{x}{\sqrt{x^2+a^2}}$;

(7) $y'=ax^{a-1}+a^x\ln a$; (8) $y'=\dfrac{1}{2\sqrt{x}(1+x)}e^{\arctan\sqrt{x}}$;

(9) $y'=-\dfrac{1}{\ln(\ln x)}\dfrac{1}{x\ln x}$; (10) $y'=\sqrt{\dfrac{1+x}{2x}}-\dfrac{1}{(1+x)\sqrt{2x(1+x)}}$;

(11) $y'=-\dfrac{1}{2}e^{-\frac{x}{2}}\cos 3x-3e^{-\frac{x}{2}}\sin 3x$;

20. (1) $y'=x\sqrt{\dfrac{1-x}{1+x}}\left(\dfrac{1}{x}-\dfrac{1}{2}\left(\dfrac{1}{1-x}+\dfrac{1}{1+x}\right)\right)$;

(2) $y'=x^{\sin x}\left(\cos x\ln x+\dfrac{\sin x}{x}\right)$;

(3) $y'=\left(\dfrac{x}{1+x}\right)^x\left[\ln\dfrac{x}{1+x}+1-\dfrac{x}{1+x}\right]$;

(4) $y'=\dfrac{\sqrt{x+2}(3-x)^4}{(x+1)^5}\left(\dfrac{1}{2}\dfrac{1}{x+2}-\dfrac{4}{3-x}-\dfrac{5}{x+1}\right)$.

21. (1) $y'=-\dfrac{2}{1+2x}\sin(\ln(1+2x))$; (2) $y'=(\ln x)^x\left(\ln(\ln x)+\dfrac{1}{\ln x}\right)$;

(3) $y'=x^{x^2}(2x\ln x+x)+2xe^{x^2}+xe^x\left(e^x\ln x+\dfrac{e^x}{x}\right)+e^{x+ex}$;

(4) $y'=-\dfrac{1}{2\sqrt{x}}(a-\sqrt{x})$; (5) $y'=f'(e^x)e^{x+f(x)}+f(e^x)e^{f(x)}f'(x)$;

(6) $y'=f'\left(\arcsin\dfrac{1}{x}\right)\dfrac{1}{x\sqrt{x^2-1}}$; (7) $y'=f'(e^x+x^e)(e^x+ex^{e-1})$;

(8) $y'=\sin 2x(f'(\sin^2 x)-f'(\cos^2 x))$; (9) $f'(x)=\dfrac{1}{(1+x)^2}$.

25. (1) $y^{(n)}=a^x(\ln a)^n$； (2) $y^{(n)}=(-1)^{n-1}\dfrac{(n-1)!}{(1+x)^n}$； (3) $y^{(n)}=\cos\left(x+\dfrac{n\pi}{2}\right)$；

(4) $n<m$ 时， $y^{(n)}=m(m-1)\cdots(m-n)(1+x)^{m-n-1}$；

$n=m$ 时， $y^{(n)}=m!$；

$n>m$ 时， $y^{(n)}=0$.

26. (1) $y'=\dfrac{2x}{1+x^2}$， $y''=\dfrac{2}{(1+x^2)^2}$； (2) $y''=\dfrac{1}{x}$.

(3) $y''=2\arctan x+\dfrac{2x}{1+x^2}$； (4) $y''=(6x+4x^3)e^{x^2}$；

(5) $y''=1-\dfrac{x}{2(a^2-x^2)^{\frac{3}{2}}}$.

27. $y'\Big|_{\substack{x=0\\y=1}}=\dfrac{1}{2\pi}$， $y'\Big|_{\substack{x=0\\y=-1}}=-\dfrac{1}{2\pi}$. 28. $y^{(n)}=\dfrac{\ln x+2}{x\ln^3 x}$.

29. $y''=4x^2f''(x^2+b)+2f'(x^2+b)$.

32. (1) $2x$； (2) $\dfrac{3}{2}x^2$； (3) $\sin x$； (4) $-\dfrac{1}{2}\cos 2x$；

(5) $\ln(1+x)$； (6) $-\dfrac{1}{2}e^{-2x}$； (7) $2\sqrt{x}$； (8) $\dfrac{1}{3}\tan 3x$.

33. (1) $dy=\left(-\dfrac{1}{x^2}-\dfrac{1}{\sqrt{x}}\right)dx$； (2) $dy=(\sin 2x+2x\cos 2x)dx$；

(3) $dy=(x^2+1)^{-\frac{3}{2}}dx$； (4) $dy=-\dfrac{2}{1-x}\ln(1-x)dx$；

(5) $dy=e^{2x}(2x+2x^2)dx$； (6) $dy=e^{-x}(-\cos(3-x)+\sin(3-x))dx$；

(7) $dy=-\dfrac{1}{\sqrt{1-x^2}}dx$； (8) $dy=8x\tan(1+2x^2)\sec^2(1+2x^2)dx$；

(9) $dy=\dfrac{-4x}{(1+x^2)^2+(1-x^2)^2}dx$； (10) $dy=-\dfrac{1}{x^2}dx$；

(11) $dy=-\dfrac{b^2}{ay}dx$； (12) $dy=-\dfrac{e^y}{1-xe^y}dx$.

37. (1) 0.005; (2) 1.0101; (3) 0.9995; (4) 0.0314.

习 题 三

(A)

1. A. 2. C. 3. B. 4. A. 5. D. 6. D.

7. $(-\infty,\infty)$； 8. $a\neq 0,b=0,c=1$； 9. $x=1$； 10. $y=x$.

（B）

3. $\xi=\dfrac{14}{9}$.

9. (1) 1;　(2) $\dfrac{1}{3}$;　(3) 0;　(4) 1;　(5) 0;　(6) 1;　(7)1;

(8) $-\dfrac{1}{2}$;　(9) $\dfrac{1}{2}$;　(10) $-\dfrac{2}{\pi}$;　(11) $\dfrac{1}{2}$;　(12) $\dfrac{1}{2}$;(13) ∞;(14)1;

(15) e^{-1};　(16) 1;　(17) 1;　(18) e.

10. (1) $\left(-\infty,\dfrac{3}{4}\right)$为单调递增，$\left(\dfrac{3}{4},\infty\right)$为单调递减；

(2) $(-\infty,-1)$为单调递减，$(-1,1)$为单调递增，$(1,\infty)$为单调递减；

(3) $\left(-\infty,\dfrac{1}{3}\right)$为单调递减，$\left(\dfrac{1}{3},1\right)$为单调递增，$(1,\infty)$为单调递减；

(4) $(0,1)$为单调递减，$(1,e)$为单调递减，(e,∞)为单调递增.

13. (1) $y\Big|_{x=-\frac{1}{2}\ln 2}=2\sqrt{2}$为极小值；　(2) $y|_{x=0}=0$为极大值，$y|_{x=1}=-1$为极小值；

(3) $y|_{x=1}=2-4\ln 2$为极小值；　(4) $y|_{x=e}=e^{\frac{1}{e}}$为极大值.

13. (1) $y_{\min}=4$，$y_{\max}=13$；　(2) $y_{\min}=0$，$y_{\max}=\ln 5$；

(3) $y_{\min}=0$，$y_{\max}=6$；　(4) $y_{\min}=0$，$y_{\max}=\dfrac{1}{2}$.

16. 81.　18. $\varphi=\dfrac{2\sqrt{6}}{3}\pi$时容积最大.

19. $x=6,y=12$，最大值为72，每日运送12次，每次拖6只船.

20. (1) $\left(-\infty,\dfrac{2}{3}\right)$为凹函数，$\left(\dfrac{2}{3},\infty\right)$为凸函数；

(2) $(-\infty,-1)$为凸函数，$(-1,\infty)$为凹函数；

(3) $(-\infty,-1)$为凸函数，$(-1,1)$为凹函数，$(1,\infty)$为凸函数；

(4) $(0,1)$为凸函数，$(1,\infty)$为凹函数；

21. $a=-\dfrac{3}{2},b=\dfrac{9}{2}$.　23. $\left(\dfrac{\sqrt{2}}{2},-\dfrac{1}{2}\ln 2\right)$处曲率半径最小，为$\dfrac{3\sqrt{3}}{2}$.

习　题　四

（A）

1.C.　2. B.　3. C.　4. C.　5. C.　6. D.

7. $f(x)\mathrm{d}x$.　8. $\sin 2x$.　9. $\ln x$.　10. $\dfrac{1}{2}f(2x)+C$.

11. $\frac{1}{2}\cos x^2 + C$.　12. $\frac{x^3}{3} + C$.　13. $\cos x - \frac{2\sin x}{x} + C$.　14. $Ce^{\sin x}$.

15. $\frac{x^3}{3} + + x + 1$.　16. $xe^x - e^x + \frac{x^2}{2} + C$.　17. $xe^x + x$.

（B）

1. (1) $-x^3 + x + C$；　(2) $\frac{2^x}{\ln 2} + \frac{x^3}{3} + C$；　(3) $\frac{3}{10}x^{\frac{10}{3}} + C$；

(4) $\frac{2}{5}x^{\frac{5}{2}} - 3x + C$；　(5) $\frac{x^3}{3} - \frac{2}{3}x^{\frac{3}{2}} + \frac{2}{5}x^{\frac{5}{2}} - x + C$；

(6) $2\sqrt{x} - \frac{4}{3}x^{\frac{3}{2}} - \frac{2}{5}x^{\frac{5}{2}} + C$；　(7) $-2x^{-\frac{1}{2}} + \frac{2}{3}x^{\frac{3}{2}} + C$；

(8) $x^3 + \arctan x + C$；　(9) $-\frac{1}{x} + \arctan x + C$；

(10) $3\arctan x - 2\arcsin x + C$；

(11) $2e^x + 3\ln x + C$；　(12) $e^x - 2\sqrt{x} + C$；　(13) $\frac{x^2}{2} - \sqrt{2}x + C$；

(14) $-2\cos x + \cot x + C$；　(15) $\frac{1}{1+\ln 6}6^x e^x + C$；　(16) $\tan x - \sec x + C$；

(17) $2x - \frac{5}{\ln\frac{2}{3}}\left(\frac{2}{3}\right)^x + C$；　(18) $\frac{1}{2}(x + \sin x)$；　(19) $\frac{1}{2}\tan x + C$；

(20) $\sin x + \cos x + C$；　(21) $-\sin x - \frac{1}{\sin x} + C$；　(22) $-\cot x - \tan x + C$；

(23) $\frac{1}{2}\tan x + \frac{1}{2}x + C$；　(24) $\frac{4}{7}x^{\frac{7}{4}} + 4x^{-\frac{1}{4}} + C$.

2. (1) $y = \ln|x| + 1$；　(2) $\frac{1}{2}t^4 + \frac{1}{2}t^2 + t$；　(3) $\frac{a}{2}t^2 + bt$.

3. (1) $\frac{1}{5}e^{5x} + C$；　(2) $-\frac{1}{8}(3-2x)^4 + C$；　(3) $\frac{1}{2}\ln(3-2x) + C$；

(4) $-\frac{1}{4x+12} + C$；　(5) $-\frac{1}{2}(2-3x)^{\frac{2}{3}} + C$；　(6) $-2\cos\sqrt{x} + C$；

(7) $\frac{1}{3}(u^2-5)^{\frac{3}{2}} + C$；　(8) $-\frac{1}{2}\cos x^2 + C$；　(9) $-e^{-\frac{1}{x}} + C$；

(10) $2\sqrt[3]{x^3-5} + C$；　(11) $-\frac{3}{4}\ln|1-x^4| + C$；　(12) $\frac{1}{3}(\ln x)^3 + C$；

(13) $\frac{1}{4\cos^4 x} + C$；　(14) $\sin x - \frac{1}{3}\sin^3 x + C$；　(15) $\ln(x^2 - x + 3) + C$；

(16) $\ln|\ln\ln x|+C$; (17) $\frac{1}{2}\ln(x^2+1)-\arctan x+C$;

(18) $\frac{1}{2}(x^2-9\ln(9+x^2))+C$; (19) $2\sin\frac{x}{2}-\frac{4}{3}\sin^3\frac{x}{2}+C$;

(20) $\frac{1}{3}\sec^3 x-\sec x+C$; (21) $-\frac{1}{10}\cos 5x+\frac{1}{2}\cos x+C$;

(22) $(\arctan\sqrt{x})^2+C$; (23) $\frac{3}{2}(\sin x-\cos x)^{\frac{2}{3}}+C$;

(24) $-\frac{1}{2\ln 10}10^{2\arccos x}+C$; (25) $-\frac{1}{\arcsin x}+C$; (26) $-\frac{1}{x\ln x}+C$;

(27) $-\cot\frac{x}{2}+C$; (28) $-\ln|e^x+1|+C$; (29) $\frac{1}{7}\ln x-\frac{1}{56}\ln(x^8+7)+C$;

(30) $\frac{1}{\sqrt{3}}\arctan\left(\frac{1}{\sqrt{3}}\tan x\right)+C$; (31) $\frac{1}{2}(\ln\tan x)^2+C$.

4. (1) $-x\cos x+\sin x+C$; (2) $x\ln x+C$;

(3) $x\arcsin x+\sqrt{1-x^2}+C$; (4) $-xe^{-x}-e^{-x}+C$;

(5) $-\frac{1}{x}(\ln x+1)+C$; (6) $-\frac{1}{n+1}x^{n+1}\left(\ln|x|-\frac{1}{n+1}\right)+C$;

(7) $3x\sin\frac{x}{3}+9\cos\frac{x}{3}+C$; (8) $\frac{1}{3}x^3\arctan x-\frac{x^2}{6}+\frac{1}{6}\ln(1+x^2)+C$;

(9) $-\frac{1}{2}x^2+x\tan x+\ln|\cos x|+C$; (10) $\frac{1}{2}x^2\sin x+x\cos x-\sin x+C$;

(11) $-\frac{1}{4}x\cos 2x+\frac{1}{8}\sin 2x+C$; (12) $(\ln\ln x-1)\ln x+C$;

(13) $\frac{1}{2}\left(\frac{3}{2}-x^2\right)\cos 2x+\frac{x}{2}\sin 2x+C$; (14) $x(\arcsin x)^2+2\sqrt{1-x^2}\arcsin x-2x+C$;

(15) $\frac{1}{2}e^x(\cos x+\sin x)+C$; (16) $e^x\left(\frac{1}{2}-\frac{1}{10}\cos 2x-\frac{1}{5}\sin 2x\right)+C$;

(17) $\frac{1}{2}(x^2-1)\ln(x-1)-\frac{1}{4}x^2-\frac{1}{2}x+C$; (18) $-\frac{\ln^3 x}{x}-\frac{1}{x}(\ln^2 x+2\ln x+2)+C$.

5. $I_n=\frac{1}{n-1}(\tan x)^{n-1}-I_{n-2}$.

6. (1) $\frac{1}{3}x^3-\frac{3}{2}x^2+9x-27\ln|x+3|+C$; (2) $\frac{13}{7}\ln|x-5|+\frac{1}{7}\ln|x+2|+C$;

(3) $\frac{x^3}{3}+\frac{x^2}{2}+x+8\ln|x|-3\ln|x-1|-4\ln|x+1|+C$;

(4) $\ln|x+1|-\frac{1}{2}\ln|x^2-x+1|+\sqrt{3}\arctan\frac{2x-1}{\sqrt{3}}+C$;

(5) $-\frac{1}{2}\ln|x+1|+2\ln|x+2|-\frac{3}{2}\ln|x+3|+C$; (6) $\frac{1}{2}\ln|x^2-1|+\frac{1}{x+1}+C$;

(7) $\frac{3}{2}\ln|x^2-x+1|+\frac{1}{\sqrt{3}}\arctan\frac{2x-1}{\sqrt{3}}+C$; (8) $\ln|x|-\frac{1}{2}\ln(x^2+1)+C$;

(9) $2\sqrt{x-1}-2\arctan\sqrt{x-1}+C$; (10) $6\left[\sqrt[6]{x}-\arctan\sqrt[6]{x}\right]+C$;

(11) $x-4\sqrt{x+1}+4\ln(\sqrt{x+1}+1)+C$;

(12) $\ln\left(\sqrt{\frac{x+1}{x-1}}+1\right)-\ln\left|\sqrt{\frac{x+1}{x-1}}-1\right|-2\arctan\sqrt{\frac{x+1}{x-1}}+C$;

(13) $\frac{1}{2}x^2-\frac{2}{3}x^{\frac{3}{2}}+x+C$; (14) $-\frac{3}{2}\sqrt[3]{\frac{x+1}{x-1}}+C$.

习 题 五

(A)

1. A. 2. B. 3. A. 4. B. 5. B. 6. C. 7. D. 8. D. 9. D. 10. A. 11. C. 12. C.

13. 总成本，固定成本，可变成本，累计产量从 a 到 $b\,(a<b)$ 的总成本;

14. $\frac{\pi}{2}a^2$. 15. $2a$. 16. $\int_{-1}^{2}x\mathrm{d}x<\int_{-1}^{2}|x|\mathrm{d}x$.

17. $\int_0^1 x\sin x\mathrm{d}x>\int_0^1 x^3\sin^2 x\mathrm{d}x$. 18. 0, $f'(a)$.

19. $\int_a^x f(t)\mathrm{d}t+xf(x)$, $af(a)$. 20. $[2,+\infty)$, $[0,2)$, $+\infty$, $-\frac{4}{3}$, $[0,2)$, $[2,+\infty)$, $x=1$.

21. 0. 22. $f(3a)-f(2a)$, $af(a)-\int_0^a f(x)\mathrm{d}x$. 23. e. 24. -2.

(B)

1. $f(x)$ 在[0，2]可积，$\int_0^2 f(x)\mathrm{d}x=\int_0^1 x\mathrm{d}x+\int_1^2(x-1)\mathrm{d}x=1$.

2. (1) $\frac{\pi}{9}\leqslant\int_{\frac{1}{\sqrt{3}}}^{\sqrt{3}}x\arctan x\mathrm{d}x\leqslant\frac{2\pi}{3}$; (2) $2\mathrm{e}^{-\frac{1}{4}}\leqslant\int_0^2\mathrm{e}^{x^2-x}\mathrm{d}x\leqslant 2\mathrm{e}^2$.

3. (1) $\lim\limits_{n\to+\infty}\int_0^a\frac{x^n}{1+x}\mathrm{d}x=0$; (2) $\lim\limits_{n\to+\infty}\int_n^{n+b}\mathrm{e}^{\frac{x^2}{n}}\mathrm{d}x=\infty$.

5. (1) $2y\sqrt{1+y^4}$； (2) $\left(\dfrac{3x^2}{\sqrt{1+x^{12}}}-\dfrac{2x}{\sqrt{1+x^8}}\right)dx$.

6. (1) $\dfrac{1}{2\mathrm{e}}$； (2) 2； (3) $\dfrac{1}{p+1}(p>0)$.

7. (1) $\dfrac{5}{6}+\dfrac{4}{3}\sqrt{2}$； (2) $\dfrac{\pi}{3a}$； (3) $\dfrac{\pi}{6}$；

(4) $1+\dfrac{\pi}{4}$； (5) $1-\dfrac{\pi}{4}$； (6) -1；

(7) $2\sqrt{2}-2$； (8) $\dfrac{8}{3}$.

8. 因为 $f(x)=\begin{cases}\dfrac{1}{2}\sin x, & 0\leqslant x\leqslant\pi\\ 0, & 其他\end{cases}$，所以 $F(x)=\int_0^x f(t)\mathrm{d}t$ 在 $(-\infty,+\infty)$ 内的表达式为：

当 $x\leqslant 0$，$F(x)=0$；当 $0<x\leqslant\pi$，$F(x)=\dfrac{1}{2}(1-\cos(x))$；当 $\pi\leqslant x$，$F(x)=1$.

9. (1) $\dfrac{1}{6}$； (2) $\dfrac{\pi}{2}-1$； (3) $1-\exp(-1/2)$； (4) $2(\sqrt{3}-1)$.

(5) $\dfrac{4}{3}$； (6) $2\sqrt{2}$； (7) 0； (8) $\dfrac{\pi^3}{324}$.

10. $\dfrac{5}{3}-\mathrm{e}^{-1}$.

13. (1) $\int_0^{\frac{\pi}{2}}(x+x\sin x)\,\mathrm{d}x=\dfrac{\pi^2}{8}+1$； (2) $\int_0^1 x\mathrm{e}^{-x}\mathrm{d}x=1-2\mathrm{e}^{-1}$；

(3) $\int_1^4\dfrac{\ln x}{\sqrt{x}}\mathrm{d}x=4(2\ln 2-1)$； (4) $\int_{1/\mathrm{e}}^{\mathrm{e}}|\ln x|\mathrm{d}x=2-2\mathrm{e}^{-1}$.；

(5) $\int_0^1\dfrac{\ln(1+x)}{(2-x)^2}\mathrm{d}x=\dfrac{\ln 2}{3}$； (6) $\int_1^{\mathrm{e}}\sin(\ln x)\mathrm{d}x=\dfrac{\mathrm{e}(\sin 1-\cos 1)+1}{2}$.

16. (1) 收敛，且 $\int_{-\infty}^{+\infty}\dfrac{\mathrm{d}x}{x^2+2x+2}=\pi$； (2) 收敛，且 $\int_{-\infty}^{+\infty}(|x|+x)\,\mathrm{e}^{-|x|}\mathrm{d}x=2$；

(3) 发散； (4) 发散； (5) 收敛，且 $\int_1^2\dfrac{x\mathrm{d}x}{\sqrt{x-1}}=\dfrac{8}{3}$；

(6) 收敛，且 $\int_1^{\mathrm{e}}\dfrac{\mathrm{d}x}{x\sqrt{1-(\ln x)^2}}=\dfrac{\pi}{2}$.

17. 推导并利用递推公式计算广义积分：$I_n=\int_0^{+\infty}x^n\mathrm{e}^{-x}\mathrm{d}x$，即

$$\begin{aligned}I_n&=\int_0^{+\infty}x^n\mathrm{e}^{-x}\mathrm{d}x=-\int_0^{+\infty}x^n\mathrm{d}\mathrm{e}^{-x}=-x^n\mathrm{e}^{-x}\Big|_0^{+\infty}+\int_0^{+\infty}\mathrm{e}^{-x}\mathrm{d}x^n\\&=-x^n\mathrm{e}^{-x}\Big|_0^{+\infty}+n\int_0^{+\infty}x^{n-1}\mathrm{e}^{-x}\mathrm{d}x\\&=-x^n\mathrm{e}^{-x}\Big|_0^{+\infty}+nI_{n-1}=\lim_{u\to\infty}-\frac{u^n}{\mathrm{e}^u}+nI_{n-1}\end{aligned}$$

其中，$I_0=1$.

18. (1) $\int_0^{+\infty} e^{-x^n} dx\ (n>0) \xlongequal{令x^n=t} \frac{1}{n}\int_0^{+\infty} t^{\frac{1}{n}-1} e^{-t} dt = \frac{1}{n}\Gamma\left(\frac{1}{n}\right)$， $n>0$；

(2) $\int_0^1 \left(\ln\frac{1}{x}\right)^p dx \xlongequal{令\ln\frac{1}{x}=t} \int_0^{+\infty} t^p e^{-t} dt = \int_0^{+\infty} t^{p+1-1} e^{-t} dt = \Gamma(p+1)$， $p+1>0$.

习题六

1. (1) $S=\int_0^1(\int_{x^2}^x dy)dx=\frac{1}{6}$；

(2) $S=\int_0^1(\int_{e^x}^{e} dy)dx=1$；

(3) $S=\int_1^2(\int_{\frac{1}{x}}^x dy)dx=\frac{3}{2}-\ln 2$；

(4) $S=\int_0^{\pi}(\int_{x-\pi}^{\sin x} dy)dx=\pi^2+4$；

(5) $S=\int_{-1}^3(\int_{x^2-1}^{2x+2} dy)dx=\frac{32}{3}$；

(6) $S=\int_0^2(\int_{g(y)}^{g(y)+1} dy)dx=2$.

2. $S=4\int_0^a ydx=4\int_0^a b\sin^3 t\,da\cos^3 t=12ab\int_0^{\frac{\pi}{2}}(\sin^4 t-\sin^6 t)dt=\frac{3\pi ab}{8}$.

3. (1) $V=\pi\int_0^{\pi}\sin^2 xdx=\frac{\pi^2}{2}$；

(2) $V=\pi\int_0^1(\sqrt{y})^2dy+\pi\int_1^2(2-y)^2dy=\frac{5\pi}{6}$；

(3) $V=\pi\int_0^1(\sqrt{x})^2dx+\pi\int_0^1(x^2)^2dx=\frac{3\pi}{10}$；

(4) $V=2\cdot 2\pi\int_{b-a}^{b+a}x\sqrt{a^2-(x-b)^2}dx=2\pi^2a^2b$.

4. $V=2\pi\int_0^{\pi}x\sin xdx=2\pi^2$.

5. $V=\int_0^h A(x)dx$，其中 A 为面积.

6. $S=\int_0^{2\pi}ds=\int_0^{2\pi}2a\sin\frac{\theta}{2}d\theta=8a$.

7. $S=\int_{\sqrt{3}}^{2\sqrt{2}}\sqrt{1+[y'(x)]^2}dx=\int_{\sqrt{3}}^{2\sqrt{2}}\sqrt{1+\left[\frac{1}{x}\right]^2}dx=1+\ln\frac{\sqrt{6}}{2}$.

8. $A=2\pi\int_0^b f(x)\cdot\sqrt{1+[f'(x)]^2}dx=2\pi\int_0^b 2x^{\frac{1}{2}}\cdot\sqrt{1+\frac{1}{x}}dx=\frac{8\pi}{3}[(b+1)^{3/2}-1]$.

习题七

(A)

1. A.　2. B.　3. C.　4. D.　5. D.　6. C.　7. D.　8. B.　9. A.

10. $x=1$ 或 $x=-5$.

11. $-8\vec{a}+9\vec{b}-7\vec{c}$.

12. $-\frac{4}{3}$.

13. $\frac{19}{\sqrt{29}}$.

14. $25\sqrt{3}$.

15. $2x-10y+2z-11=0$.

16. $x-y-4=0$. 17. $\frac{5\sqrt{3}}{6}$. 18. $\frac{x-2}{1}=\frac{y+8}{2}=\frac{z-3}{-3}$.

19. $y^2+4z^2=4$ 或 $x^2+4z^2=4$ 绕 z 轴.

（B）

1. 点 A 在第Ⅰ卦限；点 B 在第Ⅱ卦限；点 C 在第Ⅷ卦限；点 D 在 xOy 面上；点 E 在 yOz 面上；点 F 在 x 轴上.

2. 在 xOy 面上的点，$z=0$; 在 yOz 面上的点，$x=0$; 在 zOx 面上的点，$y=0$.

3. x 轴上的点，$y=z=0$; y 轴上的点，$x=z=0$; z 轴上的点，$x=y=0$.

4. （1）$s=\sqrt{2^2+3^2+4^2}=\sqrt{29}$； (2) $s=\sqrt{2^2+(-3)^2+(-4)^2}=\sqrt{29}$；

(3) $s=\sqrt{(1+2)^2+(0-3)^2+(3+4)^2}=\sqrt{67}$； (4) $s=\sqrt{(-2-4)^2+(1+2)^2+(3-3)^2}=3\sqrt{5}$.

5. $s_0=\sqrt{4^2+(-3)^2+5^2}=5\sqrt{2}$； $s_x=\sqrt{(4-4)^2+(-3-0)^2+(5-0)^2}=\sqrt{34}$；

$s_y=\sqrt{4^2+(-3+3)^2+5^2}=\sqrt{41}$； $s_z=\sqrt{4^2+(-3)^2+(5-5)^2}=5$.

6. $M(0,0,\frac{14}{9})$.

9. $5\boldsymbol{a}-11\boldsymbol{b}+7\boldsymbol{c}$.

10. $\overrightarrow{D_1A}=\overrightarrow{BA}-\overrightarrow{BD_1}=-\boldsymbol{c}-\frac{1}{5}\boldsymbol{a}$， $\overrightarrow{D_2A}=\overrightarrow{BA}-\overrightarrow{BD_2}=-\boldsymbol{c}-\frac{2}{5}\boldsymbol{a}$，

$\overrightarrow{D_3A}=\overrightarrow{BA}-\overrightarrow{BD_3}=-\boldsymbol{c}-\frac{3}{5}\boldsymbol{a}$， $\overrightarrow{D_4A}=\overrightarrow{BA}-\overrightarrow{BD_4}=-\boldsymbol{c}-\frac{4}{5}\boldsymbol{a}$.

11. 设 M 的投影为 M'，则 $\mathrm{Prj}_{\boldsymbol{u}}\overrightarrow{OM}=|\overrightarrow{OM}|\cos 60°=4\times\frac{1}{2}=2$.

12. A 的坐标为 $A(-2,3,0)$.

13. （1）$a_x=\mathrm{Prj}_x\overrightarrow{P_1P_2}=3$, $a_y=\mathrm{Prj}_y\overrightarrow{P_1P_2}=1$, $a_z=\mathrm{Prj}_z\overrightarrow{P_1P_2}=-2$.

(2) $|\overrightarrow{P_1P_2}|=\sqrt{(7-4)^2+(1-0)^2+(3-5)^2}=\sqrt{14}$；

(3) $\cos\alpha=\frac{a_x}{|\overrightarrow{P_1P_2}|}=\frac{3}{\sqrt{14}}$， $\cos\beta=\frac{a_y}{|\overrightarrow{P_1P_2}|}=\frac{1}{\sqrt{14}}$， $\cos\gamma=\frac{a_z}{|\overrightarrow{P_1P_2}|}=\frac{-2}{\sqrt{14}}$；

(4) $\mathbf{e}_0=\frac{\overrightarrow{P_1P_2}}{|\overrightarrow{P_1P_2}|}=\left\{\frac{3}{\sqrt{14}},\frac{1}{\sqrt{14}},\frac{-2}{\sqrt{14}}\right\}=\frac{3}{\sqrt{14}}\boldsymbol{i}+\frac{1}{\sqrt{14}}\boldsymbol{j}-\frac{2}{\sqrt{14}}\boldsymbol{k}$.

14. $\boldsymbol{R}=(1-2+3，2+3-4，3-4+5)=(2,1,4)$，$|\boldsymbol{R}|=\sqrt{2^2+1^2+4^2}=\sqrt{21}$

$\cos\alpha=\frac{2}{\sqrt{21}}$, $\cos\beta=\frac{1}{\sqrt{21}}$, $\cos\gamma=\frac{4}{\sqrt{21}}$.

15. $\boldsymbol{a}=\sqrt{3}\boldsymbol{e}_a$， $\boldsymbol{b}=\sqrt{38}\boldsymbol{e}_b$， $\boldsymbol{c}=3\boldsymbol{e}_c$.

16. 在 x 轴上的投影 $\boldsymbol{a}_x$=13, 在 y 轴上分向量为 $7\boldsymbol{j}$.

17. $\mathbf{e}_r=\{\cos\alpha,\cos\beta,\cos\gamma\}=\left\{\frac{\sqrt{3}}{3},\frac{\sqrt{3}}{3},\frac{\sqrt{3}}{3}\right\}=\frac{\sqrt{3}}{3}(\boldsymbol{i}+\boldsymbol{j}+\boldsymbol{k})$.

18. $\overrightarrow{OM}=\left(\frac{11}{4},-\frac{1}{4},3\right)$.

19. 点 P 的坐标为 P（2, 3, 6）或 $P\left(\frac{190}{49},\frac{285}{49},\frac{570}{49}\right)$.

20. (1) $\boldsymbol{a}\cdot\boldsymbol{b}=\cos\varphi\cdot|\boldsymbol{a}|\cdot|\boldsymbol{b}|=\cos\frac{2\pi}{3}\times3\times4=-\frac{1}{2}\times3\times4=-6$;

(2) $(3\boldsymbol{a}-2\boldsymbol{b})\cdot(\boldsymbol{a}+2\boldsymbol{b})=-61$.

21. (1) $\boldsymbol{a}\cdot\boldsymbol{b}=38$; (2) $(2\boldsymbol{a}-3\boldsymbol{b})\cdot(\boldsymbol{a}+\boldsymbol{b})=-113$; (3) $|\boldsymbol{a}-\boldsymbol{b}|^2=9$

22. $\text{Prj}_{\overrightarrow{CD}}\overrightarrow{AB}=\frac{\overrightarrow{AB}\cdot\overrightarrow{CD}}{|\overrightarrow{CD}|}=\frac{3\times6+(-2)\times2+(-6)\times3}{\sqrt{6^2+2^2+3^2}}=-\frac{4}{7}$.

23. $W=\boldsymbol{f}\cdot\boldsymbol{s}=\{0,0,-980\}\cdot\{-2,3,-6\}=5880$ (J).

24. $\theta=\arccos\frac{1}{2}=\frac{\pi}{3}$.

25. $2x+3y-4z-1=0$ 为动点 M 的轨迹方程.

27. (1) $\boldsymbol{a}\times\boldsymbol{b}=\begin{vmatrix}2&-1\\-1&2\end{vmatrix}\boldsymbol{i}+\begin{vmatrix}-1&3\\2&1\end{vmatrix}\boldsymbol{j}+\begin{vmatrix}3&2\\1&-1\end{vmatrix}\boldsymbol{k}=3\boldsymbol{i}-7\boldsymbol{j}-5\boldsymbol{k}$;

(2) $2\boldsymbol{a}\times7\boldsymbol{b}=14(\boldsymbol{a}\times\boldsymbol{b})=42\boldsymbol{i}-98\boldsymbol{j}-70\boldsymbol{k}$;

(3) $7\boldsymbol{b}\times2\boldsymbol{a}=14(\boldsymbol{b}\times\boldsymbol{a})=-14(\boldsymbol{a}\times\boldsymbol{b})=-42\boldsymbol{i}+98\boldsymbol{j}+70\boldsymbol{k}$;

(4) $\boldsymbol{a}\times\boldsymbol{a}=\boldsymbol{0}$.

28. (1) 24; (2) 84.

29. $\sin\theta=\frac{|\boldsymbol{a}\times\boldsymbol{b}|}{|\boldsymbol{a}|\times|\boldsymbol{b}|}=\frac{5\sqrt{3}}{\sqrt{26}\cdot\sqrt{6}}=\frac{5\sqrt{13}}{26}$.

30. $\sin\theta=\frac{|\boldsymbol{l}_1\times\boldsymbol{l}_2|}{|\boldsymbol{l}_1||\boldsymbol{l}_2|}=\frac{\sqrt{140}}{\sqrt{10}\cdot\sqrt{14}}=1$.

32. $\boldsymbol{e}=\pm\frac{\boldsymbol{a}\times\boldsymbol{b}}{|\boldsymbol{a}\times\boldsymbol{b}|}=\pm\frac{1}{5}(4\boldsymbol{j}-3\boldsymbol{k})$.

33. 四面体的表面积 $S=\frac{1}{2}+\sqrt{2}+\sqrt{3}+\frac{3\sqrt{5}}{2}$.

35. $3x-2y+6z+2=0$.

36. $x+7y-3z-59=0$.

37. $\frac{x}{4}+\frac{y}{2}+\frac{z}{4}=1$.

38. $x-3y-2z=0$.

40. $x-y=0$.

41. (1) $k=-4$; (2) $k=\pm\frac{\sqrt{70}}{2}$.

42. (1) $\boldsymbol{n}_1\parallel\boldsymbol{n}_2\Rightarrow\frac{2}{m}=\frac{l}{-6}=\frac{3}{-1}\Rightarrow m=-\frac{2}{3},l=18$;

(2) $\boldsymbol{n}_1\perp\boldsymbol{n}_2\Rightarrow3\times1-5\times3+l\times2=0\Rightarrow l=6$.

43. $2x-y-3z=0$.

44. $e_n=\pm\frac{1}{\sqrt{30}}(5\boldsymbol{i}+\boldsymbol{j}-2\boldsymbol{k})$.

45. (1) $\frac{x-1}{2}=\frac{y+2}{3}=\frac{z-1}{-2}$ 或 $\frac{x-3}{2}=\frac{y-1}{3}=\frac{z+1}{-2}$;

(2) $\frac{x-3}{-2}=\frac{y+1}{1}=\frac{z}{-3}$ 或 $\frac{x-1}{-2}=\frac{y}{1}=\frac{z+3}{-3}$.

46. 直线的标准方程为：$\frac{x}{1}=\frac{y-7}{-7}=\frac{z-17}{-19}$

直线的参数方程为：$\begin{cases}x=t\\y=7-7t\\z=17-19t\end{cases}$

47. (1) (2, − 3, 6)； (2)(− 2，1，3).

48. (1) $\frac{\pi}{2}$； (2) $\cos\theta=\frac{|\boldsymbol{s}_1\cdot\boldsymbol{s}_2|}{|\boldsymbol{s}_1|\cdot|\boldsymbol{s}_2|}=\frac{6}{13\sqrt{5}}\approx0.2064,\ \theta\approx78°5'$.

49. (1) $\frac{x-2}{3}=\frac{y+3}{-1}=\frac{z-4}{2}$； (2) $\frac{x}{-2}=\frac{y-2}{3}=\frac{z-4}{1}$；(3) $\frac{x+1}{2}=\frac{y-2}{-1}=\frac{z-1}{3}$.

50. (1) 直线与平面平行且不在平面上； (2) 直线垂直于平面； (3) 直线在平面上.

51. $x+2y+3z=0$.

52. $2x+15y+7z+7=0$

53. $(-\frac{5}{3},\frac{2}{3},\frac{2}{3})$.

54. $d=\sqrt{\left(\frac{1}{3}\right)^2+\left(\frac{2}{3}\right)^2+\left(\frac{2}{3}\right)^2}=1$.

55. $d=\sqrt{(1-3)^2+\left(-\frac{1}{2}+1\right)^2+\left(\frac{3}{2}-2\right)^2}=\frac{3\sqrt{2}}{2}$.

56. $x^2+y^2+z^2-2x-6y+4z=0$.

57. $8x^2+8y^2+8z^2-68x+108y-114z+779=0$.

61. (1) (3, 4, −2)，(6, −2, 2); (2) (4, −3,2).

62. $\begin{cases}x^2+y^2=9\\z=\pm5\end{cases}$.

63. $\begin{cases}\left(x-\frac{1}{2}\right)^2+y^2=\frac{5}{4}\\z=0\end{cases}$.

64. $\begin{cases}x^2+y^2=\frac{a^2}{2}\\z=0\end{cases}$.

65. (1) 截线方程为$\begin{cases} -\dfrac{y^2}{\left(\dfrac{5\sqrt{5}}{3}\right)^2}+\dfrac{z^2}{\left(\dfrac{2\sqrt{5}}{3}\right)^2}=1, \\ x=2, \end{cases}$ 其形状为 $x=2$ 平面上的双曲线.

(2) 截线方程为$\begin{cases} \dfrac{x^2}{9}+\dfrac{z^2}{4}=1, \\ y=0, \end{cases}$为 xOz 面上的一个椭圆.

(3) 截线方程为$\begin{cases} \dfrac{x^2}{(3\sqrt{2})^2}+\dfrac{z^2}{(2\sqrt{2})^2}=1 \\ y=5 \end{cases}$，为平面 $y=5$ 上的一个椭圆.

(4) 截线方程为$\begin{cases} \dfrac{x^2}{9}-\dfrac{y^2}{25}=0 \\ z=2 \end{cases}$，为平面 $z=2$ 上的两条直线.

66. 交线在 xOy 平面上的投影为$\begin{cases} x^2+20y^2-24x-116=0 \\ z=0 \end{cases}$;

故交线在 yOz 平面上的投影为$\begin{cases} 20y^2+4z^2-60z-35=0 \\ x=0 \end{cases}$;

交线在 xOz 平面上的投影为$\begin{cases} x-2z+3=0, \\ y=0. \end{cases}$.

参考文献

[1] 同济大学应用数学系. 高等数学[M]. 6 版. 北京：高等教育出版社，2007.
[2] 同济大学基础数学教研室. 高等数学解题方法与同步训练[M]. 上海:同济大学出版社,2007.
[3] 王金立. 高等数学[M]. 北京：北京邮电大学出版社，2010.
[4] 黄立宏，廖基定. 高等数学[M]. 上海：复旦大学出版社，2010.
[5] 高纯一，周勇. 高等数学[M]. 上海：复旦大学出版社，2008.
[6] 刘玉琏，傅沛仁，等. 数学分析讲义[M]. 北京：高等教育出版社，2008.
[7] 陈启浩. 高等数学精讲精练[M]. 北京：北京师范大学出版社，2006.
[8] 南京理工大学应用数学系. 高等数学[M]. 北京：高等教育出版社，2008.
[9] 方明亮. 教与学——高等数学学习指导[M]. 乌鲁木齐：新疆电子出版社，2006.
[10] 张昕. 高等数学学习指导[M]. 广州：广东科技出版社，2008.
[11] 符丽珍，刘克轩. 高等数学辅导讲案[M]. 西安：西北工业大学出版社，2007.
[12] 欧阳光中，等. 数学分析[M]. 北京：高等教育出版社，2007.
[13] 华东师范大学数学系. 数学分析[M]. 北京：高等教育出版社，2010.
[14] 廖飞. 高等数学（文科类）[M]. 北京：北京交通大学出版社，2010.
[15] 中国高等教育学会组. 高等数学[M]. 北京：科学出版社，2005.